NINGXIA ZHONGWEI SHAPOTOU
GUOJIAJI ZIRAN BAOHUQU
DISANQI ZONGHE KEXUE KAOCHA BAOGAO

宁夏中卫沙坡头国家级自然保护区
第三期综合科学考察报告

刘荣国 牛清河 刘俊江● 主编

黄河出版传媒集团
阳光出版社

图书在版编目（CIP）数据

宁夏中卫沙坡头国家级自然保护区第三期综合科学考察报告 / 刘荣国, 牛清河, 刘俊江主编. -- 银川：阳光出版社, 2020.10
ISBN 978-7-5525-5562-2

Ⅰ. ①宁… Ⅱ. ①刘… ②牛… ③刘… Ⅲ. ①自然保护区－科学考察－考察报告－沙坡头区 Ⅳ. ①S759.992.434

中国版本图书馆CIP数据核字(2020)第189839号

宁夏中卫沙坡头国家级自然保护区第三期综合科学考察报告　刘荣国　牛清河　刘俊江　主编

责任编辑　马　晖
封面设计　赵　倩
责任印制　岳建宁

黄河出版传媒集团
阳光出版社　出版发行

出 版 人　薛文斌
地　　址　宁夏银川市北京东路139号出版大厦（750001）
网　　址　http://www.ygchbs.com
网上书店　http://shop129132959.taobao.com
电子信箱　yangguangchubanshe@163.com
邮购电话　0951-5014139
经　　销　全国新华书店
印刷装订　宁夏银报智能印刷科技有限公司
印刷委托书号　（宁）0018795
地图审图号　宁S〔2020〕第011号

开　　本　787mm×1092mm　1/16
印　　张　31.75
字　　数　560千字
版　　次　2020年10月第1版
印　　次　2020年10月第1次印刷
书　　号　ISBN 978-7-5525-5562-2
定　　价　158.00元

◆ 格状沙丘

◆ 流动沙丘

◆ 半固定沙丘

◆ 固定沙丘

◆ 小湖湿地

◆ 孟家湾山前丘陵

◆ 长流水—孟家湾温带荒漠草原

◆ 长流水河谷

◆ 防风固沙林

◆ 人工防护林

◆ 包兰铁路沙坡头段“五带一体”铁路治沙防护体系

◆“麦草方格”半隐蔽式沙障

◆“五带一体”铁路治沙防护体系内的绿色地毯(人工固沙植被+生物土壤结皮)

◆ 孟家湾水库

◆ 郑家小湖新石器时代遗址

◆ 长流水细石器文化遗址

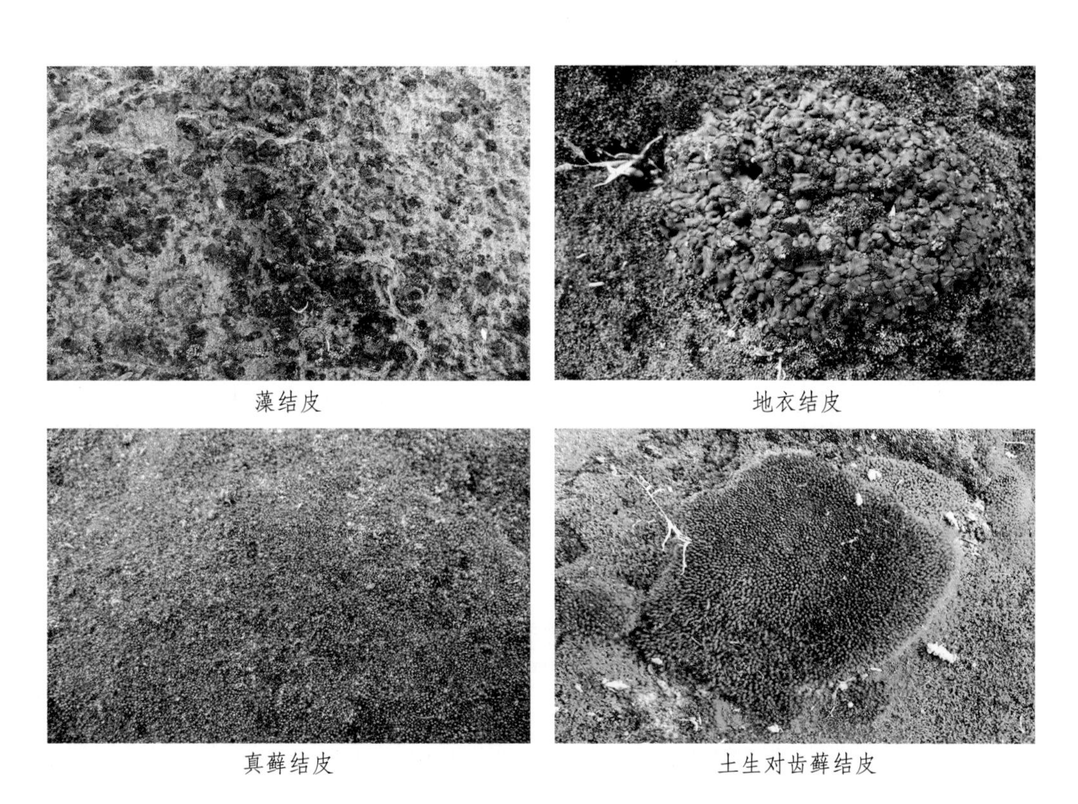

藻结皮　　地衣结皮

真藓结皮　　土生对齿藓结皮

◆ 生物土壤结皮

◆ 沙冬青 *Ammopiptanthus mongolicus* (Maxim.) Cheng f.

◆ 裸果木 *Cymnocarpos przewalskii* Maxim.

◆ 典型固沙植物——花棒 *Hedysarum scoparium* Fisch. et Mey.

◆ 典型固沙植物——柠条锦鸡儿 *Caragana korshinskii* Kom.

◆ 典型固沙植物——沙拐枣 *Calligonum mongolicum* Turcz.

◆ 典型固沙植物——油蒿 *Artemisia ordosica* Krasch

◆ 国家二级保护野生动物——毛脚鵟*Buteo lagopus*

◆ 中日和中澳保护候鸟协定鸟类——大白鹭 *Egretta alba*

◆ 中日保护候鸟协定鸟类——黑翅长脚鹬 *Himantopus himantopus*

◆ 棕头鸥 *Larus brunnicephalus*

◆ 大斑啄木鸟 *Dendrocopos major*

◆ 戴胜 *Upupa epops*

◆ 赤狐 *Vulpes vulpes*（列入国家保护的有益的或者有重要经济科学研究价值的陆生野生动物名录）

碧凤蝶 *Popilio macnaon* Cramer

黄凤蝶 *Popilio macnaon* Linn.

大红蛱蝶 *Nanessa indica* Herbst.

柳紫闪蛱蝶 *Apatura ilia* Schift–Denis

谢氏宽漠王 *Mantichorula semenowi* Reitter

尖尾东鳖甲 *Anatolica mucronata* Reitter

◆ 保护区的昆虫

前言

PREFACE

地处黄河前套之首的宁夏沙坡头国家级自然保护区（以下简称“保护区”）是亚洲中部和西北黄土高原植物区系的交汇地带和草原向荒漠化过渡地带，是中国北方干旱地区建立的第一个荒漠生态系统类型的自然保护区，它是保护和研究荒漠生态系统及其生物多样性的重要基地。

保护区始建于1984年，1994年晋升为国家级自然保护区，位于宁夏中卫市沙坡头区西部腾格里沙漠东南缘。主要保护沙漠自然生态系统、天然沙生植被、治沙科研成果及栖息在其中的野生动物和古长城、沙坡鸣钟等人文景观及其自然综合体。

保护区于1986年至1990年和2002年至2004年分别进行了第一、二期综合科学考察。2008年保护区范围和功能区调整进行了一次综合科学考察。

为了进一步掌握近十年保护区自然环境和自然资源等变化情况，2017年5月至2018年11月，再次组织相关专业技术人员成立科考队对保护区内生物多样性、自然地理环境、社会经济状况和威胁因素等进行了综合考察。利用地理信息技术查清其现状、掌握其动态，为促进保护区的有效保护和科学管理提供科学依据。

依据原国家环保部《自然保护区综合科学考察规程（试行）》（环函〔2010〕139号），科考队先后开展了两次联合野外调查，近十次的小组专项调查工作，顺利完成了保护区地质、地貌、气候、水文、土壤、植物、动物、社会经济、威胁因素、保护区管理和评价等方面的调查研究工作，先后提交了《保护区自然地理专项调查报告》《保护区生物资源和生物多样性专项调查报告》《保护区社会经济专项调查报告》《保护区威胁因素专项调查报告》《保护区植物标本图集》《保护区动物标本图集》《保护区系列专题地图》《保护区综合科学考察数据集》和《保护区综合科学考察报告》等成果。

本科考报告是上述保护区综合科学考察的项目总结，该报告较全面地反映了保护区“有什么”，即保护区自然地理、生物资源和生物多样性、社会经济、威胁因素以及保护区管理等方面的现状。同时，还深入分析了保护区自然地理、生物资源和生物多样性、社会经济、威胁因素以及保护区管理“怎么变”和“为什么变”的问题，并给出了保护区的全面评价和保护对策。

本报告共分为9章45节，第一章总论由牛清河和刘荣国主笔撰写，第二章自然地理环境由牛清河主笔撰写，第三章植物多样性和第四章隐花植物、生物结皮和土壤微生物由贾荣亮主笔撰写，第五章动物多样性由陈应武主笔撰写，第六章社会经济状况由殷代英、牛清河和王军战、朱睿、郝丽波主笔撰写，第七章保护区威胁因素由牛清河、刘荣国和陈应武、张波、王新伟主笔撰写，第八章保护区管理由刘荣国、刘立刚和牛清河、王永军、田志鹏主笔撰写，第九章综合评价由牛清河、贾荣亮和刘荣国主笔撰写，种子植物名录和土壤微生物名录由贾荣亮、牛金帅、刘超、黄雅茹负责整理，脊椎动物名录和昆虫名录由陈应武、刘紫佩、刘敬负责整理，专题地图由王军战负责，牛清河、贾荣亮和陈应武协助绘制。报告由刘荣国、牛清河和刘俊江统稿和校稿。另外，对参加本次野外科学考察、实验分析、数据统计人员，报告中引用的照片、图片和数据作者，以及本报告撰写和出版提供帮助的贡献者，在此一并表示感谢。

由于保护区综合科学考察涉及面广，报告撰写时间仓促，编者水平有限，文中谬误难免，请读者批评指正。

报告编辑委员会

2019年8月25日

目录 CONTENTS

第一章

总论

第一节　地理位置

宁夏中卫沙坡头国家级自然保护区(以下简称“保护区”)位于宁夏回族自治区中卫市沙坡头区西北部腾格里沙漠东南缘,东起二道沙沟南护林房,西至头道墩,北接腾格里沙漠,沙坡头段向北延伸 1 000~2 000 m,沿“三北”防护林二期工程基线向

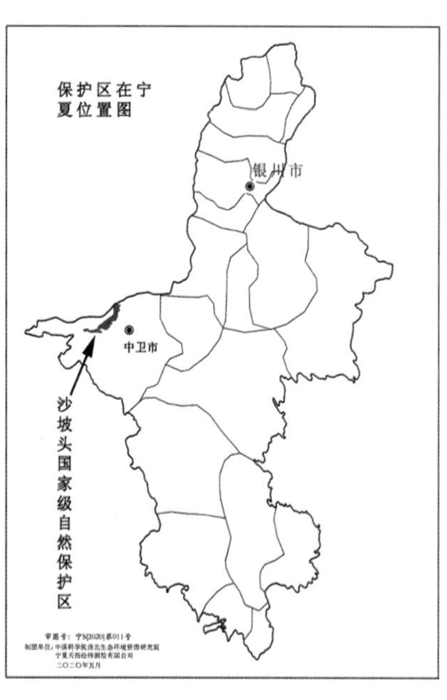

◆ 图 1–1　宁夏中卫沙坡头国家级自然保护区地理位置

东北延伸至定北墩外围 300~500 m，南临黄河，长约 38 km，宽约 5 km，海拔在 1 300~1 500 m。地理坐标为 104°49′25″~105°09′24″E，37°25′58″~37°37′24″N 之间。保护区总面积 14 044.34 hm^2。保护区总体呈现东北—西南向狭长弧形，地势由西南部向东北倾斜，自然地理条件复杂，生态环境脆弱。

第二节　自然地理环境概况

一、地质

保护区地处的中卫市沙坡头区位于北祁连山走廊过渡带的东段，是一个多构造体系复合地区，地质构造比较复杂，主要有卫宁北山东西向构造带、北西向构造带、北北西向构造带等(宁夏地质局，1990)。中卫市沙坡头区出露的地层由老至新主要有寒武系、奥陶系、志留系、泥盆系、石炭系、三叠系、古近系和新近系及第四系。寒武系分布于香山北麓马营、腰贱子沟以南；奥陶系分布于天景山、米钵山等地；志留系分布于卫宁山一带；泥盆系分布于香山、红泉、土坡、上下河沿、孟家湾及北山一带；石炭系分布于常乐小洞山、上下河沿以南、甘塘和单梁山等地；三叠系分布于小红山一带；古近系分布于卫宁盆地边缘地带；新近系分布于山前丘陵地带；第四系分布于全区，构成黄河冲积平原主体。

保护区区域新构造运动受青藏高原隆升的影响较大。由于青藏高原的隆起和向四周的挤压扩散及侧向滑移，在其东北边缘的陇西山地北侧形成了一系列向外凸出的弧形挤压构造及其边缘的左旋走滑断裂带，其中中卫-同心断裂带对保护区及其周边区域影响较大。受该断裂带的挤压逆冲抬升，在保护区的东南侧黄河以南形成香山山地，而在中卫平原区形成凹陷盆地。受区域地质构造、黄河和腾格里沙漠的影响，保护区东部出露的主要地层有全新统风积层、冲积层、湖积层。保护区西部的孟家湾和长流水区域，主要出露地层为中上更新统冲洪积层，上新统临夏组砂砾岩，石炭系上统太原群灰岩和炭质页岩，石炭系中统靖远组和羊虎沟组粗砂岩和粉砂岩。

二、地貌

保护区地处的中卫市沙坡头区位于宁夏中部，属卫宁地区，地处内蒙古高原和黄土高原的过渡带，黄河自西向东穿过。卫宁地区新构造运动以间歇性上升为主，地势南北两侧高而中间低，海拔 1 000~2 000 m，地貌为中山、低山丘陵、沙地和平原四种类型。中山地貌即香山山区,主要由寒武岩、奥陶系长石石英砂岩夹板岩,灰岩及砾状灰岩等组成,海拔 1 300~1 950 m;低山丘陵分布于单梁山、面子山地区(卫宁北山),主要由长石石英砂岩与页岩互层夹煤层、碳质页岩等组成,局部被近代风积沙层覆盖,海拔 1 300~1 500 m;风积沙地系西北季风搬运的粉细沙堆积而成。处于腾格里沙漠南缘,一般北高南低,海拔 1 250~1 485 m;平原包括冲洪积倾斜平原和冲积平原。冲洪积倾斜平原分布于腰贱子沟以东,南至香山脚下,北以南山台子大陡坎为界的区域。冲积平原主要分布在黄河北岸迎水桥以东地带,东至胜金关,西至下河沿,全长约 48 km,海拔 1 200~1 230 m。

保护区内地势呈西北高,东南低,由西北向东南倾斜,海拔 1 230~1 573 m。

区域内的主要地貌类型有风沙地貌、流水地貌和丘陵台地地貌。受植被多寡、人工干扰程度和局地风场变化影响,风沙地貌类型较多,达 11 种,但以人工固定平沙地、格状沙丘、沙垄–蜂窝状沙丘和固定平沙地为主,主要分布在保护东部和中部的大部分地区,长流水–孟家湾地区北部也有分布。流水地貌主要表现为湖泊、河流、湖积平原、冲积平原、洪积平原、河谷和人工岛等,主要分布在保护区小湖、腾格里湖和长流水–孟家湾区域。丘陵台地主要分布在长流水–孟家湾地区。

三、气候

保护区是典型的大陆性干旱气候,属我国季风区西缘。冬季受内蒙古高压控制,夏季处在东南风西行末梢,气候干燥。主要气候特征为四季分明、春暖快、夏热短、秋凉早、冬寒长。近 10 年间,年平均日照时数为 2 975.6 h,年平均降水量为 182.68 mm,多集中在七、八、九月份,占全年降水量的 70%。年平均气温为 10.05℃,年平均蒸发量为 2 051.52 mm,空气绝对湿度为 5.67 g/m^3,年平均风速 2.34 m/s,年最大平均风速为 10.5 m/s,常年盛行西北风和偏东风,年平均大风日数为 12.43 d,年平均沙尘暴日数为 1.39 d。

四、水文

中卫市沙坡头区当地水资源量少,当地地表水资源量为 0.251 亿 m^3,矿化度≤2.0 g/L 的水资源量约 0.142 亿 m^3。黄河从中卫境内自西向东流过,中卫市沙坡头区境内流程 114 km,平均过境黄河水资源量 307.7 亿 m^3,入境断面下河沿水质类别为二类,是卫宁灌区主要的农业用水水源。

沙坡头区年均浅层地下水资源量 1.82 亿 m^3,可开采量约 0.782 亿 m^3。沙坡区近 5 年平均总取水量 5.04 亿 m^3,2018 年沙坡头区黄河水总用水量 4.139 亿 m^3，地下水总用水量 0.284 亿 m^3。

保护区地处腾格里沙漠东南缘,地表水主要有过境的黄河水、大气降水径流和泉水湖泊。区域内常年河流较少,仅在保护区西部的长流水为泉水出露形成河流,年径流量约为 $1.01\times10^6m^3$。保护区西南侧边界为黄河干流,是保护区地下水的重要补给来源。

保护区内的湖泊、坑塘众多。较大湖泊有腾格里湖、小湖、高墩湖、千岛湖和马场湖,面积分别为 297.40 hm^2、178.80 hm^2、28.38 hm^2、25.16 hm^2 和 18.57 hm^2。坑塘则主要为人工鱼塘、灌溉储水池塘和低洼地积水,总面积约为 275.08 hm^2。

地下水的主要来源有:沙地凝结水、黄河及大气降水补给及部分渠系渗透和田间入渗补给。地下水地层岩性为第四系岩性,以砂砾石为主,地下水为单一潜水,潜水含水层厚 80~120 m,一般情况是西薄东厚,矿化度 0.25~1.00 g/L,水质好。

五、土壤

保护区的土壤类型划分为 5 纲 5 亚纲 6 类 11 亚类 18 属 35 种。土壤总面积 12 475.25 hm^2,占土地总面积的 88.83%。土壤类型较为复杂,分布有 6 个土类,以风沙土为主,另外还有灰钙土、新积土、潮土、草甸盐土、灌淤土分布。

风沙土面积 9 494.71 hm^2,占保护区土壤总面积的 67.6%左右;灰钙土面积 1 547.38 hm^2,占保护区土壤总面积的 11.02%;潮土面积 617.66 hm^2,占保护区土壤总面积的 4.4%;另外新积土、灌淤土、草甸盐土合计面积 815.49 hm^2,占保护区土壤总面积的 6.53%。

保护区的地带性土壤为灰钙土,同时因地处沙漠边缘,区域内湖泊和农田分布,风沙作用、水成作用和人为作用对土壤形成都有不同程度的贡献，进而出现了风沙土、潮土和灌淤土。主要土壤类型亚类为荒漠风沙土和淡灰钙土。

第三节　资源概况

一、植物资源

(一)植物种类组成

保护区共有种子植物 84 科 260 属 485 种（包括种下等级），占宁夏种子植物的

27.80%。裸子植物4科7属16种,被子植物80科253属469种,其中栽培植物200种,野生植物56科162属285种(双子叶植物44科118属207种,单子叶植物12科44属78种)。

菊科(23属41种)、禾本科(24属37种)、豆科(15属29种)、藜科(12属30种)、莎草科(7属15种)、蓼科(4属10种)和蒺藜科(4属9种)7科,占保护区野生种子植物总科数的12.5%;所含的种数为171种,占保护区野生种子植物总种数的60%。

(二)植物区系特征

1. 植物区系的温带性质最为突出

保护区种子植物主要属有33个,含种数为121种,占保护区种子植物总数的42.46%;其中15个属基本属于温带分布型,13个属为世界广布型,2个属为东亚和北美间断分布型。保护区野生植物162属中,除世界分布型41属以外,北温带分布型占绝对优势,达42属,其余13个分布型中,属于温带分布型的有旧世界温带分布型17属,地中海、西亚至中亚分布14属,中亚分布型11属,东亚和北美间断分布型8属,温带亚洲分布型6属,中国特有分布型1属,共计57属,远远超过热带地区分布型的23个属。说明保护区种子植物属的分布型以温带分布型,尤其是北温带分布型占绝对优势(共计99属)。

2. 以中亚分布型、中国特有分布型和北温带分布型为主

保护区中国特有种57种,占保护区种子植物总种数20.0%,其中绝大部分属于我国西北地区即甘肃、青海、宁夏、新疆和内蒙古分布的种,这些种大多数与中亚植物区系的成分关系密切,植物区系中有许多蒙古植物区系的成分,大多属于草原、荒漠草原和荒漠植被的建群种和优势种,如沙生针茅、红砂、霸王、猫头刺、白刺、珍珠猪毛菜、蒙古虫实、甘蒙柽柳、蒙古蒿等,说明中亚和蒙古两大植物区系成分在保护区交汇在一起,彼此有密切的联系。此外,还有少量华北植物区系成分渗入其中。

(三)植被类型

基于《宁夏波坡头国家级自然保护区二期综合科学考察报告》(刘廼发等,2011),根据植物种类成分和群落的外貌与结构特征,本地区的植被类型可概括为自然植被和栽培植被两大类。

自然植被划分5个植被型组(灌丛、草甸、草原及草原带沙生植被、荒漠、沼泽和水生植被),7个植被型,11个植被亚型,22个群系,详见表1-1。

保护区栽培植被划分为2个植被型组(木本栽培型组和草本栽培型组)、3个植被型、3个植被亚型、7个群系和2个作物系、7个群丛和7个作物组,详见表1-2。

表 1-1 保护区自然植被类型系统表(据刘廼发等,2011)

植被型组	植被型	植被亚型	群系
(I)灌丛	I. 落叶灌丛	(一)盐地潜水落叶灌丛	1. 白刺灌丛
			2. 多枝柽柳灌丛
(II)草甸	II. 草甸	(二)盐生草甸	3. 赖草草甸
			4. 芦苇草甸
			5. 佛子茅草甸
			6. 芨芨草草甸
			7. 马蔺草甸
			8. 碱蓬草甸
		(三)沼泽化草甸	9. 砾苔草草甸
(III)草原及草原带沙生植被	III. 草原	(四)荒漠草原	10. 沙生针茅草原
	IV. 草原带沙生植被	(五)一年生草本沙生植被	11. 沙米、刺蓬群落
(IV)荒漠	V. 温带荒漠	(六)灌木荒漠	12. 裸果木群系
			13. 狭叶锦鸡儿群系
			14. 沙冬青群系
		(七)半灌木、小半灌木荒漠	15. 红砂、珍珠群系
			16. 合头草群系
			17. 猫头刺群系
(V)沼泽和水生植被	VI. 沼泽	(八)草本沼泽	18. 芦苇沼泽
			19. 狭叶香蒲沼泽
	VII. 水生植被	(九)沉水植物	20. 狐尾藻群落
		(十)浮水植物	21. 眼子菜群落
		(十一)挺水植物	22. 慈姑群落

(四)国家重点保护植物与特有植物种

根据《中国物种红色名录》(汪松,解焱,2004),保护区内共有国家重点保护植物2种,其中珍稀濒危植物沙冬青(*Ammopiptanthus mongolicus* (Maxim.) Cheng f.)为易危植物,半日花(*Helianthemum songaricum* Schrenk)为濒危植物。此外,还有我国特有属植物百花蒿(*Stilpnolepis centiflora* (Maxim.) Krasch),阿拉善地区特有植物阿拉善碱蓬、宽叶水柏枝,保护区内珍稀植物有沙鞭(*Psammochloa villosa* (Trin.) Bor)和斑子麻黄(*Ephedra rhytidosperma* Pachom)。

二、动物资源

(一)动物种类组成

综合保护区第一、二、三期综合科学考察结果,保护区分布有脊椎动物5纲27目

表 1-2　保护区栽培植被类型系统表（改自刘廼发等，2011）

植被型组	植被型	群系或作物系	群丛或作物组
（Ⅰ）木本栽培植被型组	Ⅰ. 防风固沙林	一、中林 46 杨群系	1. 中林 46 杨纯林或与新疆杨、刺槐、沙枣、旱柳组成的群丛
		二、小叶杨群系	2. 小叶杨纯林或与沙枣、柽柳、油蒿等组成的群丛
		三、沙枣群系	3. 沙枣纯林或与小叶杨、白刺、柽柳组成的群丛
		四、樟子松群系	4. 樟子松与刺槐、柠条组成的群丛
		五、柠条锦鸡儿群系	5. 柠条为主与沙拐枣、花棒、油蒿组成的群丛
		六、沙拐枣群系	6. 沙拐枣为主与柠条、花棒、油蒿组成的群丛
		七、花棒群系	7. 花棒为主与柠条、沙拐枣、油蒿组成的群丛
	Ⅱ. 果园型		8. 以苹果为主的果树作物组 9. 以葡萄为主的作物组 10. 以枣为主的果树作物组 11. 以核桃为主的作物组
（Ⅱ）草本栽培植被型组	Ⅲ. 粮油蔬菜作物型	八、旱地作物系	12. 以小麦为主，套种玉米、黄豆等作物组 13. 以玉米为主的单优势作物组
		九、水田作物系	14. 水稻作物组

66 科 230 种，其中鱼类 3 目 5 科 18 种，两栖类 1 目 2 科 3 种，爬行类 2 目 4 科 7 种，鸟类 15 目 43 科 178种，哺乳类 6 目 12 科 24 种。鱼类占宁夏鱼类种数的 58.06%，两栖类占 50.00%，爬行类占 36.85%，鸟类占 58.42%，哺乳类占 33.79%。

（二）动物区系特征

保护区在中国动物地理区划中位于古北界中亚亚界蒙新区西部荒漠亚区，在保护区繁殖的陆生脊椎动物有 114 种（不包括人为引进种），虽然种类不多，但区系成分比较复杂，包括古北界、东洋界和广布种 3 大区系类型，以古北界占绝对优势，有 84 种，占 73.68%；东洋界种类（含季风型）12 种，占 10.53%；广布种 18 种，占 15.79%。

（三）国家重点保护和珍稀濒危野生动物

根据《国家重点保护野生动物名录》（1988 年 12 月 10 日国务院批准，1989 年 1 月 14 日中华人民共和国林业部、农业部令第 1 号发布，自 1989 年 1 月 14 日施行），保护区有国家重点保护野生动物 26 种，占保护区脊椎动物的 11.30%，其中Ⅰ级保护 5 种：

黑鹳(*Ciconia nigra*)、金雕(*Aquila chrysaetos*)、玉带海雕(*liaetus leuvoryphus*)、白尾海雕(*liaetus albicilla*)和大鸨(*Otis tarda*);II级保护种类21种:鸢(*Milvus korschun*)、大鵟(*Buteo hemilasius*)、毛脚鵟(*Buteo lagopus*)、白尾鹞(*Circus cyaneus*)、鹗(*Pandion liaetus*)、红隼(*Falco tinnunculus*)、灰背隼(*Falco columbarius*)、大天鹅(*Cygnus Cygnus*)、纵纹腹小鸮(*Athene noctua*)、雕鸮(*Bubo bubo*)、长耳鸮(*Asio otus*)、短耳鸮(*Asio flammeus*)、小苇鳽(*Ixobrychus minutus*)、黑浮鸥(*Chlidonias niger*)、灰鹤(*Grus grus*)、蓑羽鹤(*Anthropoides vicgo*)、白琵鹭(*Platalea leucorodia*)、荒漠猫(*Felis bieti*)、猞猁(*Lynx lynx*)、鹅喉羚(*Gazella subguttarosa*)和岩羊(*Pseudois nayaur*)。

保护区列入《濒危野生动植物物种国际贸易公约》(CITES)附录的脊椎动物有22种,占保护区脊椎动物种类的9.56%,其中列入附录I的仅有白尾海雕1种,余均为附录II。列入《中国政府和日本国政府保护候鸟及其栖息环境协定》(简称《中日保护候鸟协定》)鸟类名录分布于保护区的鸟类有80种,占保护区鸟类种数的45.14%。列入《中华人民共和国政府和澳大利亚政府保护候鸟及其栖息环境的协定》(简称《中澳保护候鸟协定》)名录的鸟类有24种,占保护区鸟类种数的13.48%。

(四)主要天敌昆虫

保护区分布昆虫有16目173科812种,见附录III,主要分布的昆虫种类为鞘翅目、鳞翅目、双翅目、膜翅目、半翅目和同翅目。其中鞘翅目最多为217种,占总种数的26.72%;其次为鳞翅目202种,占24.88%;双翅目99种,占12.19%;膜翅目92种11.33%;同翅目58种,占7.14%;半翅目48种,占5.91%;直翅目41种,占5.05%;蜻蜓目25种,占3.08%。蜉蝣目、襀翅目、蚩蠊目和螳螂目均仅有1种。

在已鉴定昆虫标本中,天敌昆虫有10目43科159种,占保护区内鉴定昆虫总种数的22.6%。其中鞘翅目天敌种类最多,为46种,占所鉴定天敌总种数的28.93%;膜翅目、双翅目次之,分别占21.38%和20.13%;蜻蜓目22种、脉翅目11种,也都占较大的比例,见表1-3。保护内昆虫尤以瓢虫、步甲、虎甲、姬蜂、草蛉、食蚜蝇、蜻蜓和豆娘等为最常见,这与农田和人工林地昆虫群落组成结构特征很相似。另外,食虫虻类、寄蝇类、啮小蜂类种群数量也很大,很多种类仅在荒漠草原和沙漠地带分布,如一角甲(*Notxus moncerus*)等,反映出了荒漠草原天敌昆虫的显著特点。荒漠天然植被害虫的天敌,虽然其种类不多,但种群数量很大,对虫害的发生和暴发起着很重要的抑制作用。如:甲卵啮小蜂(*Tetrastichus* sp)对白茨粗角萤叶甲卵的寄生,卵块寄生率高达91%~100%,卵粒寄生率达80%以上,基本控制了白茨粗角萤叶甲的大发生。木虱啮小蜂(*Tetrastichus* sp)对沙枣林虱的寄生率达86%,有效地控制了沙枣木虱的大发生。

表1-3 保护区天敌昆虫种类组成表

目	科数	种数	占天敌总种数的百分比/%
螳螂目	1	1	0.63
革翅目	1	3	1.88
襀翅目	2	2	1.26
蜻蜓目	4	22	13.84
缨翅目	1	1	0.63
半翅目	5	7	4.40
脉翅目	2	11	6.92
鞘翅目	8	46	28.93
膜翅目	13	34	21.38
双翅目	6	32	20.13
合计	43	159	100

在保护区第二期综合科学考察中,还发现了15科44种捕食性蜘蛛,这些蜘蛛也是保护区内农林害虫的一大类重要的天敌资源。另外,保护区内分布有种群数量很大的蜥蜴——荒漠沙蜥(*Phrynocephalus przewalskii*)和密点麻蜥(*Eremias multiocellata*),对荒漠害虫也具有很大的控制作用。

(五)资源昆虫

保护区特殊的荒漠昆虫类群,如拟步甲类、荒漠叶甲类和土蝗类等,对沙漠残酷的环境条件适应能力很强,是研究昆虫抗逆性的重要材料和基因库。在保护区内还采到金凤蝶(*Papilio machaon*)、腾格里懒螽(*Zichya alashanis*)、黑翅痂蝗(*Bryodema nigroptera*)和甘肃齿足象(*Deracanthus pctanini*)等稀有昆虫。此外,中华真地鳖(*Eupolyphaga sinensis*)和宁夏胭脂蚧(*Porphrophora ningxiana*)也都尚待开发的昆虫资源。保护区内分布的种群数量颇丰的蜣螂、螳螂类和粪金龟类,对促进保护区内动物代谢物的转化,保持自然环境的清洁起着难以估量的作用,见表1-4。

(六)苗木检疫对象

根据全国林业检疫性有害生物名单和全国林业危险性有害生物名单(国家林业局公告(〔2013〕4号),保护区林业检疫性有害生物对象有苹果蠹蛾(*Cydia pomonella*)。全国林业危险性有害生物对象有枣大球蚧(*Eulecanium gigantean*)、梨圆蚧(*Quadraspidiotus*

表 1-4 保护区资源昆虫名录

种名	发生情况	用途
中华真地鳖 *Eupolyphaga sinensis*	+ + +	中药材
单刺蝼蛄 *Gryllotalpa unispina*	+ + + +	中药材
东方蝼蛄 *Gryllotalpa orientalis*	+ + + +	中药材
华长腿胡蜂 *Polistes chinensis antennalis*	+ + +	中药材
宁夏胭脂蚧 *Porphrophora ningxiana*	+ + +	染色剂
金凤蝶 *Papilio machaon*	+ +	观赏
腾格里懒螽 *Zichya alashanica*	+ +	观赏
中华蜜蜂 *Apis cerana*	+ + +	酿蜜
意大利蜜蜂 *Apis mellifera*	+ + + +	酿蜜

perniciosus)、柠条豆象(*Kytorhinus immixtus*)、双条杉天牛(*Semanotus bifasciatus*)和杨干透翅蛾(*Sesia siningensis*)等。

三、隐花植物和土壤微生物资源

保护区地表主要的隐花植物有藻类 24 种、地衣 16 种和藓类 13 种。表层土壤中细菌 87 种、真菌 30 种,它们在保护区固沙方面起着重要的防沙尘作用,其分解、矿化作用加速了沙漠地区能量转换和物质循环,对于改善土壤性状、形成结皮层和块状结构层起着一定的作用。

四、气候资源

保护区光热资源和风能资源丰富。沙坡头日照充足,近 10 年平均日照时数达2 975.6 h,平均 8.2 h/d,日照百分率为 67.1%。最长的是 5 月和 6 月,日平均高达 10.2 h 以上。年平均光能达 9.8×10^7 W/m^2,年平均辐射总量达 6.2×10^9 J/m^2。全年的风能资源为 1.1×10^8 W。

五、水资源

保护区的水资源主要包括大气降水、地表径流、地下水以及湖泊、坑塘和水库储水四部分。

按照近 10 年平均降水量 182.78 mm 计算,保护区的大气降水资源为 2.57×10^7 m^3。

保护区西南侧边界为黄河干流，近5年(2013—2017年)来黄河中卫水文站的年平均径流总量为 2.63×10^{10} m³；保护区内的湖泊和坑塘众多，但大多水深较浅，面积较小，水资源总量约 1.18×10^{7} m³。地下水资源匮乏，主要以潜水为主，地下水资源总量 2.95×10^{7} m³，主要集中于小湖、马场湖和高墩湖、腾格里湖等区域内。扣除"三水"转化和重复计算量，保护区内的水资源总量约为 6.92×10^{6} m³(张黎，2003)。

六、土地资源

保护区总土地面积 14 044.34 hm²，其中：林地(包括乔木林、灌木林和其他林地)面积为 5 336.62 hm²，占总土地面积的 38.00%；沙荒地(沙地和裸土地)面积为 2 950.23 hm²，占总土地面积的 21.00%；草地 2 559.69 hm²，占总土地面积的 18.22%；水域(河流、湖泊、坑塘和水库)为 854.77 hm²，占总土地面积的 6.09%；耕地(水浇地和果园)面积 1 529.30 hm²，占总土地面积的 10.89%；居民和建设用地 814.74 hm²，占总土地面积的 5.80%。

七、湿地资源

湿地是指不论其为天然或人工、长久或暂时性的沼泽地、泥炭地或水域地带、静止或流动、淡水、半咸水、咸水体，包括低潮时水深不超过 6 m 的水域。

根据《湿地分类(GB/T 24708—2009)》，保护区的湿地类型为河流湿地、湖泊湿地、沼泽湿地和人工湿地，总面积 1 070.85 hm²，占保护区总面积的 7.62%。

河流湿地主要分布在保护区西部的长流水沟区域和保护区内的少部分黄河干流及其边滩，分布面积较小，面积为 31.40 hm²，仅占保护区湿地面积的 2.93%。

湖泊湿地是保护区内的主要湿地类型之一，主要分布在小湖、马场湖和高墩湖等天然和半天然湖泊区，以及散布于保护区内的部分天然坑塘区，面积 262.91 hm²，占保护区湿地面积的 24.55%。

沼泽湿地主要位于天然湖泊和人工湖泊的小型湖心岛以及湖泊周边地区，地表植被以湿生植物和水生植物为主，面积 187.92 hm²，占保护区湿地面积的 17.55%。

人工湿地包括人工湖、水库和人工坑塘区域，主要分布在腾格里湖及其周边的鱼塘、千岛湖、荒草湖、孟家湾水库，以及散布于保护区内各类小型人工坑塘(包括鱼塘和灌溉水池等)，是保护区内分布面积最大的湿地类型，面积 582.19 hm²，占保护区湿地面积的 54.37%。

保护区的湿地区域是保护区内水资源和动植物资源最为丰富的区域，特别是鸟类的主要繁殖地和栖息地，保护区内的26种珍稀濒危保护动物在湿地内均有分布，成为它们的繁殖地、栖息地、捕食地和饮水源地。

保护区湿地资源面临的主要问题有三个方面：一是人工依赖性强，稳定性差，生态脆弱。保护区几乎所有的人工湿地、湖泊湿地和沼泽湿地都依赖于人工直接或间接维持，人工湿地直接依赖于人工输水维持，而湖泊和沼泽湿地则靠人工湖区地下水和灌溉余水侧向渗漏补给等方式维持，间接依赖于人工维持，一旦人工维持活动减弱，则会出现水域面积减小，地下水位下降和植被退化等一系列问题，生态脆弱。虽然近年来保护区湿地面积因人工湖和坑塘的扩张而面积有所增加，与二期科考相比，湿地面积增加了83.36%，但其自然稳定性较差，特别是沼泽湿地，人工维持活动减弱后，沼泽湿地最先开始退化，而湖泊湿地逐渐沼泽化。二是部分湖泊水体存在富营养化，水环境质量下降，对水生动物和两栖动物影响较大。三是沼泽湿地土壤盐渍化严重，土地沙化风险高。由于地处干旱区，沼泽湿地区土壤水分含量达，土壤蒸发量强烈，导致土壤易溶盐随水分带至地表，形成盐碱化，小湖北侧区域的地表土壤含盐量高达5.84%。由于地处沙漠边缘，土壤多砂质，在地下水下降，土壤水分降低、植被大面积枯亡后将出现土地沙化现象。该类湿地的地下水对人工的依赖性较强，出现土地沙化的风险等级较高。

八、旅游资源

根据《旅游资源分类、调查与评价》(GB/T18972—2003)对沙坡头旅游资源进行调查，保护区有各类旅游资源38种，其中自然性资源14种，历史性资源13种，社会性资源5种，现代人工吸引物6种，见表1–5。

保护区内的沙坡头旅游区是世界知名旅游区，位于腾格里沙漠南缘黄河北岸，该景区集沙、山、河、园于一体，是多种旅游资源的综合体，包括腾格里沙漠、沙坡头、黄河、长河落日、羊皮筏子、沙坡头治沙工程等众多的自然、历史、社会和现代人工吸引旅游资源。悠久的黄河文化、独特的自然景观和现代治沙科研成果交相辉映，融为一体，被世人称为“世界沙都”和“世界垄断性旅游资源”。目前，沙坡头旅游区是国家级5A级景区，是中卫市乃至宁夏的旅游名片。沙坡头旅游区分为黄河区和沙漠区，其中沙漠区全部位于保护区范围内，主要景点是沙漠鸣钟(鸣沙坡)和沙漠自然景观。2017年接待游客为136.7万人次，旅游收入2.48亿元。

表 1–5 保护区旅游资源

大类	亚类	主要资源
自然性资源	沙漠	腾格里沙漠、沙坡头
	河流	黄河、长流水
	湖泊	小湖、高墩湖、马场湖、荒草湖
	天象与气象	长河落日、大漠孤烟、星空
	生物	鸟类、古枣树、古柳树
历史性资源	历史遗址	长流水细石器遗址、沙坡头、长城、古城堡(长流水唐代古城遗址、四方墩城堡、古烽燧)
	古墓葬	春秋青铜短剑墓葬群、多处汉墓群
	历史传说	桂王城
	古水工水具	美利渠、水车、羊皮筏子
	风景名胜	沙坡鸣钟
社会性资源	观光农业	枸杞园、葡萄园
	地方特产	宁夏枸杞、葡萄、红枣
现代人工吸引物	工程与现代建筑	沙坡头治沙工程、沙坡头火车站、西气东输工程
	公园及广场	沙漠博物馆、沙都公园、沙生植物园

沙坡头古时称沙陀，元代名为沙山。乾隆年间因在黄河北岸形成了一个宽约 2 000 m、高 100 余米的大沙堤而得名沙陀头，讹音为沙坡头。目前，沙坡高近 80 m，坡度 30°~40°。每当天气晴朗、气温升高时，人坐在沙顶上倾侧下滑，沙坡内便发出一种“嗡——嗡——”的轰鸣声，犹如金钟长鸣，悠扬洪亮，故得“沙坡鸣钟”之景胜，是中国四大鸣沙之一。站在沙坡下抬头仰望，但见百米沙山悬若飞瀑，人乘沙流，如从天降，无染尘之忧，有钟鸣之乐，物我两忘，其乐无穷。所谓“百米沙坡削如立，碛下鸣钟世传奇，游人俯滑相嬉戏，婆娑舞姿弄清漪。”正是这一景胜的写照。

古人把鸣沙列为祥异，现代科学研究中也提出多种鸣沙发声机理假说，主要有以下几类：①威尔逊的摩擦理论，认为声音是由大量洁净沙粒摩擦产生的；②博尔顿的气垫理论，认为声音是被弹性气垫隔开而互不接触的沙粒发生振动作用造成的；③库尔哈拉的喷气理论，认为声音是沙子快速受压时喷射的空气引起的；④拜格诺的剪切面理论，认为声音是由剪切面上过载沙粒的垂直振动引起的；⑤Hidaka 等的黏结滑动理论,认为声音是由黏结滑动摩擦引起的振动造成的;⑥彼得洛夫的压电理论,认为由于石英晶体具有压电性质,一旦受挤压便会带电,而在电的作用下所产生的往复伸缩振动而发声;⑦马玉明等的共鸣箱理论认为,高大沙山月牙形背风坡丘间地水的蒸发作用形成的蒸汽墙和冷气墙，与沙脊线附近日晒形成的热气墙构成一个天然的共鸣箱，当沙丘被人畜扰动或在风的吹动下发出的响声，经其鸣箱共振放大而成鸣沙(Lewis，1936；Bagnold，1959；Haff，1986；Goldsack，1997；马玉明,2000；屈建军等，1995)。

上述理论推测并未得到实验和观测证明,屈建军等通过实验模拟,发现并证实了鸣沙的发声机制,证实鸣沙发声与沙粒表面有无二氧化硅凝胶无关,也与其表面的化学组成无关,而与自然沙粒表面由风蚀、水蚀、化学溶蚀及硅凝胶沉淀等多种因素所形成的多孔(坑)状物理结构所构成的共鸣腔有关,共鸣机制与亥姆霍兹共鸣腔相似。粉尘或更细的黏粒等杂质侵入沙粒表面的孔洞所产生的阻尼作用，可导致鸣沙共鸣机制丧失而变为哑沙。清除石英颗粒表面各种细小杂质对多孔结构的污染是恢复哑沙发声的有效途径(屈建军等,2007)。

九、历史遗迹资源

沙坡头地区古人类活动频繁,古代军事地位突出,历来为兵家必争之地,遗留有众多的历史遗迹。按照类别可分古人类活动遗址、明长城和烽燧遗址、古城堡遗址、古墓葬遗址和古道遗址。据统计保护区内的历史遗迹多达 15 处。

(一)古人类活动遗址

古人类活动遗址集中分布于长流水、孟家湾和九龙湾地区。据文物部门统计,保护区内多达 5 处,多为石器时代古人类活动遗址,保护级别较低,具体见表 1–6。

(二)明长城和烽燧遗址

明长城和烽燧遗址主要在黑林村—夹道村—腾格里湖—姚滩村一线，分布有一关、五台等多段长城墙体,总长度约 10 km,保护级别均为国家级,具体见表 1–7。

(三)古城堡遗址

保护区内的古城堡遗址有两处,位于小湖和马场湖片区,具体见表 1–8。

(四)古墓葬遗址和古道遗址

保护区内共发现古墓葬遗址和古道遗址各一处,分别位于千岛湖和孟家湾–长流水区域,保护级别较低,具体见表1–9。

表 1-6 保护区内古人类活动遗址

遗址名称	地点	遗址概况	级别
长流水石器时代遗址	长流水村西及西北侧的长流水河谷南北两侧	河谷南区范围南北长约 200 m，东西长约 600 m；河谷北侧的北区南北长约 600 m，东西长约 1 500 m	市县级
孟家湾石器时代遗址	孟家湾村西及西北，长流水河谷两侧	长约 3 000 m，宽约 1 000 m 的范围内，共分布有 5 个遗址点	市县级
郑家小湖石器时代遗址	郑家小湖周围地带	东西长约 1 000 m，南北宽约 600 m	未定级
九龙湾新石器时代遗址	公路南侧靠近黄河的沙丘地带	遗址东西长 1 000 m，南北宽约 1 000 m，大部分遗迹被沙丘覆盖	未定级
孟家湾火车站南侧石器时代遗址	孟家湾火车站南侧	遗址东西长约 600 m，南北宽约 300 m	未定级

表 1-7 保护区内明长城和烽燧遗址

遗址名称	地点	级别
定北墩烽火台	姚滩村北侧美利纸业育林区北端	国家级
鱼种场长城及烽火台	夹道村鱼种场北侧	国家级
夹道烽火台（含长城墙体）	夹道村东南侧	国家级
夹道关	夹道村东侧	国家级
黑林烽火台（含长城墙体）	黑林村农田	国家级
腾格里湖长城及烽火台、敌台遗址	腾格里湖北岸断续分布，并向东北及西南方向延伸	国家级

表1-8 保护区内古城堡遗址

遗址名称	地点	级别
小湖买卖城遗址	小湖西北侧	未定级
马场湖城址	马场湖	未定级

表 1-9 保护区内古墓葬遗址和古道遗址

遗址名称	地点	概况	级别
千岛湖墓葬群	大漠边关附近	发现墓葬 7 座，带有墓道，均被水淹没，现位于湖底	未定级
孟家湾–长流水丝路古道	长流水河谷北岸，自孟家湾至长流水	东西长约 10 km 范围内，均有断续的古道遗迹	未定级

第四节　社会经济概况

一、行政区域

保护区位于中卫市沙坡头区迎水桥镇，全镇共17个行政村、2个社区，常住人口28 777人。保护区内及周边行政村有夹道村、黑林村、码头村、鸣钟村、鸣沙村、沙坡头村、孟家湾村和长流水村8个行政村。

二、人口

据2017年统计，保护区内有人口4 890人，人口密度0.34 km²，其中农业人口3 529人，企事业单位职工1 361人，汉族4 130人，回族755人，满族3人，蒙古族1人。

三、社区经济

保护区内村民的经济收入以农业、养殖业、经果林、旅游业、加工业、土地流转和劳务输出为主，2017年总产值达20 874万元，人均年产值22 455元，人均年收入8 174元，略高于中卫市农村居民人均收入。

四、交通和电力

保护区内交通主要有包兰铁路、定武高速（中营高速）、G338，沙坡头中央大道、迎闫公路及其他乡村道路、巡护道路和旅游道路等。

电网建设遍布整个保护区，南部沿迎水桥、黑林村、碱碱湖、沙坡头、孟家湾有35 kV高压输电线路；中部从迎水桥至沙坡头有10 kV输电线路；北部沿迎闫公路通往内蒙古阿拉善左旗、通湖、硝厂有10 kV输电线路；东部从迎水桥至高墩湖有10 kV输电线路；东部有马场湖至红武村10 kV输电线。有线广播电视和无线通讯网络覆盖保护区大部分地区。

第五节　保护区类型、保护对象、范围和功能区划

一、保护区类型

依据《自然保护区类型与级别划分原则》(GB/T4529—93)，保护区属“自然生态系

统类别”中的“荒漠生态系统类型”自然保护区。

二、主要保护对象

主要保护对象为典型的温带沙漠自然生态系统及其生态演替，特有稀有野生沙地动、植物及其生存繁衍的生态环境，以防护林工程为主体的人工生态系统及其治沙科研成果以及区内各名胜古迹和历史遗迹。

（一）自然沙漠景观和自然荒漠植被

保护区地处腾格里沙漠东南缘，浩瀚的大漠绵延几十里，保持着自然状态。在丘间沙地，一些地下水位较高的地区，沙生先锋植物建立了荒漠植被带，构成了荒漠生态系统植被的不同演替阶段，在科学研究方面，尤其在研究荒漠生态系统的演化方面具有保护的价值。

（二）人工林生态系统

保护区的人工林生态系统是人类治理沙漠创造的国内外闻名的奇迹，并在1994年获得联合国环境规划署颁发的“全球环境保护500佳”称号。由于这一生态系统的建立提高了荒漠生态系统空间异质性，那些适应人工林生境栖息的动物进入这一生境定居，包括属于东洋界的黑卷尾和发冠卷尾都沿东南季风深入这一生态系统，大大地增加荒漠生态系统的多样性，作为治沙的标志性成果和具有高度的物种多样性，人工林生态系统具有重要的保护价值。

（三）湖泊湿地生态系统

湖泊湿地生态系统是保护区内荒漠生态系统的子系统，也是物种多样性最为丰富的系统类型，是保护区内水资源和动植物资源最为丰富的区域，特别是鸟类的主要繁殖地和栖息地，保护区内的26种国家二级野生重点保护动物都不同程度的依赖于湖泊湿地生存。

（四）生物多样性

保护区虽然地处荒漠地区，但由于人工环境和自然环境的复杂性，孕育了丰富的生物种类，有高等植物485种，脊椎动物230种，其中鱼类18种、两栖爬行类10种、鸟类178种、兽类24种，其中黄河鲤鱼、鲶鱼，适应荒漠环境的鸟、兽类都是土著种类有重要的保护价值。它们中还有26种被列入国家重点保护对象，其中I类5种，II类21种。列入CITES的有22种。这些都是重要的物种资源，应重点保护。另有昆虫812种，其中天敌昆虫有159种，作为物种多样性都应加以保护。

（五）古长城和烽燧等历史遗迹

沙坡头地区古人类活动频繁，地处战略要地，古代军事地位突出，历来为兵家必争之地，遗留有众多的历史遗迹。按照类别可分古人类活动遗址、明长城和烽燧遗址、古城堡遗址、古墓葬遗址和古道遗址。据统计保护区内的历史遗迹多达 15 处。

三、功能区划

保护区总面积为 14 044.34 hm^2。功能区分为核心区、缓冲区和实验区，面积分别为 3 962.15 hm^2，5 448.49 hm^2 和 4 633.70 hm^2。

核心区分为 6 个功能亚区，分别为包兰铁路迎孟段固沙防护林亚区、荒草湖至高墩湖北部防风固沙林亚区、荒草湖湿（水）生植被及鸟类栖息亚区、马场湖湿（水）生植被及鸟类栖息亚区、高墩湖湿（水）生植被及鸟类栖息亚区和包兰铁路迎孟长灌丛植被亚区，具体范围及其保护对象（作用），见表1–10。

表 1–10　保护区核心区亚区（据刘廼发等，2011）

分区	代号	范围	面积/hm^2	占比/%	保护对象（作用）
核心区	I	包兰铁路、银兰公路两侧 300~700 m 及高墩湖、马场湖、小湖南侧	3 962.15	100	“五带一体”铁路防沙体系、天然沙生植被，有防风固沙护路作用，阻止腾格里沙漠南移，具有一定的科学研究价值
包兰铁路迎孟段固沙防护林亚区	I_1	包兰铁路里程碑 701 至孟家湾车站西两侧	1 324.14	33.42	“五带一体”铁路防风固沙工程体系，旱生带植被，主要有花棒、柠条、紫穗槐、白沙蒿等，覆盖度 20%~30%
荒草湖至高墩湖北部防风固沙林亚区	I_2	荒草湖西侧到高墩湖东侧以北地带	1 776.77	44.84	乔木林：小叶杨、沙枣等，郁闭度 0.4~0.6；国家二级保护野生动物分布
荒草湖湿（水）生植被及鸟类栖息亚区	I_3	荒草湖湖泊地带	23.40	0.59	天然湿（水）生植被：芦草、菖蒲、拂子茅、赖草、罗布麻等；动物有黑鹳、天鹅等
马场湖湿（水）生植被及鸟类栖息亚区	I_4	马场湖湖泊地带	169.39	4.28	原始地质、地貌及原生天然湿（水）生植被、芦草、菖蒲、拂子茅、赖草、罗布麻等；动物有黑鹳、天鹅等
高墩湖湿（水）生植被及鸟类栖息亚区	I_5	高墩湖湖泊地带	187.12	4.72	天然湿（水）生植被：芦草、菖蒲、拂子茅、赖草、罗布麻等；动物有黑鹳、天鹅等

续表

分区	代号	范围	面积/hm²	占比/%	保护对象(作用)
包兰铁路迎孟长灌丛植被亚区	I_6	孟家湾荒漠植被带	181.44	12.15	天然荒漠植被：裸果木、沙冬青、红砂、猫头刺、合头草、狐尾藻；动物有：黑鹳、金雕、毛脚鵟、红隼、荒漠猫等。分布有天然湖泊和水库
		长流水荒漠植被带	299.89		

缓冲区分为7个功能亚区，分别为小湖地区防风固沙林亚区、明长城古迹亚区、荒草湖马场湖南侧草灌亚区、碱碱湖实验开发亚区、沙漠自然景观亚区、孟长灌丛植被亚区和孟长沙漠自然景观亚区，具体范围及其保护对象(作用)，见表1-11。

表1-11 保护区缓冲区亚区(据刘迺发等，2011)

分区	代号	范围	面积/hm²	占比/%	保护对象(作用)
缓冲区	II	核心区的外围缓冲地带	5 448.49	100.00	使核心区免遭外界影响和破坏，起维护、调节、缓冲作用
小湖地区防风固沙林亚区	II_1	连定北墩至高墩湖及风沙前沿地带	198.22	3.64	人工乔木林和自然植被，主要有小叶杨、沙枣、杜梨、花棒、沙冬青、杠柳、白刺、赖草等
明长城古迹亚区	II_2	小湖东部	213.31	3.91	明长城及其他遗址
荒草湖马场湖南侧草灌亚区	II_3	马场湖—荒草湖以南狭长带	194.43	3.57	起缓冲作用，主要植被有杠柳、白刺、赖草、拂子茅、杠柳等
碱碱湖实验开发亚区	II_4	碱碱湖北部狭长带	609.31	11.18	封闭的沙漠地带，保护沙生天然植被，使核心区免遭破坏
沙漠自然景观亚区	II_5	小湖至孟家湾	3 319.07	64.38	未治理的沙漠自然景观区
		孟家湾至沙坡头东站试验基地以北	188.63		
孟长灌丛植被亚区	II_6	孟家湾至长流水荒漠灌丛带	564.97	10.37	白刺灌丛、多枝柽柳灌丛、红砂、珍珠、猫头刺
孟长沙漠自然景观亚区	II_7	孟家湾至长流水沙漠带	160.55	2.95	未治理的沙漠自然景观区

实验区可分为9个亚区，分别为碱碱湖农林生产亚区、北干渠北侧渔业生产亚区、迎水桥地区生活亚区、定北墩-小湖地区防护林亚区、沙漠自然景观亚区、孟长灌丛植被亚区、沙坡头治沙研究亚区、沙坡头景观旅游亚区和沙坡头大漠营地景观旅游亚区，具体范围及其保护对象(作用)，见表1-12。

表 1–12　保护区实验区亚区(据刘廼发等,2011)

分区	代号	范围	面积/hm^2	占比/%	保护对象(作用)
实验区	III	缓冲区外围地带	4 633.7	100.00	有目的、有计划地进行基础设施建设,开展农林、科研、生产活动
碱碱湖农林生产亚区	III_1	美利渠以北,碱碱湖地区	903.42	19.50	有黄河水灌溉之利,适宜发展生态经济林
北干渠北侧渔业生产亚区	III_2	高墩湖至高鸟墩到北干渠北侧 300 m	212.16	4.58	水源充足,排灌畅通,适宜发展渔业生产
迎水桥地区生活亚区	III_3	五七干校到兰铁中卫固沙林场一带	226.83	4.90	生产生活区
定北墩–小湖地区防护林亚区	III_4	小湖东侧至边界	1 745.21	37.66	多年生沙灌丛植被固定沙丘,主要植被有油蒿、白沙蒿、猫头刺、柽柳、白刺等,覆盖度 20%~30%
沙漠自然景观亚区	III_5	小湖西侧至边界	506.94	10.94	使沙生植被及保护核心区不受干扰、破坏
孟长灌丛植被亚区	III_6	孟家湾至长流水荒漠灌丛	565.86	12.20	白刺灌丛、红砂、珍珠、猫头刺灌丛等,覆盖度 40%
沙坡头治沙研究亚区	III_7	沙坡头以东至麻荒滩北侧,碱碱湖西侧	9.16	0.20	中科院兰州沙漠所沙坡头试验站治沙研究试验基地
沙坡头景观旅游亚区	III_8	原童家园子	12.88	0.28	以沙坡头"沙坡鸣钟"为中心的观赏沙漠自然景观的旅游区
沙坡头大漠营地景观旅游亚区	III_9	沙坡头旅游景区北部 1.5 km	451.24	9.74	观赏沙漠自然景观的旅游区

第二章

自然地理环境

第一节　地质

一、地质构造

保护区地处青藏高原的东北面，区域新构造运动受青藏高原隆升的影响较大。由于青藏高原的隆起和向四周的挤压扩散及侧向滑移，在其东北边缘的陇西山地北侧形成了一系列向外凸出的弧形挤压构造及其边缘的左旋走滑断裂带。这些断裂带由内向外依次为：海原断裂带、中卫-同心断裂带、烟筒山断裂带及牛首山断裂带（丁国瑜，1993），见图 2-1。这些断裂带在第四纪以来有强烈的逆冲和左旋走滑活动，活动强度自西南向东北逐渐减弱。

中卫-同心活动断裂带最西出现在小红山、甘塘一带，向东断续出露，经中卫至红谷梁转向南东和南南东，延至固原、七营，全长 200 km，该断裂带为具有很大逆冲性的左旋走滑断裂带，由一系列斜列及分支或平行的次级断层组成。自西向东可分为三段，分别为小红山-麻黄沟段、香山-天景山段和同心西-七营段。

该断裂带的香山-天景山段位于沙坡头自然保护区西南侧。该段西起上茶房庙，向东经大堆堆沟、孟家湾，过黄河经窑上、碱沟、红谷梁转向东南方向至同心西。由红谷梁向东还有断层断续分布至刘岗井、陈麻井一带，全长约 80 km。香山-天景山断裂长期以来活动强烈，早期以挤压逆冲为主，形成香山-天景山的隆起和中卫盆地的下降，可能在第四纪早期转变成以左旋走滑为主兼具逆冲性质的断裂（张维岐等，

1988),或在距今 5 Ma 时开始左旋运动(Wang et al., 2013)。香山–天景山断裂由多条次级断层和分支断层组成,逆冲和左旋走滑活动清楚,多处可见到古老岩石逆冲到第四系之上,水系和山脊扭错现象,是中卫–同心断裂带中第四纪以来活动性最强的一段。

在海原断裂带与中卫–同心断裂带之间为香山–天景山挤压隆起区（即香山所在位置),黑山峡即为黄河在此段的深切谷地。黄河穿过黑山峡段后,进入腾格里沙漠南侧和中卫盆地。而在中卫–同心断裂带和烟筒山断裂带两条断裂带间的北部地区,形成了断裂带间的凹陷盆地——(中)卫(中)宁盆地,并接受沉积,形成巨厚沉积层。在

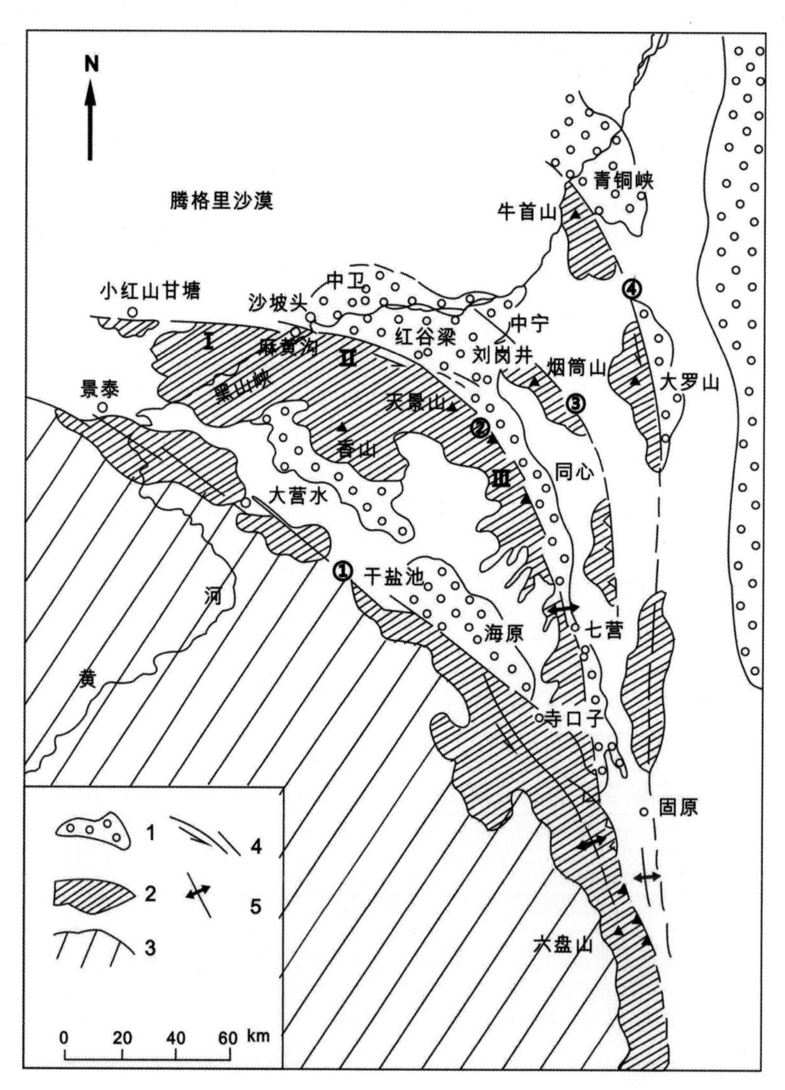

◆ 图 2–1　青藏高原东北侧的弧形挤压–走滑活动断裂带及中卫–同心断裂带的分段示意图(改自丁国瑜,1993)

1. 第四纪凹陷盆地区;2. 基岩山地区;3. 陇西高地;4. 活动断层;5. 背斜
①海原断裂带;②中卫–同心断裂带; ③烟筒山断裂带;④牛首山断裂带
I. 小红山–麻黄沟段活断层;II. 香山–天景山段活断层;III. 同心–七营段活断

中更新世末期，中卫盆地北东侧的烟筒山断裂带开始强烈活动，包括中卫盆地在内的烟筒山断裂西南盘抬升，黄河下切，结束了中卫盆地的沉积历程。该盆地西起香山-天景山一线，东至烟筒山一带，北达腾格里沙漠东南缘。保护区即位于卫宁盆地的西北部，香山-天景山断裂带西端在保护区孟家湾、长流水一带沿保护区南侧边界经过，只有部分次级断裂在保护区内孟家湾水库的南北两侧分布。

二、地层

卫宁盆地地区在新构造运动中形成了断裂带间的凹陷盆地，成为区域沉积中心，形成了巨厚的第四系冲积砾石层，最厚处可达 200 m 以上（丁国瑜，1993；张珂，2004）。保护区所在的卫宁盆地西北部，地层相对简单，东北部和中部主要以现代风积层（Q_4^{2eol}）、全新统冲积层（Q_4^{1al}）和湖积层（Q_4^{l}），西南部因接近断裂带，地层相对复杂，分布有现代风积层（Q_4^{2eol}）、第四系上更新统冲洪积层（Q_3^{apl}）、中更新统冲洪积层（Q_2^{apl}）、第三纪上新统临夏组含砾砂岩（N_2l）、石炭系上统太原组（C_3ty）灰岩和炭质页岩，石炭系中统靖远组（C_2j）和羊虎沟组（C_2y）粗砂岩，见附图。

(一)现代风积层(Q_4^{2eol})

由于保护区位于腾格里沙漠东南缘,现代风积层为腾格里沙漠现代风积沙,以松散的中细砂为主,在保护区内广布,分布面积占保护区总面积的85%以上,广布于保护东北段、中段和西段的北部地区。

(二)全新世冲积层(Q_4^{1al})

由于黄河的摆动,在中卫盆地形成了大片巨厚的冲积层,其中在保护区的全新世冲积层主要分布在古黄河河道残遗湖附近,如小湖、高墩湖、马场湖、荒草湖和碱碱湖等区域,另外在长流水沟下游也有分布,占保护区总面积的5%左右,主要为砾石、沙和黏质沙土层,见图2-2。

图2-2 早更新世—中更新世冲积砾石层
左图:长流水沟口黄河冲积砾石层
右图:迎闫公路东侧夹道村黄河冲积砾石层和上覆沙、粉沙和黏土质河流冲积层

(三)全新世湖积层(Q_4^{l})

全新世湖积层分布面积很小,不足保护区总面积0.5%,分布于小湖湖底,为含硝沙质黏土、黏土和淤泥。

(四)上更新统冲洪积层(Q_3^{apl})

第四系上更新统冲洪积层是保护区南侧山区冲洪积物在山前沉积而成,主要分布在长流水村附近及其以西地区,在孟家湾村附近及其北面的沙漠边缘也有少量分布,占保护区总面积的5%左右,为冲洪积相砂砾和亚砂土,见图2-3。

(五)中更新统冲洪积层(Q_2^{apl})

中更新统冲洪积层主要分布在中营高速孟家湾高速入口处和蒙古大营东北面,

◆ 图 2-3 上中更新世冲洪积亚砂土

分布面积很小，占保护区总面积的 0.5%左右，为冲洪积相的砾石层。

（六）上新统临夏组（N_2l）

上新统临夏组主要分布在孟家湾水库以北，沙漠南侧的丘陵区，分布面积占保护区总面积的 1%左右，为含砂砾岩和砂砾岩夹黏土层。

（七）石炭系上统太原组（C_3ty）

石炭系上统太原组主要分布在孟家湾水库南北区间的狭长地带，面积约占保护区总面积的不足 0.5%，为灰岩、炭质灰岩、页岩和砂质夹煤层。

（八）石炭系中统靖远组（C_2j）和羊虎沟组（C_2y）

石炭系中统靖远组和羊虎沟组主要分布在孟家湾水库南北两侧的覆土石质丘陵区，面积约占保护区总面积的 2.5%，另外在长流水沟下游零星分布，为粗砂岩、粉砂岩、页岩夹煤层和灰岩透镜体，见图 2-4。

◆ 图 2-4 石炭系中统靖远组和羊虎沟组粗砂岩和页岩夹煤层

第二节 地貌

一、区域地貌动力

（一）地貌内动力

受青藏高原向鄂尔多斯地块和阿拉善地块挤压，在沙坡头地区形成了香山-天景山挤压隆起带、卫宁凹陷盆地和烟筒山隆起带的盆山格局，黄河在凹陷盆地内游荡，盆地内接受巨厚沉积，随着第四纪末甚至更早时间，香山-天景山由挤压逆冲性逐渐转变为带挤压逆冲性的左滑断裂带，卫宁盆地西部边缘还是隆升，中晚更新世烟筒山断裂带活动剧烈，导致卫宁盆地隆升，黄河下切，黄河河道也逐渐固定，并向南前移，并到达目前所处位置。

（二）地貌外动力

1. 流水作用

因黄河擦边而过，加之历史时期黄河河道摆动，成为区域地貌演化的重要外力条件。虽然保护区地处干旱区，但在保护区的西部有地下水出漏，并形成河流——长流水，加之周边山地——夜明山等处的洪水，成为保护区西部地貌演化的重要外动力条件。此外，在保护区中部和北部存在多处黄河故道残遗湖，是保护区北部和中部的重要外动力条件。

2. 风力作用

由于保护区处于腾格里沙漠东南缘，风力作用是地貌演化的重要外动力条件之一。因地处东亚季风的边缘区，保护区主要的动力风向为偏西北风和偏东风，其中偏西北风是主风向，在两组风向作用下形成格状沙丘，在受局地风况和植被多寡等因素的影响下形成其他的沙丘类型。

3. 人为作用

保护区的人类改造自然活动开始于20世纪50年代的包兰铁路“五带一体”防护体系的建设，60多年来人为改造持续不断，特别是“三北”防护林建设、人工湿地营造和流沙地农田改造等系列人为改造工程，对原有的地貌进行了极大的改造，形成了许多人为影响下的地貌类型。

二、区域地貌分类系统

地貌动力条件或单一作用，或两两耦合，乃至多动力耦合，形成了区域较为复杂的地貌类型。根据主要地貌动力条件建立区域一级地貌分类系统，即台地、丘陵、平原、水体、河流地貌、湖泊地貌和风沙地貌。

因处于腾格里沙漠边缘，对于一些零星分布流沙（流沙覆盖不超过20%）或有连续薄层覆沙（覆沙厚度不超过1 m）的地貌划入其主要地貌类型中，并独立成类型，其名称中冠以覆沙，并视覆沙的流动性冠以半固定或固定，以示区别。

台地根据成因和覆沙划分为干燥洪积台地和固定覆沙台地；丘陵根据物质组成划分为土质丘陵和覆土石质丘陵；平原则根据不同的动力条件划分为干燥洪积平原、冲积平原、湖积平原和固定覆沙平地；水体根据成因划分为河流、湖泊、水库和坑塘；河流地貌则划分为边滩、阶地、阶坡和河谷；湖泊地貌仅有人工岛。

由于风沙地貌是区域主要的地貌类型，而且类型较为复杂，故建立了三级分类系统，根据植被多寡和固定程度进行一级划分，依据形态进行二级划分，依据人为作用进行三级划分。保护区地貌分类系统详见表2–1。

表2–1 保护区地貌分类系统

一级分类	二级分类	三级分类	四级分类	面积/hm^2	比例/%
1. 台地	1.1 干燥洪积台地			891.03	6.34
	1.2 固定覆沙台地			208.38	1.48
	合计			1 099.41	7.82
2. 丘陵	2.1 土质丘陵			97.03	0.69
	2.2 覆土石质丘陵			247.34	1.76
	合计			344.37	2.45

续表

一级分类	二级分类	三级分类	四级分类	面积/hm²	比例/%
3. 平原	3.1 干燥洪积平原			188.82	1.34
	3.2 冲积平原			183.94	1.31
	3.3 湖积平原			1 050.78	7.48
	3.4 固定覆沙平地			67.37	0.48
	合计			1 490.91	10.62
4. 水体	4.1 河流			6.78	0.05
	4.2 湖泊	4.2.1 天然湖泊		46.94	0.33
		4.2.2 半天然湖泊		207.11	1.47
		4.2.3 人工湖泊		312.58	2.23
		小计		566.63	4.03
	4.3 水库			6.27	0.04
	4.4 坑塘	4.4.1 天然坑塘		8.91	0.06
		4.4.2 人工坑塘		266.17	1.90
		小计		275.08	1.96
	合计			854.77	6.09
5. 河流地貌	5.1 边滩			5.75	0.04
	5.2 黄河阶地			52.50	0.37
	5.3 阶坡	5.3.1 流动覆沙阶坡		15.00	0.11
		5.3.2 半固定覆沙阶坡		45.51	0.32
		小计		60.51	0.43
	5.4 河谷			222.54	1.58
	合计			341.30	2.43
6. 湖泊地貌	6.1 岛屿	6.1.1 人工岛		91.26	0.65
	合计			91.26	0.65
7. 风沙地貌	7.1 流动风沙地貌	7.1.1 平沙地	7.1.1.1 人工平沙地	2.47	0.02
		7.1.2 格状沙丘	7.1.2.1 天然格状沙丘	2 447.38	17.43
			7.1.2.2 人工低矮格状沙丘	289.57	2.06
			小计	2 736.95	19.49
		小计		2 739.42	19.51

续表

一级分类	二级分类	三级分类	四级分类	面积/hm²	比例/%
7. 风沙地貌	7.2 半固定风沙地貌	7.2.1 半固定平沙地	7.2.1.1 天然半固定平沙地	244.39	1.74
			7.2.1.2 人工半固定平沙地	164.29	1.17
			小计	408.68	2.91
		7.2.2 半固定横向沙丘		159.59	1.14
		7.2.3 半固定格状沙丘		263.99	1.88
		小计		832.26	5.93
	7.3 固定风沙地貌	7.3.1 固定平沙地	7.3.1.1 天然固定平沙地	675.60	4.81
			7.3.1.2 人工固定平沙地	4 728.30	33.67
			小计	5 403.90	38.48
		7.3.2 固定横向沙丘		62.67	0.45
		7.3.3 沙垄–蜂窝状沙丘		784.10	5.58
		小计		6 250.67	44.51
	合计			9 822.33	69.94

三、地貌分布格局

地貌分布格局见附图。保护区地貌类型以风沙地貌为主，面积为 9 822.33 hm²，约占保护区面积的 69.94%，主要分布在保护区北段、中段和西段北部。平原地貌 1 490.91 hm²，占 10.62%，散布于保护区内，集中分布于保护区中部。河流地貌 341.30 hm²，占 2.43%，主要分布在保护区西段长流水沟和黄河岸边。湖泊地貌 91.26 hm²，占 0.65%，主要分布在各大湖区。水体 854.77 hm²，占 6.09%，散布于保护区内，集中分布在保护区的北段。台地和丘陵分别为 1 099.42 hm² 和 344.37 hm²，分别占 7.83%和 2.45%，主要分布在保护区西段。

四、区域黄河阶地分布

受区域地质构造抬升和黄河摆动的影响，在保护区所在的中卫盆地分布有多级黄河阶地。据闫满存等(1997)的研究，在中卫盆地黄河以北区域，至少存在四级黄河阶地，见图 2–5。

第 I 级阶地(T1)：主要分布于包兰铁路一所、大湾、沙坡头、常乐等地。盆地西缘为侵蚀阶地，盆地内为堆积阶地。阶地多呈“新月形”沿现今黄河河道凸岸分布。阶地海拔 1 235~1 245 m，拔河约 8 m，阶地砾石层可见厚度 8~10 m，上覆河漫滩冲积粉细砂和砂土，厚度约 1 m，阶地上发育了新月形沙丘和沙丘链等风积地貌。宁夏沙坡头沙漠生态系统国家野外科学观测研究站和沙坡头旅游区南区位于该阶地面上。该阶地的形成年代约为 8 ka BP(闫满存等，1997；尹功明等，2013；江亚风等，2013)。

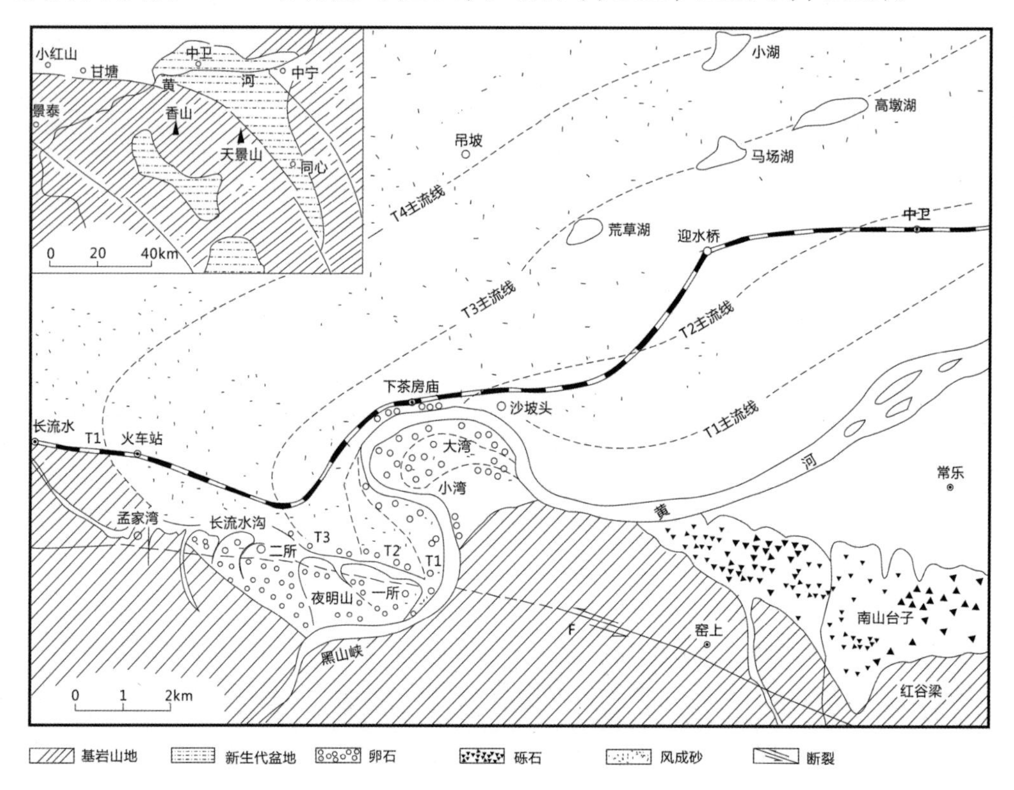

◆ 图 2-5　中卫盆地黄河以北阶地分布(改自闫满存等，1997)

第 II 级阶地(T2)：主要分布于包兰铁路一所、大湾、沙坡头、迎水桥等地。盆地西缘为侵蚀阶地，盆地内为堆积阶地。阶地海拔 1 240~1 255 m，阶地拔河 24~30 m，阶地砾石层厚 5~6 m，上覆河漫滩相砂土，厚 2~3 m。河道侵蚀岸和阶地冲沟发育处有砾石层出露，阶地上发育了新月形沙丘、沙丘链等风积地貌。下茶房庙以东的包兰铁路、迎水桥镇和中卫主城区均位于该阶地面之上，碱碱湖(现龙凤湖)即为黄河故道残遗湖。该阶地的形成年代为 50~60 ka BP(闫满存等，1997；尹功明等，2013；江亚风等，2013)。

第 III 级阶地(T3)：主要分布于包兰铁路二所、小湾、下茶房庙等地。盆地西缘为侵蚀阶地，盆地内为堆积阶地。阶地海拔 1 300~1 310 m，拔河 70~75 m，阶地砾石层厚 5~8 m，上覆河漫滩相粉砂层，厚 3~5 m，其上为厚约 60 m 的古风成砂堆积层，古风成砂层中含大量钙结核和钙结砂岩层。阶地上为新月形沙丘链、格状沙丘等风积地貌。荒草湖、腾格里人工湖旅游区均位于该级阶地面之上，荒草湖、马场湖、高墩湖均为黄河故道的残遗湖。该阶地的形成年代约为 70 ka BP(闫满存等,1997；尹功明等，2013；江亚风等，2013)。

第 IV 级阶地(T4)：仅见于孟家湾火车站西 0.5 km 处的侵蚀残留高台子顶部。海拔 1 450 m，拔河约 200 m，距现今黄河的水平距离约 12 km。阶地砾石层胶结紧实，胶结物主要为碳酸盐和石膏。阶地砾石层之上为含钙结核和多层钙结砂岩的古风成砂沉积层，厚度约 8 m，地表为钙结核和钙质残块等蚀余堆积层。阶地附近为典型格状沙丘风积地貌。吊坡梁和保护区东北部的美利纸业原材料林均位于该阶地面之上。小湖即为黄河故道的残遗湖。该阶地的形成年代约为 160 ka BP(闫满存等,1997；尹功明等，2013；江亚风等，2013)。

五、区域地貌近期演化

由于受区域植树造林、开荒和人为改造湿地等人类活动的影响，原有的地貌已发生了较大变化。2002 年以来，在保护区特别是保护区东部，人为作用已成为地貌演化的主要动力条件。地貌变化较大的区域集中于沙坡头车站以东区域，主要变化类型为由流动格状沙丘演变为平沙地、固定沙丘、半固定沙丘、人工平地和人工湖泊，见图 2-6 和图 2-7。

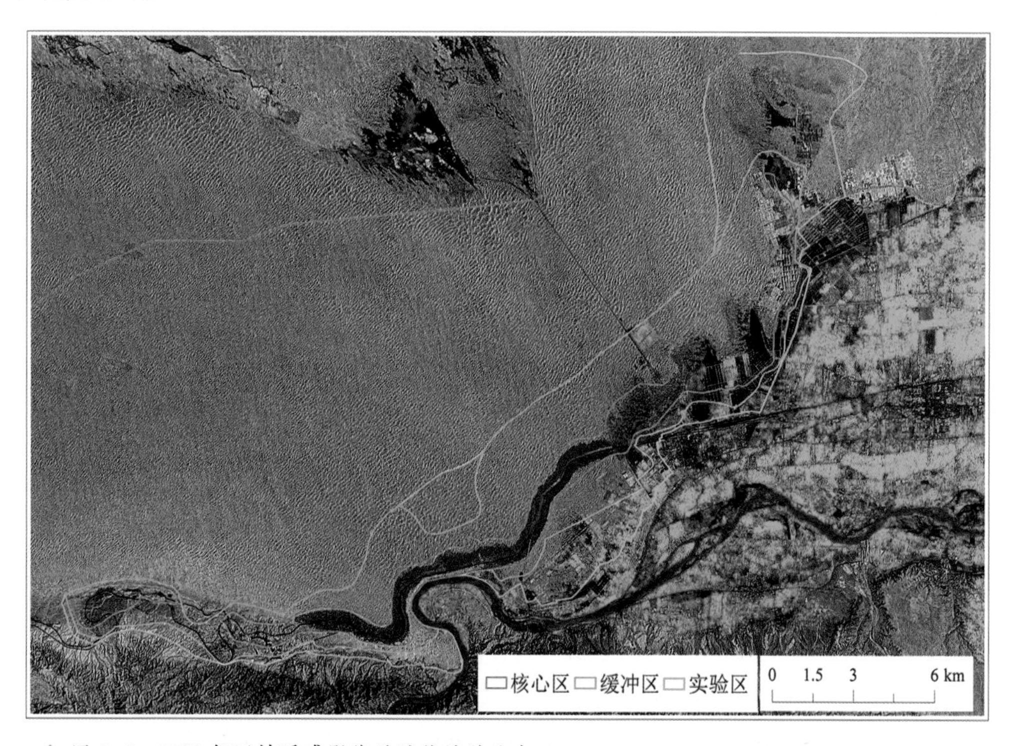

◆ 图 2-6　2002 年区域遥感影像反映的地貌分布

◆ 图 2-7 2017 年区域遥感影像反映的地貌分布

第三节 气候

保护区属于温带大陆性气候，主要气候特征为冬冷夏热，年温差大，降水量少且多集中于夏季。由于保护区地处东亚季风北部边缘地带，因此气候极易受到东亚季风强弱变化的影响，导致气温，特别是降水的年际变化较大，这种气候系统的易变性导致区域生态环境具有较大的脆弱性。

一、气候特征

（一）日照

近十年间（2008—2017 年，下同），保护区年均日照时数为 2 975.6 h，日平均日照时数 8.2 h，日照百分率为 67.1%，日照时数略高于同纬度地区，日照百分率与同纬度地区相当。

从各月的分布来看，平均日照时数最高是 6 月，达到 306.5 h，日平均高达 10.2 h，最低出现在 2 月，为 202.3 h，日均仅为 7.1 h。日照百分率最高月份是 12 月，为 71.3%，最低月出现在 9 月，为 58.0%，见图 2-8。

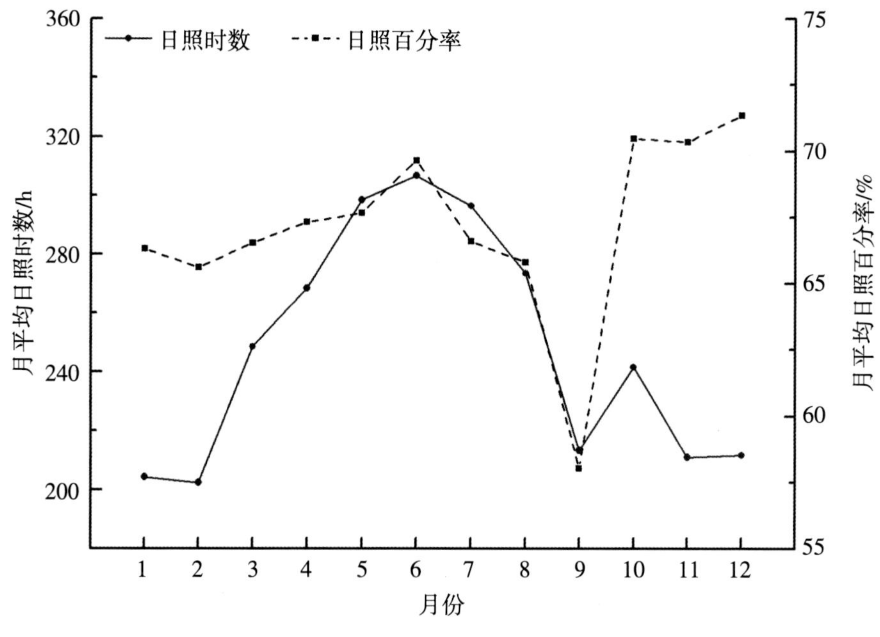

◆ 图 2-8 日照时数及其百分率的年内变化

总体来看,日照时数春夏季高,秋冬季低,日照百分率除 9 月份以外,其余各月均较高。出现上述季节变化特征的主要原因与白昼时间长度和天气晴朗程度有关,春夏季白昼时间较长,而冬季白昼较短,秋季多云和阴雨天气较多。日照百分率则直接反映了多云和阴雨天气的多寡,由此可见上述天气较多的为 9 月,其次是 8 月和 7 月。

与第一期科考时统计的日照时数和日照百分率相比,年平均日照时数增加了 197.23 h,日平均增加了 0.6 h,平均日照百分率增加了 4%,日照时数和日照百分率的月度变化趋势没有变。

一方面,日照是植物生长,进行光合作用的必需条件,日照充足有利于植物生长;另一方面,光照充足,意味着气温升高,地表蒸发、植物蒸腾增强,导致土壤水分衰减,不利于植物生长。在植物生长旺盛的 4~8 月,月平均日照时数都在 265 h 以上。

(二)风况

1. 风速

近十年间,保护区的年平均风速为 2.34 m/s,与第一次科考报告所述的 2.8 m/s 有所降低,与同纬度地区相比,年平均风速较高,这为保护区风沙地貌的充分发育提供了动力条件,同时为风沙灾害的发生提供了动力基础。

从各月的分布来看,10 月份平均风速最小,仅为 1.88 m/s;4 月份最大,达到2.83 m/s。基本变化趋势为从前一年的 10 月开始风速波动增大,3 月份开始迅速增大,在 4 月份达到峰值，随后逐渐降低，9 月开始快速降低，10 月份降至最低，见图 2–9。

保护区年平均极大风速为 16.4 m/s，最小月份是 1 月，为 14.33 m/s；最大月份出现在 5 月份，达 19.58 m/s；历史极大风速可以达到 37.9 m/s，也出现在 5 月份。年内基本变化特征为 1 月开始迅速增大，4 月和 5 月达到峰值，此后快速减小，9 月后开始波动增大，见图 2–9。保护区成立以来的极端极大风速为 37.9 m/s，出现在 1993 年 5 月 5 日，为西北偏西风（WNW）；近十年以来的极端极大风速为 23.1 m/s，出现在 2017 年 4 月 17 日，为西北风（NW）。

年最大平均风速为 10.50 m/s，最小月份是 1 月，为 9.31 m/s，最大月份出现在 4 月份，达 12.89 m/s，年内变化特征与极大平均风速有基本一致的变化规律。

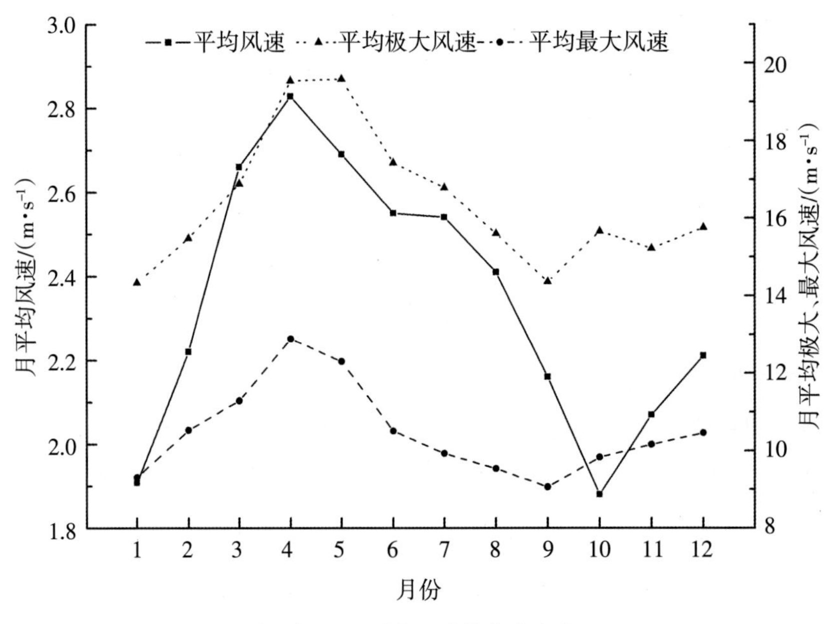

◆ 图 2–9　平均风速的年内变化

2. 风向

风向不仅决定了区域沙害在空间上前进方向，风沙治理的区域分布及其治理措施的空间配置，甚至决定了防沙措施的形态。同时也决定了区域风沙地貌的形态特征。

从获取的 2017 年每日最大风速和极大风速时对应的风向进行了保护区风向特征的分析。图 2–10 为沙坡头地区极大风速和最大风速所对应的风向统计特征，可以看出呈钝双峰型风向特征，存在偏西北风（WNW—NNW）和偏东风（E—ESE）两组主风向，分别占总风向数的 38.63%和 31.92%。说明沙坡头地区常年盛行风向为偏西北风和偏东风。

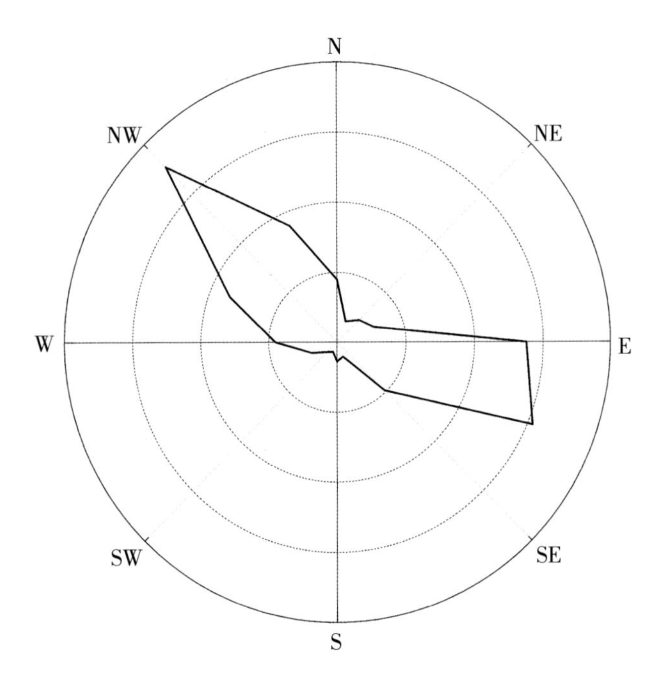

◆ 图 2-10　极大风速和最大风速风玫瑰

从各季节风向分布特征来看，春季呈两主一次呈三峰型风向特征，两个主风向分别为偏西北风（WNW—NNW）和偏东风（E—ESE），分别占总频次的 39.13%和 30.98%，而次风向为北风（N），占总频次的 9.24%。夏季呈一主一次的钝双峰型风向特征，主风向为偏东风（E—SE），占到 48.37%，次风向为偏西北风（WNW—NNW），占到 28.80%。秋季呈一主一次的钝双峰型风向特征，主风向为偏东南风（E-SE），占 46.15%，次风向为偏西北风（WNW—NNW），占 34.07%。冬季也呈一主一次的钝双峰型风向特征，主风向为偏西北风（W—NNW），占 63.33%，次风向为偏东南风（ESE—SE），占 17.78%。

保护区风向随季节的变化规律为冬季以偏西北风为主风向，以偏东风为次风向；春季偏西北风频次快速降低，偏东风逐渐升高，并出现偏北风；夏季偏西北风再次降低，并降为次风向，而偏东风快速升高，成为主风向，偏北风消失；秋季偏西北风频次略有降低，但仍为主风向，偏东风频次略有升高，但仍为次风向。总体而言，夏季多偏东风，冬季多偏西北风，春季和秋季为二者之间的过渡。

3. 起沙风况和风沙活动日数

由于保护区地处腾格里沙漠东南缘，区域内沙漠广布，因此起沙风况的研究不可或缺，由于搜集的资料有限，以日最大风速≥5 m/s 日数为主要指标，来分析保护区的

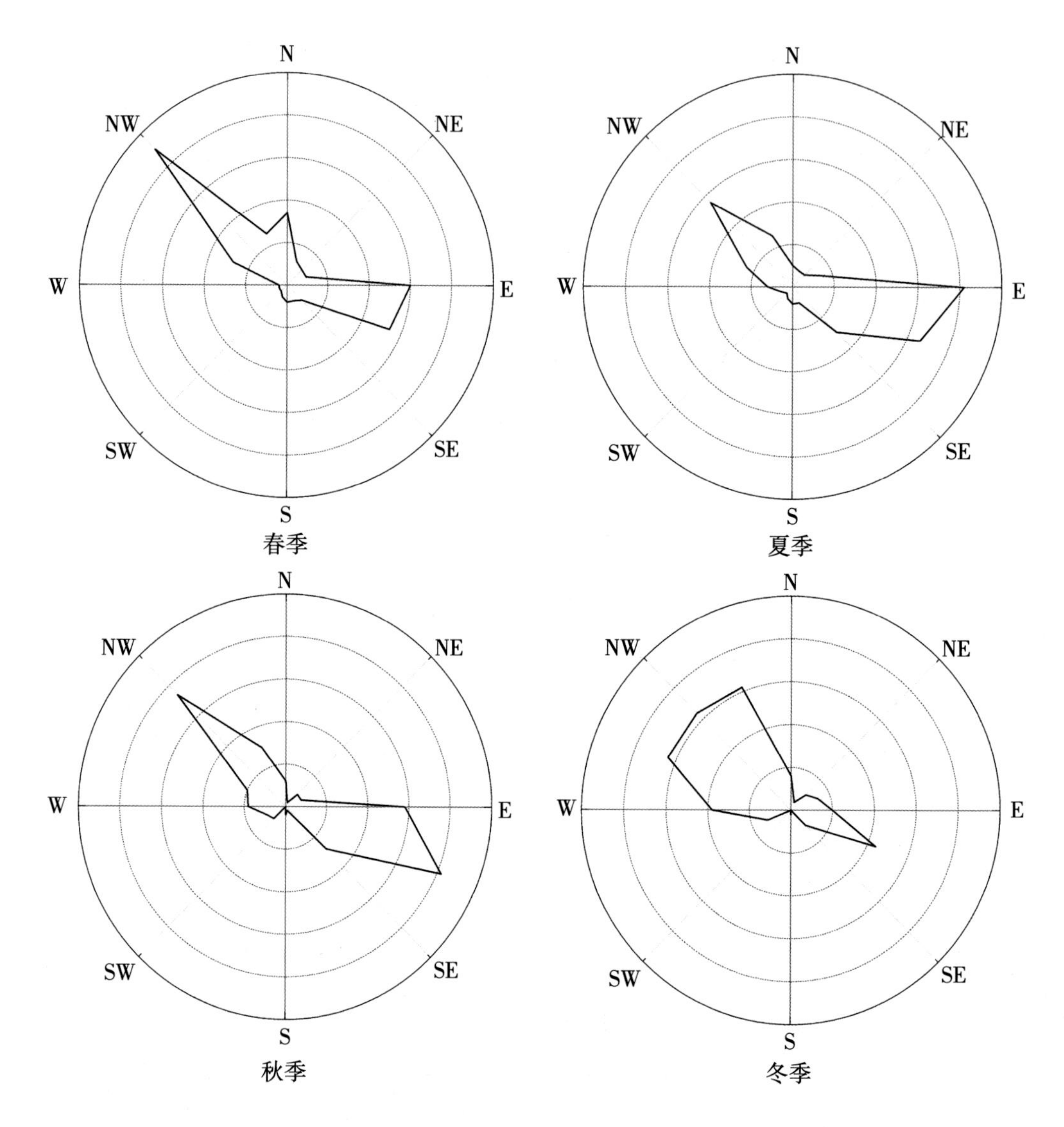

◆ 图 2-11　极大和最大风速风玫瑰季节变化

起沙风况。根据前人的研究，一般裸露的天然混合沙的起沙风速为 5 m/s（10 m 高处风速），风速≥5 m/s 日数就是有风沙侵蚀、搬运和堆积等风沙活动的日数。

经统计，保护区的年均风速活动日数达 234.6 d，占全年的 64.19%，约有 2/3 的天数里有风沙活动。

统计各月风沙活动日数，风沙活动日数最少的是 10 月，为 15 d，风沙活动日数最多的是 4 月，达到 25.1 d。风沙活动日数各月的变化特征与平均风速的各月变化特征基本一致，即前一年的 11 月开始，风沙活动日数渐次增多，3 月迅速增加到 24 d 以上，4 月达到峰值，5 月继续维持高值，此后迅速降低，在 11 月降至最低，见图 2-12。

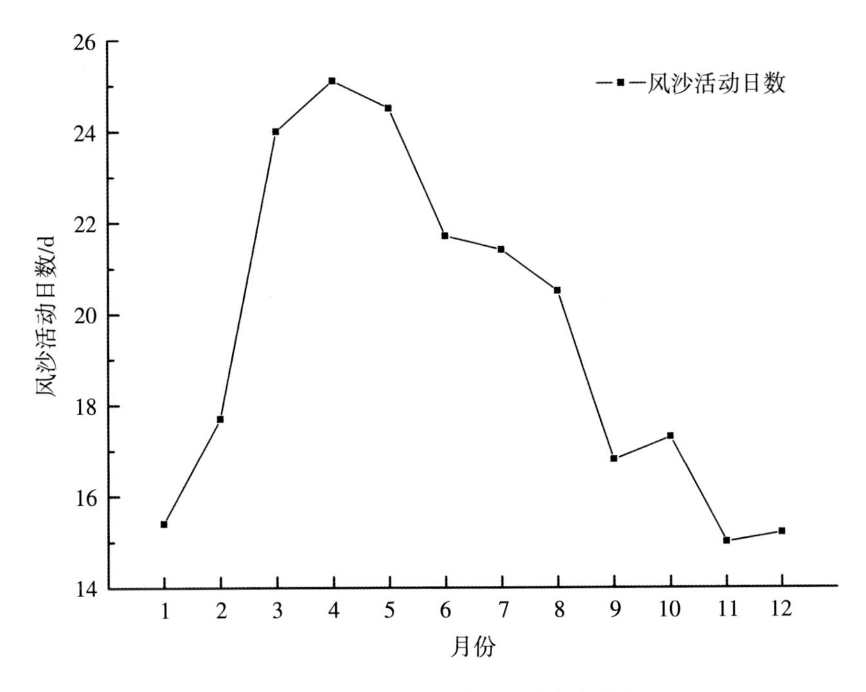

◆ 图 2-12 平均风沙活动日数年内变化

（三）空气湿度

保护区的年均空气相对湿度为 51.5%，空气绝对湿度为 5.67 g/m³。从各月统计来看，空气相对湿度最低的月份是 3 月，为 36.8%，最高月份为 9 月，为 68.6%。逐月的变化特征为 3 月最低，此后开始升高，5 月开始迅速升高，9 月达到峰值，此后快速下降，于次年 3 月降至最低，见图 2-13。空气相对湿度的变化与大气降水、植物蒸腾作用和气温有关，5 月份以后大气降水增加，植物生长旺盛，蒸腾作用较大，虽然 9 月份降水和植物蒸腾作用有所减弱，但空气温度有所降低，使空气相对湿度达到峰值，随后随着降水和植物蒸腾作用减弱，空气相对湿度迅速降低，3 月和 4 月空气温度快速回升，而降水和植物蒸腾作用较弱，导致空气相对湿度达到年内最低，见图 2-13。

空气绝对湿度在 1 月份最低，仅为 1.33 g/m³，最高月份为 7 月，为 11.82 g/m³。年内变化特征为 1 月最低，此后逐渐升高，4 月开始迅速升高，7 月达到峰值，8 月维持高值，此后迅速降低，于次年 1 月降至年内最低。空气绝对湿度主要与降水和植物蒸腾等有关，4 月开始降水和植物蒸腾作用快速增加，空气绝对湿度快速上升，9 月份以后降水和植物蒸腾作用快速减弱，空气绝对湿度也随之快速降低。

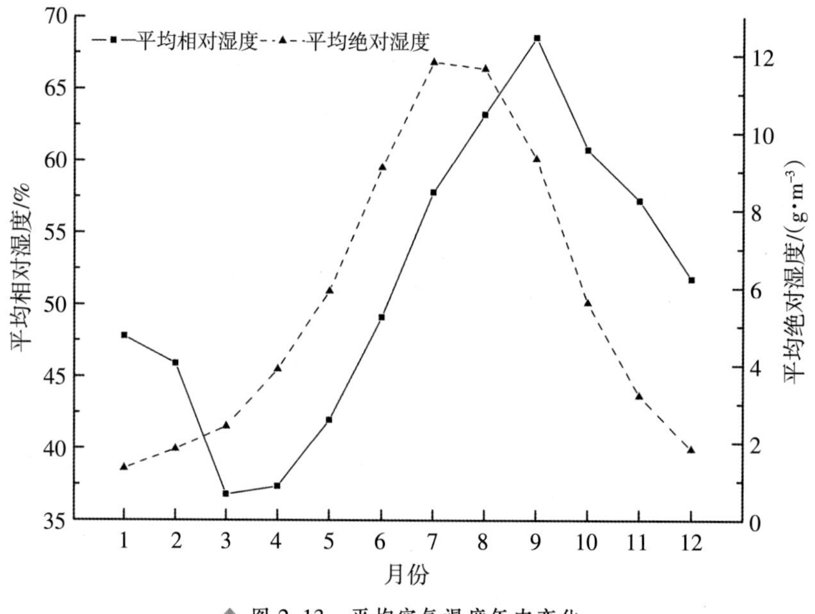

◆ 图 2-13 平均空气湿度年内变化

(四)气温

近十年来，保护区年均气温为 10.05℃，平均最低气温 3.9℃，平均最高气温 17.5℃，平均气温与一期科考时相比高 0.98℃，平均最低气温高 1.23℃，平均最高气温高 0.73℃，由此可见，气温整体持续升高，使保护区存在气候干旱化的风险。

保护区成立以来的极端最高气温为 38.9℃，出现日期为 2017 年 7 月 11 日。极端最低气温为–29.1℃，出现日期为 1993 年 1 月 15 日。近十年以来，极端最高气温为 38.9℃，出现日期为 2017 年 7 月 11 日，极端最低气温为–27.1℃，出现在 2008 年 1 月 31 日和 2 月 1 日。最高气温≥30℃的高温天气日数为 34.8 d，主要集中分布在 6~8 月，其中 7 月多达 14.8 d。最低气温≤15℃的低温天气日数为 17.7 d，主要分布在 1 月、2 月和 12 月，其中 1 月长达 10.5 d。

在月平均气温中，1 月份最低，为–7.1℃，7 月最高，为 23.9℃，基本变化趋势为 1 月最低，此后快速上升，7 月份达到峰值，此后又快速降低，于次年 1 月降至最低。月平均最低气温中，也是 1 月最低，为–13.0℃，7 月最高，为 17.7℃，年内变化趋势同月平均气温。月平均最高气温中，也是 1 月最低，为 0.9℃，7 月最高，为 30.6℃，年内变化趋势同月平均气温，见图 2–14。

(五)大气压

近十年来，保护区的年平均大气压为 878.1 kPa，从各月的统计来看，7 月份最低，

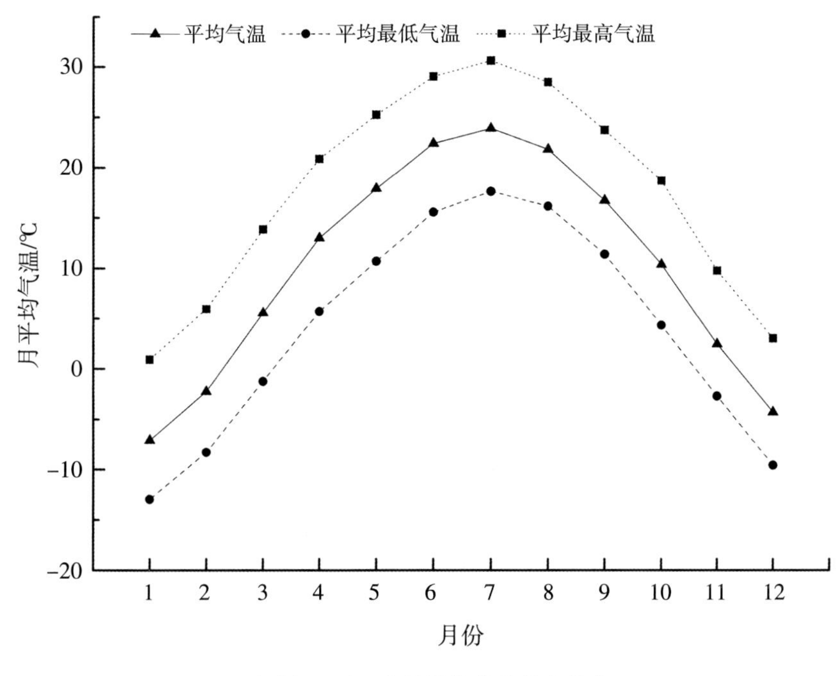

◆ 图 2-14　多年平均气温年内变化

为 870.3 kPa;12 月份最高,为 884.5 kPa。年内基本变化特征为前一年 12 月份开始大气压快速降低,7 月份达到最低值,此后迅速上升,12 月份达到峰值。

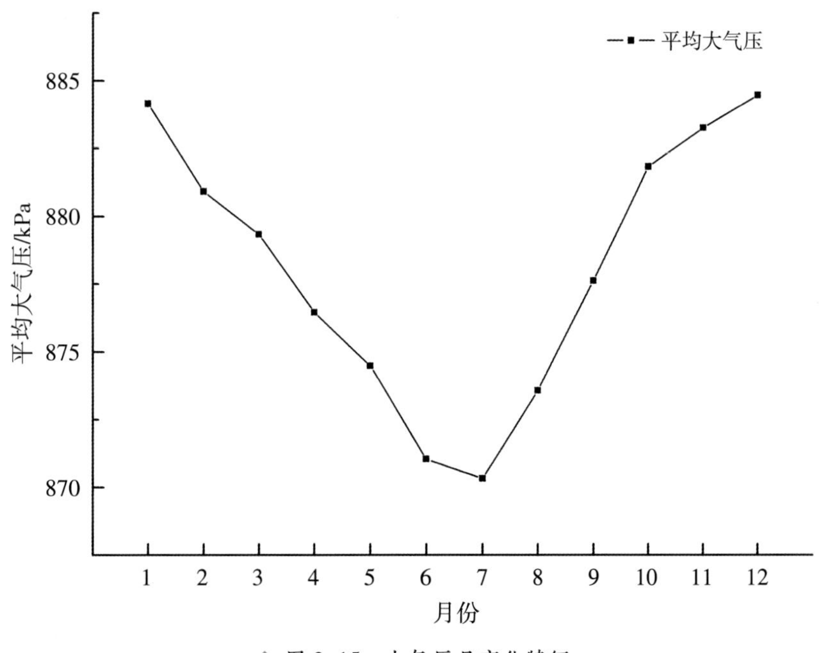

◆ 图 2-15　大气压月变化特征

(六)降水

近十年以来，保护区的年均降水量为 182.68 mm，年降水日数为 50.20 d，日降水量≥1.0 mm 有效降水日数为 27.4 d。与第一期科考时相比,年降水量减少 3.92 mm,年降水日数增加 1.20 d。

保护区成立以来,年降水量最少年份为 2005 年,为 56.8 mm;最多的年份为 2003 年,年降水量为 283.4 mm,是最少年份的 4.99 倍,降水年较差较大。近十年来,降水最少的年份为 2013 年,年降水量为 111.2 mm;降水最多的年份为 2012 年,年降水量为 252.5 mm,是最少年份的 2.27 倍。年降水日数最多的年份是 2014 年,为 68 d;最少年份为2013 年,为 38 d。保护区成立以来,最高日降水量为 54.8 mm,出现日期为 2003 年 6 月 29 日;近十年以来,最高的日降水量为 39.6 mm,出现日期为 2012 年 7 月 18 日。

从各月的年均降水统计来看,12 月份的降水量最少,仅为 0.65 mm,7 月份降水最多，为 36.34 mm，年内变化趋势为前一年 12 月开始降水逐月增加,5 月开始迅速增加,7 月达到峰值,8 月和 9 月持续高值,10 月开始迅速减少,于 12 月降至年内最低均降水日数最多的月份为 9 月,为 8.4 d,最少的月份为 12 月,仅为 1.0 d,见图 2–16。

前一年 12 月为年内最低点,1 月略有增加,此后又逐渐降低,于 3 月达到次低点,此后开始迅速上升,9 月达到峰值,此后又迅速降低,12 月达到最低点。值得注意的 7 月份虽然降水量最大，但降水日数却低于 6 月、8 月和 9 月，说明 7 月单次降水量较多,见图 2–16。

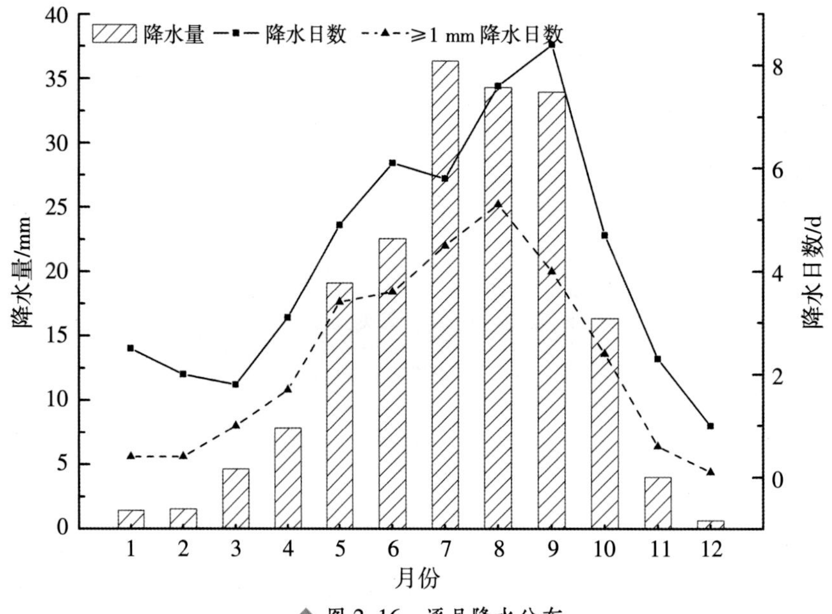

◆ 图 2–16 逐月降水分布

平均有效降水日数最少的月份为 12 月，仅为 0.1 d，最多的月份为 8 月，为 5.3 d。年内基本变化特征如下，前一年 12 月为最低值，此后逐渐增加，5 月迅速增加，此后持续增加，8 月份达到峰值，此后迅速降低，于 12 月份降至年内最低，见图 2-16。

（七）蒸发量

经对中卫市气象站 2008 年 1 月—2017 年 12 月的日蒸发量数据的统计，并统一换算为 20 cm 小型蒸发皿蒸发数据，结果表明，区域年均蒸发量为 2 051.52 mm，其中年蒸发量最少的年份为 2012 年，蒸发量为 1 966.40 mm；蒸发量最多的年份为 2013 年，为 2 265.40 mm。

从年内各月统计来看，1 月份最低，仅为 41.25 mm，6 月份最高，为 230.28 mm。整体来看 3~9 月份为高蒸发时段，各月蒸发量都在 100 mm 以上，其中 3 月和 5~8 月为极高蒸发时段，各月蒸发量均在 150 mm 以上，而 10 月—次年 2 月为低蒸发时段，各月蒸发量均不足 100 mm，见图 2-17。

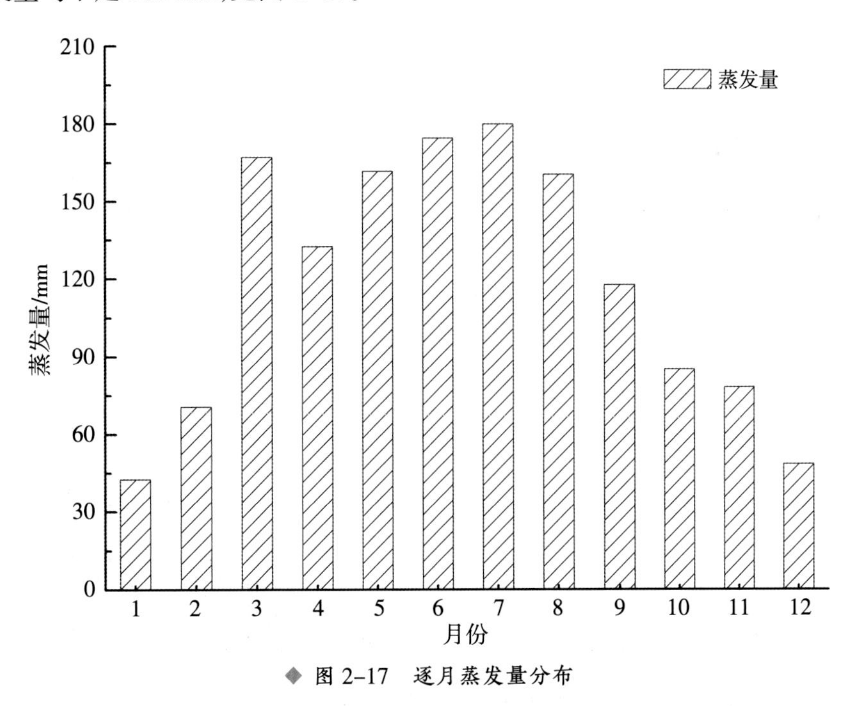

◆ 图 2-17 逐月蒸发量分布

二、气候变化趋势和突变

（一）变化趋势

1. 气温

依据中卫市气象站资料，对 1959—2017 年的年平均气温进行了统计分析。统计显示，近 59 年来的年均气温为 9.04℃，年平均温度最高值为 10.6℃，出现在 2013 年，年平均温度最低值为 7.5℃,出现在 1967 年,见图 2-18。

近 59 年来,气温总体呈现快速上升态势,上升速率为 0.34℃/10 a,要略快于西北地区东部 0.27℃/10 a 的上升速率。20 世纪 60 年代年均气温仅为 8.43℃,70 年代为 8.40℃,80 年代为 8.74℃,90 年代为 9.06℃,21 世纪头 10 年为 9.68℃,2010 年至今为 10.15℃,1997年以来,气温均处于正距平,且逐渐增大,上升趋势明显,见图 2-18 和图 2-19。由

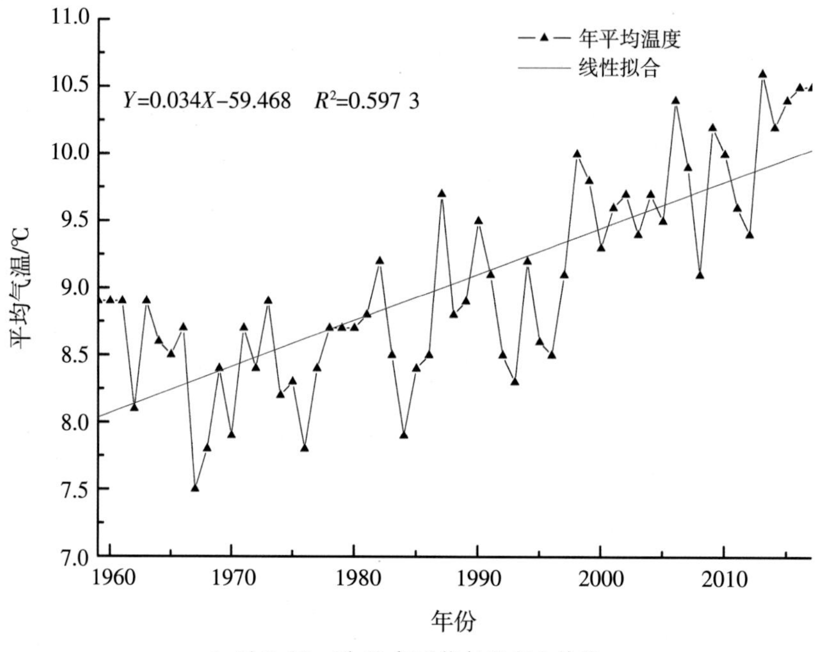

◆ 图 2-18　近 59 年平均气温变化趋势

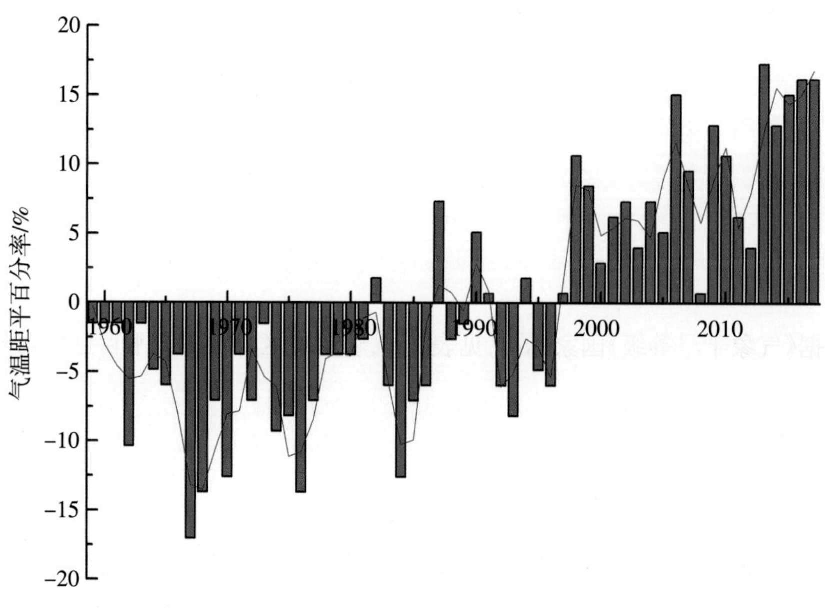

◆ 图 2-19　近 59 年平均气温距平百分率变化

此可见，自 20 世纪 80 年代以来，年均温度快速上升，并且上升速率有加快的趋势。

2. 降水

依据中卫市气象站资料，对 1959—2017 年的年降水量进行了统计分析。统计显示，近 59 年来的年降水量为 182.78 mm，年降水量最高值为 306.2 mm，出现在 1978 年，年降水量最低值为 56 mm，出现在 2005 年，见图 2–20。

近 59 年来，降水总体呈现周期性波动态势，略呈微弱的降低趋势，降低速率为 0.66 mm/10 a，要远低于西北地区东部区域 7.2 mm/10 a 的速率（朱晓炜等，2013）。20 世纪 60 年代年平均降水为 188.15 mm，20 世纪 70 年代为 192.36 mm，20 世纪 80 年代为 159.40 mm，20 世纪 90 年代为 192.22 mm，21 世纪头 10 年为 174.20 mm，2010 年至今为 193.01 mm，由此可见，除 20 世纪 80 年代年平均降水明显偏少外，其余各年代年平均降水变化不大。

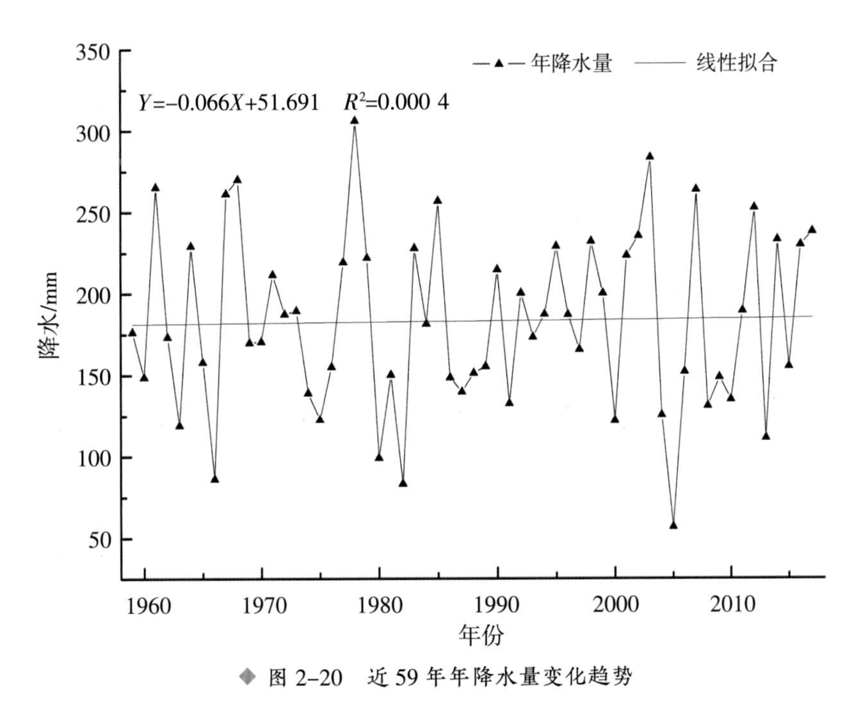

◆ 图 2–20 近 59 年年降水量变化趋势

根据《气象干旱等级》国家标准，见表 2–2，将研究区降水量距平百分率划分等级，建立区域干旱等级序列。同时依据上述等级划分标准，建立洪涝等级序列，见表 2–2。从图 2–21 可以看出，近 60 年来，轻旱年达 10 年，中旱年为 4 年，重旱年 2 年（2010 年和 2013 年），特旱年 3 年（1966、1982 和 2005 年）；轻涝年 13 年，重涝年 5 年（1961、1967、1985、2007 和 2012 年），特涝年 3 年（1968、1978 和 2003 年）。近十年来，偏旱年 4 年，偏涝年 4 年，其中重旱年和重涝年分别为 1 年，分别是 2012 年和 2011 年。五年滑动平均线表明近十年呈降水增加趋势。

表 2-2 降水量距平百分率年尺度干旱等级划分

类型	降水量距平百分率/%
无旱	$-15<p_a$
轻旱	$-30<p_a\leqslant-15$
中旱	$-40<p_a\leqslant-30$
重旱	$-45<p_a\leqslant-40$
特旱	$p_a\leqslant-45$
无涝	$p_a<15$
轻涝	$15\leqslant p_a<30$
中涝	$30\leqslant p_a<40$
重涝	$40\leqslant p_a<45$
特涝	$45\leqslant p_a$

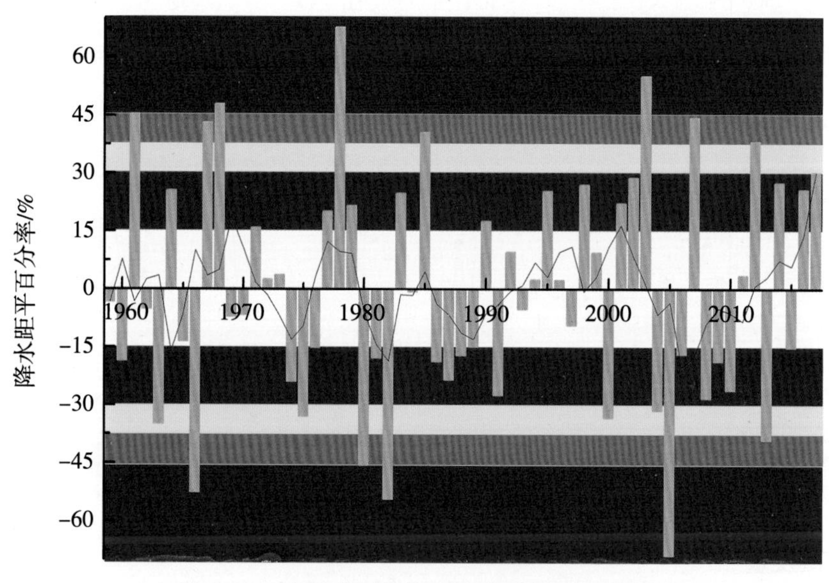

◆ 图 2-21 近 59 年平均降水距平百分率和旱涝变化

3. 风速

因保护区位于腾格里沙漠边缘，风速是表征区域气候环境变化的重要指标。依据中卫气象站资料，对 1959—2017 年的年平均风速进行了统计分析。统计显示，近 59 年来的年平均风速为 2.40 m/s，年平均风速最高值为 3.2 m/s，出现在 1996 年和 1999 年，年平均风速最低值为 1.5 m/s，出现在 1987 年、1988 年和 1989 年，见图 2-22。

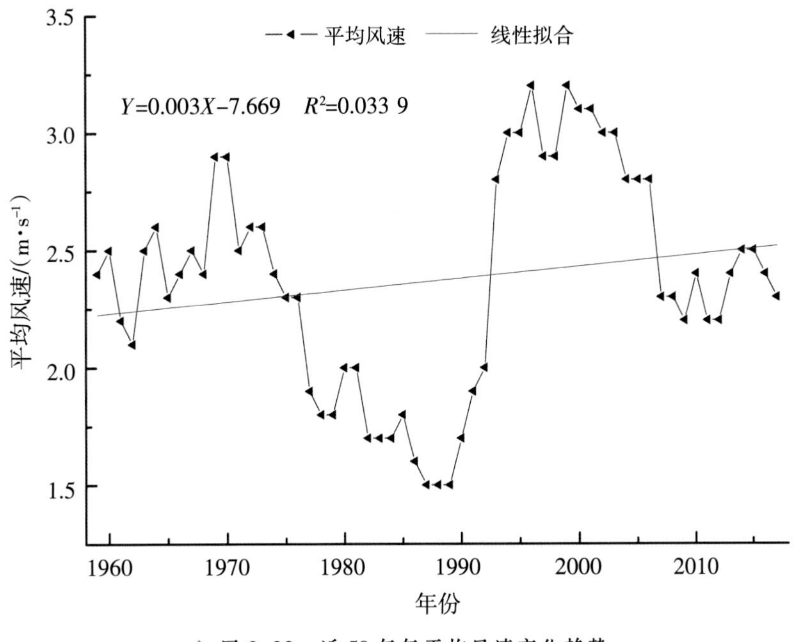

◆ 图 2-22 近 59 年年平均风速变化趋势

近 59 年来,年平均风速总体呈现周期性波动态势,略呈微弱的增加趋势,增加速率10 年平均为 0.03 m/s。据研究,东亚季风区的年平均风速呈减弱趋势(Xu et al., 2006),中国西北地区年平均风速也呈现整体显著减小的趋势,但新疆东部和贺兰山区附近区域呈现增大趋势(王鹏祥等, 2007)。显然,研究区年平均风速的变化趋势不同于整个西北区域,而与贺兰山区的变化一致,这可能与距离贺兰山区较近有较大关系。

20 世纪 60 年代年平均风速为 2.44 m/s,70 年代为 2.31 m/s,80 年代为 1.70 m/s,90 年代为 2.66 m/s,21 世纪头 10 年为 2.74 m/s,2010 年至今为 2.36 m/s,由此可见,除 20 世纪 80 年代年平均风速明显偏小外,其余各年代年平均风速变化不大。风速距平百分率的变化表明,近 10 年来,年平均风速与历史平均风速相差不大,但与 1993—2006 年相比,风速快速降低,见图 2-23。

4. 蒸发量

依据中卫市气象站资料,对 1959—2017 年的年蒸发量进行了统计分析。统计显示,近 59 年来的年蒸发量为 1 901.50 mm,是年平均降水量的 10.40 倍,年蒸发量最高值为 2 273.74 mm,出现在 1959 年,年蒸发量最低值为 1 538.03 mm,出现在 1989 年,见图 2-24。

近 59 年来,降水总体呈现周期性波动态势,略呈微弱的降低趋势,降低速率为 9.6 mm/10 a。从年蒸发量的距平百分率和 5 年滑动平均线来看,见图 2-25,近 59 年来,

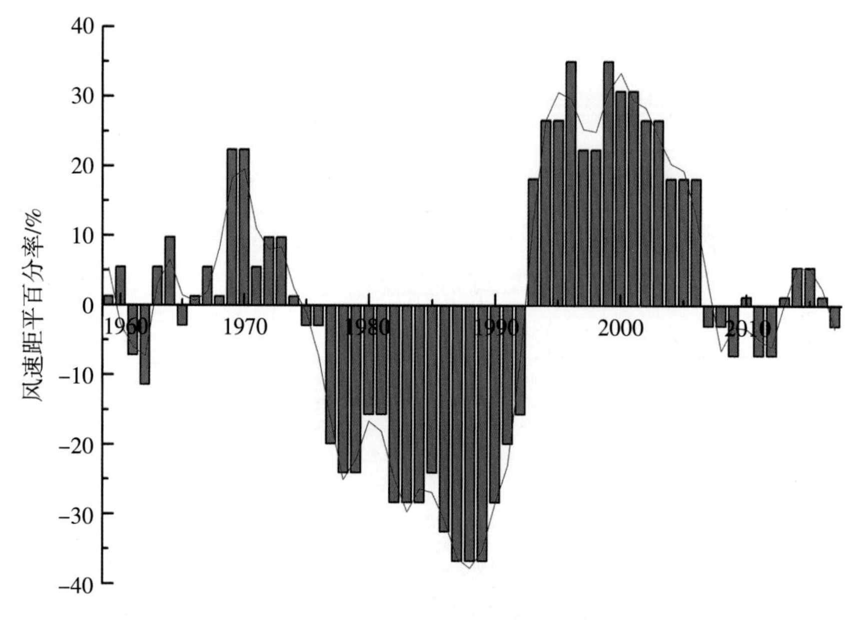

◆ 图 2-23 近 59 年平均风速距平百分率

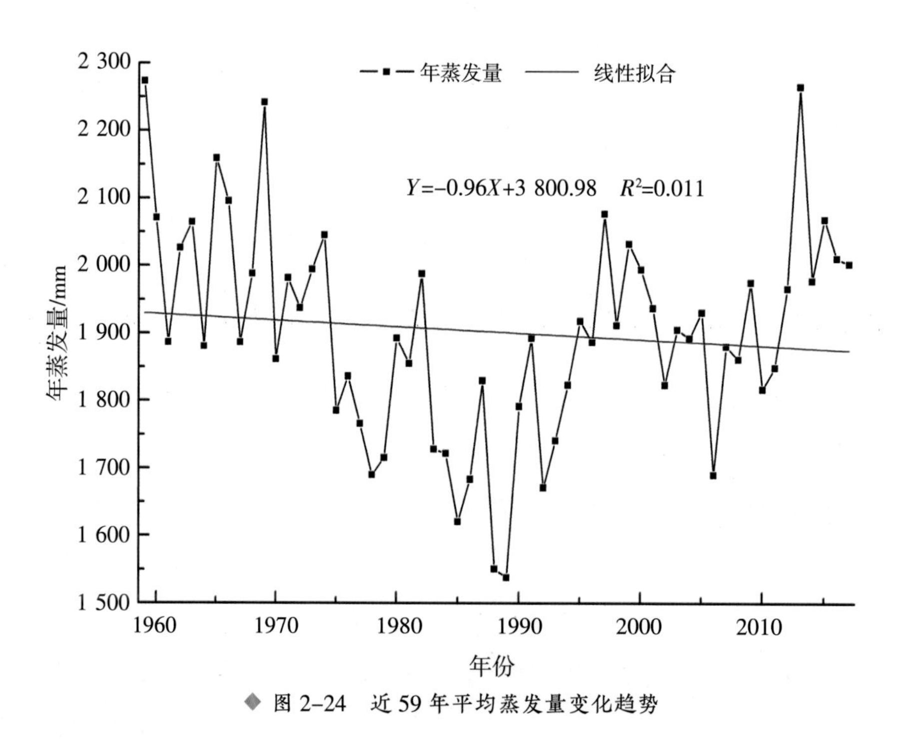

◆ 图 2-24 近 59 年平均蒸发量变化趋势

呈现 5 阶段的周期性变化，主要表现如下：1959—1974 年，年平均蒸发量 2 024.47 mm，高于近 59 年平均蒸发量，为高蒸发阶段；1975—1995 年，年平均蒸发量 1 763.78 mm，低于近 60 年平均蒸发量，为低蒸发阶段；1996—2010 年，年平均蒸发量为 1 907.75 mm，略高于近 59 年的平均蒸发量，且各年蒸发量在年平均线上下波动，为蒸发量波动阶段；

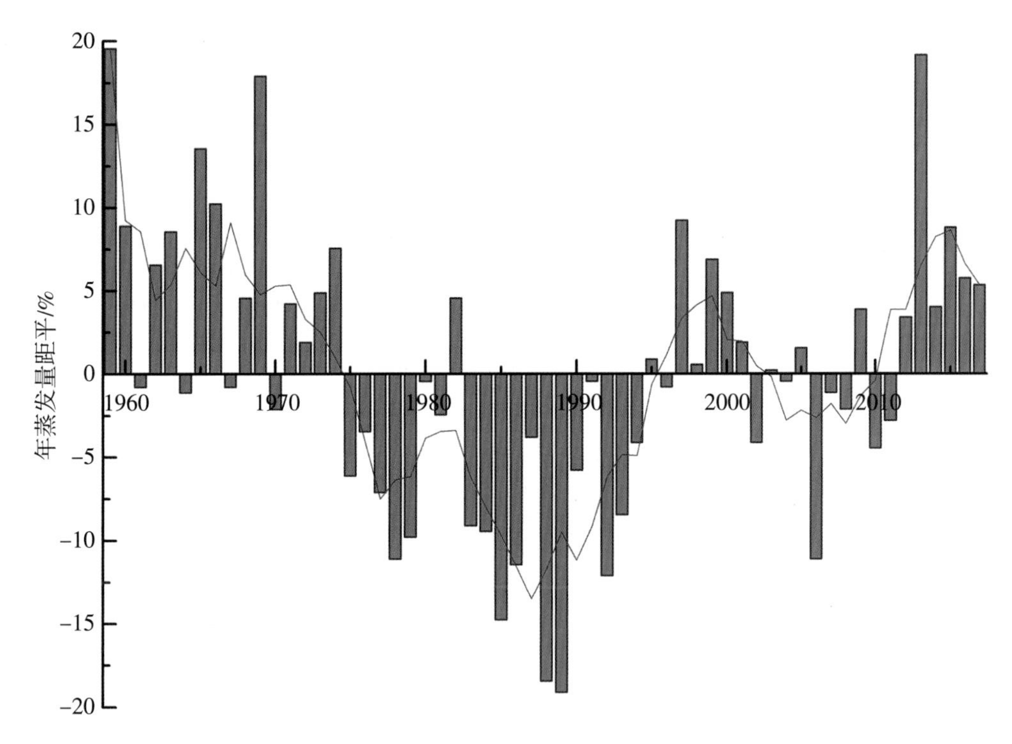

◆ 图 2-25　近 59 年平均蒸发量距平百分率

2011—2017 年,年平均蒸发量为 2 020.19 mm,略高于近 59 年的平均蒸发量,为高蒸发阶段。由此可见,近 59 年年蒸发量总体呈略微下降趋势,并存在周期性波动变化,近十年来呈上升趋势。

5. 沙尘和大风天气

由于资料收集限制,仅收集到 1990—2017 年的大风日数、扬沙日数和沙尘暴日数数据,具体分析如下:

年均大风日数为 12.43 d,最多年份可高达 20 d,为 2001 年,最少年份近 3 d,为 1991 年;多年扬沙天气日数为 9.86 d,最多年份 22 d(2001 年),最少年份为 3 d(1997 年,2009 年和 2014 年);年均沙尘暴日数为 1.39 d,最多年份为 6 d(2000 年),最少年份为 0 d,图 2-25。

线性拟合表明,大风日数、扬沙日数和沙尘暴日数都呈递减趋势,递减速率分别为 0.4 d/10 a、2.8 d/10 a 和 0.4 d/10 a,见图 2-26。距平百分率分析表明,大风日数、扬沙日数和沙尘暴日数都有较大波动,1998—2007 年,大风日数、扬沙天气日数和沙尘暴日数均高于历史平均值,在此之前和之后整体低于历史平均值,见图 2-27。

近 10 年平均大风日数为 10.40 d,仅有两年(2015 年和 2016 年)的大风日数高于

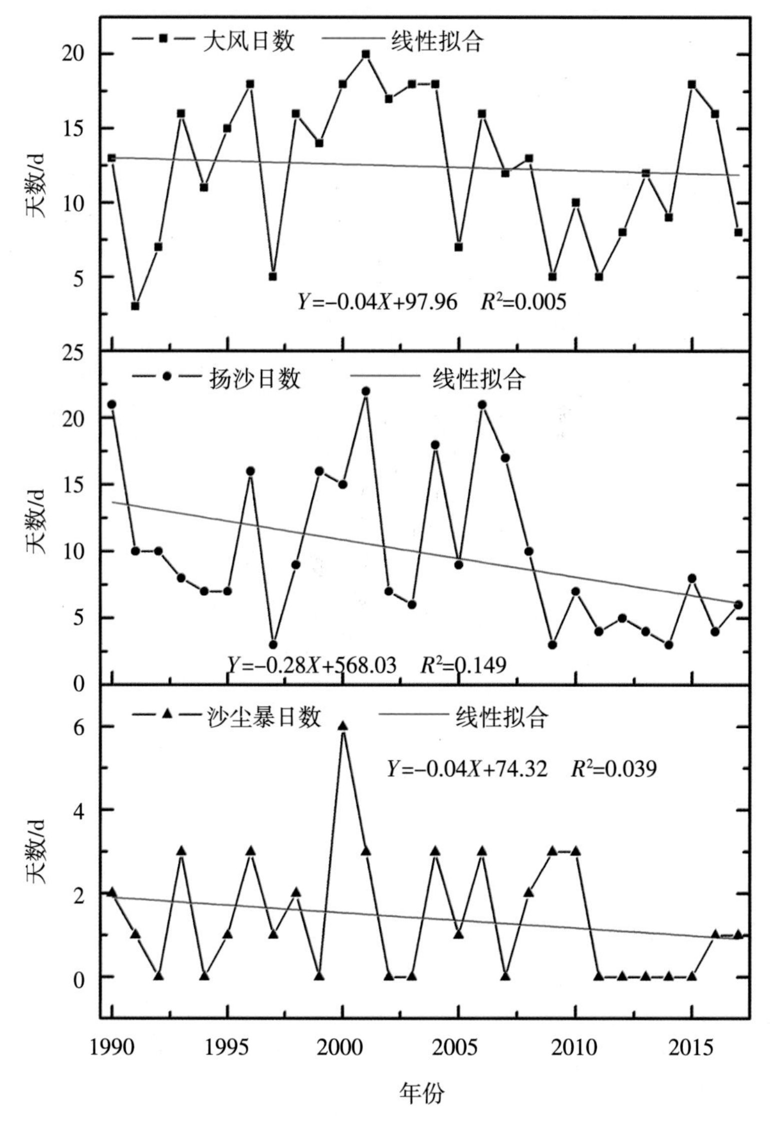

◆ 图 2-26 1990 年以来沙尘和大风日数变化

历史平均值,其余各年均低于历史平均值,且具有先增加后减少的变化特征。扬沙天气日数近 10 年来均处于历史低位,变化较小,平均扬沙日数为 5.40 d。近千年年平均沙尘暴日数为 1 d,除 2008 年和 2009 年高于历史平均值以外,其余各年均低于历史平均值。

(二)突变检测

1. 风速

利用 M-K 突变检验方法,对区域的年降水量进行了突变分析,分析结果见图 2-28。结果表明,存在 1961 年、1963 年、1976 年和 1993 年多个突变年份,但检验结果达到 α=0.05 的显著性检验只有 1963 年和 1976 年两个突变点, 其中 1963 年为增大

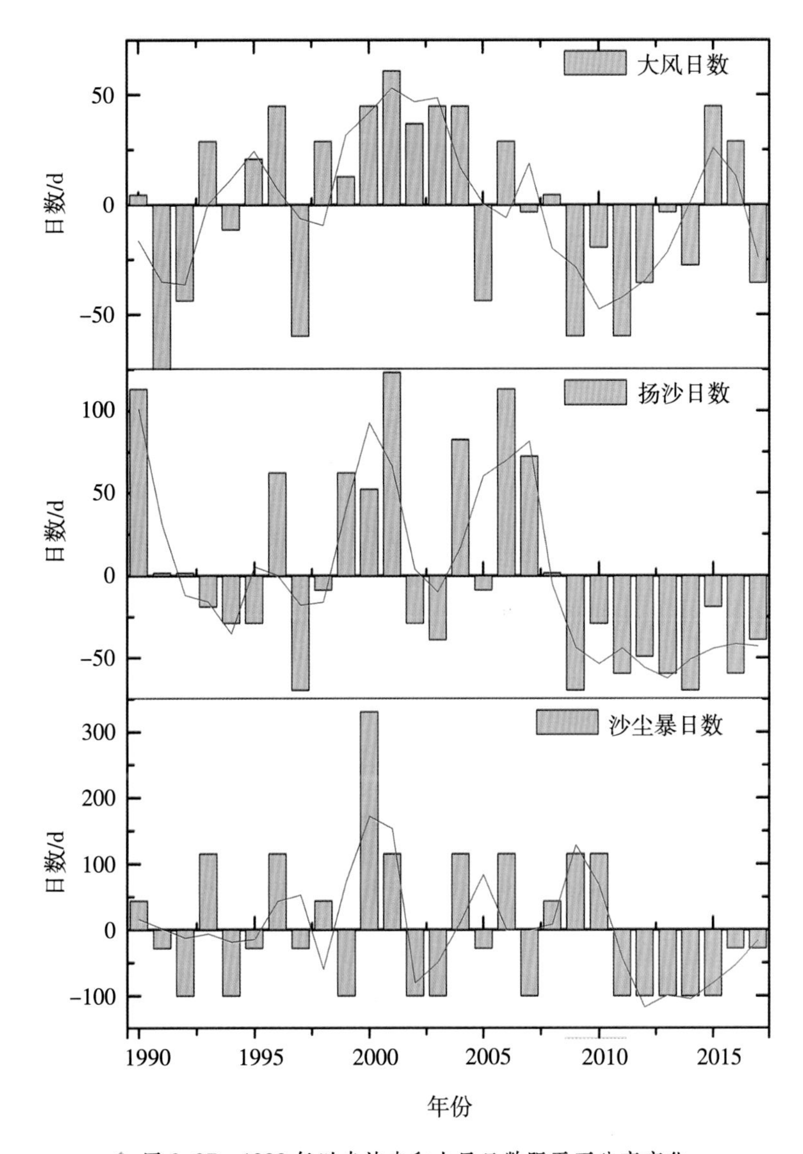

◆ 图 2-27　1990 年以来沙尘和大风日数距平百分率变化

突变,1976 年为减小突变。这与中国西北地区的风速突变存在较大差异(王鹏祥等,2007)。

2. 气温

利用 M-K 突变检验方法,对区域的年均气温进行了突变分析,分析结果见图 2-29。结果表明,气温存在一个突变点,发生在 1998 年,突变方向为温度升高。突变前的年均气温为 8.6℃,年均气温升高速率为 0.12℃/10 a;突变后的年均气温为 9.89℃,年均气温升高速率为 0.42℃/10 a。这与前人关于西北地区东部气温发生突变的时间上基本一致(王海军等, 2009)。

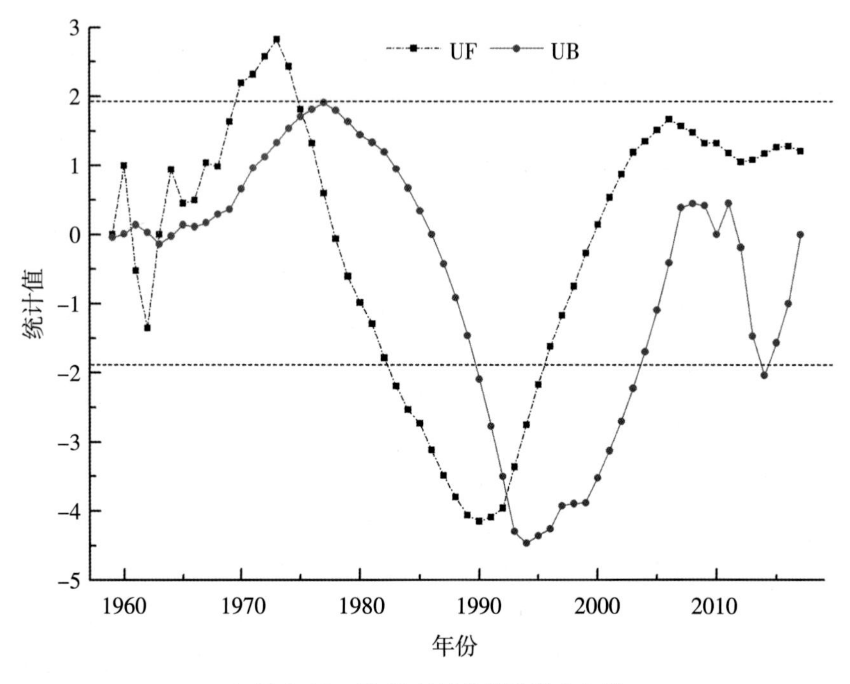

◆ 图 2-28 近 59 年平均风速突变分析

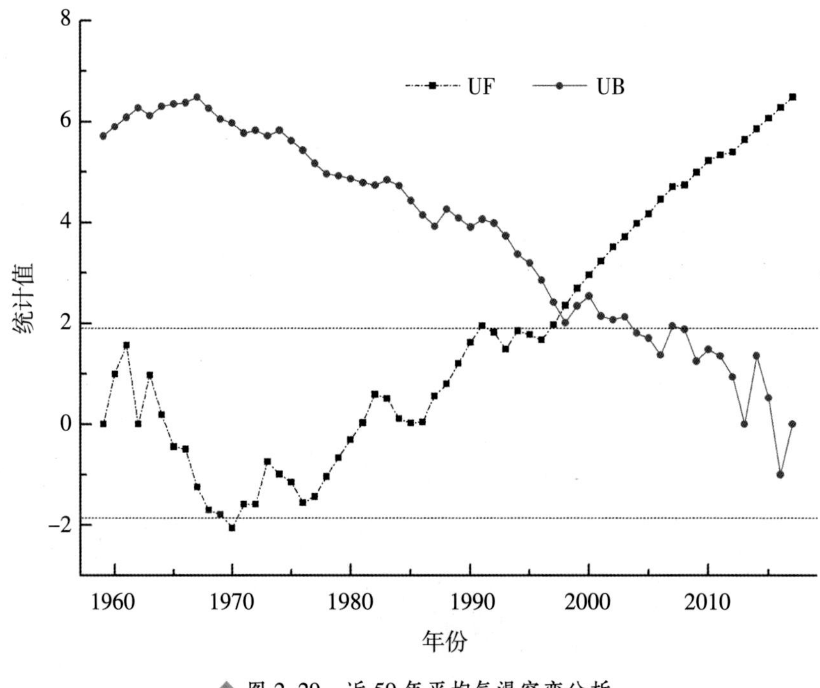

◆ 图 2-29 近 59 年平均气温突变分析

3. 降水

利用 M-K 突变检验方法，对区域的年降水量进行了突变分析，分析结果见图 2-30。结果表明，虽然存在 1961 年、1968 年、2002 年、2003 年和 2017 年等多个突变点年份,但检验结果未达到 α=0.05 的显著性检验,因此可以认为不存在降水突变点。这与前人关于西北地区东部降水是否发生突变的分析结果是一致的(朱晓炜等, 2013)。

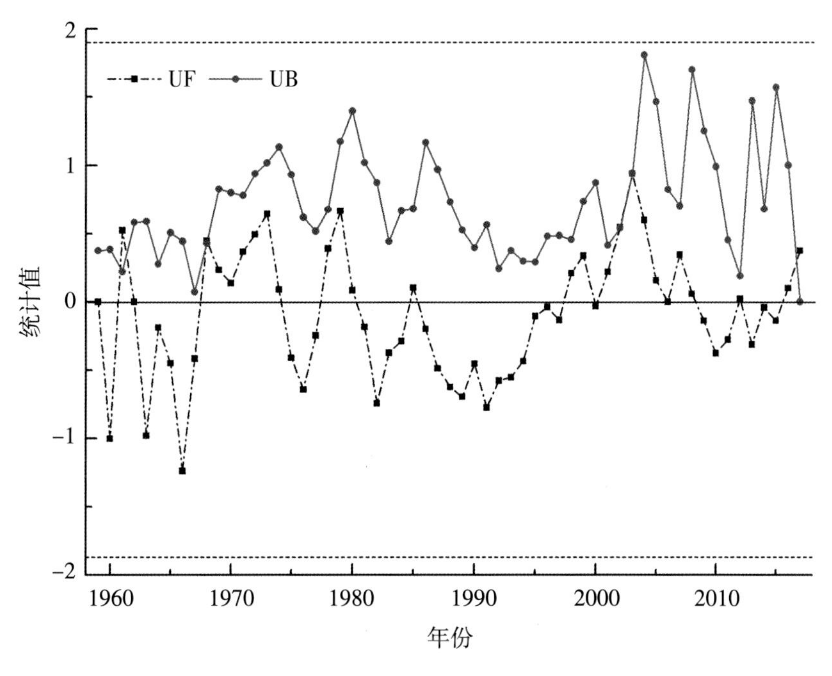

◆ 图 2-30 近 59 年平均气温突变分析

4. 蒸发量

利用 M-K 突变检验方法,对区域的年降水量进行了突变分析,分析结果见图 2-31。

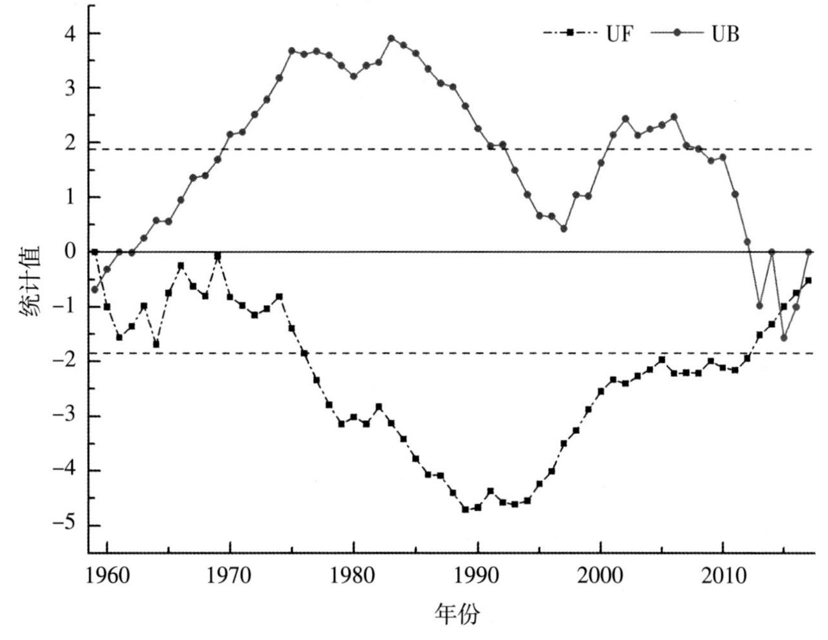

◆ 图 2-31 近 59 年年蒸发量突变分析

结果表明,虽然存在1960年、2015年和2017年等突变年份,但仅1960年达到$\alpha=0.05$的显著性检验,并在。因此,蒸发量仅存在1960年这一个突变点,在1976—2012年达到显著突变水平,突变方向为蒸发量减少。

第四节　水文

一、地表水

(一)河流

由于保护区地处腾格里沙漠东南缘,区域内常年河流较少,仅在保护区西部的长流水为泉水出露形成河流,该河流上存在孟家湾水库和长流水水库等多级堤坝和水库,成为孟家湾村和长流水村的重要灌溉用水和生活饮用水源。同时由于水库和堤坝的拦截,长流水存在多处断流,见附图。

长流水河全长约13.57 km,除入黄河口约0.56 km和长流水村附近约1.69 km位于保护区外,其余各段均位于保护区内。据宁夏水利厅(2010)调查报告,长流水区域的实测水流流速为0.011 m^3/s,按此计算,年径流总量3.47×10^5 m^3,加上降雨形成的洪水地表径流,年径流总量在1.01×10^6 m^3左右。

此外,保护区西南侧边界为黄河干流,是保护区地下水的重要补给来源,位于保护区内的河面面积为6.78 hm^2。近5年来的黄河中卫水文站年平均径流总量为2.63×10^{10} m^3,年平均输沙量为2.33×10^7 t。

除常年河流外,在保护区西部有来自长流水沟北侧台地的洪水冲沟数条,这些冲沟只有在暴雨产生洪流时才有径流出现,其他时段为干沟,均无径流产生,这也是长流水的重要补给来源。

(二)湖泊

1. 湖泊类型

由于保护区多位于多期黄河故道上,因此存在诸多河流残遗湖,目前还存在数个天然湖泊,但其绝大多数水源直接或间接接受人工注水补给,但还维持了少量原有的地下水补给来源。部分为天然湖泊干涸后人为改造注水成湖,基本维持了原有的湖盆基底,但补给来源完全靠人工注水补给形成的半人工湖,如荒草湖,原为荒草湖,干涸后人工注水成湖。另外还有人工湖泊,补给来源基本依靠人工注水,如腾格里湖,见附图。

(1)天然湖泊　保护区内的天然湖泊目前主要的水源为人工直接注水或间接注水补给，但仍维持了少量天然补给来源。主要天然湖泊有马场湖和高墩湖，面积分别为 18.57 hm^2 和 28.38 hm^2，目前平均水深分别为 1.5 m 和 1.0 m，估计总储水量约为 5.62×10^5 m^3。

(2)半天然湖泊　半天然湖泊有千岛湖、小湖和荒草湖，面积分别为 25.16 hm^2、178.80 hm^2 和 3.16 hm^2，平均水深分别为 2 m、2 m 和 1.5 m，总储水量为 4.13×10^6 m^3。这些湖泊原为天然湖泊，后经人工改造，基本保持了原有的湖盆基底。龙凤湖原为一体，后退缩一分为二，后中央大道从中穿过，湖泊形态也人为改造痕迹明显，2017 年 7 月科考时已干涸。小湖是黄河古河道的残遗湖，位于黄河第四级阶地的主流线上。2002 年时，小湖面积很小，仅为 10.96 hm^2，但受周边林场灌溉余水测向渗漏补给，湖面迅速扩大，目前已经达到了 178.80 hm^2。

(3)人工湖泊　保护区内最大的人工湖为腾格里湖，该湖早期为夹道村的鱼塘，经退渔还湖，形成人工湖，现面积为 297.40 hm^2，平均水深 2 m，估计总储水量约为 5.95×10^6 m^3。目前其主要补给方式为人工注水补给，年注水量为 4.40×10^6 m^3。

2. 近十年典型天然和半天然湖泊水域变化及原因

近十年来，一些天然和半天然湖泊水域变化较大，具体见表 2–3。

这些湖泊出现水域面积大小的变化，也充分说明了区域水域面积的自然维持系统异常脆弱，是在人工注水等强干预措施下才得以维持水域面积，湖泊的自然水源补给已无法维持高蒸发量，若无人为干预，将快速走向沼泽—草地—荒漠草原—流沙地的发展趋势。

高墩湖的水域面积维持，通过人工注水维持水域面积。若无人工注水，高墩湖自然地下水年补给量约为 3.15×10^5 m^3，而仅扣除大气降水的水域年净蒸发量约为 3.29×10^5 m^3，除此之外还有侧向渗漏、水生植物的蒸腾作用和陆面蒸发等，也需消耗大量水资源。因此，在自然状态下，高墩湖也难以为继。碱碱湖(龙凤湖)人工注水维持，近几年遭到放弃，快速干涸。

近年来马场湖和高墩湖南段一直以来维持了较为稳定的水域面积，这主要与其南侧腾格里湖高水位的侧向渗漏补给有关，可见腾格里湖在维持局地地下水位，天然湖泊水域面积方面起到至关重要的作用。

(三)水库、坑塘和人工沟渠

在夹道村、腾格里人工湖东北部有鱼池分布，长流水沟有多处水库、堤坝，另有小

表 2-3　保护区湖泊水量盈亏情况调查

调查时间	调查方法	马场湖			高墩湖			碱碱湖(龙凤湖)	
		北段	中段	南段	北段	中段	南段	北段	南段
2009 年 3 月	遥感	充盈	50%	90%	充盈	充盈	充盈	充盈	充盈
2012 年 9 月	遥感	干涸	干涸	80%	充盈	充盈	充盈	充盈	充盈
2013 年 1 月	遥感	干涸	干涸	80%	90%	80%	充盈	充盈	充盈
2013 年 10 月	遥感	充盈	干涸	90%	90%	充盈	充盈	充盈	充盈
2014 年 3 月	遥感	充盈	干涸	90%	90%	充盈	90%	充盈	充盈
2014 年 10 月	遥感	充盈	干涸	15%	90%	充盈	85%	20%	90%
2015 年 7 月	遥感	充盈	干涸	85%	90%	充盈	90%	充盈	充盈
2016 年 2 月	遥感	充盈	充盈	充盈	90%	90%	充盈	充盈	90%
2016 年 6 月	遥感	充盈	充盈	充盈	90%	充盈	充盈	充盈	90%
2016 年 7 月	遥感	充盈	充盈	充盈	90%	充盈	充盈	90%	60%
2017 年 7 月	遥感+实地	充盈	充盈	充盈	90%	充盈	充盈	干涸	干涸
2017 年 8 月	遥感	充盈	充盈	充盈	90%	充盈	充盈	干涸	5%
2018 年 4 月	遥感	充盈	充盈	充盈	10%	充盈	充盈	干涸	5%
2018 年 5 月	遥感	充盈	充盈	充盈	70%	80%	充盈	干涸	<5%
2018 年 6 月	遥感+实地	充盈	充盈	充盈	20%	40%	充盈	干涸	<5%
2018 年 8 月	遥感+实地	充盈	充盈	充盈	80%	充盈	充盈	干涸	<5%

注:充盈表示与近十年中的水域最大面积基本保持一致,百分数则表示占水域最大面积的百分数。

型池塘多处,总面积为 275.08 hm^2,总储水量为 2.20×10^6 m^3。

二、地下水

(一)地下水类型

根据中国人民解放军 00919 部队(1981)绘制的综合水文地质图(J-48-21 幅)和宁夏地质局第一水文地质工程地质队(1981)绘制的综合水文地质图(J-48-22 幅),区域的地下水类型可分为第四系松散岩类孔隙水,第三系碎屑岩类孔隙裂隙水和基岩裂隙水三大类,见附图。

1. 第四系松散岩类孔隙水

第四系松散岩类孔隙水主要分布在保护区的中部、北部地区和西部的长流水沟谷区域，面积达 11 774.41 hm^2，占保护区总面积的 83.84%。第四系松散岩类孔隙水可根据地下水埋藏条件和单日涌水量可分为以下几种：

（1）单日涌水量 <10 m^3 的潜水，主要分布在保护区中部和西北部的流动沙丘区，以及西部的长流水沟谷地区，面积 6 550.33 hm^2，占保护区总面积的 46.64%，该区域地下水资源极度匮乏。

（2）单日涌水量 1 000~5 000 m^3 的潜水，主要分布在保护区中部铁路以南的龙凤湖片区，面积 1 697.69 hm^2，占保护区总面积的 12.09%，地下水资源丰富。

（3）顶板埋深 <50 m，单日涌水量 500~1 000 m^3 的潜水和承压水，主要分布在铁路以北，荒草湖中南部、马场湖、高墩湖、腾格里湖西北部等地，面积 1 250.30 hm^2，占保护区总面积的 8.90%，地下水资源较丰富。

（4）顶板埋深 <50 m，单日涌水量 1 000~5 000 m^3 的潜水和承压水，主要分布在兰铁中卫固沙林场，夹道村和腾格里湖东南部，面积 901.49 hm^2，占保护区总面积的 6.42%，地下水资源丰富。

（5）顶板埋深 >50 m，单日涌水量 100~500 m^3 的潜水和承压水，主要分布在小湖以北区域，面积 1 374.60 hm^2，占保护区总面积的 9.79%，地下水资源比较匮乏。

2. 第三系碎屑岩类孔隙裂隙水

第三系碎屑岩类孔隙裂隙水主要分布在保护区的西部地区和小湖片区的中南部，面积达 1 828.78 hm^2，占保护区总面积的 13.02%。根据地下水埋藏条件和单日涌水量可分为以下两种类型：

（1）单日涌水量 10~100 m^3 的潜水，主要分布在保护区西部丘陵区，面积 886.92 hm^2，占保护区总面积的 6.32%，该区域地下水资源匮乏。

（2）顶板埋深 50~100 m，单日涌水量 100~500 m^3 的潜水和承压水，主要分布在小湖片区的中南部地区，面积 941.86 hm^2，占保护区总面积的 6.71%，地下水资源匮乏。

3. 基岩裂隙水

基岩裂隙水主要分布在孟家湾水库南北两侧的覆土石质丘陵区，面积 441.15 hm^2，占保护区总面积的 3.14%。该区域的基岩裂隙水为风化壳网状裂隙水，单日涌水量 <10 m^3，地下水资源极度匮乏。

(二)地下水资源分布特征

总体而言,保护区地下水资源具有自西北向东南递增,西部地区具有自西向东递减特征。

根据宁夏回族自治区水利厅(2010)编制的《宁夏回族自治区县区水资源详查报告》,并参考《中国地下水资源(宁夏卷)》(张宗祜和李烈荣,2005)和《宁夏地下水资源》(张黎等,2003)资料,宁夏中卫市引黄灌区地下水资源的补给量为 379.1×10^6 m^3,宁中山地黄河左岸区间地下水资源 1.10×10^6 m^3,腾格里沙漠黄河左岸区间地下水资源 0.27×10^6 m^3,据此计算保护区东南部引黄灌区地下水资源补给量为 29.47×10^6 m^3,西部孟家湾和长流水等丘陵区地下水资源量为 0.01×10^6 m^3,西北部沙漠地区地下水资源量为 0.03×10^6 m^3,保护区地下水资源总量为 29.54×10^6 m^3。

三、水化学特征

通过保护区内典型水体样品采集,见图 2-32,室内测试电导率、硬度、矿化度、易溶盐成分等水化学特征指标,对保护区的主要水体的水化学特征进行分析,结果见表 2-4。

◆ 图 2-32 水体取样位置示意图

测试结果表明，除腾格里人工湖莲池外，其余水体的硬度等级很高，达到特硬水，除定北墩排盐沟和孟家湾水库是微咸水外，其余各水体均为淡水。区域水体的水化学类型基本为重碳酸盐-钠镁型水，仅有高墩湖、黄河水和孟家湾水库水为重碳酸盐-钠镁钙型水，而长流水沟源水为重碳酸盐-钙型水，见表2-5。

表2-4 保护区水体水化学要素测试结果

编号	电导率/(μs·cm^{-1})	硬度/(mg·L^{-1})	总矿化度/(mg·L^{-1})	Cl^-/(mg·L^{-1})	SO_4^{2-}/(mg·L^{-1})	CO_3^{2-}/(mg·L^{-1})	HCO_3^-/(mg·L^{-1})	K^+/(mg·L^{-1})	Na^+/(mg·L^{-1})	Ca^{2+}/(mg·L^{-1})	Mg^{2+}/(mg·L^{-1})
W1	1 420.00	2 027.42	1040.00	0.30	1.14	1.70	67.43	18.45	154.15	36.34	40.55
W2	1 374.00	1 787.21	860.00	17.96	0.00	7.93	92.79	19.01	140.86	44.04	37.91
W3	1 478.20	1 931.34	900.00	13.50	1.78	0.00	119.87	19.10	176.95	45.25	34.50
W4	833.80	1 667.10	500.00	4.71	1.25	0.00	93.36	19.15	65.30	21.56	38.07
W5	529.20	1 114.60	560.00	2.28	0.99	0.00	55.90	16.50	39.20	15.91	19.67
W6	755.40	1 643.08	540.00	5.04	0.81	0.00	99.13	19.70	60.70	39.85	24.81
W7	830.60	169.12	540.00	5.66	0.52	0.00	119.30	19.99	63.64	32.70	31.14
W8	822.60	1 571.01	640.00	5.18	0.40	0.00	139.47	23.05	58.65	23.35	34.14
W9	887.00	1 955.36	600.00	5.52	0.96	0.00	102.58	19.00	68.01	23.25	41.12
W10	505.60	1 042.54	420.00	0.90	0.72	0.00	67.43	17.25	44.25	15.50	18.23
W11	1 362.60	1 787.21	820.00	17.18	1.28	0.00	56.48	21.36	147.45	17.71	40.31
W12	1 345.80	2 087.48	940.00	4.74	1.22	2.27	87.60	21.99	155.86	18.90	41.93
W13	1 356.00	2 027.42	820.00	14.91	0.00	13.60	107.20	25.02	142.14	21.81	47.42
W14	622.60	1 619.06	420.00	2.89	0.00	0.00	82.41	13.33	41.94	45.60	19.54
W15	1 007.00	2 003.40	760.00	6.85	1.33	5.67	98.55	26.45	79.70	24.05	40.91
W16	539.20	1 643.08	280.00	2.47	0.54	10.77	92.79	16.85	37.40	13.70	26.90
W17	605.40	1 571.01	300.00	3.41	0.51	10.20	70.89	17.92	41.80	12.10	28.75
W18	596.00	1 691.12	240.00	2.70	0.00	14.17	54.75	13.45	37.24	41.50	17.60
W19	1 849.80	4 417.57	1320.00	11.90	4.05	0.00	56.48	21.45	120.96	154.70	68.44
W20	1 595.20	3 084.37	940.00	14.57	2.59	7.37	85.30	24.60	140.50	62.54	55.30
W21	618.80	1 643.08	320.00	2.07	0.00	0.00	87.60	15.10	29.75	54.04	16.85

表 2-5 保护区水化学特征分析

编号	取样位置说明	硬度等级	微咸水分类	水化学类型
W1	定北墩排盐沟	特硬水	微咸水	重碳酸盐-钠镁水
W2	定北墩灌溉水渠	特硬水	淡水	重碳酸盐-钠镁水
W3	小湖北侧鱼塘	特硬水	淡水	重碳酸盐-钠镁水
W4	腾格里人工湖北部	特硬水	淡水	重碳酸盐-钠镁水
W5	腾格里湖旁小池塘	特硬水	淡水	重碳酸盐-钠镁水
W6	高墩湖	特硬水	淡水	重碳酸盐-钠镁钙水
W7	荷花池	中硬水	淡水	重碳酸盐-钠镁水
W8	马场湖	特硬水	淡水	重碳酸盐-钠镁水
W9	腾格里人工湖中南部	特硬水	淡水	重碳酸盐-钠镁水
W10	腾格里湖北侧人工湖	特硬水	淡水	重碳酸盐-钠镁水
W11	小湖西南部	特硬水	淡水	重碳酸盐-钠镁水
W12	小湖北部	特硬水	淡水	重碳酸盐-钠镁水
W13	千岛湖	特硬水	淡水	重碳酸盐-钠镁水
W14	灌渠黄河水	特硬水	淡水	重碳酸盐-钠镁钙水
W15	迎闫公路东鱼塘	特硬水	淡水	重碳酸盐-钠镁水
W16	荒草湖东侧湿地	特硬水	淡水	重碳酸盐-钠镁水
W17	荒草湖	特硬水	淡水	重碳酸盐-钠镁水
W18	黄河水	特硬水	淡水	重碳酸盐-钠镁钙水
W19	孟家湾水库	特硬水	微咸水	重碳酸盐-钠镁钙水
W20	长流水沟河水	特硬水	淡水	重碳酸盐-钠镁水
W21	长流水沟源头	特硬水	淡水	重碳酸盐-钙水

四、水质特征

(一)水质特征与分级

对所采水体样品,分别分析测试了 pH、透明度、溶解氧、高锰酸盐指数、化学需氧量(COD)、生物需氧量(BOD)、氨氮、总磷和氟化物等水质指标,并根据国家《地表水环境质量标准》(GB3838—2002)对水质进行了分类。

分析结果表明，除长流水沟孟家湾水库以上水质为 III 级外，保护区其余水质较差,见表 2-6,其中定北墩灌渠水、高墩湖、马场湖、莲池、小湖北部、千岛湖和夹道村鱼

表 2-6 保护区水质检测和分析

编号	pH	透明度/cm	溶解氧/(mg·L^{-1})		高锰酸盐指数/(mg·L^{-1})		COD/(mg·L^{-1})		BOD5/(mg·L^{-1})		氨氮/(mg·L^{-1})		总磷/(mg·L^{-1})		氟化物/(mg·L^{-1})		水质分级
			测量值	类级	测量值	类级	测量值	类级	测量值	类级	测量值	类级	测量值	类级	测量值	类级	
W1	7.46	26.00	6.80	II	5.27	III	10.59	I	0.00	I	0.04	I	0.05	II	1.04	IV	IV
W2	7.63	29.83	7.23	II	2.09	II	21.81	IV	0.60	I	0.08	I	0.72	劣 V	0.91	I	劣 V
W3	7.43	24.17	7.07	II	2.46	II	17.75	III	0.00	I	0.06	I	0.13	V	1.08	IV	V
W4	7.28	6.67	7.26	II	7.67	IV	24.61	IV	0.37	I	0.48	II	0.15	V	0.97	I	V
W5	7.40	25.33	7.38	II	4.79	III	37.69	V	0.62	I	0.65	III	0.30	V	0.40	I	V
W6	7.09	7.33	7.50	II	8.33	IV	20.52	IV	0.41	I	0.06	I	0.48	劣 V	0.46	I	劣 V
W7	7.32	2.83	7.25	II	7.74	IV	86.91	劣 V	0.10	I	0.21	II	0.86	劣 V	0.69	I	劣 V
W8	7.13	7.00	6.80	II	9.02	IV	53.89	劣 V	0.53	I	0.58	III	0.45	劣 V	0.87	I	劣 V
W9	7.22	6.17	7.27	II	9.33	IV	28.66	IV	0.14	I	0.46	II	0.12	V	0.93	I	V
W10	7.21	16.67	7.49	I	4.05	III	7.38	I	0.44	I	0.60	III	0.08	IV	0.53	I	IV
W11	7.65	5.17	7.24	II	10.56	V	23.82	IV	0.01	I	0.79	III	0.10	IV	1.07	IV	V
W12	7.41	5.50	7.37	II	12.35	V	44.86	劣 V	0.41	I	0.24	II	0.17	V	0.94	I	劣 V
W13	7.70	24.83	7.78	I	5.74	III	40.54	劣 V	0.39	I	0.29	II	0.09	IV	1.11	IV	劣 V
W14	7.69	3.24	7.28	II	9.65	IV	11.62	I	0.77	I	0.18	II	0.20	IV	0.42	I	IV
W15	7.20	3.67	7.17	II	10.92	V	44.05	劣 V	0.51	I	0.40	II	0.59	劣 V	0.79	I	劣 V
W16	7.54	6.50	7.30	II	5.68	III	20.97	IV	0.15	I	0.15	I	0.07	IV	0.87	I	IV
W17	7.49	6.83	7.53	I	5.90	III	22.33	IV	0.01	I	0.33	II	0.11	V	0.76	I	V
W18	7.74	2.17	7.62	I	9.17	IV	12.02	I	0.38	I	0.19	II	0.08	II	0.41	I	IV
W19	7.48	11.00	7.28	II	3.14	II	16.76	III	0.47	I	0.37	II	0.06	IV	0.77	II	IV
W20	7.70	21.67	7.43	II	2.93	II	19.43	III	0.45	I	0.35	II	0.07	II	0.59	I	III
W21	7.24	21.83	7.34	II	4.95	III	18.25	III	0.52	I	0.14	I	0.12	III	0.69	I	III

塘达到了劣 V 类水的标准，主要超标指标为总磷和 COD，也就是说水体中磷元素含量和有机质含量超标严重。

由于磷元素和有机质含量较高，导致水体富营养化程度很高，均处于富营养化和过营养化阶段，其中小湖片区和腾格里湖片区都处于过营养化阶段。

(二)水体污染源分析

根据方淑荣等(2011),水体中有机质和磷的主要来源有内源和外源两个方面。

1. 内源

内源方面主要指水体所在的坑塘水库内原有的有机质和磷,这些湖泊大多是原来的人工鱼塘,渔业生产投放饲料和鱼类排泄物导致有机质和磷含量较高,或为接近干涸的天然湖泊,湖泊干涸过程中有机质和磷浓缩富集,导致有机质和磷含量较高。此外,由于水体底部长期处于缺氧的还原环境,一些已经固定在沉积物中的磷再次融入水中。由此可见,在内源方面有机质和磷主要是继承性的。

2. 外源

外源方面主要指从其他区域输入的,一般包括水产养殖饲料投放、农田化肥施用并随地表径流注入等方面。

水产养殖饲料投放方面,由于保护区内的大多数坑塘为鱼塘,这些鱼塘长期饲养鱼类,并投放饲料,导致水体中有机质和磷元素富集。经过沙坡头区自然保护区环保整治,目前大部分鱼塘已关闭,今后鱼塘类的水体富营养程度会逐步降低。

农田化肥施用并随地表和地下径流注入方面,夹道村片区、中央大道以南片区和长流水-孟家湾片区,存在大片的农田和果园,施用化肥并随地表和地下径流进入水体,不断营养富集。孟家湾水库的水体有机质和磷元素来源主要为此,中央大道以南区域的径流基本全部注入黄河,对保护区的水体富营养化影响较小。

3. 黄河水注入对水体污染源的影响

保护区坑塘湖库，特别是中东部坑塘湖库具有两个利于营养富集的属性特征：①水体补给来源单一,以直接或间接的黄河水入注为主,地下水、地表径流和大气降水补给很少。②均为闭合流域,流动性差,缺乏地表自然径流排泄系统。这些坑塘湖库以黄河水为主要补给来源,水体基本无外流,富营养化物质快速富集。

五、水文变化

分析 2002 年、2008 年和 2017 年保护区内的水域面积(包括天然湖泊、人工湖泊、半人工湖泊、水库、坑塘和河流等)，总体呈现增长趋势，面积分别为 534.78 hm^2、747.44 hm^2 和 854.77 hm^2,16 年间增长了 59.84%。水域增加区域主要集中在腾格里人工湖片区和小湖片区,在小湖地区表现尤甚,见附图。小湖面积由 2002 年的 10.96 hm^2，增加了 2008 年的 197.53 hm^2,2017 年缩小至 178.80 hm^2,16 年间增加了

表 2-7　保护区水体富营养化程度分级

编号	位置	透明度/cm	氨氮/($mg \cdot m^{-3}$)	总磷/($mg \cdot m^{-3}$)	富营养化程度
W1	定北墩排盐沟	26.00	40	50	富营养化
W2	定北墩灌溉水渠	29.83	80	720	过营养化
W3	小湖北侧鱼塘	24.17	60	130	过营养化
W4	腾格里湖北部	6.67	480	150	过营养化
W5	腾格里湖旁小池塘	25.33	650	300	过营养化
W6	高墩湖	7.33	60	480	过营养化
W7	荷花池	2.83	210	860	过营养化
W8	马场湖	7.00	580	450	过营养化
W9	腾格里湖中南部	6.17	460	120	过营养化
W10	腾格里湖北侧人工湖	16.67	600	80	富营养化
W11	小湖西南部	5.17	790	100	富营养化
W12	小湖北部	5.50	240	170	过营养化
W13	千岛湖	24.83	290	90	富营养化
W14	灌渠黄河水	3.24	180	200	过营养化
W15	迎闫公路东鱼塘	3.67	400	590	过营养化
W16	荒草湖东侧湿地	6.50	150	70	富营养化
W17	荒草湖	6.83	330	110	过营养化
W18	黄河水	2.17	190	80	富营养化
W19	孟家湾水库	11.00	370	60	富营养化
W20	长流水沟河水	21.67	350	70	富营养化
W21	长流水沟源头	21.83	140	120	过营养化

15.31 倍。

第五节　土壤

一、土壤类型和分布

(一)土壤分类系统

保护区的地带性土壤为灰钙土,同时由于地处沙漠边缘,区域内湖泊和农田分布,风沙作用、水成作用和人为作用对成壤作用都有不同程度的贡献，进而出现了风沙土、潮土和人为土。保护区各类土壤总面积 12 475.25 hm^2，占土地总面积的 88.83%；水域、居民和建设用地等非土壤面积 1 569.09 hm^2，占土地总面积的 11.17%。

保护区土壤类型较复杂，根据中国土壤分类与代码（GB/T 17296—2009）（中华人民共和国标准委员会，2009）、西北区土壤综合数据库（中国科学院南京土壤所，2015）、宁夏土种志（宁夏农业勘查设计院，1991）、中国土壤地理（龚子同，2014）和中国土壤系统分类（修订方案）（中国科学院南京土壤研究所土壤系统分类课题组和中国土壤系统分类课题研究协作组，1995）等文献和数据库，并结合实地土壤地面调查和剖面调查数据，建立了保护区的土壤分类系统，将保护区的土壤类型划分为 5 纲 5 亚纲 6 类 11 亚类 18 属 35 种，与第一期科考报告（刘廼发等，2005）划分的 40 个土种相比，减少了 5 种，主要原因是土种划分依据略有不同，见表 2-8 和附图。

（二）土壤分布特征

1. 土壤总体特征

（1）以风沙土和灰钙土为主。由于受区域性因素——腾格里沙漠和地带性因素——干旱带影响，区域的主要土壤类型为风沙土和灰钙土为主，其次受局地水文和人为作用，出现一定面积的潮土、灌淤土和冲积土。

（2）中部以风沙土为主，东西两端以灰钙土为主的分布格局。中部大部分地区原为腾格里沙漠，土壤类型已风沙土为主，而保护区东西两端沙漠未覆盖区域出现地带性土壤灰钙土。

（3）受人类活动因素驱动，保护区中部自西北向东南，具有荒漠流动风沙土—荒漠半固定风沙土—荒漠固定风沙土—荒漠灌淤风沙土—灌淤土的局地土壤递变规律。受早期包兰铁路沿线风沙防治体系的建设和沙坡头地区的农田开垦等人类活动的影响，形成土壤递变规律。由此可见，保护区人类活动对保护区的影响较深。

（4）受水资源，特别是地下水资源驱动，保护区中部，特别是高墩湖、马场湖和腾格里湖区，自西北向东南也存在着荒漠流动风沙土—荒漠半固定风沙土—荒漠固定风沙土—潮土—水域的递变规律。

（5）土壤质地较粗，多属于砂土、壤砂土和砂壤土，只有极少个别层位土壤属于壤土和粉砂壤土，见图 2-33。

（6）土壤贫瘠，土壤肥力低下。保护区土壤样品测试表明，有机质含量在 1%以下的占 94.04%，有机质在 0.5%以下的占 78.81%，有机质在 0.25%以下的占 50.99%。土壤水解性氮、有效磷和速效钾含量都较低。土壤剖面中水解性氮的测试结果表明，93.45%的样品土壤水解性氮含量在 100 mg/kg 以下，89.29%的在 50 mg/kg 以下，76.19%的含量在 25 mg/kg 以下，52.38%的含量在 10 mg/kg 以下。有效磷含量在 5 mg/kg 以下的占 86.67%，1 mg/kg 以下的占 41.82%。速效钾含量在 500 mg/kg 以下的占 97.58%，200 mg/kg 以下的占 64.85%，100 mg/kg 以下的占 16.97%。

表 2-8 保护区土壤分类系统及其面积统计

土纲	亚纲	土类	亚类	土属	土种(别名)	面积/hm²	比例/%
E 干旱土	E2 干暖温干旱土	E21 灰钙土	E211 典型灰钙土	E21112 泥砂质灰钙土	E2111213 砾黄白土(上位砾层砾质新积灰钙土)	188.82	1.34
					E2111214 粗黄白土	203.57	1.45
					小计	392.39	2.79
				小计		392.39	2.79
			E212 淡灰钙土	E21212 泥砂质淡灰钙土	E2121212 白脑沙土	352.56	2.51
					E2121214 白脑砾土	474.33	3.38
					E2121216 粗白脑土(粗质淡灰钙土)	328.11	2.34
					小计	1 155.00	8.22
				小计		1 155.00	8.22
			小计			1 547.38	11.02
		小计				1 547.38	11.02
	合计					1 547.38	11.02
G 初育土	G1 土质初育土	G13 新积土	G132 冲积土	G13211 冲积砾砂土	G1321112 砾石冲积土	114.76	0.82
				G13213 冲积沙土	G1321316 厚层砂质冲积土	33.04	0.24
					G1321317 薄层砂质冲积土	5.59	0.04
					G1321318 灌淤砂质冲积土	11.33	0.08
					小计	49.96	0.36
				小计		164.71	1.17
			小计			164.71	1.17

续表

土纲	亚纲	土类	亚类	土属	土种(别名)	面积/hm²	比例/%
G 初育土	G1 土质初育土	G15 风沙土	G151 荒漠风沙土	G15111 荒漠固定风沙土	G1511115 固定浮沙土	569.36	4.05
					G1511116 丘状固定风沙土	689.06	4.91
					G1511117 薄层荒漠固定浮沙土	941.08	6.70
					G1511118 潮湿荒漠固定风沙土	63.65	0.45
					G1511119 灌淤荒漠固定浮沙土	2 474.04	17.62
					小计	4 737.18	33.73
				G15112 荒漠半固定风沙土	G1511213 浮沙土(平铺状荒漠半固定风沙土)	319.47	2.27
					G1511214 丘状荒漠半固定风沙土	274.56	1.95
					G1511215 陡坡半固定风沙土	45.55	0.32
					G1511216 潮湿浮沙土	229.53	1.63
					G1511217 潮湿荒漠半固定风沙土	55.29	0.39
					G1511218 灌淤浮沙土	689.48	4.91
					小计	1 613.88	11.49
				G15113 荒漠流动风沙土	G1511314 流沙土(丘状流动风沙土)	2 962.41	21.09
					G1511315 平铺状流沙土	2.47	0.02
					G1511316 陡坡流沙土	14.06	0.10
					小计	2 978.94	21.21
				小计		9 330.00	66.43
			小计			9 330.00	66.43
		小计				9 494.71	67.60
	合计					9 494.71	67.60

续表

土纲	亚纲	土类	亚类	土属	土种(别名)	面积/hm²	比例/%
H 半水成土	H2 淡半水成土	H21 潮土	H211 典型潮土	H21111 潮砂土	H2111117 典型砂质潮土	126.40	0.90
			H215 盐化潮土	H21511 氯化物潮土	H2151128 砂质氯化物潮土	21.09	0.15
			H217 灌淤潮土	H21711 淤潮砂土	H2171113 典型淤潮砂土	276.27	1.97
					H2171114 灌淤薄潮砂土(薄层砂质灌淤潮土)	44.02	0.31
					小计	320.29	2.28
				小计		320.29	2.28
			小计			617.66	4.40
		小计				617.66	4.40
	合计					617.66	4.40
K 盐碱土	K1 盐土	K11 草甸盐土	K111 典型草甸盐土	K11111 氯化物草甸盐土	K1111128 白甸盐砂(砂质白盐土)	180.25	1.28
				K11112 硫酸盐草甸盐土	K11112 青土层钙质硫酸盐土	78.79	0.56
				K11113 苏打草甸盐土	K1111313 苏打草甸湿盐土	28.37	0.20
				小计		287.41	2.05
			小计			287.41	2.05
		小计				287.41	2.05
	合计					287.41	2.05
L 人为土	L2 灌耕土	L21 灌淤土	L211 典型灌淤土	L21111 灌淤砂土	L2111113 砂质薄层灌淤土	261.24	1.86
				L21112 灌淤壤土	L2111223 薄立土(壤质薄层灌淤土)	164.85	1.17
				小计		426.10	3.03
			L212 潮灌淤土	L21211 潮灌淤壤土	L2121117 青土层新户土(青土层薄层潮灌淤土)	102.32	0.73
				L21212 潮灌淤砂土	L2121211 青土层潮灌淤砂土	65.43	0.47
				小计		167.75	1.19

续表

土纲	亚纲	土类	亚类	土属	土种(别名)	面积/hm²	比例/%
L 人为土	L2 灌耕土	L21 灌淤土	L213 表锈灌淤土	L21311 表锈灌淤壤土	L2131111 底砾薄卧土(砾石层薄层表锈灌淤土)	84.13	0.60
				小计		84.13	0.60
			小计			677.97	4.82
		小计				677.97	4.82
	合计					677.97	4.82
总计						12 475.25	88.83

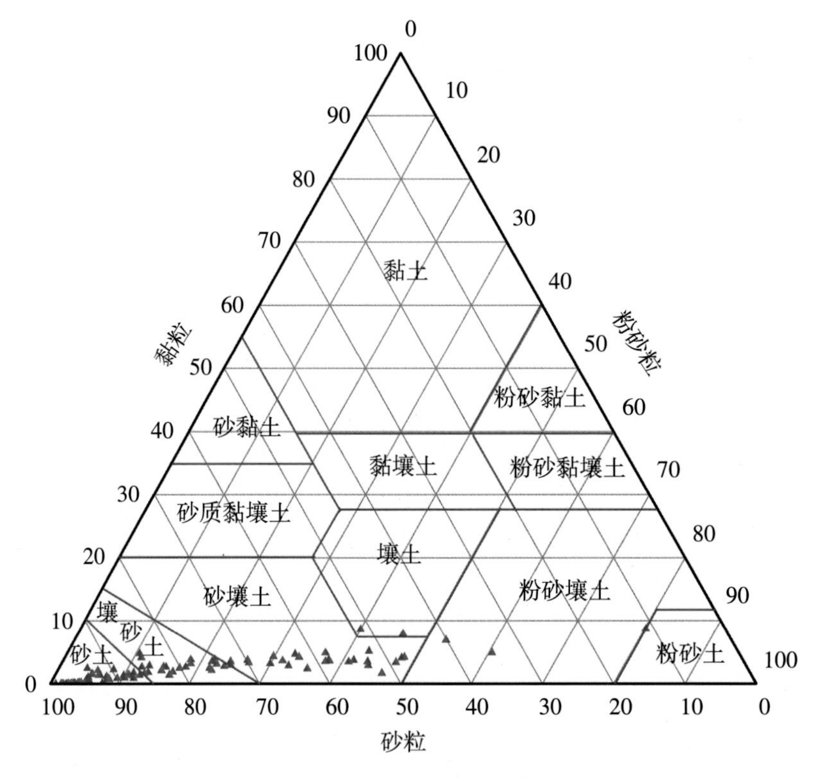

◆ 图 2-33 保护区土壤质地分布图

2. 土壤类型分布

在土纲层面，初育土分布面积最大，为 9 494.71 hm²，占保护区总面积的 67.60%，主要分布在腾格里沙漠区及其边缘区域，长流水河谷地区；干旱土次之，为 1 547.38 hm²，占保护区总面积的 11.02%，主要分布在长流水、孟家湾以及定北墩等地；盐碱土面积最小，为 287.41 hm²，占保护区总面积的 2.05%。

亚纲层面，土质初育土分布最广，干暖温干旱土次之，盐土分布最少，分布面积和区域同上。

土类层面，风沙土分布最广，为 9 330 hm²，占保护区总面积的 66.43%，主要分布在腾格里沙漠及其边缘区域，灰钙土次之，为 1 547.38 hm²，占保护区总面积的 11.02%，主要分布在长流水、孟家湾和定北墩区域，草甸盐土和新积土分布最少，分别为 287.41 hm² 和 164.71 hm²，分布占保护区总面积的 2.05%和 1.17%。

亚类及其以下的土壤类型的面积、分布和占保护区总面积的比例详见表 2-8 和下面小节内容介绍。

二、主要土壤类型及其理化性质

(一)典型灰钙土

典型灰钙土主要分布在定北墩和小湖以北区域，剖面上部为有机质层，中下部出现典型的钙积层，以卫宁北山山前洪积物为主要成土母质。面积 392.39 hm²，占保护区总面积的 2.79%。

1. 泥砂质灰钙土属

泥砂质灰钙土是本区典型灰钙土亚类的唯一土属，主要分布在保护区定北墩和小湖北部地区，以卫宁北山山前洪积物为母质。面积 392.39 hm²，占保护区总面积的 2.79%。

(1)砾黄白土(上位砾层砾质新积灰钙土)　属灰钙土类、典型灰钙土亚类、泥砂质灰钙土属。面积 188.82 hm²，占保护区总面积的 1.34%，主要分布在保护区定北墩和小湖北部地区，以卫宁北山山前洪积物为母质。

典型剖面 S1 位于定北墩附近人工速生林内，地表平坦，海拔 1 264 m，具体位置见图 2-34。地表景观为人工速生林，生长有河北杨、柽柳和芦苇等，植被盖度 80%以上。剖面形态如下：

0~2 cm，枯枝落叶层，腐殖质化程度低，干；

2~4 cm，结皮层，土黄色，结皮松脆，片状结构，干，壤砂土；

4~9 cm，有机质层，土黄色，紧实，块状结构，湿润，多毛根，砂土；

9~20 cm，钙积层，土黄色，钙斑点等不明显，但碳酸钙含量高，土黄色，紧实，块状结构，微润，多细根，壤砂土；

20~31 cm，钙积层，浅黄棕色，较紧实，小块状结构，湿润，多细根，壤砂土；

◆ 图 2–34　土壤取样位置分布图

◆ 图 2–35　砾黄白土 S1 剖面

31~46 cm，母质风化层，黄棕色，较紧实，碎块状，湿润，少根，含砾砂土，砾石次滚圆状，低圆度，长轴直径 2~4 cm，短轴直径 1~2 cm，见图 2-35。

主要理化性质见表 2-9、表 2-10 和表 2-11。

表 2-9　保护区砾黄白土S1 剖面物理性质

层次 /cm	容重 /(g·cm^{-3})	砂粒 2~0.05 mm	粉粒 0.002~0.05 mm	黏粒 <0.002 mm	质地	湿度 /%
0~7	1.39	94.03	4.92	1.05	砂土	1.01
7~20	1.49	84.71	10.50	4.79	壤砂土	5.32
20~30	1.60	84.78	11.04	4.18	壤砂土	4.58
30~46	1.68	93.46	4.06	2.48	含砾砂土	4.94

表 2-10　保护区砾黄白土 S1 剖面化学性质

层次 /cm	pH	$CaCO_3$ /(g·kg^{-1})	全盐量 /%	Cl^- /(g·kg^{-1})	SO_4^{2-} /(g·kg^{-1})	CO_3^{2-} /(g·kg^{-1})	HCO_3^- /(g·kg^{-1})	Ca^{2+} /(g·kg^{-1})	Mg^{2+} /(g·kg^{-1})	K^+ /(g·kg^{-1})	Na^+ /(g·kg^{-1})
0~7	7.96	52.61	0.34	0.11	0.09	0.00	0.54	2.14	0.13	0.13	0.22
7~20	7.98	149.36	0.51	0.19	0.06	0.00	0.47	3.78	0.23	0.18	0.21
20~30	8.17	70.30	0.17	0.05	0.06	0.00	0.45	0.60	0.03	0.18	0.35
30~46	8.16	47.50	0.09	0.05	0.06	0.00	0.33	0.10	0.01	0.18	0.21

表 2-11　保护区砾黄白土 S1 剖面土壤养分

层次 /cm	有机质 /%	全钾 /(g·kg^{-1})	速效钾 /(mg·kg^{-1})	全磷 /(g·kg^{-1})	有效磷 /(mg·kg^{-1})	全氮 /(g·kg^{-1})	碱解氮 /(mg·kg^{-1})
0~7	0.61	4.15	283.00	0.66	0.07	1.67	21.91
7~20	0.19	3.47	329.50	0.80	0.15	1.57	17.20
20~30	0.18	4.20	396.50	0.65	7.06	0.95	8.56
30~46	0.15	5.54	333.00	0.47	0.07	0.62	0.00

（2）粗黄白土（上位钙层粗质灰钙土）　属灰钙土土类、典型灰钙土亚类、泥砂质灰钙土属。面积 203.57 hm^2，占保护区总面积的 1.45%，地形起伏，有固定沙丘分布。主要分布在小湖东北侧，植被覆盖度 20%~40%，以风积沙和卫宁山地洪积物为母质。

典型剖面 S8 位于小湖东侧，地形起伏较大，海拔 1 243 m，具体位置见图 2-34。地表景观为固定沙丘，沙丘植被覆盖度 20%~30%，丘间地植被盖度 35%以上，生长有芦苇和杠柳等植物。剖面形态如下：

0~3 cm，枯枝落叶层，浅土黄色，较松散，微润，砂土；

3~30 cm，有机质层，深土黄色，较紧实，碎块结构，毛根和细根多，湿润，砂壤土；

30~50 cm，钙积层，黄白色，紧实，碎块结构，湿润，砂土；

50~70 cm，风成沙母质层，土黄色，较紧实，碎块结构，湿润，砂土；

70~100 cm，洪积母质层，深土黄色，紧实，层状结构，湿润，砂壤土，见图 2-36。

◆ 图 2-36 粗黄白土 S8 剖面

主要理化性质见表 2-12、表 2-13 和表 2-14。

表 2-12 保护区粗黄白土 S8 剖面物理性质

层次 /cm	容重 /($g·cm^{-3}$)	砂粒 2~0.05 mm	粉粒 0.002~0.05 mm	黏粒 <0.002 mm	质地	湿度 /%
0~7	1.58	94.21	5.00	0.79	砂土	0.06
7~30	1.59	81.43	16.65	1.92	壤砂土	4.74
30~50	1.61	64.44	32.69	2.87	砂壤土	12.62
50~70	1.63	89.89	9.23	0.88	砂土	6.14
70~90	1.30	66.85	29.91	3.24	砂壤土	10.03
90~100	1.49	87.11	11.15	1.74	砂土	7.53

表 2-13 保护区粗黄白土 S8 剖面化学性质

层次 /cm	pH	$CaCO_3$ /(g·kg^{-1})	全盐量 /(g·kg^{-1})	Cl^- /(g·kg^{-1})	SO_4^{2-} /(g·kg^{-1})	CO_3^{2-} /(g·kg^{-1})	HCO_3^- /(g·kg^{-1})	Ca^{2+} /(g·kg^{-1})	Mg^{2+} /(g·kg^{-1})	K^+ /(g·kg^{-1})	Na^+ /(g·kg^{-1})
0~7	7.79	8.12	0.08	0.04	0.10	0.00	0.21	0.13	0.01	0.20	0.07
7~30	7.64	81.95	0.34	0.47	0.39	0.00	0.39	0.27	0.02	0.19	1.72
30~50	7.50	137.05	0.61	0.80	0.82	0.00	0.34	0.66	0.23	0.16	3.04
50~70	8.19	34.57	0.20	0.15	0.10	0.00	0.41	0.37	0.01	0.09	0.91
70~90	8.28	88.96	0.22	0.52	0.11	0.00	0.42	0.33	0.01	0.09	0.72
90~100	8.25	45.63	0.11	0.04	0.03	0.00	0.40	0.31	0.01	0.08	0.28

表 2-14 保护区粗黄白土 S8 剖面土壤养分

层次 /cm	有机质 /%	全钾 /(g·kg^{-1})	速效钾 /(mg·kg^{-1})	全磷 /(g·kg^{-1})	有效磷 /(mg·kg^{-1})	全氮 /(g·kg^{-1})	碱解氮 /(mg·kg^{-1})
0~7	0.43	3.25	300.00	0.49	9.92	0.76	47.60
7~30	0.72	3.03	201.50	0.62	0.07	0.76	154.86
30~50	0.98	2.00	157.00	0.92	0.00	0.86	0.00
50~70	0.40	5.07	157.00	0.36	0.00	0.53	0.00
70~90	0.70	3.85	151.50	1.05	0.07	0.71	287.27

(二)淡灰钙土

淡灰钙土上部有机质含量较低,下层钙积层较典型灰钙土弱,主要分布在保护区西部的长流水和孟家湾地区。面积 1 155.00 hm^2,占保护区总面积的 8.22%。

1. 泥砂质淡灰钙土

泥砂质灰钙土是本区典型灰钙土亚类的唯一土属,主要分布在保护区西部的长流水和孟家湾地区,地表起伏较大,以香山前洪积物为母质。面积 1 155.00 hm^2,占保护区总面积的 8.22%。

(1)白脑砂土 属灰钙土类、淡灰钙土亚类、泥砂质淡灰钙土属。面积 352.56 hm^2,占保护区总面积的 2.51%,主要分布在保护区最西端的郑家小湖西南侧区域,以香山山前洪积物为母质。

典型剖面 S56 位于保护区西部郑家小湖西南侧,为山前洪积扇区域,零星分布有古沙丘,冲洪沟分布,地表略起伏,海拔 1 512 m,具体位置见图 2-34。地表景观为荒漠草原,生长有红砂、驼绒藜、白刺和小叶锦鸡儿等,植被盖度 20%,有结皮分布。剖面形态如下，为天然剖面人工修理：

0~2 cm，结皮层，红棕色，片状结构，干，壤砂土；

2~20 cm，有机质层，红棕色，紧实，块状结构，干，砂土；

20~36 cm，有机质层，淡红棕色，紧实，块状结构，干，砂土；

36~60 cm，钙积层，黄棕色，钙斑明显，坚硬，块状结构，干，砂土；

60~80 cm，钙积层，淡红棕色，紧实，块状结构，干，砂土；

80~100 cm，母质层，淡红棕色，紧实，碎块状状，干，含砾石和砾砂土，见图 2-37。

◆ 图 2-37　白脑砂土 S56 剖面

主要理化性质见表 2-15、表 2-16 和表 2-17。

（2）白脑砾土　属灰钙土类、淡灰钙土亚类、泥砂质淡灰钙土属。面积 474.33 hm^2，占保护区总面积的 3.38%，主要分布在保护区西部，长流水村西南侧区域，以香山山前洪积物为母质。

典型剖面 S57 位于保护区西部长流水村西南侧，为山前洪积扇区域，冲洪沟较多，地表略起伏，海拔 1 514 m，具体位置见图 2-34。地表景观为荒漠草原，生长有红砂、刺旋花和针茅等，植被盖度 20%，有结皮分布。剖面形态如下，为天然剖面人

表 2–15　保护区白脑砂土 S56 剖面物理性质

层次/cm	容重/(g·cm^{-3})	砂粒 2~0.05 mm	粉粒 0.002~0.05 mm	黏粒 <0.002 mm	质地	湿度/%
0~7	1.64	82.35	14.95	2.70	砂土	0.56
7~20	1.60	92.05	5.81	2.14	砂土	0.25
20~40	1.62	93.21	5.19	1.60	砂土	0.23
40~60	1.56	89.72	8.01	2.27	砂土	0.26
60~80	1.63	93.15	5.38	1.47	砂土	0.18
80~100	1.59	91.28	7.54	1.19	含砾石、砾砂土	0.20

表 2–16　保护区白脑砂土 S56 剖面化学性质

层次/cm	pH	$CaCO_3$/(g·kg^{-1})	全盐量/%	Cl^-/(g·kg^{-1})	SO_4^{2-}/(g·kg^{-1})	CO_3^{2-}/(g·kg^{-1})	HCO_3^-/(g·kg^{-1})	Ca^{2+}/(g·kg^{-1})	Mg^{2+}/(g·kg^{-1})	K^+/(g·kg^{-1})	Na^+/(g·kg^{-1})
0~7	7.89	48.35	0.06	0.01	0.01	0.00	0.33	0.14	0.00	0.09	0.00
7~20	8.45	52.51	0.79	0.60	2.01	0.00	0.26	1.87	0.28	0.02	2.91
20~40	7.87	54.83	1.15	1.71	1.16	0.00	0.28	2.47	0.58	0.04	5.27
40~60	7.85	67.02	0.81	1.17	1.77	0.00	0.39	0.70	0.24	0.02	3.78
60~80	8.10	43.87	0.65	0.87	0.22	0.00	0.26	0.78	0.22	0.04	4.08
80~100	8.12	56.99	0.47	0.58	0.04	0.00	0.27	0.40	0.02	0.02	3.41

表 2–17　保护区白脑砂土S56 剖面土壤养分

层次/cm	有机质/%	全钾/(g·kg^{-1})	速效钾/(mg·kg^{-1})	全磷/(g·kg^{-1})	有效磷/(mg·kg^{-1})	全氮/(g·kg^{-1})	碱解氮/(mg·kg^{-1})
0~7	0.67	5.79	174.00	1.22	8.16	2.48	6.70
7~20	0.56	5.40	72.50	0.87	0.07	1.67	16.64
20~40	0.48	10.75	57.00	1.20	0.07	1.24	1.69
40~60	0.47	7.30	44.50	1.17	0.00	1.19	20.52
60~80	0.40	6.92	43.00	1.01	0.07	1.24	0.00
80~100	0.18	6.53	53.50	1.19	0.15	1.33	6.84

工修理：

0~8 cm，红色砂岩、砾石混合层，干，砾石；

8~23 cm，有机质层，灰黄色，紧实，块状状结构，干，砂壤土；

23~45 cm，钙积层，浅土黄色，钙斑明显，坚硬，块状结构，干，含砾砂壤土；

45~65 cm，钙积层，土黄色，紧实，块状结构，干，含砾砂壤土；

65~100 cm，母质层，砂岩砾石、粉砂混合层，土黄色，紧实，颗粒结构，干，砾质壤砂土，见图 2-38。

◆ 图 2-38　白脑砾土 S57 剖面

主要理化性质见表 2-18、表 2-19 和表 2-20。

（3）粗白脑土（粗质淡灰钙土）　属灰钙土类、淡灰钙土亚类、泥砂质淡灰钙土属。面积 328.11 hm^2，占保护区总面积的 2.34%，主要分布在保护区西部的孟家湾水库南北两侧，以及长流水村南侧区域，以香山山前丘陵坡积物和残积物为母质。

典型剖面 S59 位于保护区西部孟家湾水库西侧，为覆土石质丘陵区域，地表起伏略大，海拔 1 405 m，具体位置见图 2-34。地表景观为荒漠草原，主要生长有红砂等植物，植被盖度 15%，生物结皮发育。剖面形态如下，为天然剖面人工修理：

0~2 cm，结皮层，暗灰色，碎块状结构，干，壤砂土；

2~60 cm，有机质层，灰褐色，紧实，块状结构，干，壤砂土；

表 2-18　保护区白脑砾土 S57 剖面物理性质

层次 /cm	容重 /($g \cdot cm^{-3}$)	砂粒 2~0.05 mm	粉粒 0.002~0.05 mm	黏粒 <0.002 mm	质地	湿度 /%
0~20	1.39	69.85	26.82	3.33	砂壤土	0.85
20~40	1.47	69.84	26.41	3.75	含砾砂壤土	0.62
40~60	1.47	72.59	24.45	2.96	含砾砂壤土	0.77
60~80	1.42	73.60	23.62	2.78	砾质壤砂土	0.91
80~100	1.52	74.50	22.34	3.16	砾质壤砂土	1.32
100~120	1.48	85.46	11.88	2.65	砾质壤砂土	1.67

表 2-19　保护区白脑砾土 S57 剖面化学性质

层次 /cm	pH	$CaCO_3$ /($g \cdot kg^{-1}$)	全盐量 /%	Cl^- /($g \cdot kg^{-1}$)	SO_4^{2-} /($g \cdot kg^{-1}$)	CO_3^{2-} /($g \cdot kg^{-1}$)	HCO_3^- /($g \cdot kg^{-1}$)	Ca^{2+} /($g \cdot kg^{-1}$)	Mg^{2+} /($g \cdot kg^{-1}$)	K^+ /($g \cdot kg^{-1}$)	Na^+ /($g \cdot kg^{-1}$)
0~20	8.15	66.49	0.09	0.04	0.07	0.00	0.40	0.19	0.01	0.08	0.12
20~40	8.45	88.60	0.12	0.09	0.43	0.00	0.28	0.17	0.01	0.06	0.19
40~60	8.24	71.43	0.15	0.13	0.19	0.00	0.36	0.35	0.01	0.03	0.42
60~80	8.10	74.31	0.15	0.01	0.07	0.00	0.39	0.43	0.02	0.06	0.51
80~100	7.96	71.31	0.16	0.32	0.04	0.00	0.35	0.17	0.01	0.04	0.66
100~120	8.05	74.85	0.23	0.03	1.27	0.00	0.46	0.43	0.01	0.07	0.03

表 2-20　保护区白脑砾土 S57 剖面土壤养分

层次 /cm	有机质 /%	全钾 /($g \cdot kg^{-1}$)	速效钾 /($mg \cdot kg^{-1}$)	全磷 /($g \cdot kg^{-1}$)	有效磷 /($mg \cdot kg^{-1}$)	全氮 /($g \cdot kg^{-1}$)	碱解氮 /($mg \cdot kg^{-1}$)
0~20	0.34	4.20	148.00	1.67	26.53	3.24	85.62
20~40	0.36	7.00	96.50	2.52	0.00	1.05	24.23
40~60	0.34	7.87	65.50	1.31	0.15	0.90	6.71
60~80	0.29	9.29	72.50	1.20	0.07	0.67	0.00
80~100	0.32	6.79	63.50	0.95	0.88	0.71	27.37
100~120	0.34	6.95	139.50	1.08	1.91	1.33	35.20

60~90 cm，钙积层，灰白色，钙斑明显，坚硬，块状结构，干，砂壤土；

90~120 cm，母质风化层，灰褐色，紧实，块状结构，干，含砾砂壤土；

120 cm 以下，母质层，碎石、粉砂混合层，浅灰褐色，紧实，颗粒结构，干，砾质壤砂土，见图 2-39。

◆ 图 2-39 粗白脑土 S59 剖面

主要理化性质见表 2-21、表 2-22 和表 2-23。

(三)冲积土

冲积土主要分布在长流水沟中下游段和黄河北岸边滩和一级阶地上，部分区域仍不断接受沉积。保护区内的新积土全部为冲积土，主要由黄河和长流水冲积物沉积发育土壤而来，由于成土时间较短，土壤发育特征不明显。面积 114.76 hm²，占保护区总面积的 0.82%。

1. 冲积砾砂土

冲积砾砂土主要分布在长流水沟中下游段，仍接受暴雨洪水沉积。该土属仅有一个土种——砾石冲积土，面积 114.76 hm²，占保护区总面积的 0.82%。

2. 冲积砂土

冲积砾砂土主要分布在长流水沟口、九龙湾区和中科院沙坡头沙漠试验站等黄河滩地和一级阶地区，部分区域仍接受现代沉积。以长流水入黄冲积扇和黄河冲积物为母质，面积 49.96 hm²，占保护区总面积的 0.36%。

表 2-21　保护区粗白脑土 S59 剖面物理性质

层次/cm	容重/(g·cm^{-3})	砂粒 2~0.05 mm	粉粒 0.002~0.05 mm	黏粒 <0.002 mm	质地	湿度/%
0~20	1.40	74.45	21.74	3.81	壤砂土	0.35
20~40	1.46	84.29	12.84	2.87	壤砂土	0.35
40~60	1.49	82.01	15.31	2.68	壤砂土	0.46
60~80	1.36	72.33	24.13	3.53	砂壤土	1.23
80~100	1.44	65.84	29.81	4.35	含砾砂壤土	1.71
100~120	1.53	84.98	13.20	1.82	含砾壤砂土	2.70

表 2-22　保护区粗白脑土 S59 剖面化学性质

层次/cm	pH	$CaCO_3$/(g·kg^{-1})	全盐量/%	Cl^-/(g·kg^{-1})	SO_4^{2-}/(g·kg^{-1})	CO_3^{2-}/(g·kg^{-1})	HCO_3^-/(g·kg^{-1})	Ca^{2+}/(g·kg^{-1})	Mg^{2+}/(g·kg^{-1})	K^+/(g·kg^{-1})	Na^+/(g·kg^{-1})
0~20	7.60	67.37	0.06	0.03	0.03	0.00	0.23	0.15	0.01	0.12	0.06
20~40	8.23	63.93	0.04	0.01	0.01	0.00	0.22	0.12	0.00	0.02	0.00
40~60	8.26	57.23	0.05	0.06	0.01	0.00	0.27	0.12	0.00	0.02	0.06
60~80	8.15	86.43	0.04	0.03	0.01	0.00	0.19	0.06	0.00	0.02	0.10
80~100	8.22	73.55	0.06	0.02	0.02	0.00	0.32	0.05	0.00	0.02	0.12
100~120	8.17	41.74	0.05	0.01	0.01	0.00	0.15	0.10	0.02	0.01	0.18

表 2-23　保护区粗白脑土 S59 剖面土壤养分

层次/cm	有机质/%	全钾/(g·kg^{-1})	速效钾/(mg·kg^{-1})	全磷/(g·kg^{-1})	有效磷/(mg·kg^{-1})	全氮/(g·kg^{-1})	碱解氮/(mg·kg^{-1})
0~20	0.71	8.55	188.00	1.35	4.31	0.71	10.26
20~40	0.59	11.23	98.00	0.43	1.36	0.43	45.25
40~60	0.54	9.07	86.00	0.46	1.14	0.29	14.91
60~80	0.55	9.54	100.00	0.55	0.85	0.38	23.76
80~100	0.50	9.89	100.00	0.60	1.14	0.30	10.08
100~120	0.38	10.63	34.50	0.49	0.71	0.29	10.50

(1)厚层砂质冲积土　属新积土类、冲积土亚类、冲积砂土属。面积 33.04 hm^2,占保护区总面积的 0.24%,主要分布在保护区西部的九龙湾武警基地,中部的中科院沙坡头沙漠试验站等黄河一级阶地区域,以黄河冲积物为母质。

典型剖面 S50 位于保护区西部孟家湾武警基地果园,黄河一级阶地区域,地表平坦，海拔 1 242 m，具体位置见图 2-34。地表景观为果园，生长有枣树，树龄 6~7 年，胸径 2~3 cm，地表植被有茵陈、狗尾草和狐尾草等，地表凋落物分布，植被盖度 60%。剖面形态如下：

0~1 cm，灌淤结皮层，浅灰色，片状结构，干，砂壤土；

1~15 cm，耕作层，浅灰色，较紧实，块状结构，干，砂土；

15~100 cm，母质层，土黄色，松软，碎块状结构，较湿润，砂土，见图 2-40。

主要理化性质见表 2-24、表 2-25 和表 2-26。

◆ 图 2-40 厚层砂质冲积土 S50 剖面

（2）薄层砂质冲积土 属新积土类、冲积土亚类、冲积砂土属。面积 5.59 hm^2，占保护区总面积的 0.04%，分布在九龙湾和长流水沟口的黄河滩地，在丰水年仍接受现代黄河沉积物，以黄河冲积物为母质。

（3）灌淤砂质冲积土 属新积土类、冲积土亚类、冲积砂土属。面积 11.33 hm^2，占保护区总面积的 0.08%，主要分布在中科院沙坡头沙漠实验站位于黄河一级阶地的试验地，以黄河冲积物为母质，并接受长期灌溉。

表 2-24　保护区厚层砂质冲积土 S50 剖面物理性质

层次 /cm	容重 /($g \cdot cm^{-3}$)	砂粒 2~0.05 mm	粉粒 0.002~0.05 mm	黏粒 <0.002 mm	质地	湿度 /%
0~7	1.54	92.12	6.48	1.40	砂土	0.78
7~20	1.47	98.29	1.71	0.00	砂土	1.58
20~40	1.50	98.55	1.46	0.00	砂土	2.68
40~60	1.50	97.00	2.98	0.02	砂土	3.09
60~80	1.51	97.44	2.54	0.02	砂土	3.35
80~100	1.49	97.83	2.17	0.00	砂土	3.38

表 2-25　保护区厚层砂质冲积土S50 剖面化学性质

层次 /cm	pH	$CaCO_3$ /($g \cdot kg^{-1}$)	全盐量 /%	Cl^- /($g \cdot kg^{-1}$)	SO_4^{2-} /($g \cdot kg^{-1}$)	CO_3^{2-} /($g \cdot kg^{-1}$)	HCO_3^- /($g \cdot kg^{-1}$)	Ca^{2+} /($g \cdot kg^{-1}$)	Mg^{2+} /($g \cdot kg^{-1}$)	K^+ /($g \cdot kg^{-1}$)	Na^+ /($g \cdot kg^{-1}$)
0~7	7.64	25.32	0.07	0.01	0.01	0.00	0.40	0.20	0.01	0.12	0.00
7~20	7.39	14.05	0.17	0.01	0.04	0.00	0.42	0.46	0.01	0.17	0.60
20~40	7.46	12.57	0.22	0.03	0.01	0.00	0.39	1.50	0.07	0.08	0.14
40~60	7.73	13.09	0.15	0.05	0.28	0.00	0.47	0.36	0.02	0.08	0.22
60~80	7.70	13.30	0.14	0.04	0.06	0.00	0.39	0.51	0.01	0.01	0.36
80~100	8.03	10.69	0.13	0.11	0.16	0.00	0.35	0.34	0.01	0.01	0.36

表 2-26　保护区厚层砂质冲积土 S50 剖面土壤养分

层次 /cm	有机质 /%	全钾 /($g \cdot kg^{-1}$)	速效钾 /($mg \cdot kg^{-1}$)	全磷 /($g \cdot kg^{-1}$)	有效磷 /($mg \cdot kg^{-1}$)	全氮 /($g \cdot kg^{-1}$)	碱解氮 /($mg \cdot kg^{-1}$)
0~7	0.60	6.92	245.00	1.40	1.62	1.57	0.00
7~20	0.37	5.23	222.50	1.10	0.00	1.14	0.00
20~40	0.33	6.70	241.50	0.87	0.15	0.69	0.00
40~60	0.29	6.74	145.00	2.66	0.00	0.71	16.78
60~80	0.27	5.88	29.00	0.84	0.22	0.62	22.11
80~100	0.38	5.84	34.50	0.89	0.00	0.62	0.00

（四）荒漠风沙土

荒漠风沙土是保护区内最主要的土类，主要分布在保护区中部和北部的大部分地区，以腾格里沙漠风积沙为母质，因地表植被等不同，导致流动性和土壤表层诊断层略有差异，进而划分出不同的土属。面积 9 330 hm²，占保护总面积的 66.43%。

1. 荒漠固定风沙土

荒漠固定风沙土为植被覆盖度高，地表较厚层的生物结皮或者其他薄层粉砂或壤土层，无人工破坏，则不起沙。主要分布在保护区中南部人工林区大部、宝兰铁路两侧和碱碱湖农业区。面积 4 737.18 hm²，占保护区总面积的 33.73%，是保护区内面积最大的土属类型。

（1）固定浮沙土（平铺状荒漠固定风沙土） 属风沙土类，荒漠风沙土亚类，荒漠固定风沙土属。面积 569.36 hm²，占保护区总面积的 4.05%，主要分布在荒草湖中段，马场湖西北部、小湖西北部，包兰铁路九龙湾—孟家湾车站段铁路两侧，沙坡头沙漠试验站苗圃北侧等地，以风积沙为母质。

典型剖面 S17 位于荒草湖东部，地表平坦，海拔 1 241 m，具体位置见图 2-34。地表景观为人工-自然混生林，生长有人工林（杨柳）、柽柳、油蒿和罗布麻，植被盖度 45%，地表苔藓和地衣类生物结皮广布。剖面形态如下：

0~4 cm，苔藓和地衣类生物结皮层，浅灰色，较紧实，上部碎块，下部片状结构，干，砂壤土；

4~20 cm，上部根系层，深土黄色，较松散，颗粒结构，多毛根和细根，干，砂土；

20~40 cm，过渡层，深土黄色，较松散，颗粒结构，干，少根，砂土；

40~55 cm，下部根系层，深土黄色，较松散，颗粒结构，干，细根分布，砂土；

55~90 cm，母质层，深土黄色，较松散，颗粒结构，较湿润，砂土，见图 2-41。

主要理化性质见表 2-27、表 2-28 和表 2-29。

（2）丘状固定风沙土 属风沙土类，荒漠风沙土亚类，荒漠固定风沙土属。面积 689.06 hm²，占保护区总面积的 4.91%，主要分布在包兰铁路迎水桥车站—孟家湾车站段铁路两侧草方格固沙区，以风积沙为母质。

典型剖面 S37 位于沙坡头车站北侧草方格固沙区内，地貌为蜂窝状沙丘，沙丘高度 1~4 m 不等，地形起伏，海拔 1 334 m，具体位置见图 2-34。地表景观为固定沙丘，生长有油蒿和花棒等，植被盖度 40%，结皮广布。剖面形态如下：

0~2 cm，生物结皮层，深灰色，松软，碎块状结构，干，砂壤土；

2~7 cm，结皮下细土层，浅土黄色，松软，片状结构，干，砂壤土；

7~100 cm，风成沙母质层，深土黄色，较松散，颗粒结构，干，砂土，见图 2-42。

主要理化性质见表 2-30、表 2-31 和表 2-32。

◆ 图 2-41 固定浮沙土 S17 剖面

表 2-27 保护区固定浮沙土 S17 剖面物理性质

层次 /cm	容重 /($g·cm^{-3}$)	砂粒 2~0.05 mm	粉粒 0.002~0.05 mm	黏粒 <0.002 mm	质地	湿度 /%
0~7	1.44	92.50	7.40	0.09	砂土	0.42
7~20	1.63	100.00	0.00	0.00	砂土	0.17
20~40	1.62	100.00	0.00	0.00	砂土	0.43
40~60	1.55	100.00	0.00	0.00	砂土	0.48
60~90	1.59	98.15	1.85	0.00	砂土	3.01

表 2-28 保护区固定浮沙土 S17 剖面化学性质

层次 /cm	pH	$CaCO_3$ /($g·kg^{-1}$)	全盐量 /%	Cl^- /($g·kg^{-1}$)	SO_4^{2-} /($g·kg^{-1}$)	CO_3^{2-} /($g·kg^{-1}$)	HCO_3^- /($g·kg^{-1}$)	Ca^{2+} /($g·kg^{-1}$)	Mg^{2+} /($g·kg^{-1}$)	K^+ /($g·kg^{-1}$)	Na^+ /($g·kg^{-1}$)
0~7	8.65	19.15	0.09	0.06	0.00	0.00	0.25	0.12	0.00	0.06	0.40
7~20	8.98	7.65	0.05	0.05	0.01	0.00	0.22	0.06	0.00	0.11	0.03
20~40	8.95	6.46	0.05	0.05	0.01	0.00	0.22	0.06	0.00	0.10	0.10
40~60	8.80	6.10	0.04	0.04	0.01	0.00	0.22	0.06	0.00	0.04	0.03
60~90	8.09	13.47	0.11	0.09	0.01	0.00	0.40	0.25	0.01	0.04	0.32

表 2-29 保护区固定浮沙土 S17 剖面土壤养分

层次 /cm	有机质 /%	全钾 /(g·kg^{-1})	速效钾 /(mg·kg^{-1})	全磷 /(g·kg^{-1})	有效磷 /(mg·kg^{-1})	全氮 /(g·kg^{-1})	碱解氮 /(mg·kg^{-1})
0~7	0.27	3.34	160.50	0.70	4.70	0.95	0.00
7~20	0.21	2.04	312.00	0.50	1.69	0.62	63.49
20~40	0.17	2.08	250.00	1.33	1.18	0.48	38.14
40~60	0.18	4.33	193.00	0.75	1.47	0.14	3.21
60~90	0.18	4.45	151.50	0.87	1.32	0.43	0.00

(3)薄层荒漠固定浮沙土　属风沙土类,荒漠风沙土亚类,荒漠固定风沙土属。面积 941.08 hm^2,占保护区总面积的 6.70%,主要分布在长流水和孟家湾腾格里沙漠的边缘,以及九龙湾及其以东铁路南侧黄河阶地上,见附图,因地处沙漠边缘,沙层较薄,自然和人工植被覆盖率 20%以上,以风积沙为母质。

(4)潮湿荒漠固定风沙土　属风沙土类,荒漠风沙土亚类,荒漠固定风沙土属。面积 63.65 hm^2,占保护区总面积的 0.45%,主要分布在马场湖西北面的固定沙丘区,以

◆ 图 2-42　丘状固定风沙土 S37 剖面

表 2-30 保护区丘状固定风沙土 S37 剖面物理性质

层次/cm	容重/($g \cdot cm^{-3}$)	砂粒 2~0.05 mm	粉粒 0.002~0.05 mm	黏粒 <0.002 mm	质地	湿度/%
0~7	1.43	75.73	22.13	2.14	砂壤土	0.05
7~20	1.64	100.00	0.00	0.00	砂土	0.21
20~40	1.58	100.00	0.00	0.00	砂土	0.43
40~60	1.52	100.00	0.00	0.00	砂土	0.63
60~80	1.52	97.81	2.19	0.00	砂土	0.51
80~100	1.44	100.00	0.00	0.00	砂土	0.48

表 2-31 保护区丘状固定风沙土 S37 剖面化学性质

层次/cm	pH	$CaCO_3$/($g \cdot kg^{-1}$)	全盐量/%	Cl^-/($g \cdot kg^{-1}$)	SO_4^{2-}/($g \cdot kg^{-1}$)	CO_3^{2-}/($g \cdot kg^{-1}$)	HCO_3^-/($g \cdot kg^{-1}$)	Ca^{2+}/($g \cdot kg^{-1}$)	Mg^{2+}/($g \cdot kg^{-1}$)	K^+/($g \cdot kg^{-1}$)	Na^+/($g \cdot kg^{-1}$)
0~7	8.40	35.25	0.09	0.04	0.09	0.00	0.30	0.19	0.00	0.19	0.03
7~20	7.77	3.26	0.05	0.04	0.03	0.00	0.19	0.05	0.00	0.09	0.10
20~40	8.14	3.48	0.05	0.05	0.05	0.00	0.30	0.04	0.00	0.02	0.05
40~60	8.17	3.25	0.02	0.05	0.02	0.00	0.07	0.04	0.00	0.02	0.02
60~80	8.11	3.81	0.03	0.05	0.01	0.00	0.18	0.03	0.00	0.02	0.02
80~100	8.12	4.54	0.03	0.04	0.01	0.00	0.15	0.02	0.00	0.01	0.07

表 2-32 保护区丘状固定风沙土 S37 剖面土壤养分

层次/cm	有机质/%	全钾/($g \cdot kg^{-1}$)	速效钾/($mg \cdot kg^{-1}$)	全磷/($g \cdot kg^{-1}$)	有效磷/($mg \cdot kg^{-1}$)	全氮/($g \cdot kg^{-1}$)	碱解氮/($mg \cdot kg^{-1}$)
0~7	1.09	4.72	379.50	1.25	5.22	0.48	36.72
7~20	0.13	5.37	195.00	0.51	2.06	0.29	0.00
20~40	0.07	6.62	129.50	1.06	1.84	0.57	14.41
40~60	0.16	5.93	126.00	1.90	1.91	0.38	0.00
60~80	0.16	4.80	145.00	0.86	1.54	2.74	0.00

及高墩湖东侧区域，见附图，自然和人工植被覆盖率30%以上，因地下水位较高，土壤水分条件较好，以风积沙为母质。

（5）灌淤荒漠固定浮沙土　属风沙土类，荒漠风沙土亚类，荒漠固定风沙土属。面积 2 474.04 hm^2，占保护区总面积的 17.62%，是保护区内面积第二大的土种类型。主要分布在腾格里湖区以北的人工林、包兰铁路迎水桥车站—九龙湾段铁路“五带一体”灌溉乔木带和碱碱湖农业区，原为沙漠地区，后经人工植树、开垦灌溉形成，以风积沙为母质。

典型剖面 S9 位于腾格里湖东北面 2 km 处，地形平坦，海拔 1 253 m，具体位置见附图。地表景观为人工林，主要林木为小叶杨，胸径 35 cm 左右，植被盖度 95%以上。剖面形态如下：

0~1 cm，枯枝落叶层，灰白色，较松散，片块状结构，干；

1~13 cm，灌淤层，灰白色，紧实，碎块状结构，毛根和细根较多，干，粉砂土；

13~100 cm，风成沙母质层，深土黄色，较松散，颗粒结构，干，细根较多，砂土，见图 2-43。

主要理化性质见表 2-33、表 2-34 和表 2-35。

2. 荒漠半固定风沙土

荒漠固定风沙土主要为植被覆盖度 5%~15%，部分地表有薄层生物结皮，一般不起沙，只有在大风时段或植物枯亡时起沙。主要分布在固定荒漠风沙土的外围地带，

◆ 图 2-43 灌淤荒漠固定浮沙土 S9 剖面

表 2–33 保护区灌淤荒漠固定浮沙土 S9 剖面物理性质

层次/cm	容重/($g \cdot cm^{-3}$)	砂粒 2~0.05 mm	粉粒 0.002~0.05 mm	黏粒 <0.002 mm	质地	湿度/%
0~13	1.05	11.17	80.14	8.69	粉砂土	4.67
13~30	1.67	100.00	0.00	0.00	砂土	1.28
30~50	1.55	100.00	0.00	0.00	砂土	1.47
50~70	1.56	100.00	0.00	0.00	砂土	1.07
70~100	1.52	100.00	0.00	0.00	砂土	1.41

表 2–34 保护区灌淤荒漠固定浮沙土 S9 剖面化学性质

层次/cm	pH	$CaCO_3$/($g \cdot kg^{-1}$)	全盐量/%	Cl^-/($g \cdot kg^{-1}$)	SO_4^{2-}/($g \cdot kg^{-1}$)	CO_3^{2-}/($g \cdot kg^{-1}$)	HCO_3^-/($g \cdot kg^{-1}$)	Ca^{2+}/($g \cdot kg^{-1}$)	Mg^{2+}/($g \cdot kg^{-1}$)	K^+/($g \cdot kg^{-1}$)	Na^+/($g \cdot kg^{-1}$)
0~13	7.60	128.58	0.12	0.05	0.05	0.00	0.55	0.23	0.01	0.15	0.17
13~30	8.12	4.43	0.02	0.03	0.02	0.00	0.13	0.01	0.00	0.01	0.05
30~50	8.05	4.67	0.03	0.02	0.01	0.00	0.14	0.02	0.00	0.00	0.08
50~70	8.08	4.88	0.02	0.01	0.00	0.00	0.13	0.01	0.00	0.00	0.07
70~100	8.04	4.43	0.02	0.03	0.01	0.00	0.13	0.02	0.00	0.01	0.05

表 2–35 保护区灌淤荒漠固定浮沙土 S9 剖面土壤养分

层次/cm	有机质/%	全钾/(g/kg)	速效钾/(mg/kg)	全磷/(g/kg)	有效磷/(mg/kg)	全氮/(g/kg)	碱解氮/(mg/kg)
0~13	1.72	7.39	267.50	2.02	0.88	0.71	17.22
13~30	0.09	3.12	169.00	0.39	1.76	0.37	1.71
30~50	0.11	4.75	146.50	0.64	0.00	0.23	3.42
50~70	0.07	5.97	145.00	0.41	1.76	0.10	3.42
70~100	0.05	6.05	158.50	0.41	1.91	0.30	0.00

面积 1 613.88 hm^2,占保护区总面积的 11.49%。

(1)浮沙土(平铺状荒漠半固定风沙土) 属风沙土类,荒漠风沙土亚类,荒漠半固定风沙土属。该区域面积 319.47 hm^2,占保护区总面积的 2.27%,为半固定平沙地区,地形较为平坦。主要零星分布于小湖北面和东面部分人工林长势不佳或无人工林区、高墩湖西侧无人工林区、荒草湖北部及其毗邻地区,包兰铁路沙坡头站段防护体系南侧部分封沙育草带,见附图,植被覆盖度 5%~15%,以风积沙为母质。

（2）丘状荒漠半固定风沙土　属风沙土类、荒漠风沙土亚类、荒漠半固定风沙土属。该区域面积 274.56 hm^2，占保护区总面积的 1.95%，为半固定沙丘区，地形起伏较大。主要分布在包兰铁路迎水桥车站—九龙湾段铁路“五带一体”前沿阻沙带和封沙育草带，以及九龙湾至武警基地区域，植被覆盖度 5%~15%，以风积沙为母质。

典型剖面 S36 位于沙坡头车站北面的前沿阻沙带，地形起伏较大，海拔 1 341 m，具体位置见图 2-35。地表景观为半固定沙丘，生长有花棒、沙米和沙木蓼等，植被盖度 15%。剖面形态如下，天然剖面经人工修理而成：

0~1 cm，物理结皮层，土黄色，较松散，片块状结构，干，砂土；

1~20 cm，风成沙母质层，偶见碳屑，深土黄色，松散，碎块结构，有毛根，干，砂土；

20~100 cm，风成沙母质层，深土黄色，较松散，颗粒结构，干，偶有细根，干，砂土，见图 2-44。

主要理化性质见表 2-36、表 2-37 和表 2-38。

（3）陡坡半固定风沙土　属风沙土类，荒漠风沙土亚类，荒漠半固定风沙土属。该

◆ 图 2-44　丘状荒漠半固定风沙土 S36 剖面

表 2-36 保护区丘状荒漠半固定风沙土 S36 剖面物理性质

层次 /cm	容重 /($g·cm^{-3}$)	砂粒 2~0.05 mm	粉粒 0.002~0.05 mm	黏粒 <0.002 mm	质地	湿度 /%
0~20	1.59	96.50	3.48	0.03	砂土	0.21
20~40	1.56	98.34	1.66	0.00	砂土	1.59
40~60	1.47	100.00	0.00	0.00	砂土	1.58
60~80	1.56	100.00	0.00	0.00	砂土	0.55
80~100	1.53	100.00	0.00	0.00	砂土	0.69

表 2-37 保护区丘状荒漠半固定风沙土 S36 剖面化学性质

层次 /cm	pH	$CaCO_3$ /($g·kg^{-1}$)	全盐量 /%	Cl^- /($g·kg^{-1}$)	SO_4^{2-} /($g·kg^{-1}$)	CO_3^{2-} /($g·kg^{-1}$)	HCO_3^- /($g·kg^{-1}$)	Ca^{2+} /($g·kg^{-1}$)	Mg^{2+} /($g·kg^{-1}$)	K^+ /($g·kg^{-1}$)	Na^+ /($g·kg^{-1}$)
0~20	8.51	4.89	0.04	0.03	0.01	0.00	0.16	0.06	0.00	0.08	0.08
20~40	8.51	3.71	0.03	0.03	0.01	0.00	0.13	0.03	0.00	0.02	0.04
40~60	8.56	3.89	0.02	0.04	0.01	0.00	0.13	0.03	0.00	0.01	0.00
60~80	8.40	4.05	0.04	0.04	0.01	0.00	0.14	0.02	0.00	0.02	0.12
80~100	8.44	3.59	0.02	0.03	0.01	0.00	0.13	0.01	0.00	0.02	0.02

表 2-38 保护区丘状荒漠半固定风沙土 S36 剖面土壤养分

层次 /cm	有机质 /%	全钾 /($g·kg^{-1}$)	速效钾 /($mg·kg^{-1}$)	全磷 /($g·kg^{-1}$)	有效磷 /($mg·kg^{-1}$)	全氮 /($g·kg^{-1}$)	碱解氮 /($mg·kg^{-1}$)
0~20	0.25	10.24	286.50	0.79	3.75	0.50	8.05
20~40	0.07	7.87	174.00	0.46	2.94	0.33	0.00
40~60	0.18	8.43	196.50	0.03	2.28	0.36	6.84
60~80	0.07	9.85	176.00	0.59	1.18	0.35	0.34
80~100	0.04	9.68	212.00	0.61	3.01	0.48	3.01

区域面积 45.55 hm^2,占保护区总面积的 0.32%,是该土属中面积最小的土种类型,地表为覆沙黄河阶坡,地形坡度较大,在 25°~35°之间。主要分布在沙坡头滑沙坡以西至九龙湾的黄河阶坡地,见附图,植被覆盖度 10%以上,沙层较薄,其下为黄河早期冲洪积物,以风积沙为母质。

(4)潮湿浮沙土 属风沙土类,荒漠风沙土亚类,荒漠半固定风沙土属。该区域面积 229.53 hm^2,占保护区总面积的 1.63%,为半固定平沙地区,地形平坦。主要分布在小湖北侧和东侧，植被覆盖度 5%~15%，因地下水位较高，土壤水分条件较好，以风积沙为母质。

典型剖面 S2 位于小湖北侧，地形起伏较大，海拔 1 341 m，具体位置见附图。地表景观为半固定平沙地，生长有花棒、沙米和沙木蓼等，植被盖度 15%。剖面形态如下：

0~2 cm，物理结皮层，深土黄色，较松散，片块状结构，湿润，砂土；

2~40 cm，风成沙母质层，深土黄色，较松散，团粒结构，毛根多，湿润，砂土；

40~80 cm，风成沙母质层，深土黄色，较松散，团粒结构，毛根少，水分饱和，砂土；

80~100 cm，风成沙母质层，深土黄色，较松散，团粒结构，水分过饱和，砂土，见图 2-45。

◆ 图 2-45 潮湿浮沙土 S2 剖面

主要理化性质见表 2-39、表 2-40 和表 2-41。

表 2-39 保护区潮湿浮沙土 S2 剖面物理性质

层次 /cm	容重 /(g·cm^{-3})	砂粒 2~0.05 mm	粉粒 0.002~0.05 mm	黏粒 <0.002 mm	质地	湿度 /%
0~7	1.61	99.31	0.69	0.00	砂土	0.07
7~20	1.62	100.00	0.00	0.00	砂土	2.89
20~40	1.58	100.00	0.00	0.00	砂土	4.72
40~60	1.66	100.00	0.00	0.00	砂土	11.99
60~80	1.50	100.00	0.00	0.00	砂土	16.39
80~110	1.55	100.00	0.00	0.00	砂土	18.67

表 2-40 保护区潮湿浮沙土 S2 剖面化学性质

层次 /cm	pH	$CaCO_3$ /(g·kg^{-1})	全盐量 /%	Cl^- /(g·kg^{-1})	SO_4^{2-} /(g·kg^{-1})	CO_3^{2-} /(g·kg^{-1})	HCO_3^- /(g·kg^{-1})	Ca^{2+} /(g·kg^{-1})	Mg^{2+} /(g·kg^{-1})	K^+ /(g·kg^{-1})	Na^+ /(g·kg^{-1})
0~7	8.28	6.99	0.11	0.15	0.06	0.00	0.26	0.09	0.01	0.14	0.35
7~20	8.11	7.41	0.13	0.14	0.06	0.00	0.34	0.20	0.01	0.11	0.44
20~40	8.21	7.77	0.08	0.07	0.03	0.00	0.33	0.11	0.01	0.07	0.18
40~60	8.40	11.82	0.10	0.15	0.03	0.00	0.30	0.25	0.01	0.08	0.21
60~80	8.42	10.07	0.11	0.08	0.04	0.00	0.40	0.21	0.01	0.07	0.32
80~110	8.40	0.00	0.10	0.07	0.03	0.00	0.32	0.23	0.01	0.09	0.22

表 2-41 保护区潮湿浮沙土 S2 剖面土壤养分

层次 /cm	有机质 /%	全钾 /(g·kg^{-1})	速效钾 /(mg·kg^{-1})	全磷 /(g·kg^{-1})	有效磷 /(mg·kg^{-1})	全氮 /(g·kg^{-1})	碱解氮 /(mg·kg^{-1})
0~7	0.26	4.03	317.50	0.78	2.87	0.48	13.53
7~20	0.24	4.12	334.50	0.50	3.31	0.48	9.28
20~40	0.24	4.20	252.00	0.44	2.65	0.38	12.59
40~60	0.22	4.63	220.50	0.43	1.62	0.43	8.43
60~80	0.27	4.75	215.50	0.45	0.81	0.38	0.00
80~110	0.22	2.82	239.50	0.43	1.40	0.38	1.69

(5)潮湿荒漠半固定风沙土　属风沙土类,荒漠风沙土亚类,荒漠半固定风沙土属。该区域面积 55.29 hm^2,占保护区总面积的 0.39%,地表为半固定沙丘,地形起伏较大。主要分布在小湖、马场湖和高墩湖西北面的半固定沙丘区,见附图,植被覆盖度

10%~15%,因地下水位较高,土壤水分条件较好,以风积沙为母质。

(6)灌淤浮沙土　属风沙土类,荒漠风沙土亚类,荒漠半固定风沙土属。该区域面积 689.48 hm^2,占保护区总面积的 4.91%,是该土属中面积最大的土种类型。地表为半固定平沙地,地形平坦。主要分布在保护区北部,小湖西面的新植人工林区,见附图,植被覆盖度 5%~15%,以风积沙为母质。

3. 荒漠流动风沙土

荒漠流动风沙土主要为植被覆盖度 5%以下,地表为流沙,地表沙物质在风力作用下常启动、搬运和堆积。主要分布在包兰铁路防护体系以北的广大沙漠地区和沙坡头滑沙坡,在九龙湾和小湖西侧也有零星分布。面积 2 978.94 hm^2,占保护区总面积的 21.21%,是保护区内分布面积第二大的土属类型。

(1)流沙土(丘状荒漠流动风沙土)　属风沙土类,荒漠风沙土亚类,荒漠流动风沙土属。该区域面积 2 962.41 hm^2,占保护区总面积的 21.09%,是保护区内分布面积最大的土种类型。地表为流动沙丘区,地形起伏较大。主要分布在包兰铁路迎水桥车站—孟家湾车站铁路防沙体系以北和九龙湾西部区域,植被覆盖度 5%以下,整个土壤剖面几乎无土壤发育层,风积沙沉积层理明显。

典型剖面 S35 位于沙坡头车站铁路防沙体系以北的流动沙丘区,以格状沙丘为主,地形起伏较大,海拔 1 361 m,具体位置见附图。地表景观为流动沙丘,植被盖度不足 1%,偶见花棒。剖面形态如下:

0~7 cm,风成沙,土黄色,松散,颗粒结构,干,壤砂土;

7~20 cm,风成沙,土黄色,松散,颗粒结构,干,砂土;

20~100 cm,风成沙,深土黄色,较松散,颗粒结构,微润,砂土,见图 2-46。

主要理化性质见表 2-42、表 2-43 和表 2-44。

(2)平铺状流沙土　属风沙土类,荒漠风沙土亚类,荒漠流动风沙土属。该区域面积 2.47 hm^2,占保护区总面积的 0.02%,是该土属中面积最小的土种类型。地表为流动平沙地,沙层很薄,地形平坦。主要分布在腾格里湖西北一侧,见附图,无植被覆盖,以风积沙为母质。

(3)陡坡流沙土　属风沙土类,荒漠风沙土亚类,荒漠流动风沙土属。该区域面积 14.06 hm^2,占保护区总面积的 0.10%。地表为覆沙黄河阶地后阶坡,地形较陡,坡度在 25°~30°之间。主要分布在沙坡头旅游景区的滑沙坡,见附图,无植被覆盖,以风积沙为母质。

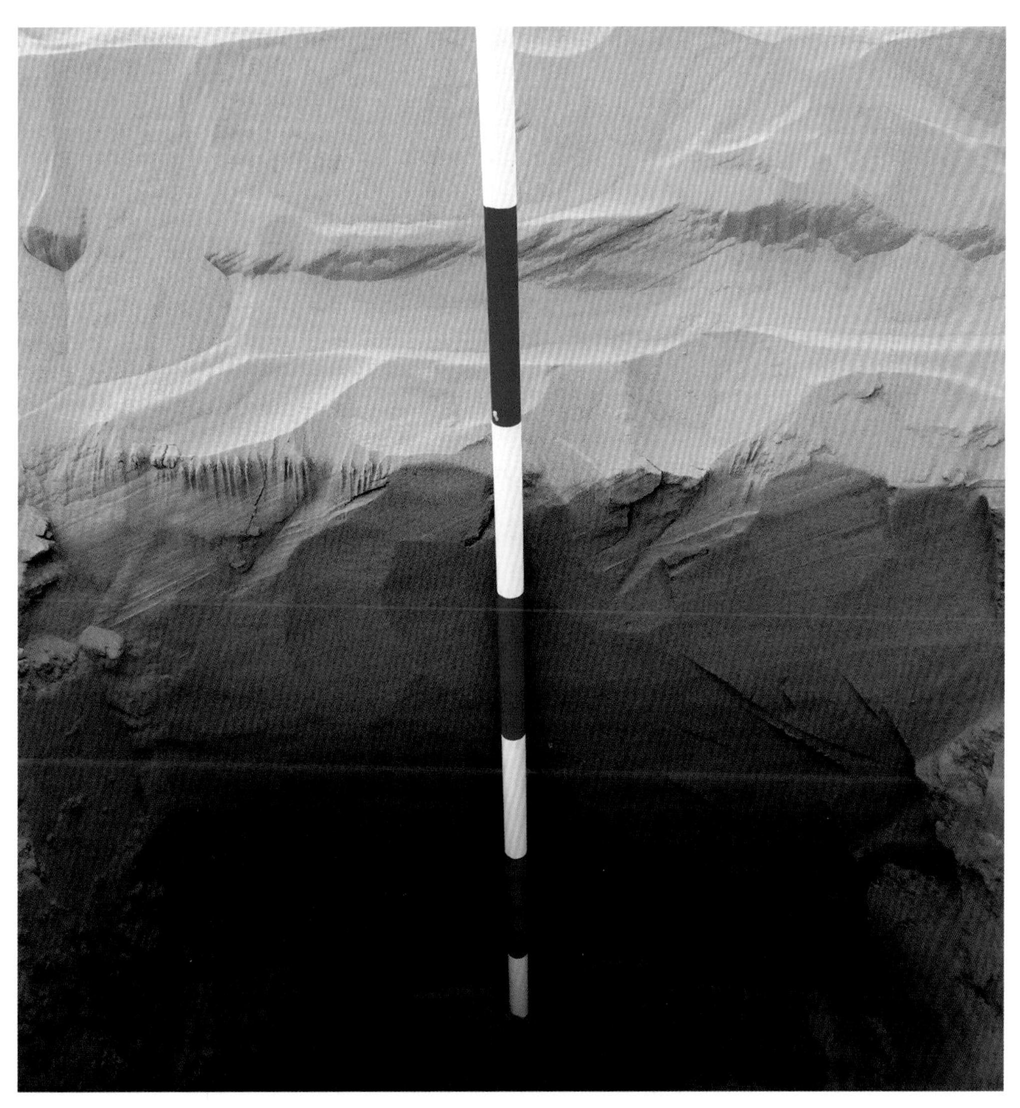

◆ 图 2–46 丘状荒漠流动风沙土 S35 剖面

表 2–42 保护区丘状荒漠流动风沙土 S35 剖面物理性质

层次 /cm	容重 /(g·cm^{-3})	砂粒 2~0.05 mm	粉粒 0.002~0.05 mm	黏粒 <0.002 mm	质地	湿度 /%
0~7	1.43	75.73	22.13	2.14	砂壤土	0.05
7~20	1.64	100.00	0.00	0.00	砂土	0.21
20~40	1.58	100.00	0.00	0.00	砂土	0.43
40~60	1.52	100.00	0.00	0.00	砂土	0.63
60~80	1.52	97.81	2.19	0.00	砂土	0.51
80~100	1.44	100.00	0.00	0.00	砂土	0.48

表 2-43　保护区丘状荒漠流动风沙土 S35 剖面化学性质

层次/cm	pH	$CaCO_3$/(g·kg^{-1})	全盐量/%	Cl^-/(g·kg^{-1})	SO_4^{2-}/(g·kg^{-1})	CO_3^{2-}/(g·kg^{-1})	HCO_3^-/(g·kg^{-1})	Ca^{2+}/(g·kg^{-1})	Mg^{2+}/(g·kg^{-1})	K^+/(g·kg^{-1})	Na^+/(g·kg^{-1})
0~7	8.08	4.75	0.02	0.04	0.01	0.00	0.14	0.03	0.00	0.02	0.00
7~20	8.80	4.50	0.02	0.03	0.01	0.00	0.12	0.02	0.00	0.02	0.04
20~40	8.81	3.77	0.04	0.03	0.01	0.00	0.15	0.03	0.00	0.12	0.05
40~60	8.51	3.38	0.05	0.04	0.01	0.00	0.15	0.03	0.00	0.03	0.24
60~80	8.60	3.92	0.03	0.04	0.01	0.00	0.14	0.03	0.00	0.02	0.10
80~100	8.55	3.66	0.04	0.03	0.01	0.00	0.20	0.03	0.00	0.01	0.08

表 2-44　保护区丘状荒漠流动风沙土 S35 剖面土壤养分

层次/cm	有机质/%	全钾/(g·kg^{-1})	速效钾/(mg·kg^{-1})	全磷/(g·kg^{-1})	有效磷/(mg·kg^{-1})	全氮/(g·kg^{-1})	碱解氮/(mg·kg^{-1})
0~7	0.13	1.83	155.00	0.76	1.84	0.86	104.91
7~20	0.11	9.24	191.50	0.91	1.69	0.62	0.00
20~40	0.11	9.85	160.50	0.81	2.35	0.76	0.00
40~60	0.20	10.45	167.00	0.67	2.43	0.95	10.16
60~80	0.13	7.78	160.50	0.66	2.35	0.33	0.00
80~100	0.11	8.43	127.50	0.46	2.13	0.38	3.42

(五)典型潮土

典型潮土属于半水成土土纲，半淡水成土亚纲，潮土土类，为隐域性土壤，由于地下水位高，受地下水位升降影响，土壤长期处于氧化还原作用，形成氧化还原特征。保护区的典型潮土主要分布在高墩湖北侧，荒草湖南部和南侧，面积 126.40 hm^2，占保护区总面积的 0.90%。

1. 潮砂土

潮砂土是保护区内典型潮土的唯一土属类型，其分布和面积和典型潮土亚类相同。

(1)典型砂质潮土　属潮土类，典型潮土亚类，潮砂土属。该土种是保护区内潮砂土的唯一土种类型，面积和分布同潮砂土。地表为固定平沙地和覆沙湖积平原等，地表较平坦，植被覆盖度 40%以上。土壤剖面中存在锈斑锈纹和铁锰结核等氧化还原特征。

典型剖面 S14 位于高墩湖北人工草坪北侧，固定平沙地，地形平坦，海拔 1 241 m，具体位置见图 2-34。地表景观为固沙林地，生长有麻黄、沙柳、沙枣、柽柳和芦苇等，植被盖度 45%，地表结皮发育。剖面形态如下：

0~2 cm，结皮层，深灰色，较松散，片状结构，干，壤砂土；

2~20 cm，土黄色，松散，颗粒结构，干，砂土；

20~35 cm，浅灰色，较松散，颗粒结构，微润，砂土；

35~75 cm，氧化还原层，有铁锰结核分布，深土黄色，较松散，颗粒结构，润，砂土；

75~100 cm，潜育还原层，青灰色，较松散，颗粒结构，湿润，砂土，见图 2-47。

主要理化性质见表 2-45、表 2-46 和表 2-47。

◆ 图 2-47 典型砂质潮土

表 2-45　保护区典型砂质潮土 S14 剖面物理性质

层次/cm	容重/($g \cdot cm^{-3}$)	砂粒 2~0.05 mm	粉粒 0.002~0.05 mm	黏粒 <0.002 mm	质地	湿度/%
0~7	1.44	87.52	11.58	0.91	砂土	0.03
7~20	1.66	100.00	0.00	0.00	砂土	0.28
20~40	1.67	96.76	3.22	0.02	砂土	1.76
40~60	1.67	100.00	0.00	0.00	砂土	3.38
60~80	1.67	91.11	8.17	0.72	砂土	11.82
80~100	1.58	98.47	1.53	0.00	砂土	11.61

表 2-46　保护区典型砂质潮土 S14 剖面化学性质

层次/cm	pH	$CaCO_3$/($g \cdot kg^{-1}$)	全盐量/%	Cl^-/($g \cdot kg^{-1}$)	SO_4^{2-}/($g \cdot kg^{-1}$)	CO_3^{2-}/($g \cdot kg^{-1}$)	HCO_3^-/($g \cdot kg^{-1}$)	Ca^{2+}/($g \cdot kg^{-1}$)	Mg^{2+}/($g \cdot kg^{-1}$)	K^+/($g \cdot kg^{-1}$)	Na^+/($g \cdot kg^{-1}$)
0~7	8.33	40.14	0.12	0.03	0.15	0.00	0.33	0.41	0.04	0.16	0.10
7~20	8.73	8.49	0.13	0.09	0.06	0.00	0.30	0.61	0.05	0.05	0.13
20~40	8.74	10.09	0.10	0.03	0.06	0.00	0.32	0.27	0.02	0.02	0.27
40~60	8.96	5.93	0.09	0.08	0.05	0.00	0.26	0.30	0.02	0.03	0.13
60~80	8.70	21.18	0.12	0.18	0.09	0.00	0.28	0.31	0.01	0.04	0.33
80~100	8.80	7.04	0.13	0.05	0.18	0.00	0.40	0.42	0.01	0.04	0.16

表 2-47　保护区典型砂质潮土 S14 剖面土壤养分

层次/cm	有机质/%	全钾/($g \cdot kg^{-1}$)	速效钾/($mg \cdot kg^{-1}$)	全磷/($g \cdot kg^{-1}$)	有效磷/($mg \cdot kg^{-1}$)	全氮/($g \cdot kg^{-1}$)	碱解氮/($mg \cdot kg^{-1}$)
0~7	0.59	3.94	255.00	0.65	0.15	2.14	25.56
7~20	0.21	4.33	153.50	0.48	0.29	1.33	0.00
20~40	0.13	3.34	105.00	0.60	0.22	0.57	2.36
40~60	0.11	2.87	108.50	0.54	0.44	0.86	1.67
60~80	0.02	2.94	107.00	0.66	0.37	1.71	8.49
80~100	0.09	2.13	117.00	0.39	0.44	0.57	19.48

（六）盐化潮土

盐化潮土属于半水成土土纲，半淡水成土亚纲，潮土土类，为隐域性土壤，由于地下水位高，受地下水位升降影响，土壤长期处于氧化还原作用，形成氧化还原特征，除上述特征外，地表还具有盐积特性，但地表易溶盐含量在 1%以下。保护区的盐化潮土主要分布在小湖北侧，见附图，面积 21.09 hm^2，占保护区总面积的 0.15%，是保护区内分布面积最小的土壤亚类。

1. 氯化物潮土

氯化物潮土是保护区内盐化潮土的唯一土属，也是保护区内分布面积最小的土属类型，其面积和分布同盐化潮土亚类，其地表积盐成分主要为氯化物。

（1）砂质氯化物潮土　砂质氯化物潮土是保护区内氯化物潮土的唯一土种，其面积、分布和地表积盐成分同氯化物潮土。

典型剖面 S3 位于小湖北侧鱼塘边，海拔 1 252 m，具体位置见图 2-34。地表景观为轻微盐碱化土地，生长有芦苇，冰草和猪毛菜等，植被盖度 25%。

剖面形态如下：

0~6 cm，盐积层，浅灰色，较紧实，多毛根，干，砂土；

6~20 cm，锈纹锈斑层，浅黄棕色，松软，颗粒结构，有根，润，砂土；

20~40 cm，锈纹锈斑层，浅黄棕色，较松散，颗粒结构，有根，湿，砂土；

40~90 cm，母质层，深土黄色，有泥炭斑点，较松散，颗粒结构，接近饱和，砂土；

90~100 cm，母质层，深土黄色，有泥炭斑点，紧实，块状结构，接近饱和，粉砂壤土。

主要理化性质见表 2-48、表 2-49 和表 2-50。

（七）灌淤潮土

灌淤潮土属于半水成土土纲，半淡水成土亚纲，潮土土类，为隐域性土壤，由于地下水位高，受地下水位升降影响，土壤长期处于氧化还原作用，形成氧化还原特征，除上述特征外，受人为长期耕作和灌溉作用，地表形成灌淤层。保护区的灌淤潮土主要分布在腾格里湖近岸地区和湖心岛，荒草湖南侧，碱碱湖、沙坡头村、鸣沙村和鸣钟村

表 2-48　保护区砂质氯化物潮土 S3 剖面物理性质

层次 /cm	容重 /($g·cm^{-3}$)	砂粒 2~0.05 mm	粉粒 0.002~0.05 mm	黏粒 <0.002 mm	质地	湿度 /%
0~6	1.69	91.15	7.96	0.89	砂土	1.02
6~20	1.61	100.00	0.00	0.00	砂土	3.68
20~40	1.72	95.89	3.99	0.12	砂土	9.19
40~60	1.69	96.56	3.32	0.12	砂土	15.12
60~80	1.57	88.73	9.92	1.34	砂土	16.40
80~100	1.52	34.62	60.44	4.95	粉砂壤土	18.18

表 2–49 保护区砂质氯化物潮土 S3 剖面化学性质

层次/cm	pH	$CaCO_3$ /(g·kg^{-1})	全盐量/%	Cl^- /(g·kg^{-1})	SO_4^{2-} /(g·kg^{-1})	CO_3^{2-} /(g·kg^{-1})	HCO_3^- /(g·kg^{-1})	Ca^{2+} /(g·kg^{-1})	Mg^{2+} /(g·kg^{-1})	K^+ /(g·kg^{-1})	Na^+ /(g·kg^{-1})
0~6	8.86	29.21	0.88	1.51	1.02	0.15	0.66	0.11	0.02	0.18	5.16
6~20	8.68	5.85	0.10	0.22	0.02	0.00	0.32	0.07	0.01	0.19	0.17
20~40	8.40	15.28	0.10	0.13	0.04	0.00	0.34	0.09	0.01	0.18	0.18
40~60	8.23	5.73	0.08	0.08	0.04	0.00	0.23	0.11	0.01	0.10	0.20
60~80	8.03	46.58	0.46	0.12	0.09	0.00	0.40	3.12	0.27	0.19	0.38
80~100	9.05	157.69	0.24	0.13	0.04	0.00	0.59	0.71	0.02	0.42	0.45

表 2–50 保护区砂质氯化物潮土 S3 剖面土壤养分

层次/cm	有机质/%	全钾/(g·kg^{-1})	速效钾/(mg·kg^{-1})	全磷/(g·kg^{-1})	有效磷/(mg·kg^{-1})	全氮/(g·kg^{-1})	碱解氮/(mg·kg^{-1})
0~6	0.51	3.85	1042.00	0.54	0.96	0.90	11.92
6~20	0.42	4.12	448.50	0.47	3.68	0.29	13.55
20~40	0.35	3.59	377.50	0.67	4.92	0.35	0.00
40~60	0.26	4.03	324.00	0.49	4.70	0.90	15.39
60~80	0.40	4.84	160.50	0.73	0.15	0.57	5.11
80~100	0.40	3.55	476.00	1.24	0.00	0.67	23.14

等小型干湖盆区域，见附图，面积 320.29 hm^2，占保护区总面积的 2.28%。

1. 淤潮砂土

淤潮砂土是保护区内灌淤潮土的唯一土属，其面积和分布同灌淤潮土亚类。

（1）典型淤潮砂土　属潮土类、灌淤潮土亚类、淤潮砂土属。面积 276.27 hm^2，占保护区总面积的 1.97%，地表较平坦。主要分布在腾格里湖湖心岛和近岸地区，碱碱湖、沙坡头村、鸣沙村和鸣钟村等小型干湖盆区域，见附图，植被覆盖度 90%以上，剖面中存在锈斑锈纹和铁锰结核等氧化还原特征，同时表层存在薄层灌淤层，以风积沙和湖积物为母质。

典型剖面 S11 位于腾格里湖果园岛，果园，地形平坦，海拔 1 234 m，具体位置见图 2–34。地表景观为林地，生长有苹果树和艾蒿等，植被盖度 95%，以风积沙为母质。剖面形态如下：

0~2 cm，枯枝落叶层，浅灰色，松散，腐化程度低，干；

2~20 cm，灌淤层，浅灰色，紧实，碎块结构，多根，干，壤砂土；

20~40 cm，根系层，深土黄色，较松散，颗粒结构，湿，砂土；

40~80 cm，氧化还原层，有铁锰结核和锈斑分布，深土黄色，较松散，颗粒结构，湿，砂土；

80~100 cm，潜育还原层，青灰色条纹，较松散，颗粒结构，湿润，砂土，见图 2-48。

主要理化性质见表 2-51、表 2-52 和表 2-53。

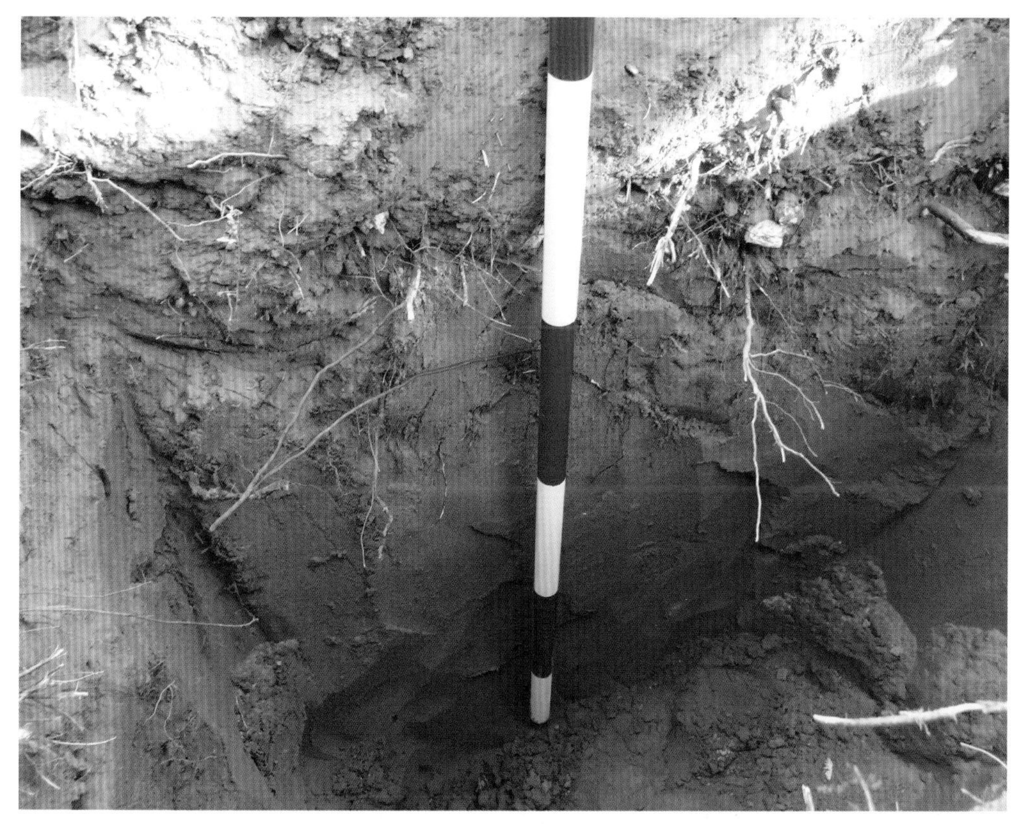

◆ 图 2-48　典型淤潮砂土 S11 剖面

表 2-51　保护区典型淤潮砂土S11 剖面物理性质

层次 /cm	容重 /(g·cm^{-3})	砂粒 2~0.05 mm	粉粒 0.002~0.05 mm	黏粒 <0.002 mm	质地	湿度 /%
0~7	1.52	77.87	18.28	3.85	壤砂土	2.08
7~20	1.47	78.18	18.58	3.24	壤砂土	4.90
20~40	1.65	100.00	0.00	0.00	砂土	2.45
40~60	1.64	100.00	0.00	0.00	砂土	4.97
60~75	1.60	100.00	0.00	0.00	砂土	8.90
75~90	1.60	94.37	5.61	0.02	砂土	16.84
90~100	1.57	100.00	0.00	0.00	砂土	17.50

表 2-52 保护区典型淤潮砂土 S11 剖面化学性质

层次/cm	pH	$CaCO_3$/(g·kg^{-1})	全盐量/%	Cl^-/(g·kg^{-1})	SO_4^{2-}/(g·kg^{-1})	CO_3^{2-}/(g·kg^{-1})	HCO_3^-/(g·kg^{-1})	Ca^{2+}/(g·kg^{-1})	Mg^{2+}/(g·kg^{-1})	K^+/(g·kg^{-1})	Na^+/(g·kg^{-1})
0~7	7.37	43.12	0.10	0.03	0.02	0.00	0.39	0.15	0.01	0.12	0.25
7~20	7.45	51.43	0.12	0.03	0.02	0.00	0.49	0.20	0.01	0.10	0.34
20~40	7.85	6.89	0.03	0.03	0.01	0.00	0.18	0.03	0.01	0.06	0.02
40~60	7.78	7.60	0.03	0.03	0.01	0.00	0.13	0.03	0.00	0.01	0.04
60~75	7.66	4.85	0.04	0.02	0.01	0.00	0.17	0.04	0.00	0.03	0.08
75~90	7.49	12.31	0.08	0.04	0.06	0.00	0.32	0.16	0.01	0.08	0.14
90~100	7.58	7.83	0.09	0.04	0.04	0.00	0.35	0.22	0.01	0.08	0.20

表 2-53 保护区典型淤潮砂土 S11 剖面土壤养分

层次/cm	有机质/%	全钾/(g·kg^{-1})	速效钾/(mg·kg^{-1})	全磷/(g·kg^{-1})	有效磷/(mg·kg^{-1})	全氮/(g·kg^{-1})	碱解氮/(mg·kg^{-1})
0~7	0.84	4.42	229.50	1.19	17.42	3.95	58.35
7~20	0.67	3.68	210.50	0.62	0.37	2.14	27.64
20~40	0.20	1.00	295.00	0.60	35.35	0.14	8.51
40~60	0.11	3.64	177.50	0.48	9.78	0.33	1.70
60~75	0.14	3.03	157.00	0.74	8.38	0.29	8.34
75~90	0.07	5.28	189.50	0.86	19.70	0.57	3.32

（2）灌淤薄潮砂土（薄层砂质灌淤潮土） 属潮土类、灌淤潮土亚类、淤潮砂土属。面积 44.02 hm^2，占保护区总面积的 0.31%，地表较平坦。主要分布在荒草湖南侧，见附图，植被覆盖度 60%以上，剖面中存在锈斑锈纹和铁锰结核等氧化还原特征，同时表层存在薄层灌淤层，但土层较薄，其下为黄河古阶地砾石层，以河流冲积物和湖积物为母质。

（八）典型草甸盐土

典型草甸盐土属于盐碱土纲，盐土亚纲，草甸盐土土类，为隐域性土壤，由于地下水位高，受强烈蒸发作用，水分将易溶盐带至地表沉积，形成盐积层。在保护区内，主要分布在小湖西北侧、马场湖西北侧和东北侧、腾格里湖西侧、荒草湖北侧等地，面积 287.41 hm^2，占保护区总面积的 2.05%，是保护区内分布面积第二小的土壤亚类。

1. 氯化物草甸盐土

氯化物草甸盐土除具有盐积层这一诊断特征外，与其他土属的区别在于盐积层的主要易溶盐为氯化物。主要分布在小湖西北侧、马场湖西北侧和东北侧以及荒草湖北侧。该区域面积 180.25 hm²,占保护区总面积的 1.28%,是保护区内典型草甸盐土亚类中分布面积最大的土属类型。

(1)白甸盐砂(砂质白盐土) 该土种是保护区内氯化物草甸盐土的唯一土种,分布、面积和盐积层主要易溶盐成分同氯化物草甸盐土,地表较平坦,多为固定平沙地,地表景观为盐碱地草甸,植被覆盖率 20%~40%,以风积沙为母质。

小湖西北侧的白甸盐砂土地表盐积层含盐量为 5.84%,主要盐分为氯化钠,见表 2–54。

表 2–54 保护区白甸盐砂地表盐积层化学性质

pH	$CaCO_3$ /(g·kg⁻¹)	全盐量 /%	Cl^- /(g·kg⁻¹)	SO_4^{2-} /(g·kg⁻¹)	CO_3^{2-} /(g·kg⁻¹)	HCO_3^- /(g·kg⁻¹)	Ca^{2+} /(g·kg⁻¹)	Mg^{2+} /(g·kg⁻¹)	K^+ /(g·kg⁻¹)	Na^+ /(g·kg⁻¹)
8.91	76.25	5.84	15.80	2.57	0.96	0.04	3.53	0.56	3.60	31.38

2. 硫酸盐草甸盐土

硫酸盐草甸盐土除具有盐积层这一诊断特征外, 与其他土属的区别在于盐积层的主要易溶盐为硫酸盐。主要分布在腾格里湖西侧,面积 78.79 hm²,占保护区总面积的 0.56%,以湖积物为成土母质。

(1)青土层钙质硫酸盐土 属盐土类,草甸盐土亚类,硫酸盐草甸盐土属,也是保护区内该土属的唯一土种,面积和分布硫酸盐草甸盐土。地势低平,植被覆盖度 90% 以上,土壤剖面底部有青灰色的埋藏沼泽层。

典型剖面 S19 位于腾格里湖西侧,湖积平原,地形低平,海拔 1 248 m,具体位置见图 2–34。地表景观为草甸,生长有芦苇和拂子毛等,植被盖度 90%。剖面形态如下:

0~7 cm,生草层和盐积层,浅灰色,碳酸钙含量高,易溶盐含量 3.11%,阴离子中硫酸根离子为主,紧实,块状结构,多根,干,砂壤土;

7~20 cm,灰白色,灰白色,紧实,团块结构,干,砂壤土;

20~70 cm,浅灰色,紧实,团块结构,干,砂壤土;

70~90 cm,青灰色沼泽土层,紧实,团块结构,润,砂壤土,见图 2–49。

主要理化性质见表 2–55、表 2–56 和表 2–57。

3. 苏打草甸湿盐土

苏打草甸湿盐土除具有盐积层这一诊断特征外,与其他土属的区别在于盐积层的主要易溶盐为碳酸盐和碳酸氢盐。主要分布在保护区内的小湖西侧, 面积 28.37 hm²,占保护区总面积的0.20%,也是保护区内典型草甸盐土盐类中分布面积最小的土属类型。

◆ 图 2-49 青土层钙质硫酸盐土 S19 剖面

表 2-55 保护区青土层钙质硫酸盐土 S19 剖面物理性质

层次 /cm	容重 /(g·cm^{-3})	砂粒 2~0.05 mm	粉粒 0.002~0.05 mm	黏粒 <0.002 mm	质地	湿度 /%
0~7	1.06	47.85	48.05	4.11	砂壤土	7.94
7~20	1.10	49.02	47.59	3.39	砂壤土	11.23
20~40	1.13	52.97	43.49	3.54	砂壤土	9.67
40~60	1.13	51.87	46.44	1.69	砂壤土	13.99
60~80	1.30	61.99	35.62	2.39	砂壤土	17.76
80~100	1.25	53.17	43.90	2.92	砂壤土	16.66

表 2-56　保护区青土层钙质硫酸盐土 S19 剖面化学性质

层次/cm	pH	$CaCO_3$/(g·kg^{-1})	全盐量/%	Cl^-/(g·kg^{-1})	SO_4^{2-}/(g·kg^{-1})	CO_3^{2-}/(g·kg^{-1})	HCO_3^-/(g·kg^{-1})	Ca^{2+}/(g·kg^{-1})	Mg^{2+}/(g·kg^{-1})	K^+/(g·kg^{-1})	Na^+/(g·kg^{-1})
0~7	7.01	193.64	3.11	0.30	2.47	0.00	0.76	5.89	3.40	2.80	15.53
7~20	7.66	320.86	0.71	0.45	0.75	0.00	0.82	2.55	0.45	0.68	1.43
20~40	8.01	301.09	0.14	0.09	0.22	0.00	0.53	0.23	0.02	0.16	0.16
40~60	8.43	224.65	0.10	0.05	0.08	0.00	0.50	0.12	0.02	0.10	0.13
60~80	8.48	189.67	0.12	0.04	0.05	0.00	0.47	0.10	0.01	0.09	0.41
80~100	8.38	120.76	0.11	0.04	0.08	0.00	0.44	0.26	0.02	0.11	0.16

表 2-57　保护区青土层钙质硫酸盐土 S19 剖面土壤养分

层次/cm	有机质/%	全钾/(g·kg^{-1})	速效钾/(mg·kg^{-1})	全磷/(g·kg^{-1})	有效磷/(mg·kg^{-1})	全氮/(g·kg^{-1})	碱解氮/(mg·kg^{-1})
0~7	0.67	1.00	1114.50	1.52	0.37	1.29	3.51
7~20	0.56	0.00	452.00	1.56	0.29	2.48	0.00
20~40	0.48	0.62	177.50	1.39	0.00	5.76	26.29
40~60	0.47	1.44	148.00	1.30	0.44	5.09	69.39
60~80	0.40	1.27	153.50	1.30	0.37	4.38	32.37
80~100	0.18	3.55	207.00	1.38	2.57	2.86	0.00

(1)苏打草甸湿盐土　属盐土类,草甸盐土亚类,苏打草甸盐土属。该区域是保护区内苏打草甸湿盐土属唯一土种类型,面积和分布同草甸湿盐土。地势低洼,较平坦,植被覆盖度 95%以上,以风积沙为母质。

典型剖面 S7 位于小湖西侧,地形低洼,海拔 1 248 m,具体位置见图 2-34。地表景观为沼泽,生长有芦苇和菖蒲等,高 1.0~1.5 m,植被盖度 100%。剖面形态如下:

0~1 cm,生草层和盐积层,因地表湿润,盐积层不明显,经测试,可溶性盐高达 3.6%,浅土黄色,较松散,湿,砂土;

2~7 cm,盐积层,可溶性盐含量 2.5%,土黄色,松软,团块结构,多根,泥炭斑分布,湿,砂土;

7~20 cm,根系层,深土黄色,松软,团块结构,湿,砂土;

20~60 cm,深土黄色,松软,团块结构,湿,砂土;

60 cm 处为地下水位,见图 2-50。

主要理化性质见表 2-58、表 2-59 和表 2-60。

◆ 图 2-50　苏打草甸湿盐土 S7 剖面

表 2-58　保护区苏打草甸湿盐土 S7 剖面物理性质

层次 /cm	容重 /(g·cm^{-3})	砂粒 2~0.05 mm	粉粒 0.002~0.05 mm	黏粒 <0.002 mm	质地	湿度 /%
0~7	1.50	94.72	5.26	0.02	砂土	14.17
7~20	1.58	100.00	0.00	0.00	砂土	16.95
20~40	1.65	96.50	3.47	0.03	砂土	18.28
40~60	1.68	100.00	0.00	0.00	砂土	17.76

表 2-59　保护区苏打草甸湿盐土 S7 剖面化学性质

层次 /cm	pH	$CaCO_3$ /(g·kg^{-1})	全盐量 /%	Cl^- /(g·kg^{-1})	SO_4^{2-} /(g·kg^{-1})	CO_3^{2-} /(g·kg^{-1})	HCO_3^- /(g·kg^{-1})	Ca^{2+} /(g·kg^{-1})	Mg^{2+} /(g·kg^{-1})	K^+ /(g·kg^{-1})	Na^+ /(g·kg^{-1})
0~7	10.50	34.69	2.50	0.64	2.33	2.86	3.42	0.38	0.02	0.57	14.81
7~20	8.44	5.61	0.16	0.05	0.06	0.00	0.47	0.39	0.01	0.06	0.59
20~40	8.25	5.46	0.09	0.07	0.03	0.00	0.37	0.11	0.00	0.02	0.30
40~60	8.24	3.84	0.07	0.05	0.03	0.00	0.28	0.05	0.00	0.02	0.25

表 2-60 保护区苏打草甸湿盐土 S7 剖面土壤养分

层次/cm	有机质/%	全钾/(g·kg^{-1})	速效钾/(mg·kg^{-1})	全磷/(g·kg^{-1})	有效磷/(mg·kg^{-1})	全氮/(g·kg^{-1})	碱解氮/(mg·kg^{-1})
0~7	0.31	0.67	545.00	0.63	2.35	0.19	39.79
7~20	0.09	4.54	250.00	1.87	1.10	0.52	1.68
20~40	0.09	3.47	219.00	0.49	0.00	0.90	3.42
40~60	0.07	3.08	215.50	0.39	2.06	0.39	0.00

（九）典型灌淤土

典型灌淤土属人为土纲，灌耕土亚纲，灌淤土类，是引用含大量泥沙的水流进行灌溉，灌水落淤与耕作施肥交叠作用下形成的土壤类型。在保护区，其主要分布在小湖南侧、夹道村、兰铁中卫固沙林场、碱碱湖盆南侧和长流水沟河谷等地区；该区域面积426.10 hm^2，占保护区总面积的3.03%，成土母质为湖积物和河流冲积物。

1. 灌淤砂土

灌淤砂土除具有灌淤层这一诊断特征外，与其他土属的区别在于土壤质地以砂质为主。主要分布在小湖南侧，因长期灌溉和耕种而成；该区域面积261.24 hm^2，占保护区总面积的1.86%。

（1）砂质薄层灌淤土　属灌淤土类，典型灌淤土亚类，灌淤砂土属，也是保护区内该土属的唯一土种类型，面积和分布同灌淤砂土属，见附图。

典型剖面S5位于小湖南侧，地形平坦，海拔1 248 m，具体位置见图2-34。地表景观为往年玉米弃耕地，杂草密集分布，以灰条为主，高约1 m，植被盖度95%。剖面形态如下：

0~1 cm，生草层和作物残茬层，浅土黄色，松软，干，壤砂土；

2~25 cm，灌淤耕作层，浅土黄色，较紧实，团块结构，多根，多植物残体碎屑，干，砂土；

25~40 cm，犁底层，土黄色，紧实，有钙斑分布，团块结构，干，砂土；

40~90 cm，母质层，深土黄色，较松软，团块结构，湿，壤砂土，见图2-51。

主要理化性质见表2-61、表2-62和表2-63。

2. 灌淤壤土

灌淤壤土除具有灌淤层这一诊断特征外，与其他土属的区别在于土壤质地以壤质为主。主要分布在兰铁中卫固沙林场及其周边区域，因长期灌溉和耕种而成，面积

◆ 图 2-51 砂质薄层灌淤土 S5 剖面

表 2-61 保护区砂质薄层灌淤土 S5 剖面物理性质

层次 /cm	容重 /(g·cm^{-3})	砂粒 2~0.05 mm	粉粒 0.002~0.05 mm	黏粒 <0.002 mm	质地	湿度 /%
0~7	1.48	87.45	11.21	1.34	砂土	0.48
7~25	1.57	86.43	12.21	1.36	砂土	1.82
25~40	1.73	85.61	12.73	1.66	砂土	3.25
40~60	1.67	87.95	10.65	1.40	砂土	4.57
60~90	1.60	75.82	21.67	2.51	壤砂土	11.42

表 2-62 保护区砂质薄层灌淤土 S5 剖面化学性质

层次/cm	pH	$CaCO_3$/(g·kg^{-1})	全盐量/%	Cl^-/(g·kg^{-1})	SO_4^{2-}/(g·kg^{-1})	CO_3^{2-}/(g·kg^{-1})	HCO_3^-/(g·kg^{-1})	Ca^{2+}/(g·kg^{-1})	Mg^{2+}/(g·kg^{-1})	K^+/(g·kg^{-1})	Na^+/(g·kg^{-1})
0~7	7.98	37.72	0.13	0.09	0.00	0.00	0.47	0.21	0.01	0.37	0.20
7~25	7.94	39.61	0.10	0.06	0.02	0.00	0.48	0.25	0.01	0.08	0.12
25~40	8.06	37.88	0.08	0.05	0.08	0.00	0.38	0.18	0.00	0.04	0.06
40~60	8.07	42.47	0.14	0.08	0.07	0.00	0.42	0.48	0.01	0.04	0.27
60~90	8.12	69.88	0.14	0.08	0.02	0.00	0.40	0.63	0.02	0.04	0.25

表 2-63 保护区砂质薄层灌淤土 S5 剖面土壤养分

层次/cm	有机质/%	全钾/(g·kg^{-1})	速效钾/(mg·kg^{-1})	全磷/(g·kg^{-1})	有效磷/(mg·kg^{-1})	全氮/(g·kg^{-1})	碱解氮/(mg·kg^{-1})
0~7	1.40	3.25	157.00	1.43	0.07	4.66	196.85
7~25	1.14	1.87	188.00	1.76	0.29	2.55	138.80
25~40	0.67	2.94	150.00	0.75	0.07	1.19	18.74
40~60	0.65	1.00	150.00	0.62	0.07	1.26	5.10
60~90	0.42	1.22	143.00	0.81	0.22	1.09	30.00

164.85 hm^2,占保护区总面积的 1.17%。

(1)薄立土(壤质薄层灌淤土) 属灌淤土类,典型灌淤土亚类,灌淤壤土属,也是保护区内该土属的唯一土种类型,面积和分布同灌淤壤土属,附图。

典型剖面 S12 位于兰铁中卫固沙林场北侧玉米大田,地形平坦,海拔 1 235 m,具体位置见附图。地表景观为玉米大田,旁侧农田防护林茂密,胸径 35~45 cm,高 15 m 以上,植被盖度 95%。剖面形态如下:

0~20 cm,耕作层,深灰色,自上而下颜色变浅,较紧实,多毛根,团粒结构,湿,壤砂土;

20~40 cm,犁底层,深土黄色,紧实,多毛根和细根,团粒结构,湿,壤砂土;

40~65 cm,母质层,深土黄色,较紧实,多毛根和细根,团块结构,湿,壤砂土;

65~90 cm,母质层,深土黄色,较紧实,少根,团块结构,湿,壤砂土,见图 2-52。

主要理化性质见表 2-64、表 2-65 和表 2-66。

◆ 图 2-52　薄立土 S12 剖面

表 2-64　保护区薄立土 S12 剖面物理性质

层次 /cm	容重 /(g·cm^{-3})	砂粒 2~0.05 mm	粉粒 0.002~0.05 mm	黏粒 <0.002 mm	质地	湿度 /%
0~7	1.26	51.93	42.88	5.19	砂壤土	17.68
7~20	1.36	58.16	36.94	4.91	砂壤土	15.84
20~40	1.42	62.25	33.52	4.23	砂壤土	14.52
40~60	1.63	64.88	31.46	3.66	砂壤土	13.51
60~90	1.55	47.38	48.37	4.25	砂壤土	16.03

表 2-65　保护区薄立土S12 剖面化学性质

层次 /cm	pH	$CaCO_3$ /(g·kg^{-1})	全盐量 /%	Cl^- /(g·kg^{-1})	SO_4^{2-} /(g·kg^{-1})	CO_3^{2-} /(g·kg^{-1})	HCO_3^- /(g·kg^{-1})	Ca^{2+} /(g·kg^{-1})	Mg^{2+} /(g·kg^{-1})	K^+ /(g·kg^{-1})	Na^+ /(g·kg^{-1})
0~7	7.31	87.15	0.21	0.09	0.19	0.00	0.43	0.80	0.21	0.18	0.24
7~20	7.46	88.84	0.10	0.15	0.02	0.00	0.40	0.20	0.02	0.16	0.06
20~40	7.41	83.75	0.12	0.16	0.04	0.00	0.53	0.23	0.02	0.15	0.09
40~60	7.67	100.58	0.10	0.03	0.03	0.00	0.44	0.16	0.02	0.15	0.14
60~90	7.70	119.78	0.31	0.10	0.24	0.00	0.49	0.98	0.25	0.20	0.79

表 2-66　保护区薄立土S12 剖面土壤养分

层次 /cm	有机质 /%	全钾 /($g \cdot kg^{-1}$)	速效钾 /($mg \cdot kg^{-1}$)	全磷 /($g \cdot kg^{-1}$)	有效磷 /($mg \cdot kg^{-1}$)	全氮 /($g \cdot kg^{-1}$)	碱解氮 /($mg \cdot kg^{-1}$)
0~7	1.77	3.25	157.00	1.43	0.07	4.66	139.61
7~25	1.50	1.87	188.00	1.76	0.29	2.55	109.73
25~40	2.34	2.94	150.00	0.75	0.07	1.19	138.88
40~60	0.39	1.00	150.00	0.62	0.07	1.26	65.38
60~90	0.20	1.22	143.00	0.81	0.22	1.09	69.17

（十）潮灌淤土

潮灌淤土属人为土纲，灌耕土亚纲，灌淤土类，是引用含大量泥沙的水流进行灌溉，灌水落淤与耕作施肥交叠作用下形成的土壤类型，同时兼具潮土的部分特性。主要分布在夹道村和碱碱湖干湖盆区域，面积 167.75 hm^2，占保护区总面积的 1.19%，成土母质为河流冲积物和湖积物。

1. 潮灌淤壤土

潮灌淤壤土除具有灌淤层这一诊断特征和包含某些潮土特性外，与其他土属的区别在于土壤质地以壤质为主。主要分布在夹道村鱼塘附近的耕地中，因长期灌溉和耕种而成。成土母质为湖积物，面积 102.32 hm^2，占保护区总面积的 0.73%。

（1）青土层新户土（青土层薄层潮灌淤土）　属灌淤土类，典型灌淤土亚类，潮灌淤壤土属，也是保护区内该土属的唯一土种类型，面积和分布同潮灌淤壤土属，见附图。该土种类型的土壤剖面，除上部具有灌淤层特征，中下部具有潮土的氧化还原特性外，底部还存在灰黑色的埋藏沼泽层，土壤质地以砂壤土为主。

2. 潮灌淤砂土

潮灌淤壤土除具有灌淤层这一诊断特征和包含某些潮土特性外，与其他土属的区别在于土壤质地以砂质为主。主要分布在碱碱湖干湖盆的耕地中，因灌溉、人工堆垫和耕种而成。成土母质为湖积物，面积 65.43 hm^2，占保护区总面积的 0.47%，也是保护区内潮土土类中分布面积最小的土种类型。

（1）青土层潮灌淤砂土　属灌淤土类，潮灌淤土亚类，潮灌淤砂土属，也是该属唯一的土种类型，面积和分布同潮灌淤砂土土属，见附图。该土种为原湖泊沼泽干涸后，经人工堆垫、灌溉和耕种而成。

典型剖面 S34 位于碱碱湖南部葡萄园内，地形平坦，海拔 1 235 m，具体位置见图

2-34。地表景观为玉米大田，旁侧农田防护林茂密，胸径 35~45 cm，高 15 m 以上，植被盖度 95%。剖面形态如下：

0~3 cm，生草层和植物残体层，浅土黄色，较松散，多毛根层状结构，干，壤砂土；

3~38 cm，耕作层，深土黄色，多碳屑，较紧实，多毛根，团粒结构，润，砂土；

38~55 cm，堆垫层，土黄色，较紧实，团粒结构，湿，壤砂土；

55~80 cm，沼泽土层，青灰色，较紧实，少根，团块结构，湿，壤土，见图 2-53。

主要理化性质见表 2-67、表 2-68 和表 2-69。

◆ 图 2-53　青土层潮灌淤砂土 S34 剖面

表 2-67　保护区青土层潮灌淤砂土S34 剖面物理性质

层次 /cm	容重 /(g·cm⁻³)	砂粒 2~0.05 mm	粉粒 0.002~0.05 mm	黏粒 <0.002 mm	质地	湿度 /%
0~7	1.54	94.98	4.89	0.13	砂土	0.29
7~20	1.55	92.14	7.76	0.10	砂土	4.43
20~40	1.60	100.00	0.00	0.00	砂土	5.33
40~60	1.75	40.11	52.93	6.96	粉砂壤土	14.86
60~80	1.74	45.73	46.33	7.94	壤土	15.10

表 2-68 保护区青土层潮灌淤砂土S34 剖面化学性质

层次/cm	pH	$CaCO_3$/(g·kg^{-1})	全盐量/%	Cl^-/(g·kg^{-1})	SO_4^{2-}/(g·kg^{-1})	CO_3^{2-}/(g·kg^{-1})	HCO_3^-/(g·kg^{-1})	Ca^{2+}/(g·kg^{-1})	Mg^{2+}/(g·kg^{-1})	K^+/(g·kg^{-1})	Na^+/(g·kg^{-1})
0~7	8.53	16.17	0.07	0.03	0.02	0.00	0.33	0.14	0.01	0.17	0.06
7~20	8.12	18.60	0.11	0.04	0.08	0.00	0.40	0.26	0.01	0.07	0.28
20~40	8.11	7.47	0.08	0.04	0.02	0.00	0.39	0.22	0.01	0.08	0.08
40~60	8.23	82.33	0.12	0.05	0.06	0.00	0.48	0.26	0.01	0.19	0.18
60~80	8.13	83.05	0.41	0.06	0.11	0.00	0.49	2.73	0.25	0.23	0.21

表 2-69 保护区青土层潮灌淤砂土 S34 剖面土壤养分

层次/cm	有机质/%	全钾/(g·kg^{-1})	速效钾/(mg·kg^{-1})	全磷/(g·kg^{-1})	有效磷/(mg·kg^{-1})	全氮/(g·kg^{-1})	碱解氮/(mg·kg^{-1})
0~7	0.47	0.00	436.50	1.02	50.64	1.94	25.24
7~20	0.44	1.95	181.00	1.27	60.27	1.43	31.03
20~40	0.16	2.34	245.00	1.28	27.56	0.57	0.00
40~60	0.11	3.20	329.50	1.58	0.15	1.38	0.00
60~80	0.38	3.59	431.00	1.22	0.07	1.33	271.85

（十一）表锈灌淤土

表锈灌淤土属人为土纲，灌耕土亚纲，灌淤土类，是引水灌溉落淤与耕作施肥交叠作用下形成的土壤类型，同时因地下水位较高，在土壤中形成较为明显的锈纹锈斑等特征。主要分布在长流水河谷内，面积 84.13 hm^2，占保护区总面积的 0.60%，成土母质为河流冲洪积物。

1. 表锈灌淤壤土

表锈灌淤壤土除具有灌淤层这一诊断特征外，土壤剖面上部锈纹锈斑特性较为明显，且土壤质地以壤土为主。该土属是表锈灌淤土在保护区内的唯一土属，分布和面积同表锈灌淤土亚类。

（1）底砾薄卧土（砾石层薄层表锈灌淤土） 属灌淤土类，表锈灌淤土亚类，表锈灌淤壤土属，也是该属唯一的土种类型，分布和面积同表锈灌淤壤土，见附图。该土种除具有表锈灌淤土特征外，在底部还存在较厚的砾石层。

典型剖面 S58 位于长流水河谷包兰铁路桥旁，沟内阶地上，地形平坦，海拔 1 428 m，具体位置见图 2-34。地表景观为耕地，小麦残茬广布，植被盖度 10%。剖面形态如下：

0~2 cm,小麦残茬层,浅黄色；

2~25 cm,耕作层,土黄色,多碳屑,较紧实,多毛根和细根,团粒结构,干,壤砂土；

25~40 cm,锈纹锈斑层,深黄色,紧实,团块结构,细根和毛根分布,湿,壤砂土；

40~60 cm,深黄色,较紧实,多细根,团粒结构,湿,壤砂土；

60~100 cm,母质层,棕黄色,红色砂岩砾石和砂土混合物,砾石次圆状,粒径 1~4 cm,湿,砾质砂土,见图 2-54。

主要理化性质见表 2-70、表 2-71 和表 2-72。

◆ 图 2-54 底砾薄卧土 S58 剖面

表 2-70　保护区底砾薄卧土 S58 剖面物理性质

层次 /cm	容重 /($g \cdot cm^{-3}$)	砂粒 2~0.05 mm	粉粒 0.002~0.05 mm	黏粒 <0.002 mm	质地	湿度 /%
0~20	1.50	74.94	21.51	3.55	壤砂土	5.89
20~40	1.46	82.95	14.96	2.09	壤砂土	3.71
40~60	1.44	79.18	18.16	2.66	壤砂土	6.07
60~80	1.48	80.14	17.34	2.52	壤砂土	8.39
80~100	1.50	92.32	6.28	1.40	砂土	5.66

表 2-71　保护区底砾薄卧土 S58 剖面化学性质

层次 /cm	pH	$CaCO_3$ /($g \cdot kg^{-1}$)	全盐量 /%	Cl^- /($g \cdot kg^{-1}$)	SO_4^{2-} /($g \cdot kg^{-1}$)	CO_3^{2-} /($g \cdot kg^{-1}$)	HCO_3^- /($g \cdot kg^{-1}$)	Ca^{2+} /($g \cdot kg^{-1}$)	Mg^{2+} /($g \cdot kg^{-1}$)	K^+ /($g \cdot kg^{-1}$)	Na^+ /($g \cdot kg^{-1}$)
0~20	8.01	51.07	0.26	0.04	1.48	0.00	0.39	0.41	0.02	0.02	0.22
20~40	8.05	66.87	0.91	1.33	0.89	0.00	0.31	2.83	0.47	0.02	3.21
40~60	7.75	62.10	1.55	3.23	2.04	0.00	0.28	1.26	0.51	0.02	8.11
60~80	7.83	64.71	1.34	2.32	1.65	0.00	0.25	2.44	0.65	0.02	6.03
80~100	7.82	28.83	1.39	1.03	2.77	0.00	0.23	7.31	0.91	0.02	1.63

表 2-72　保护区底砾薄卧土 S58 剖面土壤养分

层次 /cm	有机质 /%	全钾 /($g \cdot kg^{-1}$)	速效钾 /($mg \cdot kg^{-1}$)	全磷 /($g \cdot kg^{-1}$)	有效磷 /($mg \cdot kg^{-1}$)	全氮 /($g \cdot kg^{-1}$)	碱解氮 /($mg \cdot kg^{-1}$)
0~20	1.40	8.47	65.50	0.70	0.00	1.38	34.54
20~40	0.32	7.60	53.50	1.27	0.07	1.33	10.99
40~60	0.32	8.29	27.50	1.15	2.13	0.86	1.70
60~80	0.35	5.70	34.50	1.16	0.07	0.76	31.01
80~100	0.30	8.68	29.00	1.07	0.85	0.76	2.07

三、主要土壤类型分布变化

由于人工湖泊面积扩展，以及居民居住和交通建设等发展，导致区域土壤面积呈减少趋势，2002 年、2008 年和 2017 年间的水域面积分别为 534.78 hm^2、747.44 hm^2 和 854.77 hm^2，而居民和交通建设用地为 202.88 hm^2、300.18 hm^2 和 714.32 hm^2。上述非土壤分布总面积共占保护区土地面积的 5.25%(2002 年)、7.46%(2008 年)和 11.17%(2017 年)，呈现明显的增加趋势，其中 2002—2008 年，主要增加的非土壤类型为水体，而 2008—2017 年主要增加的非土壤类型为建设用地。

对比第一期（刘迺发等，2005）、第二期（刘迺发等，2011）和本期科考报告中的相关土类的面积数据，各土类的面积有所变化，详见表 2-73。由于第一期科考后保护区进行了区域和面积调整，与后两期的可比性较差，故不做详细比较。

表 2-73 保护区第一至第三期科考土地类型对比表

土壤类型	第一期科考	第二期科考	第三期科考	与第一期相比	与第二期相比
灰钙土	1 136.00	2 097.00	1 547.38	411.38	–549.62
风沙土	9 709.00	11 234.00	9 330.00	–379.00	–1 904.00
潮土	1 979.00	390.66	617.66	–1 361.34	227.00
新积土	318.00	114.00	164.71	–153.29	50.71
灌淤土	73.00	92.34	677.97	604.97	585.63
草甸盐土	52.00	52.00	287.41	235.41	235.41
沼泽土	56.00	56.00	0.00	–56.00	–56.00
泥炭土	17.00	7.00	0.00	–17.00	–7.00

第二期和本期科考的土壤面积数据相比较，灰钙土减少了 368.08 hm^2，由于灰钙土是地带性土壤，其形成过程较为漫长，并非一二十年就会出现土类层次上的变化，出现如此之大面积的变化的主要原因可能是调查的空间分辨率不同所导致的，在第二期科考中将大部分灰钙土区划为灰钙土和风沙土的复区，空间分辨率较低，但面积统计时均归为灰钙土，使部分风沙土分布区也被划为灰钙土区，导致灰钙土分布面积偏大，而相应的风沙土分布面积偏小。

风沙土类面积减少了 1 904.00 hm^2，除上述原因外，最主要的由于人工开垦、灌溉、基础设施建设占用和水域面积的扩张，导致风沙土分布区转化为非土壤区、灌淤土、草甸盐土和潮土。

潮土面积增加 227.00 hm^2，主要是由于水域的扩张和人为灌溉作用使得地下水位上升，导致潮土面积增加。新积土面积增加 50.71 hm^2，变化不大，这可能与调查尺度不同引起的误差有关。草甸盐土增加了 235.41 hm^2，主要是由于水体面积的增大，提高了地下水位，地下水蒸发将盐分带至地表所致。

灌淤土面积增加 585.63 hm^2，主要是过去引水灌溉和人为耕种，导致灌淤层厚度达到灌淤土的标准，增加了灌淤土的面积，随着今后已开垦和新植林区的持续灌溉，今后灌淤土的面积将会进一步增加。

第三期科考中并未发现沼泽土和泥炭土土类，主要原因在于沼泽土和泥炭土原本就分布在地势相对低洼地区或者邻近天然湖泊地区，而近年来水域面积持续扩张，导致这些土类类型被水体淹没，成为非土壤类型。与此同时，在新水体的周边区域则因土壤水成作用时间短，还未形成沼泽土和泥炭土的诊断层和诊断特性。

第三章
植物多样性

第一节　植物种类变化

1986—1990 年，2002—2004 年和2017—2018 年三期综合科学考察，发现保护区植物种类和多样性整体上呈上升趋势。

1986—1990 年第一次植物考察发现，保护区共有种子植物 76 科 221 属 414 种（包括种下等级）。其中裸子植物 4 科 7 属 11 种，被子植物 72 科 214 属 403 种，其中野生植物 252 种，栽培植物 162 种（刘廼发等，2005）。

保护区范围和功能区调整后，2002—2004 年的第二期考察结果显示，保护区共有种子植物 79 科 234 属 440 种（包括种下等级）。其中裸子植物 4 科 7 属 14 种，被子植物 75 科 227 属 426 种，野生植物 264 种，栽培植物 176 种（刘廼发等，2011）。

2017—2018 年第三期综合科学考察在多年野外调查和前两期考察的基础上，采用植物群落学、地植物学和植物分类学的基本方法，于 2017 年 4—10 月和 2018 年 3—7 月进行了 12 次植被调查工作，共设置了 368 个群系或群丛样方（其中自然植被 168 个样方，栽培植被 200 个样方），见表 3–1。

通过照片拍摄、标本采集、专家鉴定及有关资料统计，核实并更正了前两期的物种名录，并重点调查和鉴定新出现的物种。结果表明，保护区现有种子植物 84 科 260 属 485 种（包括种下等级）。其中裸子植物 4 科 7 属 16 种，被子植物 80 科 253 属 469 种，野生植物 285 种，栽培植物 200 种，见表 3–2。

表 3-1 保护区野外植被-土壤调查与采样点

系列类型	样点	地点	状况描述	说明
人工林	S1	保护区北部定北墩附近	美利纸业人工速生林地内	生长时间
	S13	腾格里湖北侧人工林地	腾格里湖北侧人工林地（新疆小叶杨，胸径 15 cm）	
	S9	腾格里湖北侧人工林地	腾格里湖北侧人工林地(小叶杨,胸径 35 cm 左右)	
	S2	保护区北部定北墩南	美利纸业人工速生林地南部砍伐地	
湖区/湿地系统	S7	小湖周边	小湖东侧湿地东北部(芦苇和菖蒲)	水分减少
	S19	腾格里湖西侧退化湿地	退化湿地,呈干草原景观,生长有芦苇和拂子茅	
	S3	保护区北部小湖附近	小湖北侧路北,人工湖鱼塘南侧盐碱地	
	S8	小湖周边	小湖东侧固定沙丘区(芦苇和杠柳)	
农田系列	S12	兰铁中卫固沙林场周边	兰铁中卫固沙林场部北玉米大田	随机
	S5	小湖周边	小湖南侧玉米弃耕地	
	S58	长流水村附近	长流水村东侧，铁路以西，长流沟内阶地,农田,小麦地,小麦残茬	
	S11	腾格里湖	腾格里湖果园岛苹果林地	
	S21	兰铁中卫固沙林场周边	兰铁中卫固沙林场部西北苗圃地	
	S34	沙坡头村周边	沙坡头村葡萄园	
	S50	孟家湾武警基地	孟家湾武警基地人工红枣林，树龄 6~7 年,胸径 2~3 cm,草本植物有茵陈、狗尾草和狐尾草等,地表凋落物分布。大水漫灌	
	S40	沙坡头村附近	沙坡头村附近枸杞园撂荒地，枸杞苗高 60~70 cm,多枯死,未见挂果。杂草茂密,以拂子茅为主,高度 1 m 左右	
流沙及固定沙丘	S16	环保基地西北部流动沙丘丘间地	流动沙丘	土表固定时间
	S35	沙坡头旅游景区周边	沙坡头旅游景区北片区北部流动沙丘迎风坡下部	
	S36	沙坡头旅游景区周边	沙坡头旅游景区北片区北部,铁路防沙体系北侧北缘,半固定沙丘,生长有花棒、沙米、沙木蓼	
	S23	兰铁中卫固沙林场周边	兰铁中卫固沙林场部西北铁路防沙体系南部,铁路南侧铁路防沙体系人工植被区,生长有沙拐枣、花棒和柠条,生物土壤结皮广布	
	S37	沙坡头旅游景区周边	沙坡头旅游景区北片区北部,铁路防沙体系北部固定沙丘区,铁路北侧,固定沙丘,生长有油蒿和花棒等,结皮广布	

续表

系列类型	样点	地点	状况描述	说明
流沙及固定	S14	高墩湖西侧区域	高墩湖西侧区域北部早期固沙林地	土表固定时间
	S17	环保基地东北部固定沙丘区	固定平沙地,生长有油蒿、罗布麻	
	S38	沙坡头旅游景区周边	沙坡头旅游景区南片区北部人工林地,生长有国槐、刺槐、狗尾草和雾冰藜,树龄5年左右,树高5~6 m,胸径5~6 cm,植被盖度70%,人工滴灌	
荒漠系列	S59	孟家湾西侧	孟家湾水库东侧,包兰铁路南侧,质剥蚀山地上覆薄层土层,荒漠草原景观,主要生长有红砂等植物,生物土壤结皮发育	退化顺序
	S57	长流水村附近	长流水村西南,公路以北,荒漠草原景观,生长有红砂、刺旋花和针茅等。红色砂岩上覆薄层土层,地表有红色砂岩碎石分布,次棱角状,粒径2~6 cm	
	N1	孟家湾武警基地	孟家湾长流水沟下游北侧沟沿,荒漠草原景观。主要生长有蒺藜等,寄生菟丝子,生物结皮分布	
	S56	长流水村小湖附近	长流水村小湖南侧,铁路西侧,荒漠草原景观,生长有红砂、驼绒藜、白刺和小叶锦鸡儿等,有结皮分布	
	S60	长流水村附近	长流水村西,长流沟北沙漠前缘平沙地,荒漠草原,建群种猫头刺,植被盖度30%,表面沙粒粗化明显	

表3-2 保护区沙坡头各期考察植物多样性统计

类群	三期科考			二期科考			一期科考		
	科	属	种	科	属	种	科	属	种
裸子植物	4	7	16	4	7	14	4	7	11
被子植物	80	253	469	75	227	426	72	214	403
种子植物	84	260	485	79	234	440	76	221	414
野生植物	56	162	285	56	157	264	55	154	252
栽培植物	28	98	200	23	77	176	21	67	162

与第一期科考结果相比,植物种类增加了71种。与第二期科考结果相比,近十年来保护区种子植物种类略有增加,共计增加了5科26个属的45个种;5个科为:景天科、葫芦科、瑞香科、山茱萸科、木兰科;26个属为:石竹属、景天属、李属、蓖麻属、忍冬属、百日菊属、金光菊属、滨菊属、百合属、瑞香属、梾木属、木兰属、紫薇属、亚菊属、白酒草属、乳苣属、披碱草属、看麦娘属、梣属、秋葵属、西瓜属、黄瓜属、番茄属、沙棘属、草莓属和薰衣草属;其名录如下:

保护区三期考察新增加植物名录(前面有○号者为新增加科或属):

一、裸子植物

1. 草麻黄 *Ephedra sinica* S.长流水村附近

2. 双穗麻黄 *Ephedra distachya* L. 长流水村附近

二、被子植物

禾本科

3. ○老芒麦 *Elymus sibiricus* Linn 撂荒地

4. ○柯孟披碱草 *Elymus kamoji* (Ohwi) S. L. Chen. 沙坡头村附近枸杞园撂荒地

5. 短花针茅 *Stipa breviflora* Griseb.长流水地区

6. ○看麦娘 *Alopecurus aequalis* Sobol. 长流水村东侧小麦地

杨柳科

7. ○中林 46 杨 *Populus deltoides* Bartr.cv,Zhonglin–46(种质名称:杨树家系–中林46)农田防护林

藜科

8. 松叶猪毛菜 *Salsola laricifolia* Turca. ex Litv. 长流水附近

9. 鞑靼滨藜 *Atriplex tatarica* L. 迎水桥

10. 盐生草 *Halogeton glomeratus* (Bieb.) C. A. Mey. 定北墩

11. ○石竹 *Dianthus chinensis* L. * 腾格里湖区域人工栽培

景天科

12. ○费菜 *Sedum aizoon* L. * 沙坡头旅游景区人工栽培

蔷薇科

13. ○美人梅 *Prunus* × *blireana* cv. Meiren. * 腾格里湖区域人工栽培

14. 绢毛委陵菜 *Potentilla sericea* Linn. 腾格里湖区域

15. ○樱桃 *Cerasus pseudocerasus* (Lindl.) G. Don 沙坡头治沙站引种

豆科

16. 尖叶铁扫帚(尖叶胡枝子)*Lespedeza juncea* (L. f.) Pers.孟家湾人工红枣林

蒺藜科

17. 甘肃驼蹄瓣 *Zypophyllum kansuense* Liou filia 孟家湾水库东侧剥蚀山地

大戟科

18. ○蓖麻 *Ricinus communis* L. * 腾格里湖区域人工栽培

忍冬科

19. ○金银忍冬(金银木) *Lonicera maackii* (Rupr.) Maxim.* 腾格里湖区域

20. ○忍冬(金银花) *Lonicera japonica* Thunb.* 沙坡头旅游景区

小二仙科

21. 狐尾草 *Alopecurus pratensis* L. *Myriophyllum aquaticum*(Vell.) Verdc 孟家湾人工红枣林

百合科

22. 碱韭(多根葱) *Allium polyrhizum* Turcz. Ex Regel. 孟家湾和长流水

23. ○百合 *Lilium brownii* var. viridulum Baker* 腾格里湖区域

瑞香科

24. ○黄瑞香 *Daphne giraldii* Nitsche. * 沙坡头旅游景区人工栽培

山茱萸科

25. ○红瑞木 *Swida alba* Opiz. * 沙坡头旅游景区人工栽培

木兰科

26. ○玉兰 *Magnolia denudata* Desr. * 沙坡头治沙站人工栽培

千屈菜科

27. ○紫薇 *Lagerstroemia indica* Linn* 腾格里湖区域人工栽培

木犀科

28. ○小叶白蜡/小叶梣 *Fraxinus bungeana* DC. 沙坡头治沙站人工栽培

锦葵科

29. ○咖啡黄葵 *Abelmoschus esculentus* (Linn.) Moench 沙坡头治沙站人工栽培

葫芦科

30. ○西瓜 *Citrullus lanatus* (Thunb.) Matsum. et Nakai 沙坡头治沙站人工栽培

31. ○甜瓜 *Cucumis melo* L. 沙坡头治沙站人工栽培

茄科

32. ○番茄 *Lycopersicon esculentum* Mill. 沙坡头治沙站人工栽培

胡颓子科

33. ○沙棘 *Hippophae rhamnoides* L. 沙坡头治沙站人工栽培

34. ○草莓 *Fragaria*× *ananassa* Duch. 沙坡头治沙站引种

唇形科

35. ○薰衣草 *Lavandula angustifolia* 沙坡头旅游景区

菊科

36. ○蓍状亚菊 *Ajania achilloides*（Turcz.）Poljak. et Grubov. 孟家湾–长流水区域

37. ○灌木亚菊 *Ajania fruticulosa*（Ledeb.）Poljak. 孟家湾–长流水区域

38. 长裂苦苣菜 *Sonchus brachyotus* DC.沙坡头村附近

39. 冷蒿 *Artemisia frigida* Willd. Sp. Pl. 长流水村西，长流沟北沙漠前缘平沙地

40. 茵陈蒿 *Artemisia capillaries* Thunb. 长流水附近

41. ○百日菊 *Zinnia elegans* Jacq. * 腾格里湖区域人工栽培

42. ○黑心金光菊 *Rudbeckia hirta* L.* 腾格里湖区域人工栽培

43. ○滨菊 *Leucanthemum vulgate* Lam. * 腾格里湖区域人工栽培

44. ○小蓬草 *Conyza Canadensis*（L.）Cronq. 腾格里湖区域

45. ○乳苣 *Mulgedium tataricum*（L.）DC. 定北墩

新增加的植物共有24个种为栽培植物，分别属于12个科23个属。新增加的野生植物只有5个属（亚菊属、白酒草属、乳苣属、披碱草属、看麦娘属）和21个种。造成植物种类略有增加的原因主要是保护区境内农业和人类生产活动加剧，引种栽培植物而引起的。

第二节 植物区系变化

一、植物区系种类组成特征及其演变

由于栽培植物绝大多数为外地引进，在分析植物区系组成时没有实际意义。因此植物区系种类组成研究仅依据本地区原有的野生植物种类，分析其变化特征。

保护区1986第一次植物考察共发现野生植物55科154属252种。保护区范围和功能区功能调整后，第二期考察发现保护区共有野生植物56科157属264种。第三期考察发现保护区共有野生植物56科162属285种。与第二期考察相比，本次考察结果没有新增加科，但新增加了5个属（亚菊属、白酒草属、乳苣属、披碱草属、看麦娘属）和21个种，分别占原有总属数（157属）的3.18%和原有总种数（264种）的7.95%，表明保护区的植物区系种类组成变化较小。保护区野生植物区系的组成特征如下。

（一）科的组成特征

保护区野生种子植物56科的大小排序见表3-3，其中含30种以上有2个科，分

表 3-3　保护区种子植物科的属、种组成排序表(改自刘廼发等,2011)

种数排列	科名	属数	种数(含种下等级)	种数排列	科名	属数	种数(含种下等级)
含 30 种以上(2 科)	菊科	23	41	含 1 种(23 科)	榆科	1	1
	禾本科	23	37		苋科	1	1
含 8~30 种(5 科)	豆科	15	29		马齿苋科	1	1
	藜科	12	30		苦木科	1	1
	莎草科	7	15		远志科	1	1
	蓼科	4	10		大戟科	1	1
	蒺藜科	4	9		鼠李科	1	1
含 3~7 种(17 科)	柽柳科	3	7		葡萄科	1	1
	茄科	3	6		胡颓子科	1	1
	眼子菜科	1	6		千屈菜科	1	1
	毛茛科	3	5		柳叶菜科	1	1
	杨柳科	2	5				
	旋花科	3	5		杉叶藻科	1	1
	唇型科	4	4		报春花科	1	1
	石竹科	3	4		白花丹科	1	1
	十字花科	2	4		龙胆科	1	1
	萝摩科	2	4		玄参科	1	1
	百合科	2	4		紫葳科	1	1
	紫草科	3	3		列当科	1	1
	麻黄科	1	4				
	泽泻科	2	3		狸藻科	1	1
	荚竹桃科	2	3		茜草科	1	1
	香蒲科	1	3		茨藻科	1	1
	蔷薇科	1	3				
含 2 种(9 科)	牻牛儿苗科	2	2		天南星科	1	1
	锦葵科	2	2		浮萍科	1	1
	伞形科	2	2	合计	56	162	285
	芸香科	1	2				
	车前科	1	2				
	水麦冬科	1	2				
	灯心草科	1	2				
	鸢尾科	1	2				
	小二仙草科	2	2				

别为菊科和禾本科；含 8~30 种的 5 个科，分别为豆科、藜科、莎草科、蓼科和蒺藜科。这 7 个科仅占保护区种子植物总科数的 12.5%，但其所含种数占保护区种子植物总种数的 60%，所含种数（172 种）占绝对优势，在保护区种子植物区系组成中起主要作用，而且这 7 个科多为世界性大科，其分布区类型以北温带为主。含 3~7 种的有 17 科，占保护区种子植物总科数的 30.4 %，共 73 个种占保护区种子植物总种数的 25.5%。含 2 种的有 9 科，含 1 种（单型科）的有 23 科，共计 32 科，占保护区种子植物总科数的 57.1%，但其所含的种数（共 41 种）却仅占种子植物总种数的 14.3%，这说明单型科和少种科在科的组成中所占比较大，但其所含的种数却占比较小。

（二）属的组成特征

保护区种子植物主要属（含 3 种以上）共 32 个，其中含 6 种以上的优势属有 4 个，分别为蒿属、黄芪属、眼子菜属和猪毛菜属；含种数 4~5 种的多种属有 7 个，即锦鸡儿属、碱蓬属、佛子茅属、蓼属、蒲公英属、麻黄属和柳属；含种数 3 种的少种属有 21 个，分别为木蓼属、藜属、虫实属、胡枝子属、白刺属、柽柳属、鹅绒藤属、旋花属、旋覆花属、茄属、香蒲属、画眉草属、碱茅属、苔草属、荸荠属、滨藜属、委陵菜属、胡枝子属、苦苣菜属、葱属和藨草属。以上 32 个主要属所含种数为 121 种，占到保护区种子植物总种数的 42.46%。32 个主要属的地理分布区类型以世界广布型（13 个）和北温带分布型（8 个）为主，见表3–4。

表 3–4 保护区种子植物主要属（含 3 种以上）含种数和分布区类型表（改自刘廼发等，2011）

等级	属名	种数（含种下等级）	分布区类型
优势种（含 6 种及其以上）	蒿属	8	北温带
	眼子菜属	6	世界广布
	黄芪属	6	世界广布
	猪毛菜属	6	世界分布
多种属（含 4~5 种）	锦鸡儿属	5	温带亚洲
	碱蓬属	5	世界分布
	佛子茅属	5	北温带
	蓼属	5	世界广布
	蒲公英属	4	北温带
	柳属	4	北温带
	麻黄属	4	泛热带分布

续表

等级	属名	种数（含种下等级）	分布区类型
	木蓼属	3	地中海-东亚间断分布
	藜属	3	世界广布
	虫实属	3	北温带
	胡枝子属	3	东亚和北美间断分布
	白刺属	3	地中海,西亚至中亚分布
	柽柳属	3	旧世界温带分布
	鹅绒藤属	3	地中海-东亚间断分布
	旋花属	3	世界广布
	旋覆花属	3	世界广布
	茄属	3	世界广布
少种属(含3种)	香蒲属	3	世界广布
	画眉草属	3	北温带
	碱茅属	3	北温带和南温带间断分布
	薹草属	3	世界广布
	荸荠属	3	世界广布
	藨草属	3	世界广布
	滨藜属	3	地中海区、西亚至中亚分布
	委陵菜属	3	北温带分布
	胡枝子属	3	东亚和北美间断分布
	苦苣菜属	3	旧世界温带分布
	葱属	3	北温带分布
合计	32属	121	

二、植物区系地理成分的特征及其演变

保护区近年来加强了保护管理与宣传教育活动，区内植物保护较好，故而植物区系种类组成变化不大，其地理成分的变化也很小，其特征如下。

保护区种子植物共162属，根据吴征镒教授《中国种子植物属的分布区类型》(1991)，其分布区类型可分为15类，按其数量从大到小排列为：①世界分布型41属；

②北温带分布型42属;③泛热带分布型16属;④旧世界温带分布型16属;⑤地中海、西亚至中亚分布型14属;⑥中亚分布型11属;⑦东亚和北美间断分布型8属;⑧温带亚洲分布型6属;⑨热带亚洲至热带非洲分布型2属;⑩东亚分布型1属;⑪中国特有分布型1属(百花蒿属);⑫热带亚洲和热带美洲间断分布型1属;⑬旧世界热带分布型1属;⑭热带亚洲至热带大洋洲分布型1属;⑮热带亚洲分布型1属,见表3–5。

除去世界分布型41属以外,北温带分布型占绝对优势,达42属,剩余的13个分布型中,属于温带分布型的有旧世界温带分布型17属,地中海、西亚至中亚分布14属,中亚分布型11属,东亚和北美间断分布型8属,温带亚洲分布型6属,中国特有分布型1属,共计57属,远远超过其余的热带地区分布型的23个属。说明保护区种子植物属的分布型以温带分布型,尤其是北温带分布型占绝对优势(共计99属),见表3–5。

保护区种子植物共有285种(包括种下等级),其分布区类型分为9类,按其数量从大到小排列为:①中亚分布型63种,占保护区种子植物总数的22.1%,位居第一位;②北温带分布型58种,占保护区种子植物总数的20.4%,位居第二位;③中国特有分布型57种,占保护区种子植物总种数的20.0%,居第三位;④地中海,西亚至中亚分布型36种,占保护区种子植物总种数的13.0%,居第四位;⑤东亚分布型34种,占保护区种子植物总数的12.9%,居第五位;⑥旧世界温带分布型17种,占保护区种子植物总数的6.0%;⑦世界分布型10种,占保护区种子植物总数的3.5%;⑧东亚和北美洲间断分布型4种,占保护区种子植物总数的1.4%;⑨泛热带分布型4种,占保护区种子植物总数的1.4%,见表3–5。

从种的分布型的组成分析,保护区种子植物应以中亚分布型、中国特有分布型和北温带分布型为主,东亚分布型和地中海、西亚至中亚分布型次之,其他分布型较少。

保护区中国特有种57种,占保护区种子植物总种数20.0%,其中绝大部分属于我国西北地区即甘肃、青海、宁夏、新疆和内蒙古分布的种,这些种大多数与中亚植物区系的成分关系密切,植物区系中有许多蒙古植物区系的成分,大多属于草原、荒漠草原和荒漠植被的建群种和优势种,如沙生针茅、红砂、霸王、猫头刺、白刺、珍珠猪毛菜、蒙古虫实、甘蒙柽柳、蒙古蒿等,说明中亚和蒙古两大植物区系成分在保护区交汇在一起,彼此有密切的联系。同时还有少量华北植物区系成分渗入其中。

表3-5　保护区种子植物属和种的分布区类型和变型表(改自刘遒发等,2011)

分布区类型及变型	属数	种数	占本区系总种数/%
1. 世界分布	41	10	3.5
2. 泛热带分布	16	4	1.4
3. 热带亚洲和热带美洲间断分布	1		
4. 旧世界热带	1		
5. 热带亚洲至热带大洋洲	1		
6. 热带亚洲至热带非洲	2		
7. 热带亚洲(印度—马来西亚)	1		
8. 北温带	42	58	20.4
北温带广布	(33)	(42)	
北极—阿尔泰和北美洲间断分布	(9)	(2)	
北温带和南温带(全温带)间断分布		(11)	
欧亚和南美洲间断分布		(3)	
9. 东亚和北美洲间断分布	8	4	1.4
10. 旧世界温带	16	17	6.0
旧世界温带广布	(9)	(11)	
10.1 地中海西亚和东亚间断分布	(4)	(1)	
10.2 地中海和喜马拉雅间断分布	(1)		
10.3 欧亚和南非洲间断分布	(2)	(5)	
11. 温带亚洲	6	2	0.7
12. 地中海,西亚至中亚分布	14	36	13.0
地中海,西亚至中亚广布	(9)	(31)	
12.1 地中海至中亚,南非,大洋洲间断分布	(1)	(4)	
12.2 地中海至中亚和墨西哥间断分布	(1)		
12.3 地中海至温带热带亚洲大洋洲和南美洲间断分布	(2)		
12.4 地中海区至热带非洲和喜马拉雅间断分布	(1)	(1)	
13. 中亚	11	63	22.1
中亚广布	(4)	(5)	
13.1 中亚东部(亚洲中部中)	(6)	(53)	

续表

分布区类型及变型	属数	种数	占本区系总种数/%
13.2 中亚至喜马拉雅	(1)	(1)	
13.3 西亚至喜马拉雅和西藏		(4)	
14. 东亚	1	34	12.9
东亚广布		(27)	
14.1 中国—喜马拉雅		(2)	
14.2 中国—日本		(5)	
15. 中国特有	1	57	20.0
合计	162	285	100

第三节 植被变化

一、研究方法

采用植物群落学、地植物学和植物分类学的基本方法，通过对保护区各种植被类型种群结构，尤其是对建群种，优势种的组成和数量及群落盖度、生活力、物候期等各方面的变化分析，进而对保护区植被和植物资源消长变化进行科学评价。由于近年来保护区加强了保护力度，自然植被类型、植物群落以及资源植物动态变化较小。

二、植被类型及变化

保护区按中国植被区划系统，应划入"温带荒漠区域东部荒漠亚区，温带半灌木、灌木荒漠地带，阿拉善高平原草原化荒漠，半灌木、灌木荒漠区"（吴征镒，1980），该区为我国荒漠植被的东部边缘，属于荒漠向草原过渡地区。保护区北接腾格里沙漠，南邻黄河，既为沙漠边缘，又为黄河阶地，地下水位较高，湖沼较多，因此本区既有荒漠、荒漠草原、草原带沙生植被和灌丛景观，又有沼泽、草甸景观，既有铁路沿线工人固沙林，又有黄河灌区农田景观，从而使本保护区形成十分为独特和复杂的植被景观组合。根据植物种类成分和群落的外貌与结构特征，本地区的植被类型可概括为自然植被和人工植被两大类。

（一）自然植被分类系统及植被类型概述

本次调查在第二次科考自然植被分类系统的基础上进行了相应的补充和修正，

调查结果显示近10年来自然植被分类系统及植被类型没有变化，自然植被共划分5个植被型组,7个植被型,11个植被亚型,7个群系组,22个群系,详见表3-6。

各植被型的组成群落,以群系为基本单位,分述如下。

1. 灌丛

(1)盐地潜水落叶灌丛亚型:盐地落叶灌丛群系组

① 白刺灌丛群系:保护区白刺灌丛,主要分布在碱碱湖,马场湖,小湖以及腾格里湖等地区的湖盆外围盐碱地,长流水村以北沙地上也有分布。

② 多枝柽柳灌丛群系:多枝柽柳灌丛主要分布在长流水村至孟家湾一带盐碱地。

2. 草甸

草甸植被可以分为盐生草甸和沼泽化草甸两个植被亚型。

(1)盐生草甸亚型

盐生草甸亚型主要分布在土壤湿润的盐化土上,又可以分为二个群系组。

1)根茎禾草盐生草甸群系组

① 赖草草甸群系:分布在在马场湖岸边,面积较小。

② 芦苇(小芦苇)草甸群系:芦苇因生长在含盐较多的低洼地段的生态环境中,因此,生长矮小,主茎不明显,枝呈匍匐状,称“小芦草”,在马场湖和高墩湖有分布,在沙坡头和孟家湾沙区上也有少量分布。

③ 拂子茅草甸群系:拂子茅草甸主要分布在高墩湖,马场湖、小湖一带,在长流水村至孟家湾水边盐碱地上发现有成片分布。

④ 芨芨草草甸群系:芨芨草草甸是保护区范围调整后,在长流水车站东侧盐碱地上发现的植被类型。

2)杂类草盐生草甸群系组

① 马蔺草甸群系:马蔺草甸生长在地势较平坦,地下水位较高的盐化草甸上,主要分布在小湖一带的湖滩地上,面积较小。

② 碱蓬草甸群系:在高鸟墩人工旱柳林下,由于灌溉条件好,在地表形成大片碱蓬草甸。

(2)沼泽化草甸亚型

1)苔草沼泽化草甸群系组

① 砾苔草草甸群系:砾苔草草甸群落分布在小湖一带,长势良好,伴生种丰富,形

表 3-6 保护区自然植被类型系统及变化情况表(改自刘廼发等,2011)

植被型组	植被型	植被亚型	群系组	群系	分布地点
(I)灌丛	I.落叶灌丛	(一)盐地潜水落叶灌丛	一、盐地落叶灌丛	1. 白刺灌丛	碱碱湖,小湖,腾格里湖,马场湖湖盆外盐碱地,长流水村以北沙地
				2. 多枝柽柳灌丛	长流水村至孟家湾水边盐碱地
(II)草甸	II.草甸	(二)盐生草甸	二、根茎禾草盐生草甸	3. 赖草草甸	马场湖岸边
				4. 芦苇(小芦苇)草甸	马场湖,高墩湖
				5. 佛子茅草甸	腾格里湖、高墩湖、长流水村水边
				6. 芨芨草草甸	长流水村车站东侧盐碱地
			三、杂类草盐生草甸	7. 马蔺草甸	小湖
				8. 碱蓬草甸群系	高乌墩人工旱柳林下
		(三)沼泽化草甸	四、苔草沼泽化草甸	9. 砾苔草草甸	小湖
(III)草原及草原带沙生植被	III.草原	(四)荒漠草原	五、丛生禾草荒漠草原	10. 沙生针茅草原	孟家湾、长流水
	IV.草原带沙生植被	(五)一年生草本沙生植被		11. 沙米、刺蓬群落	沙区流动沙丘
(IV)荒漠	V.温带荒漠	(六)灌木荒漠		12. 裸果木群系	孟家湾东南干山坡、孟家湾水库南砾石山坡
				13. 狭叶锦鸡儿群系	头道墩至长流水村干山坡
				14. 沙冬青群系	孟家湾流动半流动沙地
		(七)半灌木,小半灌木荒漠		15. 红砂、珍珠群系	孟家湾、头道墩、长流水村至孟家湾山坡
				16. 合头草群系	头道墩至孟家湾山坡
				17. 猫头刺群系	孟家湾、头道墩、长流水村至孟家湾
(V)沼泽和水生植被	VI.沼泽	(八)草本沼泽	六、根茎禾草沼泽	18. 芦苇沼泽	马场湖、高墩湖
			七、杂类草沼泽	19. 狭叶香蒲沼泽	高墩湖、马场湖
	VII.水生植被	(九)沉水植物		20. 狐尾藻群落	高墩湖、马场湖、长流水村至孟家湾水库
		(十)浮水植物		21. 眼子菜群落	高墩湖、马场湖、孟家湾水库
		(十一)挺水植物		22. 慈姑群落	高墩湖、马场湖

成大片群落。

3. 草原及草原带沙生植被

(1)荒漠草原亚型

1)丛生禾草荒漠草原群系组

① 沙生针茅草原群系:保护区地处荒漠化草原向草原化荒漠过渡地带,而沙生针茅群落是本地区丛生禾草荒漠草原的唯一代表,在保护区孟家湾带有分布。

(2)草原带沙生植被亚型

草原带沙生植被是指在草原植被分布范围内的沙地上，由具有适沙性能的各种生活型类群组成的植物群落综合体,沙生植被既有一定的草原特点,又有明显的适沙特征,称为“半地带”性植被。沙生植被是腾格里沙漠流沙长期向南侵袭,由原来的荒漠草原植被逐渐过渡而形成的,主要分布在保护区东北部的高鸟墩、定北堆一带的流动沙丘,半固定沙丘和固定沙丘上。

1)一年生草本沙生植被类型

① 沙米刺蓬群落:由一年生草本植物沙米和刺蓬等种类组成的群落,群落结构简单,且不稳定,其生长、发育状况随着降水量的变化而波动,多生长在流动沙丘的平沙地及沙丘间低平沙地上,为沙生植被的先锋植物群落。在保护区流动沙丘上有分布,常生长在固沙的草方格内,雨水多时生长良好。主要分布在长流水村至沙坡头的流动沙丘和半固定沙丘上。

4. 荒漠

保护区内的荒漠植被,按其建群种的不同可分为灌木荒漠和超旱生半灌木,小半灌木荒漠两个亚型。

(1)灌木荒漠亚型

① 裸果木群系:以裸果木为主,组成的灌木荒漠,原主要分布在孟家湾东南干山坡上,裸果木种群数量较少,面积不大。在孟家湾水库南砾石山坡上成片分布,伴生植物为红砂、猫头刺、星毛短舌菊等,长势良好,其种群数量有所增加。

② 狭叶锦鸡儿群系:在头道墩至长流水村干燥山坡成大片分。

③ 沙冬青群系:沙冬青为主组成的灌木群系,在头道墩砾石沙地和沙质荒漠以及孟家湾东南部干山坡上有少量分布。

(2)半灌木、小半灌木荒漠亚型

① 红砂、珍珠群系:红砂、珍珠荒漠主要在头道墩、长流水村至孟家湾干山坡上大

面积分布,是保护区内面积最大的荒漠植被类型。

② 猫头刺群系：在头道墩和长流水村至孟家湾一带靠近沙漠的沙质荒漠上大面积分布,在 100 m^2 样方内有 120 株左右,株高介于 10~40 cm,群落总盖度为 30%,其分布面积仅次于红砂、珍珠荒漠的第二荒漠植被类型。

③ 合头草群系:在头道墩至孟家湾山坡有分布,常与红砂和珍珠等植物伴生。

5. 沼泽和水生植被

(1)沼泽植被

沼泽植被主要分布高墩湖、马场湖和沿北干渠边缘等地区的浅水区,分为 2 个群系组。

1)根茎禾草沼泽群系组

① 芦苇沼泽群系:分布在马场湖湖脑和黑沟桥等地区的浅水湖地边缘、干渠堤坝渗漏积水的局部地段,一般群落密度很大。由于人为割采面积有所减少。

2)杂类草沼泽群系组

① 狭叶香蒲群系:主要分布在高墩湖和马场湖湖边浅水区,一般群落密度较大,由于人为割采,面积也有所减少。

(2)水生植被

水生植被是生长在水域环境中的植被类型，组成水生植被的植物一部分或全部沉没在水中生活,根据形态特征和生态习性,水生植被的生活型可分为沉水,浮水和挺水三个类型,在保护区高墩湖,马场湖的湖水或鱼池中及灌渠旁有积水的地方及长流水村至孟家湾一带的水库中也有水生植被分布。

1)沉水植被亚型

① 狐尾藻群落:原来只分布在高墩湖、马场湖,整个植株沉没在湖水中,常与眼子菜,慈姑等植物伴生。在长流水村至孟家湾发现多处水库水中有许多沉水生水草,以狐尾藻为主形成沉水生植被。另外,在小湖由于美利林区灌溉用水大量渗漏形成大面积湖水,其中也发现狐尾藻群落。

2)浮水植被亚型

① 眼子菜群落:在高墩湖、马场湖、小湖边浅水区及孟家湾水库常有眼子菜群落分布,保护区湖水中有 6 种眼子菜生长、叶子常漂浮在水面上,以眼子菜和穿叶眼子菜数量较多。

3)挺水植被亚型

① 慈姑群落:保护区高墩湖和长年积水的沟渠中常分布有挺水生长的慈姑和少量的泽泻,茎和叶挺出水面生长,常伴生有沉水和浮水植被,如狐尾藻和眼子菜等。

水生植物的光合作用为湿地生态系统提供氧气和有机物,为鸟类、鱼类、两栖类和爬行类动物提供了食物和栖息地,水生植被面积的增加在湿地生态系统中有重要作用。

(二)人工植被分类系统及植被类型概述

保护区栽培植被根据调查的实际情况进行了重新划分,可划分为 2 个植被型组、3 个植被型、7 个群系和 2 个作物系、7 个群丛和 5 个作物组,见表 3–7。

表 3–7 保护区栽培植被类型系统表(改自刘迺发等,2011)

植被型组	植被型	群系或作物系	群丛或作物组	分布地点
(I)木本栽培植被型组	I.防风固沙林型	一、中林 46 杨群系	1. 中林 46 杨纯林或与新疆杨、小叶杨、沙枣、旱柳组成的群丛	高墩湖、长流水村及农田防护林区域
		二、小叶杨群系	2. 小叶杨纯林或与沙枣、柽柳、油蒿等组成的群丛	高墩湖、马场湖、长流水村及农田防护林区域
		三、沙枣群系	3. 沙枣纯林或与小叶杨、白刺、柽柳组成的群丛	高墩湖、马场湖、长流水村及农田防护林区域
		四、樟子松群系	4. 樟子松与刺槐、柠条组成的群丛	沙坡头公路旁
		五、柠条锦鸡儿群系	5. 柠条为主与沙拐枣、花棒、油蒿组成的群丛	沙坡头、大湾、孟家湾铁路南北两侧
		六、沙拐枣群系	6. 沙拐枣为主与柠条、花棒、油蒿组成的群丛	沙坡头、孟家湾、大湾铁路南北两侧
		七、花棒群系	7. 花棒为主与柠条、沙拐枣、油蒿组成的群丛	沙坡头、大湾、孟家湾铁路南北两侧
	II.果园型		8. 以苹果为主的果树作物组	铁路固沙林场、中科院治沙站和市林场
			9. 以葡萄为主的作物组	长流水村及农田防护林区域
			10. 以核桃为主的果树作物组	沙坡头
			11. 以枣为主的果树作物组	沙坡头和孟家湾
(II)草本栽培植被型组	III. 粮油蔬菜作物型	八、旱地作物系	12. 以小麦为主,含黄豆和蔬菜的作物组	长流水村至孟家湾一带农田区域
			13. 以玉米为主的单优势作物组	长流水村至沙坡头一带农田区域
		九、水田作物系	14. 水稻作物组	黑林村农田区域

人工植被类型概述：

1. 防护林型

（1）防风固沙林亚型

保护区防风固沙林主要造林树种以小叶杨、沙枣、新疆杨、樟子松、柠条、沙拐枣、花棒等的主体，由它们组成的乔木林占人工林总面积的90%，但因树种单一，防护林结构不合理，造成病虫害大面积危害，使小叶杨林和沙枣林占绝对优势的防风固沙林大面积枯死，但新增加人工杨树林面积较大，所以导致总体的防风固沙林总面积增加。

多年来，兰铁中卫固沙林场在保护区铁路沿线两旁的流动和半固定沙丘上种植了大量的柠条锦鸡儿、沙拐枣、花棒、油蒿、紫穗槐和针、阔叶混交的樟子松-刺槐-柠条林，构成了保护区防风固沙灌木林的主体，在防风固沙，阻挡流沙南侵，保证包兰铁路安全畅通方面发挥了重要作用。

① 中林46杨群系：中林46杨纯林或与新疆杨、小叶杨、沙枣、旱柳等树种组成的群丛，主要分布在高墩湖和长流水村的农田防护林。

② 小叶杨群系：小叶杨纯林，或以小叶杨为主分别与沙枣、柽柳、油蒿、黄柳等组成的群丛，大部为老林，分布在高墩湖、马场湖和长流水村农田防护林。由于造纸工业的需要，在小湖周边人工栽植面积成片增加。

③ 沙枣群系：沙枣纯林，或以沙枣为主与小叶杨，白刺、柽柳等组成的群丛，大部为老林，主要分布在高墩湖、马场湖、长流水村和沙坡头的农田防护林。

④ 樟子松群系：樟子松与刺槐，柠条等树种组成的针、阔叶混交林，主要种植在沙坡头公路旁，长势良好，成为优良的行道林。

⑤ 柠条锦鸡儿群系：以柠条为主与沙拐枣、花棒、油蒿、紫穗槐等组成的灌木林。主要分布在沙坡头，孟家湾、大湾等地铁路南北两侧的沙丘上，生长良好。

⑥ 沙拐枣群系：以沙拐枣为主与柠条、花棒、油蒿、紫穗槐等组成的灌木林，主要分布在沙坡头，孟家湾，大湾等地铁路两侧的沙丘上，生长良好。

⑦ 花棒群系：以花棒为主与柠条、沙拐枣、油蒿、紫穗槐等组成的灌木林，主要分布在沙坡头孟家湾，大湾等地铁路两侧的沙丘上，生长良好。

2. 果园型

保护区内果园主要有苹果园、葡萄园、梨园、核桃园和枣园，其中梨园、核桃园和枣园均为近年来新出现的果园类型。苹果园分布在兰铁中卫固沙林场、中卫市林场、中国科学院沙坡头沙漠研究试验站和长流水村，果园内套种瓜类和蔬菜。葡萄园最初仅分布在沙坡头站试验区，近年来在沙坡头站葡萄园成功的示范作用下，周边葡萄园面积增加较多，一定程度上促进了地方农业经济的发展。梨园和核桃园分布在沙坡头治沙站试验区，枣园主要分布在沙坡头治沙站试验区和孟家湾一带。

3. 粮油蔬菜作物型

保护区内的粮油作物主要分布在沙坡头区长流水村至孟家湾一带的农田。这些作物种植区有灌水和施肥条件，农作物一般生长较好，可分为两个作物系，旱地作物系和水田作物系。

水田作物系，只有以水稻为主的单优势作物组，旱地作物系中主要是小麦、黄豆或蔬菜等作物组和以玉米为主的单优势作物组。

三、不同植被类型物种和盖度特征

根据保护区主要植被类型，选取了28个典型代表样点，见表3-1。湖区主要以草本为优势群落，盖度约为30%，灌木和乔木以及生物土壤结皮盖度较小，介于0~10%之间，各样地物种数较少，为3~5种，见图3-1。

荒漠区乔木盖度为0；草本盖度<10%，可能是因为调查的时候为持续干旱期，多数短命植物均死亡；灌木为荒漠区的优势种，盖度较大，为20%~30%；荒漠区植被呈斑块状分布，在灌丛斑块间分布有大量的生物土壤结皮，本区生物土壤结皮的盖度较大，

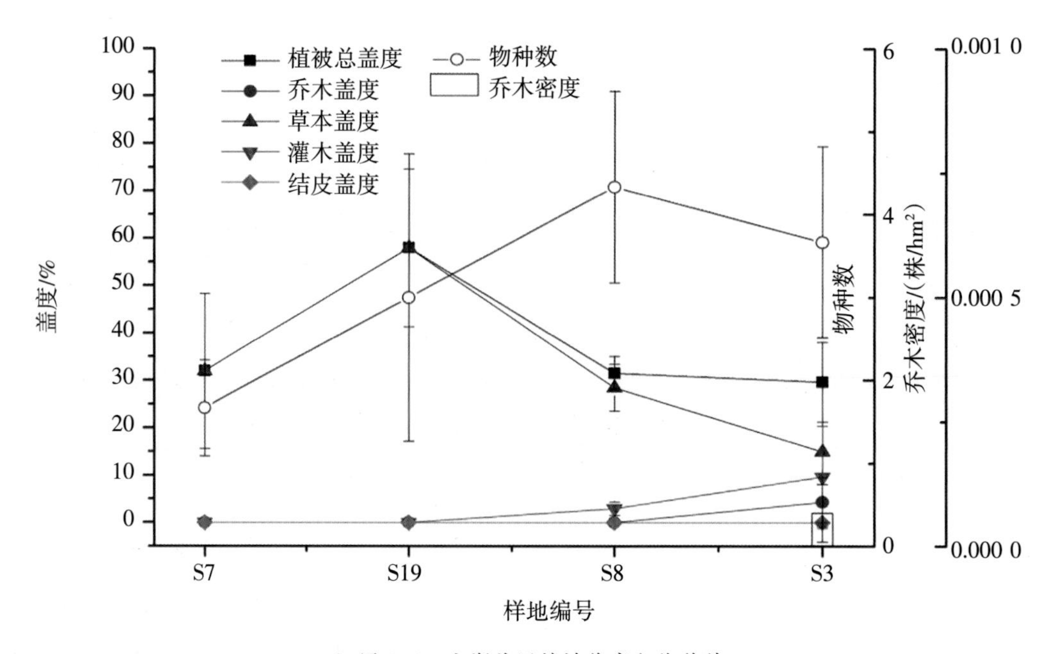

◆ 图3-1 小湖片区植被盖度和物种数

为 20%~40%，且与灌木盖度呈相反的趋势。各样地的物种数介于 3~7 种，见图 3-2。

固沙植被区分为铁路北流沙区、固沙带外侧、灌木固沙区以及跌路南人工灌溉林区等。从流沙区到人工灌溉林区，草本和乔木盖度呈上升趋势，灌木固沙区灌木盖度较

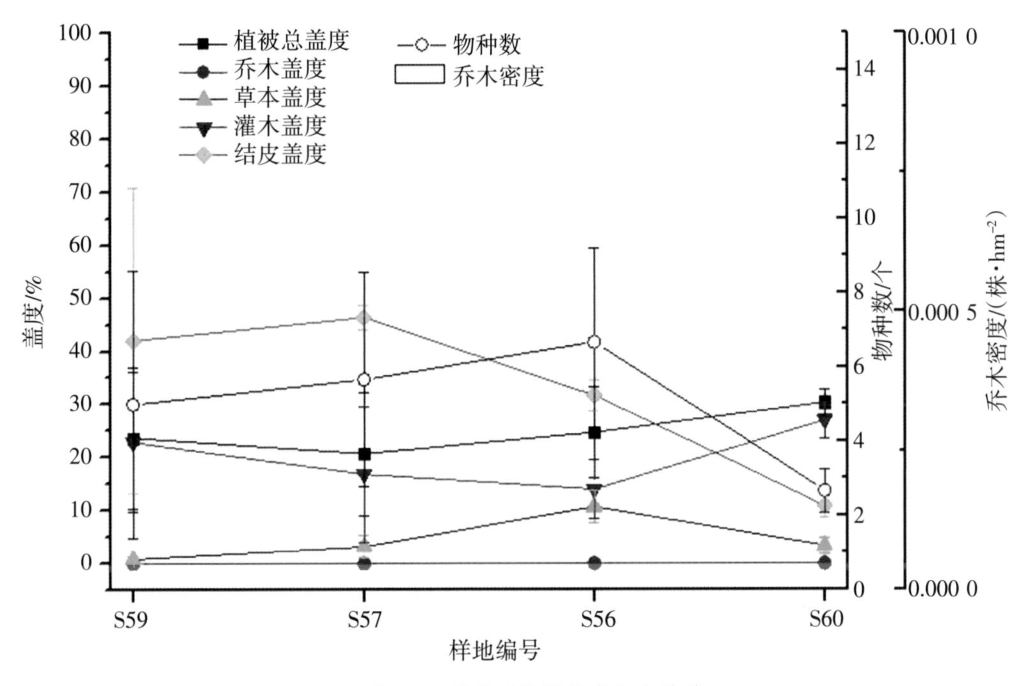

◆ 图 3-2 荒漠区植被盖度和物种数

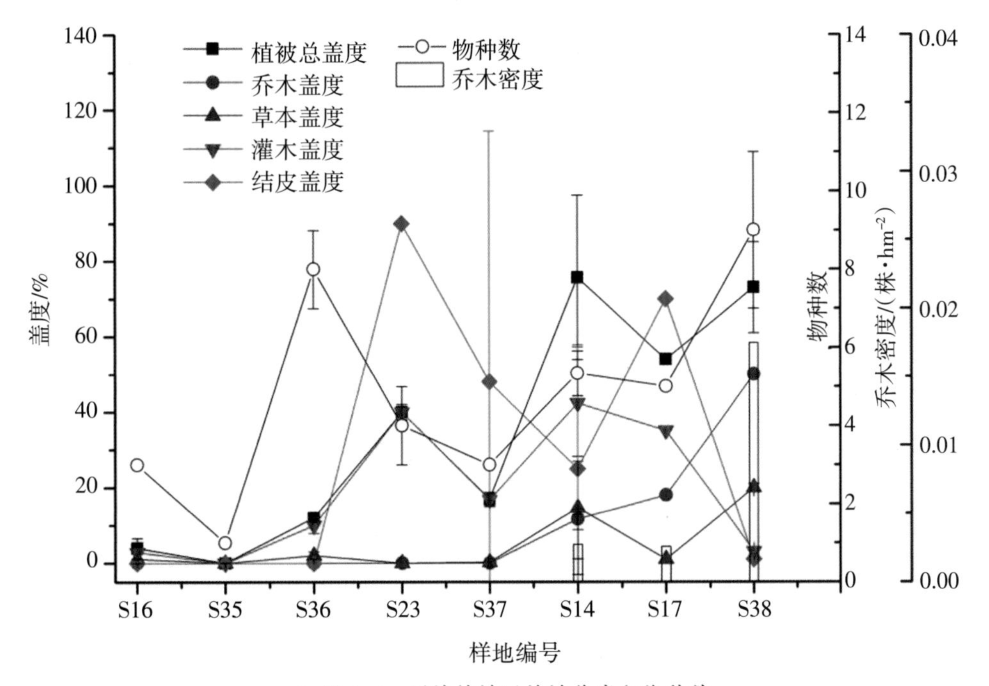

◆ 图 3-3 固沙植被区植被盖度和物种数

高，植被总盖度呈增加的趋势，流沙、固沙带外侧和灌溉林地无生物土壤结皮覆盖，而灌木固沙区结皮覆盖度较高，最高可达90%，见图3-3。

农田生态系统主要分布有作物和杂草，无生物土壤结皮及灌木。农田生态系统受人类活动的影响最为显著，各样地间草本盖度差异较大，部分弃耕地草本盖度可达

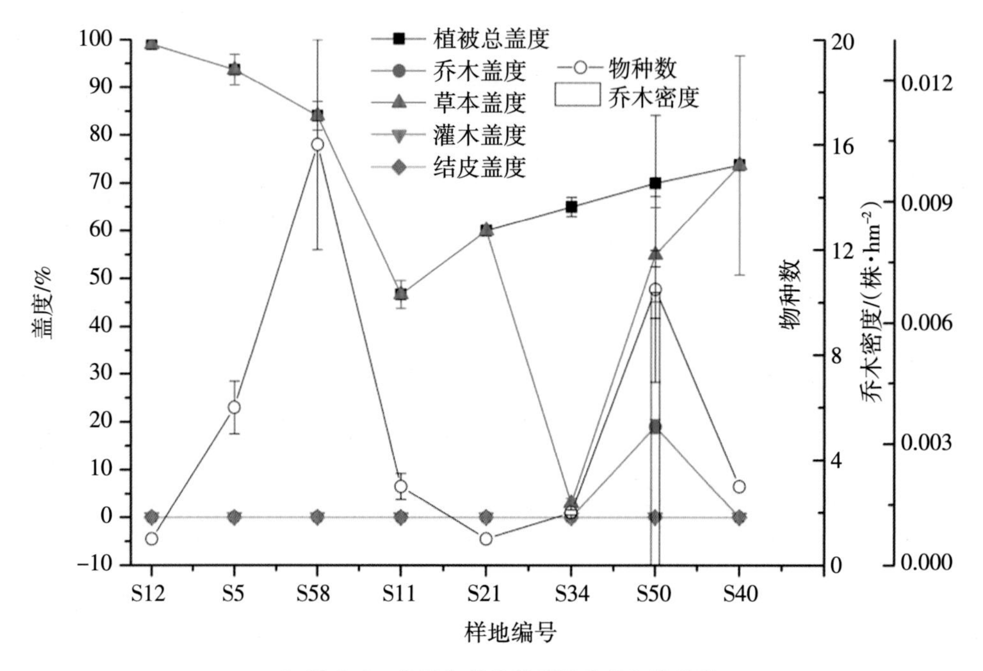

◆ 图3-4 农田生态系统植被盖度和物种数

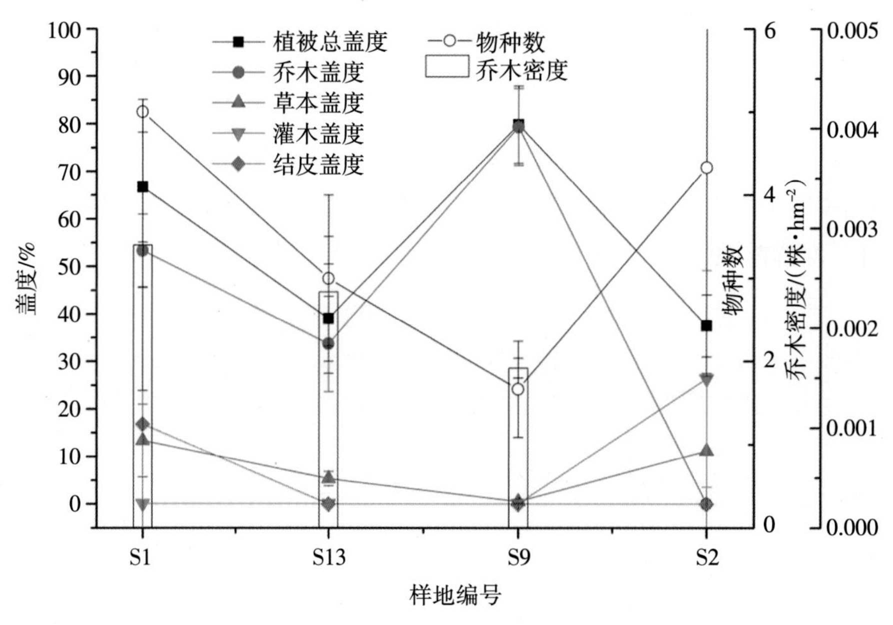

◆ 图3-5 人工杨树固沙林植被盖度和物种数

99%,而部分耕地草本盖度为 3%,由于作物不同,各样地间物种数变异较大,介于 1~16 种之间,见图 3–4。

人工杨树固沙林无灌木和生物土壤结皮覆盖,乔木盖度较高,最高可达 80%,草本盖度为 1%~14%。各样地物种数为 2~5 种,见图 3–5。

四、人工固沙植被系统演变

在沙坡头地区,1956 年第一次通过扎设草方格和种植旱生灌木建立了固沙植被,之后又在 1964、1981 和 1991 年进行了扩建,建立了北侧固沙带宽为 500 m,南侧固沙带宽 200 m 的植物固沙带,该防护体系长 16 km。尤其是近年来,在铁路沿线建立了大量的固沙植被。人工植被的建立有效地控制了流动沙丘的移动,保证了包兰铁路的建设及成功运行了半个多世纪,同时自身系统结构、功能也发生了深刻变化(李新荣等,2016b)。

(一)人工固沙植被演变过程中植物物种变化特征

20 世纪 50 年代中期开始,腾格里沙漠南缘沙坡头地区先后从中国北方引种了数十种耐旱、抗风沙的灌木和半灌木物种(赵兴梁, 1988),目前生长较好的主要有油蒿和柠条两种,在几十年的生态演变中植被变化明显地表现在覆盖度、物种多样性以及生物量等方面。

在固沙植被建立之前, 植被组成中出现的草本植物仅为天然零星分布一年生沙米,盖度小于 1%。 固沙植被建立之后,天然物种慢慢入侵,入侵种以草本植物为主,固沙后 3~10 年内既有天然物种的侵入和定居。主要表现为,当固沙植被建立 3 年后,草本植物开始在灌木植被区侵入和定居, 这一阶段优势种仍以在流沙上散生的沙米为主,其盖度小于 1%;植被建立 5 年后,一些一年生草本如雾冰藜、小画眉草、叉枝鸦葱等开始在群落中定居;30 年后,草本植物种达到 14 种,其中除了雾冰藜、小画眉草仍为优势种外,砂蓝刺头、三芒草、狗尾草、刺沙蓬、虫实在植被区成为常见种,一些禾本科多年生草本如沙生针茅也在植被区出现。固沙植被建立后 30 年到 47 年期间,草本种的丰富度一直介于 12~15 种之间。而相邻天然植被组成成分中草本种多达 34 种。这在一定的程度上反映了植物多样性的恢复是一个漫长的过程。固沙植被区出现的物种见表 3–8。

草本中绵蓬是最早进入并定居的天然物种,出现在固沙后的第三年,并在侵入后的第五年达到繁盛期。比绵蓬稍晚进入的小画眉草历经 18 年的发展后方才进入繁盛

表 3-8　流沙固定后主要天然植物种侵入定居时间(李新荣等,2016)

年	3	4	5	6	7	8	9	10	11	12	13	14	15	16	17	18	19	20	21	22	23	24	25	26	27	28	29	30	31	32	33	34	35	36	37	38	39	40
A	×	×	×	×	×	×	Δ	◆	◆	◆	◆	◆	◆	◆	◆	◆	◆	●	●	●	●	●	●	●	●	●	◆	◆	◆	◆	◆	◆	◆	◆	◆	◆	◆	◆
B	Δ	◆	◆	◆	◆	●	●	●	●	●	●	●	●	●	●	●	●	●	●	◆	◆	◆	◆	◆	◆	◆	◆	◆	◆	◆	◆	◆	◆	◆	◆	◆	◆	◆
C	×	×	×	Δ	◆	◆	◆	◆	◆	◆	◆	◆	◆	◆	◆	◆	◆	◆	◆	◆	◆	●	●	●	●	●	●	●	●	●	●	●	●	●	●	●	●	●
D	×	×	×	×	×	Δ	◆	◆	◆	◆	◆	◆	◆	◆	◆	◆	◆	◆	◆	◆	●	●	●	●	●	●	●	●	●	●	●	●	●	◆	◆	◆	◆	◆
E	×	×	×	×	×	×	×	×	×	×	×	×	Δ	◆	◆	◆	◆	◆	◆	◆	◆	◆	◆	◆	◆	◆	◆	◆	◆	◆	◆	◆	◆	◆	◆	◆	◆	◆
F	×	×	×	×	×	×	×	×	×	×	×	×	×	×	×	×	Δ	◆	◆	◆	◆	◆	◆	◆	◆	◆	◆	◆	◆	◆	◆	◆	◆	◆	◆	◆	◆	◆
G	×	×	×	×	×	×	×	×	×	×	×	×	×	×	×	×	×	Δ	◆	◆	◆	◆	◆	◆	◆	◆	◆	◆	◆	◆	◆	◆	◆	◆	◆	◆	◆	◆
H	×	×	×	×	×	×	×	×	×	×	×	×	×	×	×	×	×	Δ	◆	◆	◆	◆	◆	◆	◆	◆	◆	◆	◆	◆	◆	◆	◆	◆	◆	◆	◆	◆
I	×	×	×	×	×	×	×	×	×	×	×	×	×	×	×	×	×	×	×	×	×	×	×	×	×	×	×	×	×	×	×	×	×	Δ	◆	◆	◆	◆

注:A: 油蒿;B: 绵蓬;C: 小画眉草;D:雾冰藜;E: 狗尾草;F: 刺沙蓬;G: 茵陈蒿;H 虎尾草;I: 糙隐子草。

×:无;Δ:入侵;◆:定居;●:多。

期,但时至今日它已是草本的建群种,见表 3-8。25 年以后天然侵入的物种可达 10 种左右,而且再无明显的增加。固定样方监测显示,大部分天然物种在 6~20 年之间进入群落,并明显以草本为主。

灌木仅有油蒿能够天然更新,在流沙固定后的第 9 年侵入并定居,定居后的 8~10 年进入繁盛期,这一繁盛期能维持 9 年,其后开始衰退。固沙植被建立 15 年后灌木发育演替到了最丰富的阶段,随着进一步的演替,一些灌木种如中间锦鸡儿、沙木蓼和沙拐枣等逐渐退出人工植被生态系统,40 余年后灌木种类仅有油蒿、花棒和柠条锦鸡儿 3 种。

(二)人工固沙植被演变过程中植被盖度变化特征

生物防护体系建植前,点缀于腾格里沙漠中的零星灌木覆盖度在 1%以下。最初的十几年人工种植的灌木层片有一个较快的发展,灌木的覆盖度很快达到 20%左右,高者可达到 25%~30%, 个别超过 40%。固沙植被建立 15 年后灌木层最大盖度达到 33%。其后随每年降水量的变化有一个 7~8 年的波动期,但整体呈现下降趋势。随着进一步的演变,一些灌木种如中间锦鸡儿、沙木蓼和沙拐枣等从原来植被中逐渐退出,固沙 40 年后灌木覆盖度降低到 6%~9%的范围时,有暂时稳定的迹象。

与此同时,草本层片完全是从无到有,基本上是持续稳定的增长。在灌木层片达到最盛期之前(8~10 年),草本的覆盖度一般不超过 5%,这一时期主要是草本物种的进入、定居阶段。其后,虽然草本植物的覆盖度随降水的变化而有较大的波动,但实质上却是一个不断发展的过程,覆盖度逐渐增加到 30%以上,这一过程正好与灌木的退化相反,可以认为这是水分竞争的结果。

植被覆盖度的变化基本可以分成 3 个阶段:第一阶段在人工植被建立后的前 15 年,覆盖度在 15%~25%,基本上是以灌木为主;第二阶段在 15~32 年期间,覆盖度在 30%左右,是草本的覆盖度逐渐超过灌木覆盖度的过程。第三阶段在 32 年以后,群落覆盖度逐渐增加到 35%以上,草本植物的覆盖度保持在灌木的 3~5 倍以上,以灌木为主的人工固沙植被已经被以草本为主的天然植被所取代,见图 3-6。

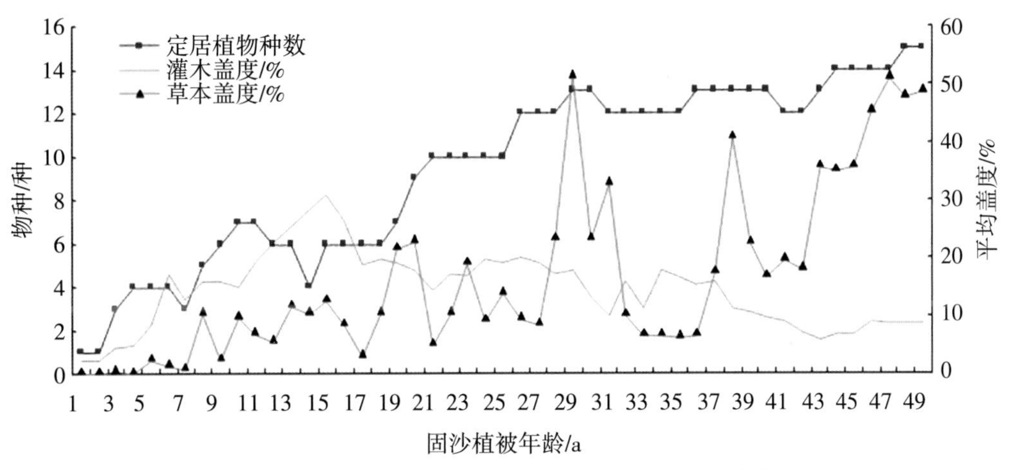

◆ 图 3-6　流沙固定后固沙植被随时间的动态变化(李新荣等,2016b)

沙坡头人工植被建立后经过 50 余年的演变,使该区的生态环境得到了改善,沙面的固定为许多一年生的植物繁衍创造了条件,在流沙表面形成了 BSC(生物土壤结皮),有真菌类约 9 种,昆虫 314 种,大量的微生物得到了发育,植物种除了人工种植的灌木柠条、花棒、中间锦鸡儿、沙木蓼、白沙蒿、油蒿和沙拐枣外,有天然繁衍的雾冰藜、小画眉草、狗尾草、苣荬菜、刺沙蓬、茵陈蒿、虎尾草、三芒草、糙隐子草、沙葱、叉枝鸦葱、虫实、地锦、砂蓝刺头、沙米、白沙蒿、沙旋覆花、叉枝繁缕、沙生针茅和油蒿等。此外,鸟类多达 65 种,其中繁殖鸟 60 种;其他动物 30 余种,其中鼠类 9 种。由于大量物种的繁殖和定居,使原有的以流动沙丘为主的沙漠景观演变成了一个复杂的人工-天然的荒漠生态系统。

(三)人工植被演变过程中植物多样性的变化特征

表 3-9 反映了人工植被建立后在时间尺度上的生境演变特点。可以看出,不同的时间尺度上植被的组成结构发生较大的变化,随着植被演替的进行,群落的结构由单

表 3-9 不同时期固沙区生态环境的演变特点(李新荣等,2016b)

不同年代固沙区	植被总盖度/%	优势种	群落生物量/(g·100 m^{-2})	土壤结皮/cm	土壤含水量/%	土壤微生物/(10^{3}amount/g)			土壤全养/(g·kg^{-1})		
						细菌	放线菌	真菌	N	P_2O_5	K_2O
1956	25.19	油蒿、雾冰藜、小画眉草	17 052.7	2.1	1.162	32 200.82	48.33	4.34	1.02	1.59	60.0
1964	27.67	油蒿、雾冰藜、花棒	13 180.6	1.0	1.170	63 752.76	35.89	6.23	0.74	1.50	60.0
1973	30.20	雾冰藜、刺沙蓬,柠条锦鸡儿、油蒿	29 800.0	0.6	1.406	—	—	—	0.68	1.52	60.0
1981	36.37	沙米、油蒿	36 412.1	0.4	1.516	2 023.79	44.09	5.22	0.54	1.51	60.0
1987	30.00	油蒿、沙木蓼	39 743.1	0.3	2.027	—	—	—	0.38	1.04	60.0
对照(流沙)	<1.0	沙米、花棒	0.0	0.0	3.038	15 698.12	1.57	0.11	0.03	0.01	60.0

一的灌木半灌木组成到一年生草本层逐渐占优势的复杂结构;由于灌木半灌木的逐渐退出,使植被的总盖度和生物量随演替的时间呈降低的趋势;随固沙时间的增加,土壤结皮增厚,土壤含水量(土层 0~300 cm 之间的平均值)降低明显;土壤微生物得到了较好的发育,土壤养分状况得到了改善,见表 3-9。与之相应,植被组成中物种在增多,见图 3-7。从图中曲线可以看出,经过 28 年后植被组成中新种侵入的概率逐渐变小,种的组成渐趋于一个相对的平衡状态(种数介于 12~14 之间),其中除油蒿更新较好外,其余均为一年生植物,如小画眉、雾冰藜、虫实、刺沙蓬、三芒草等。值得注意的是沙生针茅的出现和黄河阶地老固沙区本氏针茅的出现,使人工植被草原化特征日趋明显。

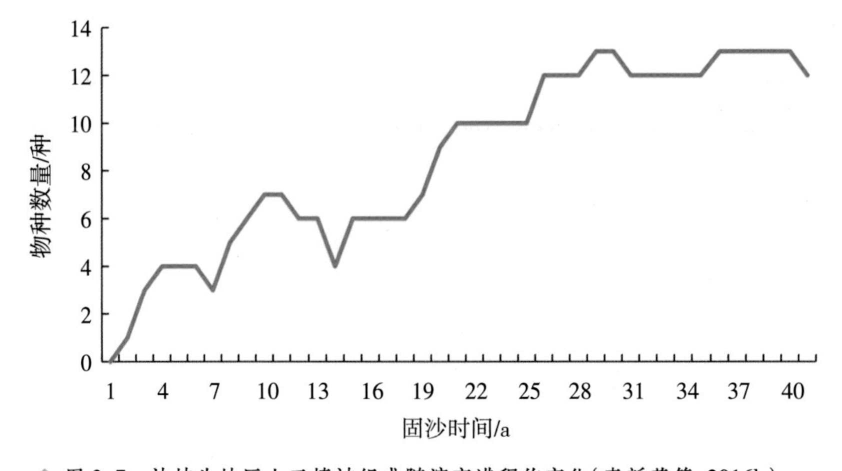

◆ 图 3-7 沙坡头地区人工植被组成随演变进程的变化(李新荣等,2016b)

对不同时期人工植被 α 多样性的测度表明，见表 3–10,Simpson 和 Shannon–Wiener 指数反映了一致的结果,经过 42 年(1956 年栽植)演变的植被,其植物种的多样性相对较高(D=0.706~0.822,H'=1.393~1.893),而 1987 年建立的植被多样性较低(D=0.501~0.702,H'=0.819~1.074)。此外,位于铁路以南的 1973 年人工植被由于曾间断的受放牧的影响,其多样性指数低于 1981 年的人工植被。从多样性指数来看,沙坡头人工植被的演替进行至今植物多样性指数仍较低，这说明人工植被的结构相对简单,群落的稳定性较低,对干扰反应敏感。因此,对植被的利用(特别是放牧)要谨慎,否则极易引起植被的逆向演替和业已形成的生态系统受损。

在表 3–10 中我们采用了 Sorenson、Bray–Curtis 和 Morisita–Horn 三种指数对 5 个不同时期的植被进行 β 多样性的测度,虽然前者为二元数据的计算公式,后两者为定量数据的计算公式,但其计算结果是相同的。根据 β 多样性的生态意义,比较 5 个不同时期的群落,此外,考虑到 1973 年的植被曾受放牧的干扰,我们计算了 1964 年与 1981 年植被之间的 β 多样性指数（C_{MH}=0.328,C_N=0.024,C_j=0.412)，发现 1987 年与 1981 年的植被在物种组成上差异最大(C_{MH}=0.935,C_N=0.332,C_j=0.819),即物种的周转速率最大。其次是 1964 年与 1956 年的植被之间的 β 多样性指数也较高。由此可见,人工植被在 42 年的演变过程中,在时间序列上即 10~20 年、30~40 年两个阶段,物种

表 3–10 不同时期固沙区植物 α 多样性的比较与 β 多样性的计测(李新荣等,2016b)

固沙年代	1956	1964	1973	1981	1987
辛普森指数 Simpson index(D)	0.706~0.822	0.595~0.856	0.627~0.777	0.631~0.788	0.501~0.702
平均值 average	0.767	0.752	0.696	0.711	0.539
香农指数 Shannon–Wiener index (H')	1.393~1.893	1.232~1.814	1.247~1.633	1.171~1.690	0.819~1.074
平均值 average	1.642	1.515	1.385	1.390	0.859
Pielou 均匀度 Pielou evenness(J)	0.638~0.961	0.661~0.862	0.554~0.743	0.658~0.877	0.524~0.712
平均值 average	0.701	0.775	0.646	0.745	0.534
Sorenson 指数(C_j) Sorenson index (C_j)	—	0.801	0.657	0.538	0.819
Bray–Curtis 指数 (C_N) Bray–Curtis index (C_N)	—	0.216	0.189	0.034	0.332
Morisita–Horn 指数 (C_{MH}) Morisita–Horn index (C_{MH})	—	0.845	0.307	0.242	0.935

注:β 多样性根据前后两个不同年代的植物群落计算,故无第一个年代的 β 多样性值。

的周转速率最大,也就是说这两个阶段,群落结构变化最大。第一阶段表现为大量的一年生草本的侵入,群落从单纯的灌木层向多层次结构演变;第二阶段表现为高大灌木种的退出,人工种植的半灌木油蒿已开始衰退和大量种子成功的繁衍,群落结构更复杂,明显地表现出 3 个层片结构,即半灌木、草本与藻类-地衣层,而草本成为优势层片(其盖度大于灌木层和苔藓层)。由此可见,多样性的时间动态在一定程度上较好地反映了植被演替进程的特点。

第四节 灌木生物量

生物量是生态系统生产者的物质生产量,是生态系统获取能量能力的主要体现,反映了生态系统生产力的大小,是研究生态系统净初级生产力的基础,同时也是评价生态系统结构与功能的重要指标。对生物量的测定是研究生态系统物质循环和能量流动的基础。灌木是保护区内重要的植被类型,具有发达的根系,很强的防风固沙、水土保持和抗旱能力,在生态系统的保护、恢复和重建中起着重要作用。灌木生物量的测量和估算有助于准确评价保护区生态系统碳存储的现状、潜力与速率。

目前,灌木生物量测定的主要方法仍为直接收割法,这一方法不仅费时费工,且对脆弱的荒漠生态系统有很大的破坏性,通过数理方法建立灌木生物量与易测因子之间对应的模型,有助于迅速、准确、无破坏性的预测整个生态系统的生物量。本研究选取 10 种保护区常见的灌木物种,通过在保护区外相似的植被类型区进行调查取样,以冠幅和株高为复合因子,使用数理统计方法建立常见灌木地上、地下、总生物量以及叶、新生枝和老龄枝生物量的估算模型,为准确估算荒漠生态系统生物量提供依据。同时为进一步研究荒漠地区其他灌木生物量预测提供参考。

一、叶片生物量最佳生物量预测模型

各灌木物种和混合物种的叶生物量模型回归分析结果表明,最优模型均为幂函数 $W=aV^b$,叶生物量与预测变量(V)之间具有显著的相关性($p<0.01$),十个物种中柠条锦鸡儿的决定系数最大(R^2=0.94),驼绒藜的决定系数最小(R^2=0.78)。而混合物种模型的决定系数小于各物种(R^2=0.62)。驼绒藜和盐爪爪三次函数模型的决定系数大于幂函数,但其 SEE 较大,故最后选择幂函数为最优模型,见表 3-11。与混合模型相比,混合 1、2、3 模型的效果显著提升。

表 3-11 叶生物量最优模型(杨昊天,2014)

物种名称	最佳模型	参数		R^2	F	t	SEE	P	N
		a	b						
驼绒藜	$W=aV^b$	0.004	0.675	0.775	92.962	9.642	0.558	0.000	29
盐爪爪	$W=aV^b$	0.003	0.890	0.819	144.659	12.027	0.581	0.000	34
珍珠猪毛菜	$W=aV^b$	0.007	0.814	0.866	206.652	14.375	0.607	0.000	34
红　砂	$W=aV^b$	0.009	0.669	0.781	114.371	10.694	0.567	0.000	34
油　蒿	$W=aV^b$	6.371E-5	1.079	0.932	476.660	21.833	0.319	0.000	37
沙冬青	$W=aV^b$	4.562	0.255	0.900	270.007	16.432	0.118	0.000	32
霸　王	$W=aV^b$	0.029	0.586	0.877	220.951	14.864	0.267	0.000	33
柠条锦鸡儿	$W=aV^b$	0.116	0.466	0.942	456.691	21.370	0.202	0.000	30
猫头刺	$W=aV^b$	0.731	0.380	0.907	272.798	16.517	0.199	0.000	30
白沙蒿	$W=aV^b$	8.779E-5	1.033	0.844	151.543	12.310	0.405	0.000	30
混　合	$W=aV^b$	0.087	0.503	0.616	613.529	24.770	0.778	0.000	323
混合 1	$W=aV^b$	0.135	0.476	0.751	280.372	16.744	0.444	0.000	95
混合 2	$W=aV^b$	0.001	0.869	0.756	290.836	17.054	0.578	0.000	96
混合 3	$W=aV^b$	0.058	0.570	0.622	315.844	17.722	0.744	0.000	132

注:混合 1 代表大型灌木,混合 2 代表中型灌木,混合 3 代表小型灌木。式中 W 为灌木生物量(g),V($V=CH$)为灌木体积(cm^3),C 为冠幅面积($C=D1\times D2\times\pi/4$)(cm^2)。

二、新生枝最佳生物量预测模型

新生枝生物量模型回归分析结果表明,新生枝生物量与预测变量(V)之间有显著的相关关系($p<0.01$)。最优模型均为幂函数 $W=aV^b$。油蒿的相关性最高($R^2=0.93$),红砂的相关性较弱($R^2=0.69$)。混合物种的最优模型为 $W=aV^b$,但其决定系数远远小于单个物种,R^2 为 0.53,见表 3-12。与混合模型相比,混合 1、2 模型的效果显著提升,混合 3 的模型效果较差,决定系数仅为 0.52。

三、老龄枝最佳生物量预测模型

各灌木物种和混合物种的老龄枝生物量模型拟合度高于叶生物量和新生枝生物量的生物模型,老龄枝生物量与预测变量(V)之间呈显著相关关系($p<0.01$)。混合种的最优模型均为 $W=aV^b$。单个物种的决定系数均大于 0.75,其中柠条锦鸡儿最大,达到

表 3-12　新生枝生物量最优模型(杨昊天,2014)

物种名称	最佳模型	参数		R^2	F	t	SEE	P	N
		a	b						
驼绒藜	$W=aV^b$	0.004	0.566	0.648	49.678	7.048	0.64	0.000	29
盐爪爪	$W=aV^b$	0.002	0.744	0.834	161.318	12.701	0.461	0.000	34
珍珠猪毛菜	$W=aV^b$	1.818E-4	0.933	0.776	110.572	10.515	0.951	0.000	34
红　砂	$W=aV^b$	0.007	0.573	0.639	56.679	7.529	0.647	0.000	34
油　蒿	$W=aV^b$	1.359E-4	0.931	0.927	447.224	21.148	0.284	0.000	37
沙冬青	$W=aV^b$	0.258	0.344	0.891	244.747	15.644	0.167	0.000	32
霸　王	$W=aV^b$	0.008	0.579	0.833	154.320	12.423	0.316	0.000	33
柠条锦鸡儿	$W=aV^b$	0.980	0.255	0.841	147.946	12.163	0.194	0.000	30
猫头刺	$W=aV^b$	0.618	0.342	0.878	201.797	14.206	0.208	0.000	30
白沙蒿	$W=aV^b$	1.278E-4	0.965	0.795	108.577	10.420	0.447	0.000	30
混　合	$W=aV^b$	0.020	0.534	0.532	435.905	20.878	0.979	0.000	323
混合 1	$W=aV^b$	0.052	0.451	0.764	300.289	17.329	0.406	0.000	95
混合 2	$W=aV^b$	0.001	0.767	0.615	150.012	12.248	0.711	0.000	96
混合 3	$W=aV^b$	0.004	0.705	0.518	206.213	14.360	1.140	0.000	132

注:混合 1 代表大型灌木,混合 2 代表中型灌木,混合 3 代表小型灌木。式中 W 为灌木生物量(g),V($V=CH$)为灌木体积(cm^3),C 为冠幅面积($C=D1\times D2\times\pi/4$)(cm^2)。

0.95,白沙蒿最小,为 0.759。10 个物种混合后模型的 R^2(0.70)显著降低并远小于单个物种,见表 3-13。与混合模型相比,混合 1、2、3 模型的效果显著提升。

表 3-13　老龄枝生物量最优模型(杨昊天,2014)

物种名称	最佳模型	参数		R^2	F	t	SEE	P	N
		a	b						
驼绒藜	$W=aV^b$	3.123E-4	1.000	0.834	135.771	11.652	0.683	0.000	29
盐爪爪	$W=aV^b$	0.002	0.980	0.916	346.901	18.625	0.413	0.000	34
珍珠猪毛菜	$W=aV^b$	0.005	0.923	0.881	237.732	15.419	0.641	0.000	34
红　砂	$W=aV^b$	0.005	0.835	0.838	165.656	12.871	0.588	0.000	34
油　蒿	$W=aV^b$	3.558E-4	1.057	0.950	662.110	25.731	0.265	0.000	37
沙冬青	$W=aV^b$	0.091	0.646	0.935	429.452	20.723	0.237	0.000	32
霸　王	$W=aV^b$	0.081	0.712	0.790	116.778	10.806	0.446	0.000	33
柠条锦鸡儿	$W=aV^b$	0.025	0.706	0.954	574.287	23.964	0.274	0.000	30
猫头刺	$W=aV^b$	0.741	0.496	0.802	113.736	10.665	0.401	0.000	30

续表

物种名称	最佳模型	参数		R^2	F	t	SEE	P	N
		a	b						
白沙蒿	$W=aV^b$	1.437E-4	1.035	0.759	88.092	9.386	0.532	0.000	30
混　合	$W=aV^b$	0.034	0.697	0.698	883.359	29.721	0.899	0.000	323
混合 1	$W=aV^b$	0.371	0.548	0.708	225.533	15.021	0.568	0.000	95
混合 2	$W=aV^b$	3.732E-4	1.002	0.731	255.850	15.995	0.711	0.000	96
混合 3	$W=aV^b$	0.029	0.737	0.718	488.294	22.097	0.744	0.000	132

注：混合 1 代表大型灌木，混合 2 代表中型灌木，混合 3 代表小型灌木。式中 W 为灌木生物量(g)，V($V=CH$)为灌木体积(cm^3)，C 为冠幅面积($C=D1\times D2\times\pi/4$)(cm^2)。

四、地上部分最佳生物量预测模型

与地上部分各器官生物量模型相比，地上部生物量的最优模型拟合度更高，W 与预测变量(V)之间呈显著相关关系($p<0.01$)。10 个物种和混合种的最优模型均为 $W=aV^b$，R^2 均大于 0.80，其中柠条锦鸡儿最大，达到了 0.96，白沙蒿最小，为 0.80。同样，与单个物种的最优模型相比，混合物种的最优模型拟合度较差，R^2 为 0.71，小于单个物种，见表 3-14。与混合模型相比，混合 1、2、3 模型的效果显著提升。

表 3-14　地上部生物量最优模型(杨昊天，2014)

物种名称	最佳模型	参数		R^2	F	t	SEE	P	N
		a	b						
驼绒藜	$W=aV^b$	0.002	0.863	0.832	133.580	11.558	0.595	0.000	29
盐爪爪	$W=aV^b$	0.004	0.971	0.917	351.513	18.749	0.407	0.000	34
珍珠猪毛菜	$W=aV^b$	0.011	0.884	0.893	266.469	16.324	0.580	0.000	34
红　砂	$W=aV^b$	0.012	0.783	0.873	220.767	14.858	0.477	0.000	34
油　蒿	$W=aV^b$	4.911E-4	1.054	0.951	680.673	26.090	0.261	0.000	37
沙冬青	$W=aV^b$	0.425	0.554	0.940	467.800	21.629	0.195	0.000	32
霸　王	$W=aV^b$	0.124	0.686	0.813	134.420	11.594	0.401	0.000	33
柠条锦鸡儿	$W=aV^b$	0.093	0.629	0.961	685.001	26.173	0.223	0.000	30
猫头刺	$W=aV^b$	1.931	0.441	0.855	164.804	12.838	0.296	0.000	30
白沙蒿	$W=aV^b$	3.616E-4	1.016	0.802	113.395	10.649	0.460	0.000	30
混　合	$W=aV^b$	0.095	0.642	0.707	922.114	30.366	0.810	0.000	323
混合 1	$W=aV^b$	0.699	0.515	0.760	295.031	17.176	0.468	0.000	95
混合 2	$W=aV^b$	0.001	0.939	0.782	338.077	18.387	0.579	0.000	96
混合 3	$W=aV^b$	0.071	0.692	0.719	492.266	22.187	0.714	0.000	132

注：混合 1 代表大型灌木，混合 2 代表中型灌木，混合 3 代表小型灌木。式中 W 为灌木生物量(g)，V($V=CH$)为灌木体积(cm^3)，C 为冠幅面积($C=D1\times D2\times\pi/4$)(cm^2)。

五、灌木根系最佳生物量预测模型

地下部分生物量与预测变量(V)之间也有显著的相关关系($p<0.01$)。虽然预测变量可以很好的预测其生物量,但与地上生物量模型相比,模型的效果要差一些,R^2 较小。十个物种的最优模型均为 $W=aV^b$,R^2 大于 0.72,其中柠条锦鸡儿的拟合度较高(R^2=0.93),驼绒藜的最差(R^2=0.74),盐爪爪和珍珠猪毛菜介于中间。混合种的最优模型 $W=aV^b$,混合模型的效果比单物种的模型差,R^2 为 0.67,小于所有的单物种,见表 3-15。与混合模型相比,混合 1 模型的效果显著提升,混合 2 和混合 3 模型的效果降低。

表 3-15 地下部分生物量最优模型(杨昊天,2014)

物种名称	最佳模型	参数		R^2	F	t	SEE	P	N
		a	b						
驼绒藜	$W=aV^b$	0.006	0.739	0.740	76.876	8.768	0.671	0.000	29
盐爪爪	$W=aV^b$	0.007	0.728	0.799	127.504	11.292	0.506	0.000	34
珍珠猪毛菜	$W=aV^b$	0.029	0.729	0.788	118.989	10.908	0.716	0.000	34
红 砂	$W=aV^b$	0.014	0.753	0.825	150.433	12.265	0.556	0.000	34
油 蒿	$W=aV^b$	0.004	0.857	0.908	343.982	18.547	0.298	0.000	37
绵 刺	$W=aV^b$	0.466	0.582	0.863	188.225	13.719	0.285	0.000	32
沙冬青	$W=aV^b$	0.338	0.579	0.846	164.368	12.821	0.344	0.000	32
霸 王	$W=aV^b$	0.115	0.687	0.749	92.444	9.615	0.483	0.000	33
柠条锦鸡儿	$W=aV^b$	0.054	0.676	0.932	386.206	19.652	0.320	0.000	30
松叶猪毛菜	$W=aV^b$	2.052	0.417	0.737	78.616	8.867	0.354	0.000	30
猫头刺	$W=aV^b$	0.462	0.518	0.760	88.650	9.415	0.475	0.000	30
白沙蒿	$W=aV^b$	0.001	0.933	0.728	75.092	8.666	0.591	0.000	30
混 合	$W=aV^b$	0.023	0.735	0.667	767.680	27.707	1.016	0.000	385
混合 1	$W=aV^b$	0.382	0.565	0.768	307.502	17.536	0.502	0.000	95
混合 2	$W=aV^b$	0.005	0.793	0.641	167.988	12.961	0.694	0.000	96
混合 3	$W=aV^b$	0.016	0.790	0.630	327.557	18.099	1.012	0.000	132

注:混合 1 代表大型灌木,混合 2 代表中型灌木,混合 3 代表小型灌木。式中 W 为灌木生物量(g),V($V=CH$)为灌木体积(cm^3),C 为冠幅面积($C=D1\times D2\times \pi/4$)($cm^2$)。

六、整株最佳生物量预测模型

整株生物量与预测变量(V)之间有显著的相关关系($p<0.01$)。单物种的最优模型均为 $W=aV^b$,R^2 均大于 0.79,其中油蒿和柠条锦鸡儿的拟合度最高(R^2=0.95),白沙蒿最差,R^2 为 0.79。SEE 值较小,预测变量(V)可以通过最优模型很好的估算各灌木物种

的生物量。混合种的最优模型均为 $W=aV^b$，混合物种整株生物量最优模型的 R^2 达到了0.70，虽小于单物种，但与地上、地下、叶、新生枝生物量相比，有显著的提高，见表3-16。与混合模型相比，混合1、2、3模型的效果显著提升。

表3-16 整株生物量最优模型（杨昊天，2014）

物种名称	最佳模型	参数		R^2	F	t	SEE	P	N
		a	b						
驼绒藜	$W=aV^b$	0.0067	0.814	0.811	115.647	10.754	0.603	0.000	29
盐爪爪	$W=aV^b$	0.007	0.935	0.912	332.515	18.235	0.403	0.000	34
珍珠猪毛菜	$W=aV^b$	0.040	0.806	0.876	226.865	15.062	0.573	0.000	34
红　砂	$W=aV^b$	0.025	0.774	0.874	221.913	14.897	0.470	0.000	34
油　蒿	$W=aV^b$	0.002	0.967	0.950	659.329	25.677	0.243	0.000	37
沙冬青	$W=aV^b$	0.725	0.571	0.923	361.649	19.017	0.228	0.000	32
霸　王	$W=aV^b$	0.240	0.686	0.793	118.910	10.905	0.426	0.000	33
柠条锦鸡儿	$W=aV^b$	0.139	0.654	0.950	535.012	23.130	0.263	0.000	30
猫头刺	$W=aV^b$	2.207	0.468	0.843	150.737	12.277	0.329	0.000	30
白沙蒿	$W=aV^b$	0.001	0.986	0.790	105.372	10.265	0.464	0.000	30
混　合	$W=aV^b$	0.168	0.632	0.689	847.212	29.107	0.832	0.000	323
混合1	$W=aV^b$	1.015	0.542	0.778	325.299	18.036	0.469	0.000	95
混合2	$W=aV^b$	0.004	0.879	0.741	269.240	16.409	0.608	0.000	96
混合3	$W=aV^b$	0.085	0.730	0.745	561.361	23.693	0.715	0.000	132

注：混合1代表大型灌木，混合2代表中型灌木，混合3代表小型灌木。式中 W 为灌木生物量（g），V（$V=CH$）为灌木体积（cm^3），C 为冠幅面积（$C=D1\times D2\times\pi/4$）（cm^2）。

本调查所涉及的10个灌木物种，广泛分布于保护区周边的荒漠草地中。各灌木种选样植株均是根据研究区植株的形态特征来选取，均能反映该灌木种在研究区的冠幅和株高范围，可以广泛应用于估算单一的灌木物种的生物量。由于不同物种灌木生物量的最优模型不同，而且荒漠地区灌木种类繁多，将灌木物种分为大、中、小三个类型进行了最优模型的建立，虽然与单一物种模型相比较差，但是所有混合模型均有较好的效果，可以用于实践当中，解决了准确估算荒漠地区灌木各组分生物量（叶片、新生枝、老龄枝、地上部分、根系、整株）的问题，也为保护区内生态系统碳储量的估算提供了支持。

第五节 资源植物

一、珍稀濒危植物

根据《中国物种红色名录》(汪松和解焱,2004),沙坡头保护区内有珍稀濒危植物2种,其中沙冬青(*Ammopiptanthus mongolicus* (Maxim.) Cheng f.)为易危植物,半日花(*Helianthemum songaricum* Schrenk)为濒危植物。

(一)沙冬青 *Ammopiptanthus mongolicus* (Maxim.) Cheng f.

沙冬青为易危植物,豆科常绿灌木,现代亚洲中部荒漠中仅存的常绿木本植物,第三纪孑遗成分。高1~2 m,多分枝,幼枝密被灰白色平伏绢毛,叶为掌状三出复叶,总状花序顶生,花黄色,荚果扁平,矩圆形,为超旱生常绿灌木,是阿拉善荒漠特有的建群植物,也是草原化荒漠的特有成分。在保护区定北墩、孟家湾和长流水沙地上有分布,长势较好,在母株的周围有很多的幼苗生长,说明该种的天然更新情况较好。该树为优良的固沙植物,应认真加强保护,进行人工种植,扩大面积和种群数量。

(二)半日花 *Helianthemum songaricum* Schrenk

半日花为濒危植物,花是一种半日花科半日花属植物,矮小灌木,为古老的残遗种,呈垫状多分枝,高可达12 cm,单叶对生,革质,披针形或狭卵形,边缘常反卷,两面白色短柔毛,托叶钻形,线状披针形,先端锐,较叶柄长。花单生枝顶,花梗被白色长柔毛,萼片背面密生白色短柔毛,花瓣倒卵形黄色(淡橘黄色),花药黄色;子房密生柔毛,蒴果卵形,种子卵形,有棱角。半日花为古地中海区系的残遗种,在亚洲荒漠区该属植物仅有这一种。主要分布中国新疆、甘肃河西、内蒙古鄂尔多斯西部。超旱生植物,生于草原化荒漠区的石质和砾质山坡。保护区内主要分布在沙坡头治沙站植物园。

二、我国特有属植物及阿拉善地区特有植物

(一)我国特有属植物

1. 百花蒿 *Stilpnolepis centiflora* (Maxim.) Krasch.

百花蒿为菊科一年本草本植物,有臭味,茎粗壮,多分枝,叶狭条形,头状花序半球形,排列成疏散的复总状花序,花极多,黄色。在保护区固定沙地,半流动沙地有分布,为沙漠旱生植物,是阿拉善荒漠特有种,也是中国特有属植物,是保护区唯一的中

国特有属百花蒿属的代表植物,在保护区内的固定沙地和半流动沙地广泛分布。

(二)阿拉善地区特有植物

1. 阿拉善碱蓬 *Suaeda przewalskii* Bge.

阿拉善碱蓬为藜科一年生草本植物,茎平卧,叶肉质,团伞花序生于叶腋,胞果包藏于花被内,种子黑色。在保护区湖边,低洼地和盐碱地(盐生草甸)、固定沙丘的丘间低湿地有分布。为阿拉善地区特有种。

2. 宽叶水柏枝 *Myricaria platyphylla* Maxim.

宽叶水柏枝又称沙红柳,柽柳科灌木,叶宽卵形,总状花序腋生,花紫红色,蒴果3瓣裂,种子具有柄的白色簇毛,是鄂尔多斯、阿拉善地区的特有种。在保护区荒草湖及沙坡头有分布,生长在沙丘间低地及沙丘背风坡上,是优良的固沙植物。

(三)保护区内珍稀植物

1. 沙鞭 *Psammochloa villosa* (Trin.) Bor

沙鞭又称沙竹,禾本科多年生草本植物,根状茎横走,节处生根,杆直立,叶鞘残留呈纤维状,叶片坚韧,边缘内卷,圆锥花序直立。本种是以蒙古高原和鄂尔多斯高原为分布中心的单种属植物,为典型的沙生旱生植物,对流动沙丘有很强的适应性,既为优良的固沙植物,又是良好的饲用禾草,茎叶纤维可作造纸原料。本种仅分布在保护区定北墩一带和中科院沙坡头站试验区沙地上,数量极少,应加强保护,扩大人工种植面积和种群数量。

2. 斑子麻黄 *Ephedra rhytidosperma* Pachom.

斑子麻黄为裸子植物麻黄科小灌木,茎粗壮,坚硬,分枝呈"之"字形开展,叶膜质鞘状,雄球花序在节上对生,雌球花序单生,成熟时肉质红色。本种产贺兰山及腾格里沙漠低山区,在保护区仅在孟家湾以西石质山坡上有少量分布,是超旱生植物,应加强保护。

三、重要生态价值植物和经济价值植物

在保护区种子植物中有生态价值和经济价值的资源植物共计65种,是维系保护区生态、经济和社会可持续发展的宝贵资源。按其性质和用途将它们分为4类:防风固沙植物16种;食用植物7种;优良牧草19种;药用植物23种,见表3-17、表3-18、表3-19和表3-20。

表 3-17 保护区主要防风固沙植物(刘迺发等,2011)

植物名称	适宜生长环境	主要用途
胡杨	河岸、湖盆边缘	防风固沙、药用
甘蒙柽柳	河漫滩、河湖岸边沙地	防风固沙
甘肃柽柳	河漫滩、河湖岸边沙地	防风固沙
多枝柽柳	河漫滩、河湖岸边沙地	防风固沙
小果白刺	盐渍化沙地、湖盆边缘	固沙
大果白刺	盐渍化沙地、湖盆边缘	固沙
沙拐枣	流动沙地、半固定沙地	固沙
沙木蓼	半固定沙地	固沙
木本猪毛菜	砾石荒漠、砾石山坡	固沙
裸果木	砾石荒漠、砾石山坡	固沙
黄柳	半固定沙地	固沙
北沙柳	流动和半固定沙地	固沙
花棒	半固定、固定、沙地	固沙
柠条	半固定、固定、沙地	固沙
沙冬青	流动和半固定沙地	固沙
梭梭	流动和半固定沙丘	固沙

表 3-18 保护区食用植物(刘迺发等,2011)

植物名称	利用部位	主要用途
鹅绒委陵菜(蕨麻)	块根	食用
沙葱	茎、叶	食用
白藜	嫩茎、叶	食用
马齿苋	嫩茎、叶	食用
大果白刺	果实	食用
小果白刺	果实	食用
白沙蒿	果实	食用

表 3-19　保护区优良牧草(刘迺发等,2011)

植物名	利用部位	适口性
细叶早熟禾	全草	优
砾苔草	全草	优
丛生薹草	全草	优
沙葱	叶、花序	优
芨芨草	全草、果实	良
冰草	全草	优
拂子茅	全草	良
假苇拂子茅	全草	优
紫野麦草	全草	优
赖草	全草	良
芦苇	全草	良
沙生针茅	全草	优
紫花苜蓿	枝叶、花	优
多根葱	叶	优
红砂	嫩枝、叶	良
鹅绒委陵菜	块根、茎、叶	良
驼绒藜	枝、叶	良
白沙蒿	嫩枝、叶	良
内蒙古旱蒿	嫩枝、叶	良

表 3-20　保护区药用植物及功效(刘迺发等,2011)

药材名	植物名	利用部位	功效
芨芨草	芨芨草	花序、秆的基部	清热利湿,止血
芦根	芦苇	根茎、花序	清热生津,止呕,利尿
麻黄	中麻黄	全草及根	发汗,止咳平喘,利水
阿尔泰紫苑	阿尔泰狗娃花	根、花、全草	散寒润肺,止咳化痰
黑果枸杞	黑果枸杞	根、果实	清肺热,镇咳
苦豆子	苦豆子	全草、种子、根	清热燥湿,止痛,杀虫
蕨麻	鹅绒委陵菜	根、全草	清热,止痢,收敛

续表

药材名	植物名	利用部位	功效
滨草	赖草	根	清热，止血，利尿
胡杨泪	胡杨	树脂、叶、根	清热解毒，制酸止痛
补血草	黄花补血草	花	补血治月经不调
苦马豆	苦马豆	全草、果实、根	补肾，利尿，消肿
酸胖	白刺	果实	健脾胃，助消化
醉马草	小花棘豆	全草	麻醉，镇静，止痛
叉枝鸦葱	叉枝鸦葱	汁液	消肿散结(外用)
刺蒺藜	蒺藜	果实	散风明目，疏肝理气
狗尾草	狗尾草	全草	消积除胀，清热明目
卡蜜	小果白刺	果实	健脾胃，活血，调经
沙拐枣	沙拐枣	根，果实	清热解毒，利尿
蓝刺头	砂蓝刺头	根	清热解毒，通乳
甘草	胀果甘草	根状茎及根	补脾益气，清热解毒
蒲公英	蒲公英	全草	清热解毒，消肿散结
霸王根	霸王	根	行气散满，治腹胀
蓼子朴	蓼子朴	花、开花前全草	解热利尿

第四章

隐花植物、生物土壤结皮及土壤微生物

第一节　隐花植物多样性及其结皮形成、演变及功能

一、隐花植物多样性及其结皮形成、演变过程

生物土壤结皮(Biological Soil Crust，以下简写为BSC)是由藻类、地衣、苔藓等隐花植物和土壤中微生物以及相关的其他生物体与土壤表层颗粒等非生物体胶结形成的十分复杂的复合体，是荒漠生态系统组成和地表景观的重要特征（李新荣等，2009)。BSC在不同生物气候区的荒漠景观过程、土壤生态过程、土壤水文过程、土壤生物过程和地球化学循环过程，以及干旱半干旱地区生态修复过程中发挥着重要作用(李新荣等，2009)。尽管生物土壤结皮在荒漠生态系统中起着重要作用,但长期以来却很少被作为主要生物因素来加以关注。进入21世纪后,人类越来越清楚地意识到全球变化、生物多样性丧失和土地荒漠化对地球生态系统可持续发展带来的挑战。确立BSC在荒漠生态系统中能流和物流循环中的作用以及在全球变化中的作用和地位成为干旱荒漠区地学和生物学界学科交叉的前沿研究领域和国际干旱区地表过程研究的重要核心科学问题之一(李新荣等，2009),对BSC资源的保护被也被列为荒漠生态系统管理的最优先等级(张元明和王雪芹，2010)。

对BSC中隐花植物物种组成研究发现,沙丘固定46年后,结皮层及其覆盖土壤中有24个藻类种,隶属于13个科,其中具鞘微鞘藻和双菱板藻是优势种,见表4-1。相对于藻类,苔藓种类的变化较小,固沙植被建立5年后,在局部地区,如丘间低地

的结皮中出现了真藓,经44年的植被演变后,结皮中仅有苔藓5种,少于天然固定沙地种类的一半,50年后的调查发现有7种藓类在固定沙丘结皮中存在。而与藓类植物和藻类相比较,地衣需要稳定的环境,并且发育缓慢,在移动和半移动的沙地上,它们并不发育，但是在沙地固定46年后它们可能会出现（Li et al.，2004c），以果胶衣 *Collema coccophorum* Tuck.为优势群落。

李新荣等(2002,2003,2004c)利用沙坡头地区近50年的定位监测研究了草原化

表4-1　保护区主要隐花植物种(引自李新荣等，2016 a)

蓝藻和其他藻	地衣	藓类
Anabaena azotica Ley. (++)	*Collema coccophorum* Tuck. (+++)	*Aloina brevirostris* Kindb.(+)
Chlamydomonas sp. (+)	*Collema tenax* (Sw.) Ach. Em. Degel	*A.obliquifolia* (C. Müll.) Broth. (+)
Chlorella vulgaris Beij. (+)	*Diploschistes muscrum* (Scop.) Hoffm. (+++)	*A. rigida* (Hedw.) var. rigida Limpr. (+)
Chlorococcum humicola (Naeg.) Rab. (++)	*Endocarpon aridum* P. M. McCarthy (++)	*Barbula ditrichoides* Broth. (+++)
Chroococcus epiphyticus Jao (+)	*E. crystallium* Wei & Yang (+)	*Bryoerythrophyllum recurvirostre* (+)
Cyambella sp. (+)	*E. pallidum* Ach. (+)	*Bryum argenteum* Hedw. (+++)
Desmococcus olivaceus (Pers ex Ach) Laundon (+)	*E. pusillum* Hedw. (+)	*Didymodon constrictus* (Mitt.) Saito (++)
Diatoma vulgare var. Ovalis (Frick.) Hust. (++)	*E. rogersii* P. M. McCarthy (+)	*D. nigrescens* (Mitt.) Saito (+++)
Euglena sp1. (++)	*E. rosettum* Amar Singh & Upreti (+)	*D. perobtusus* Broth. (++)
Euglena sp2. (++)	*E. simplicatum* (Nyl.) Nyl. (++)	*D. tectorum* (C. Mull.) Saito (++)
Fragilaria intermedia Grun. (+)	*E. sinense* H. Magn. (+)	*Pterygoneurum subsessile* (Brid.) Jur. (+)
Gloecapsa sp. (+)	*Fulgensia bracteata* (Hoffm.) Räsänen (+++)	*Tortula bidentata* Bai. X. L. (+++)
Gomphonema constrictum Ehr. (+)	*Heppia lutosa* (Ach.) Nyl. (++)	*T. desertorum* Broth. (++)
Hantzschia amphioxys (Ehr.) Grun. (+)	*Lecania mongolica* H. Magn (+)	
Lyngbya cryptovaginatus Schk. (+++)	*Placidium rufesens* (Ach.) A. Massal. (+)	
Microcoleus vaginatus (Vauch.) Gom. (+++)	*Toninia sedifolia* (scop.) Timdal (++)	
Navicula cryptocephala Kütz (+)		
Nostoc flagelliforme Born et Flah (++)		
Nostoc sp. (+)		
Nostoc commune (L.) Vauch. (+)		
Palmellococcus miniatus (Kütz.) Chod. (++)		
Pinnularia borealis Ehr. (++)		
Phormidium tenue (Mengh.) Gom. (++)		
Synechocystis pevalekii Ercegovic (+)		
Scytonema javanicum Born. (++)		

注:+++为优势种，++为常见种，+为少有种。

荒漠景观沙埋后经人工生态建设，即利用沙障固定沙丘表面后种植旱生灌木形成人工固沙植被后 BSC 拓殖和演替的过程，揭示了在温性荒漠 BSC 演替的不同阶段和特征。当固沙植被建立 2 年后，沙面基本得到固定，大量的降尘累积再经雨滴的打击，在沙面形成一层黏粒和粉粒含量较高的物理结皮，细菌和土壤微生物和蓝藻的拓殖使沙面在 4 年后形成了以蓝藻为优势的蓝藻结皮；此后大量的绿藻等旱生、超旱生的荒漠藻在结皮中逐渐占优势地位，形成荒漠藻结皮；当固沙植被演变近 20 年时，地表出现了大量的地衣结皮和地衣、蓝藻和荒漠藻的混生结皮；这些结皮的形成改变了占 60%以上的小降水（<7 mm）的时空分布，为藓类结皮逐渐在地势平缓或水分相对较好的局部开始大量拓殖创造了条件，50 年后固沙植被形成了高等植物和结皮隐花植物（cryptogam）镶嵌分布的稳定格局特点（Li et al.，2007）。

李新荣等（Li et al.，2002，2003，2004）利用近 50 年的定位监测研究表明，沙坡头地区 BSC 的形成需要 3 个过程：①植被将沙丘固定后，土表由于大气降尘和风积物的积累在雨滴的冲击下使沙表颗粒排列紧密，而形成无机结皮，蓝藻的定居和胶结作用使之成为蓝藻结皮；②大量绿藻定居在表层形成藻结皮（藻类和蓝藻为优势），当沙丘固定 20 余年后，苔藓类植物种普遍出现在潮湿和遮阴的区域内（比如凹陷的区域内）（Li et al.，2002），在丘间低地形成平坦连续的藓结皮，尔后大量的地衣在土表出现，在固定沙丘顶部和迎风坡与背风坡形成地衣和藻类的混合结皮（Li et al.，2005）；③50 年后固沙植被形成了高等植物和结皮隐花植物镶嵌分布的稳定格局特点（Li et al.，2007）。

二、生物土壤结皮生态功能

（一）固碳、固氮作用

随着沙坡头人工固沙植被区建植年限的增加，藻类结皮的最大净光合速率显著增加，从植被建植 16 龄藻类结皮的 1.63 $\mu mol \cdot m^{-2} \cdot s^{-1}$ 增加至植被建植 52 龄的 2.81 $\mu mol \cdot m^{-2} \cdot s^{-1}$，见图 4-1；2007—2010 年，演替后期以地衣和藓类为优势种的结皮日光合速率显著高于演替前期以藻类为优势种的结皮，最大净光合速率分别为 2.25 $\mu mol \cdot m^{-2} \cdot s^{-1}$ 和 1.84 $\mu mol \cdot m^{-2} \cdot s^{-1}$；计算获得两类结皮的年固碳量为 11.36 $g \cdot m^{-2} \cdot a^{-1}$ 和 26.75 $g \cdot m^{-2} \cdot a^{-1}$。

沙坡头地区 BSC 的固氮活性介于 0.3×10^4~6.2×10^4 $nmol \cdot m^{-2} \cdot h^{-1}$ C_2H_4 之间，见图 4-3，其中藻类结皮最高（平均达 2.8×10^4 $nmol \cdot m^{-2} \cdot h^{-1}$ C_2H_4），地衣结皮次之（2.4×10^4 $nmol \cdot m^{-2} \cdot h^{-1}$ C_2H_4），藓类结皮最低（1.4×10^4 $nmol \cdot m^{-2} \cdot h^{-1}$ C_2H_4）。BSC 的碳氮固定能力随其演替和恢

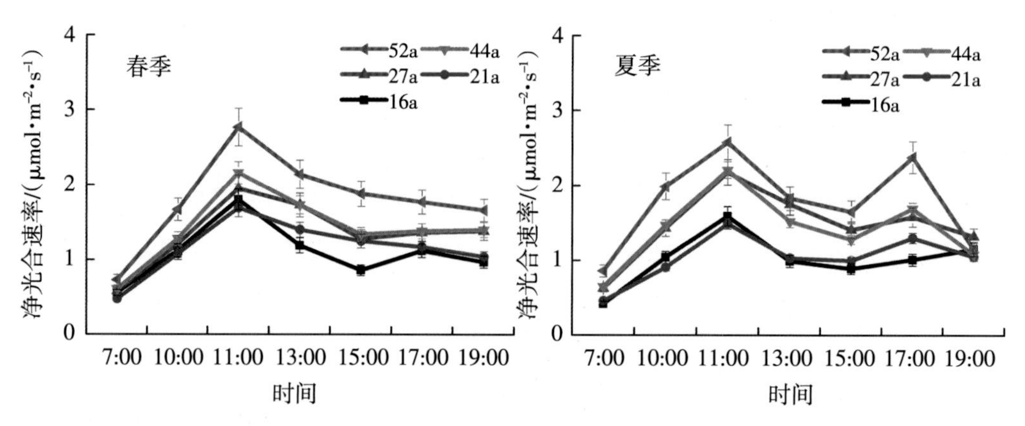

◆ 图 4-1 不同建植年限的人工植被区藻类结皮净光合速率的日变化特征(改自李新荣，2012)

复的进程而得到大幅提升，蓝藻和藓类结皮的丰富度与 HCO_3^-(与 C 交换有关)和土壤有机碳密切相关。从而证实了 BSC 是维持干旱沙区生态系统生产力的主要贡献者和 BSC 是荒漠系统中除豆科植物外的另一重要氮源。

(二)促进了固沙植被区土壤形成

BSC 显著改善了沙坡头人工固沙植被区土壤理化性质，增强了土壤抵抗侵蚀的作用，增加了土壤的稳定性。BSC 特殊的结构及其复杂的组成有效缓解了雨滴对土表的溅击，有效地控制了径流的发生和发展。BSC 对土壤的形成具有重要作用，BSC 对矿物有明显的生物侵蚀作用，创造了有利于荒漠表层土壤原生矿物风化的条件，降低土壤粒径的同时增加了土壤养分。同时 BSC 能够大量捕获大气降尘，为系统输入养分，促进了沙区土壤成土过程，见图 4-4。研究发现，BSC 覆盖下表土层中土壤微生物量碳和微生物量氮随固沙年限增加而升高，见图 4-5，这点与我们调查结果相一致，见图 4-24。

人工固沙植被的建立显著增加了土壤微生物多样性，改变了微生物群落的组成，增加了微生物总的磷脂脂肪酸(PLFAs)、细菌 PLFAs 和真菌 PLFAs，但表土层(0~10 cm)中真菌 PLFAs /细菌 PLFAs 数量比随固沙年限的增加而升高。这些主要是由于植被恢复与重建为微生物提供了重要的食物来源和改善了生存环境，为微生物生长与繁殖提供了很好的条件。另一方面，研究发现在藓类结皮下土壤微生物生物量高于在藻类结皮下的测量值。这充分说明，相对于演替早期的藻类结皮而言，演替晚期的藓类结皮更有利于微生物的生长与繁殖，见图 4-6。

酶系统是土壤中生物活性最强的部分，酶活性是土壤中生物化学活性的总体现，流沙固定过程中 BSC 的形成和发育可在很大程度上直接或间接地影响土壤酶活性。固沙植被区不同样地间酶活性存在显著差异，其中过氧化氢酶平均活性最高，为

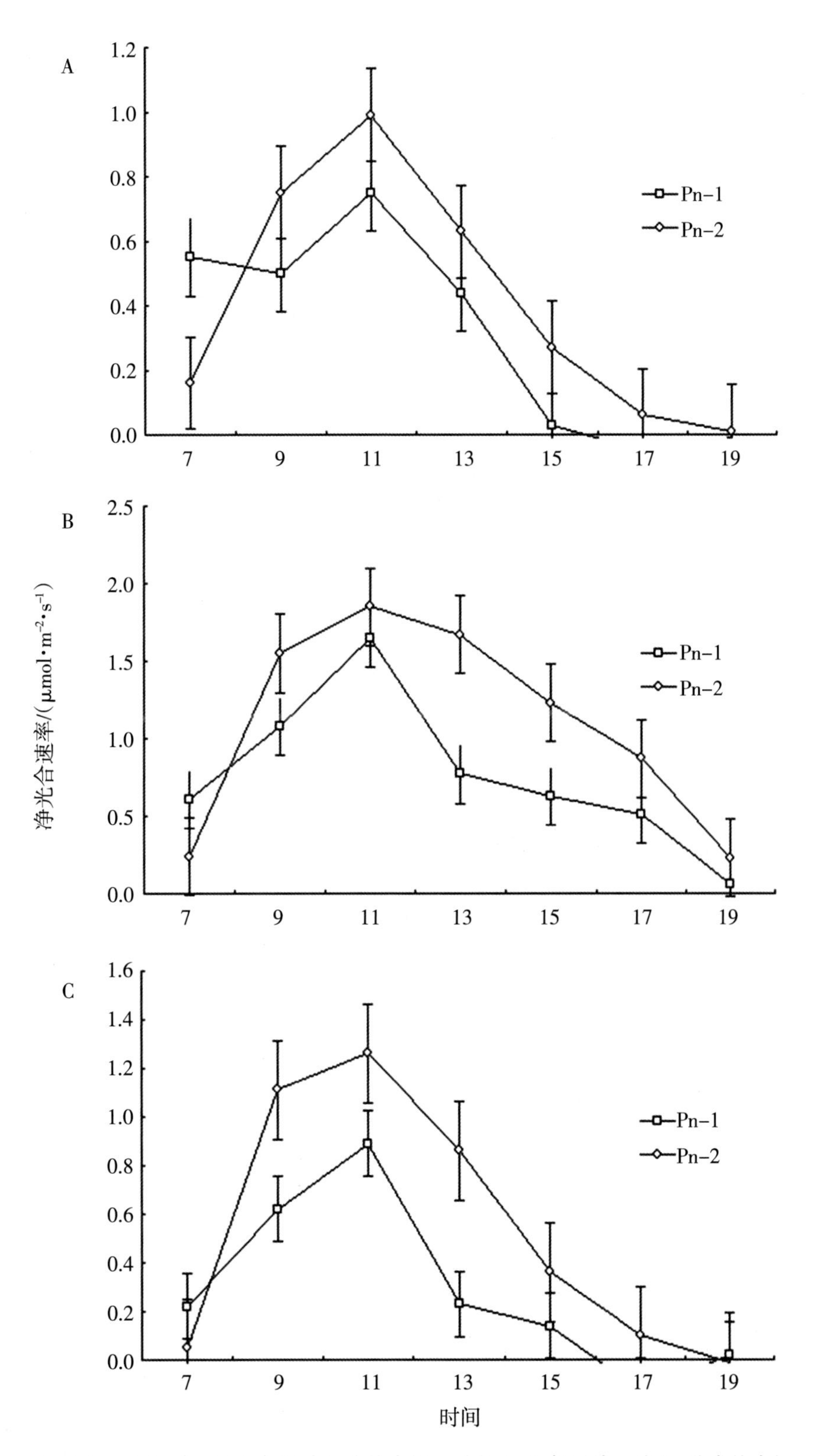

◆ 图 4-2 2007—2010 年,1991 年固沙区藻结皮(Pn-1)和 1956 年固沙区地衣-藓类结皮(Pn-2)净光合速率的日变化特征(李新荣, 2012)

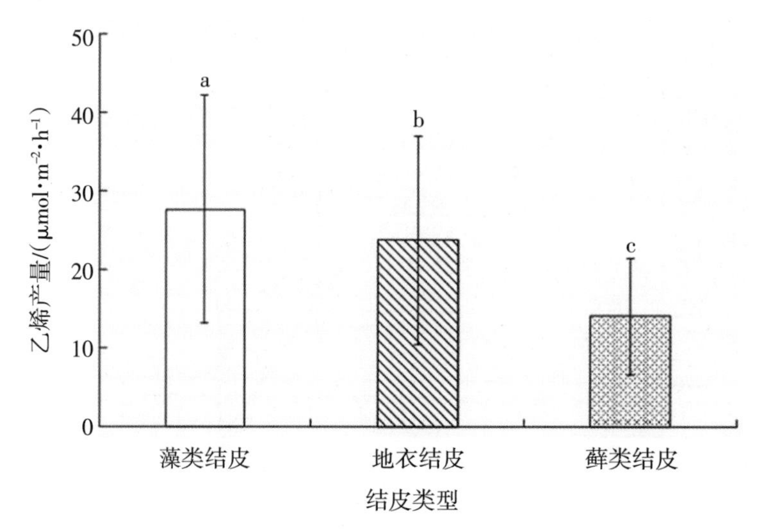

◆ 图 4-3 不同类型生物土壤结皮固氮活性(李新荣，2012)

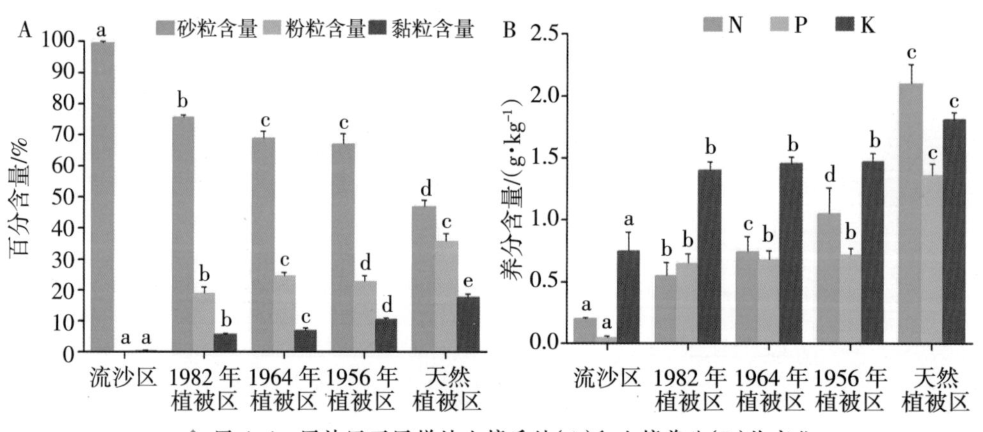

◆ 图 4-4 固沙区不同样地土壤质地(A)和土壤养分(B)的变化

(176±39) μmol·g^{-1}·h^{-1}，依次为多酚氧化酶、蔗糖酶、脲酶和纤维素酶，见图 4-7。7 类酶在不同样地、不同土壤层次和不同季节间差异均显著。在其中 5 类水解酶中，淀粉酶和磷酸酶恢复速率最快，蔗糖酶和纤维素酶活性恢复速率仅次于淀粉酶和磷酸酶，脲酶活性恢复速率最慢，见图 4-8。随着固沙年限的延长，发育程度较高的 BSC 中一些隐花植物，如藓类和藻类逐渐定居在沙丘表面，BSC 发育程度越高，隐花植物向土壤中分泌的酶越多；与维管束植物相比，隐花植物还能通过分泌多糖等碳水化合物来改变基质有效性。因此，BSC 可直接对水解酶活性产生影响。这些结果也被我们的调查结果所证实，见图 4-25、图 4-26、图 4-27。

(三)影响植被区土壤水文过程

随着人工植被-土壤系统的演替，沙丘表面逐渐形成 BSC，并从蓝藻为优势的结皮

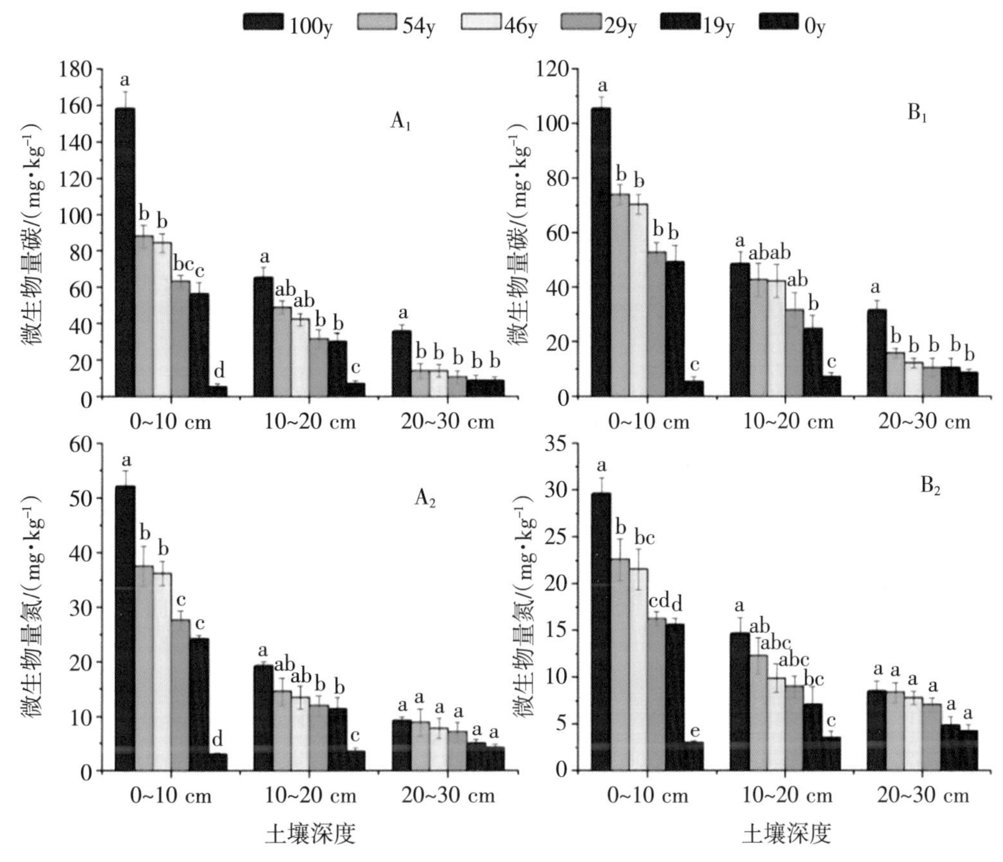

◆ 图 4-5 两种 BSC 对土壤微生物量碳氮的影响(李新荣等, 2016a)

向混生的藻类(绿藻和硅藻)结皮、地衣结皮和藓类结皮逐渐演变。BSC 的存在深刻影响着固沙区的水文过程。随着 BSC 的拓殖发展,BSC 和其下的亚土层增厚、土壤容重下降和土壤持水能力增加,其持水能力依次是藓类结皮>地衣结皮>藻类结皮>蓝藻结皮。固沙区 BSC 的形成和发育同地形有关,在迎风坡和丘间地占优势的藓类结皮的持水能力明显高于处于背风坡和丘顶的藻类结皮的持水能力。此外,表土层导水率变化亦与 BSC 类型有关,BSC 存在时表土层饱和导水率和接近饱和状态时的非饱和导水率(土壤水势>-0.01 MPa)低于流沙的一个数量级,藓类结皮高于藻类结皮;而干旱条件下的流沙、藻类结皮和藓类结皮的非饱和导水率(土壤水势<-0.01 MPa)随固沙年代的延长趋于增加,见图 4-9。正是由于 BSC 特殊的水文物理特点决定了它们对荒漠地区土壤微生境的改善与促进作用,其较高持水能力与低土壤基质势条件下的较高非饱和导水率,能够提高浅层土壤水分的有效性,有利于人工固沙植被中一些浅根系灌木、草本植物与小型土壤动物的生存繁衍。另外,BSC 的地形分异引起了藻类结皮覆盖的背风坡较藓类结皮覆盖的迎风坡更容易产流,使得背风坡与丘间低地的交界处成

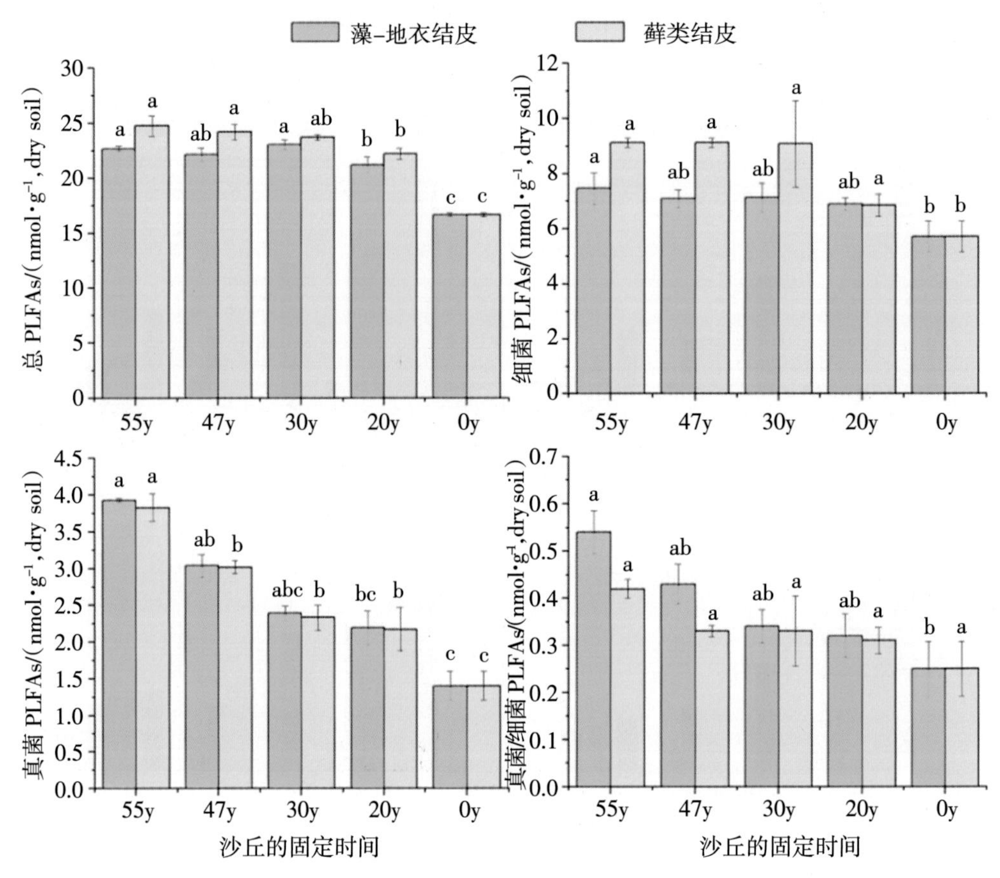

◆ 图 4-6 土壤微生物总的磷脂脂肪酸 PLFA 随固沙植被建立年限的变化(李新荣等，2016a)

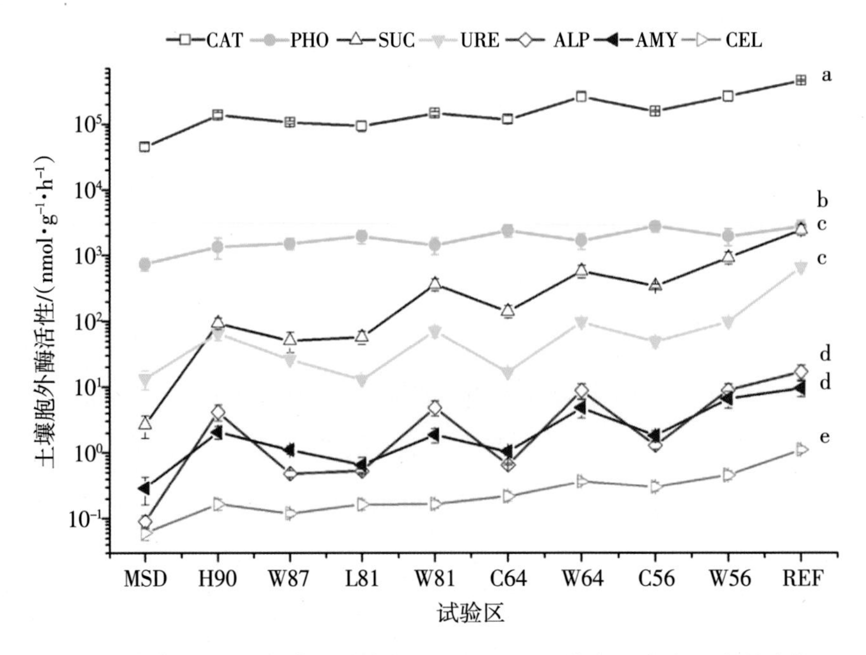

◆ 图 4-7 腾格里沙漠东南缘不同样地 0~20 cm 土层土壤胞外酶活性(李新荣等，2016b)

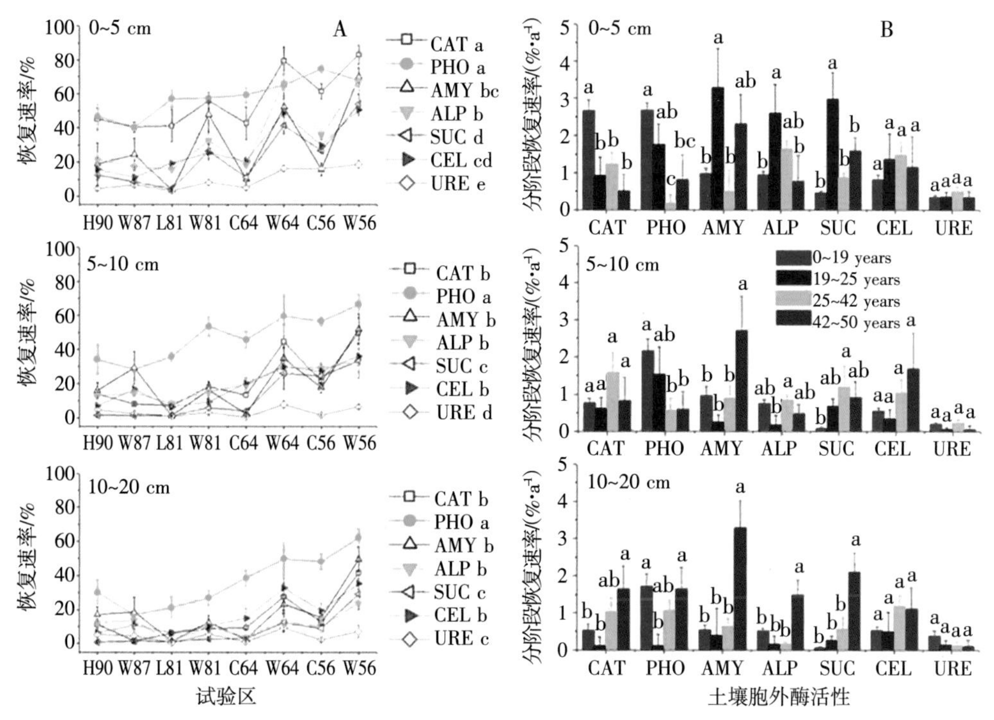

◆ 图 4-8　腾格里沙漠东南缘固沙区不同层次土壤酶活性恢复速率(A)和分阶段恢复速率(B)（改自李新荣等，2016b）

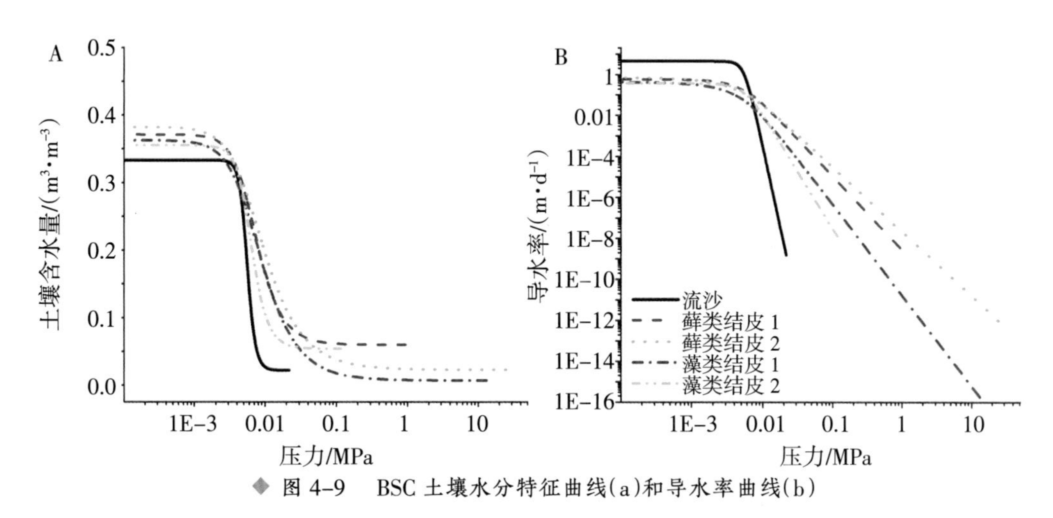

◆ 图 4-9　BSC 土壤水分特征曲线(a)和导水率曲线(b)

为热点区域，是维持景观尺度上斑块状植被格局稳定性的主要原因。

通过对降水的截留作用，BSC 显著地改变降水入渗过程和土壤水分的再分配格局，并在一定条件下可减少降水对深层土壤的有效补给。如图 4-10 所示，对入渗拦截大小依次为藓类结皮>地衣结皮>藻类结皮，三者在<5 mm 或者>10 mm 的降水条件下没有显著的差异。土壤表层含水量和入渗深度密切相关，当次降水量大于 5 mm 时，BSC 的存在显著地提高了表层土壤含水量，特别是藓类结皮；但是随着次降水量的增加,不同BSC类型覆盖下的土壤含水量之间的差异并不显著。

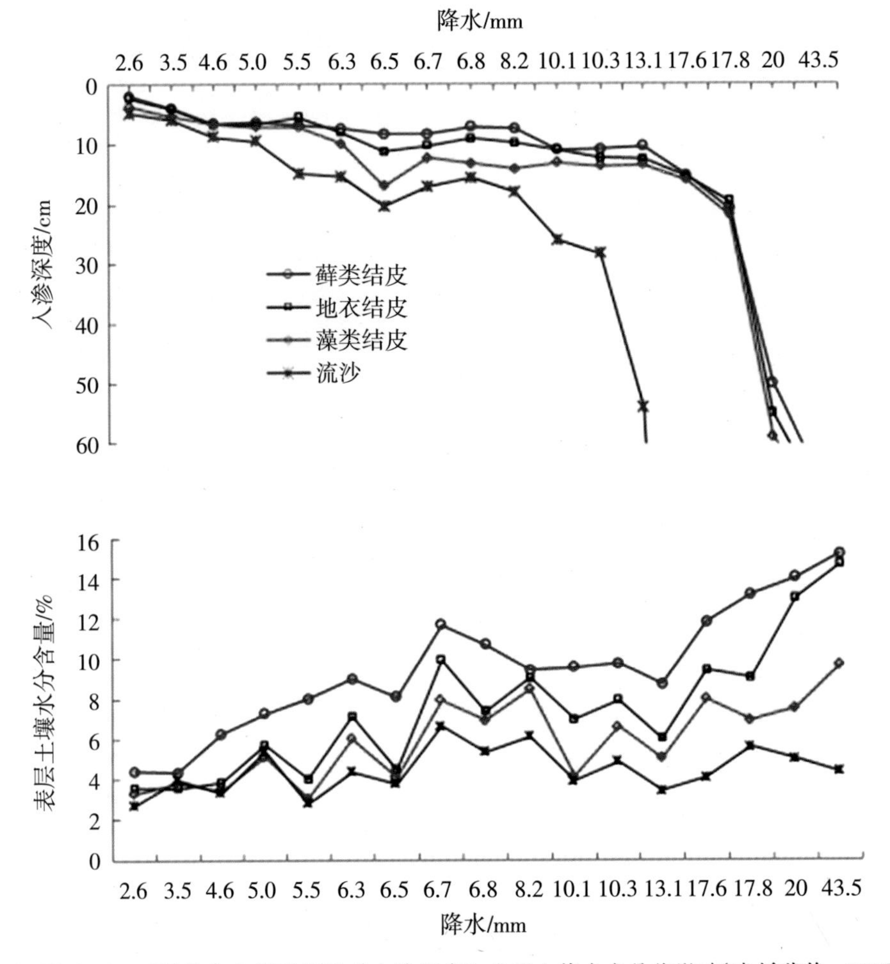

◆ 图4-10 不同降水条件下BSC对入渗深度和表层土壤含水量的影响(李新荣等, 2016b)

不同类型的BSC对地表蒸发的影响不同,室内蒸发模拟观测表明,当待测土壤样品完全饱和后,有BSC的土样蒸发量均高于无结皮的土样,但在其蒸发过程却表现出明显的阶段性差异,即在蒸发过程的初期(速率稳定阶段),BSC的存在增加了蒸发;当处于蒸发速率下降阶段时,BSC的存在却抑制着蒸发。小降水事件后BSC表现出抑制蒸发的作用(藓类和藻类结皮分别当降水<7.5 mm和<5 mm时抑制蒸发),较大的降水事件(>10 mm)则有利于土壤蒸发,见图4-11。考虑到沙坡头地区60%的降水事件的降水量均<5 mm,可以认为固沙区BSC的形成抑制了土壤蒸发。BSC延长了水分在浅层土壤中的居留时间,尤其是当出现干旱胁迫时,BSC增加浅层土壤水分有效性的功能显得尤为重要,保证有限水分的维持对分布在土壤浅层的高等植物的种子萌发和幼苗存活具有重要的意义,这也是驱使植被–土壤系统生物地球化学循环浅层化的一

个重要原因之一。

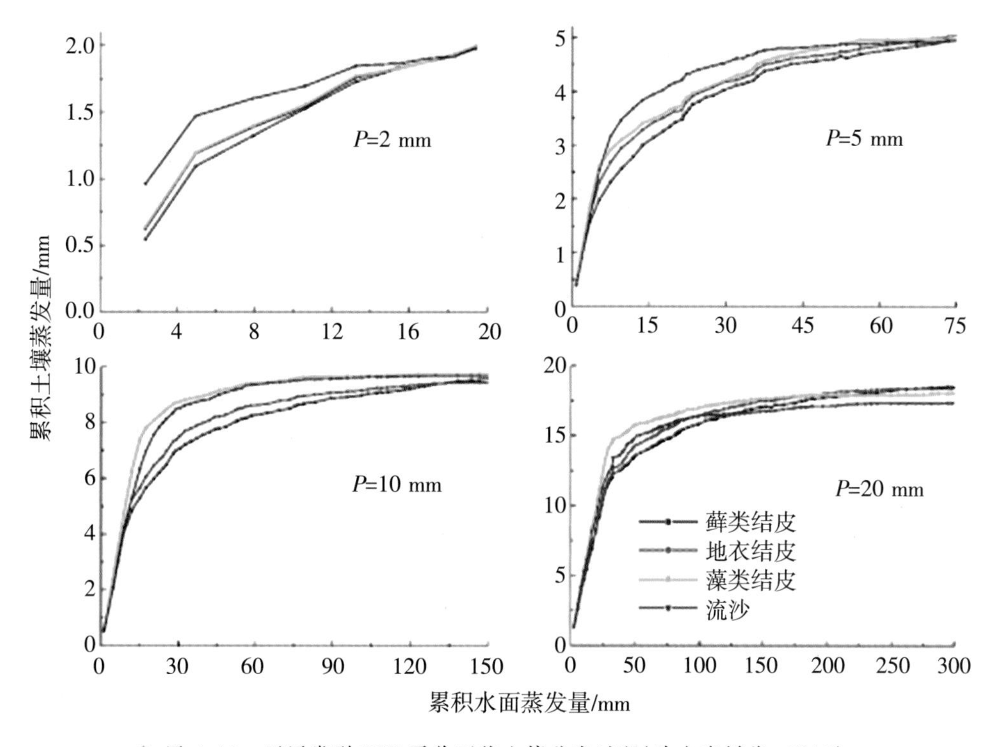

◆ 图 4-11 不同类型 BSC 覆盖下的土壤蒸发过程(改自李新荣, 2012)

BSC 形成与发育增加了地表对凝结水的捕获。BSC 表面凝结水形成量随着 BSC 的发育程度呈增加的趋势,由于 BSC 黏附大量微生物有机组分,使得藓类与藻类结皮表面凝结水量较之物理结皮大幅度增加,日均值高达 0.15 mm/d 左右,最大值接近 0.5 mm/d。吸湿凝结水生成天数占总观测天数的 74%,流沙、物理结皮和 BSC 表层的吸湿凝结水生成总量分别占同期降水量的 15.9%、22.9%和 37.9%,见图 4-12。BSC 对干旱区,特别是年降水量<200 mm 沙区生态与水文过程的重要影响在于促使了沙地土壤有效水分含量的浅层化,这一影响深刻地改变了沙地原来的水量平衡。这种改变驱动了固沙植被在组成、结构和功能上的响应,不但解释了人工固沙植被退化的原因,也较好地揭示了人工植被演变的基本规律,即向特定生物气候带地带性植被的演替。

(四)影响维管束植物的种子库、萌发与生长,并驱动固沙植被演替

在 BSC 发育较早的固沙植被区(如 1956 固定的沙丘),BSC 的形成使土壤表面(特别是在丘间低地)形成了一层紧实的“保护膜”,加之沙区频繁而强大的风力作用(年均风速 3.5 m/s),植物种子难以在地表停留。种子多汇集在粗糙度大、有枯死的植株和半灌木油蒿等植物存在的地表。一年生草本植物在样地中的分布主要集中在

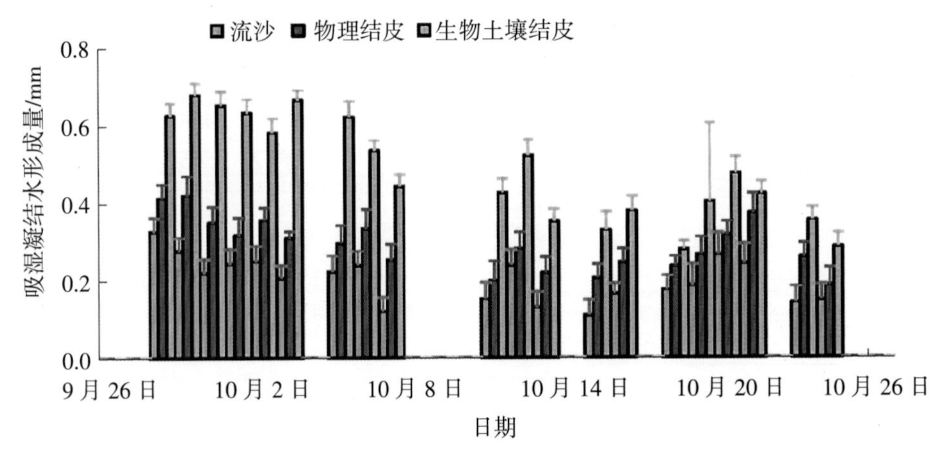

◆ 图 4–12 流沙和 BSC 表层吸湿凝结水日形成量(改自李新荣等, 2016b)

BSC 受损(因人和动物的活动而破裂)的局部和油蒿等灌丛周围;在沙丘背风坡,土壤松软而使得草本植物发育较好。从表 4–2 可以看出,BSC 及其下伏层土壤厚度的增加,阻碍了一年生草本植物的定居、繁衍。随着 BSC 和亚土层在固定沙丘上的发育,植物群落的物种组成与多样性趋于饱和。此外,破碎 BSC 覆盖的土壤和无 BSC 覆盖的土壤捕获种子以及储存种子的能力要比完整 BSC 覆盖的土壤强, 完整藻类结皮的种子储量大于完整藓类结皮的种子储量($p<0.05$),而破碎 BSC 和裸土上的种子库储量不存在显著差异,见表 4–3。

在不同的 BSC 处理(完整 BSC 覆盖、50%破碎、BSC 被彻底移除)、地形位置(不同

表 4–2 不同 BSC 处理条件下雾冰藜的密度(株/m²)和株高(cm)比(改自李新荣, 2012)

BSC 状况	密度/株高			
	沙丘顶部	背风坡	丘间低地	迎风坡
完整结皮	177.6/6.3	200.0/5.9	20.3/5.4	224.7/5.3
受破坏	361.3/6.1	404.7/6.3	120.0/4.6	398.4/5.5
全部去除	343.6/11.3	316.6/11.5	98.9/16.7	355.9/14.7

表 4–3 两种植物在不同土壤处理样地中土壤库中种子数量(李新荣, 2012)

单位:个/0.005 m³

	完整结皮	干扰结皮	裸土
藻类结皮	$23±5.0^{a}$	$65±8.9^{b}$	$62±6.6^{b}$
藓类结皮	$4±3.2^{a}$	$68±5.3^{b}$	$65±4.6^{b}$

注:不同字母表示差异显著性,$p<0.05$。

沙丘部位）以及植物种之间，小画眉草（*Eragrostis poaeoides*）和雾冰藜（*Bassia dasyphylla*）幼苗密度存在显著差异，除了地形与植物种两者之间的交互作用不存在显著差异外，其余的两两交互作用和三者之间的交互作用均存在显著差异。两种植物在完整 BSC 和破碎 BSC 上出现的幼苗数均存在显著的差异，完整 BSC 上出现的幼苗密度最低，而破碎 BSC 上出现的幼苗密度最高，见图 4-13。裸土上出现的幼苗密度也较完整 BSC 上出现的幼苗密度高。此外，破碎 BSC 较完整 BSC 和裸土上草本植物的生物量高，丘间低地受破坏 BSC 样方的植物具有最高的密度和生物量。

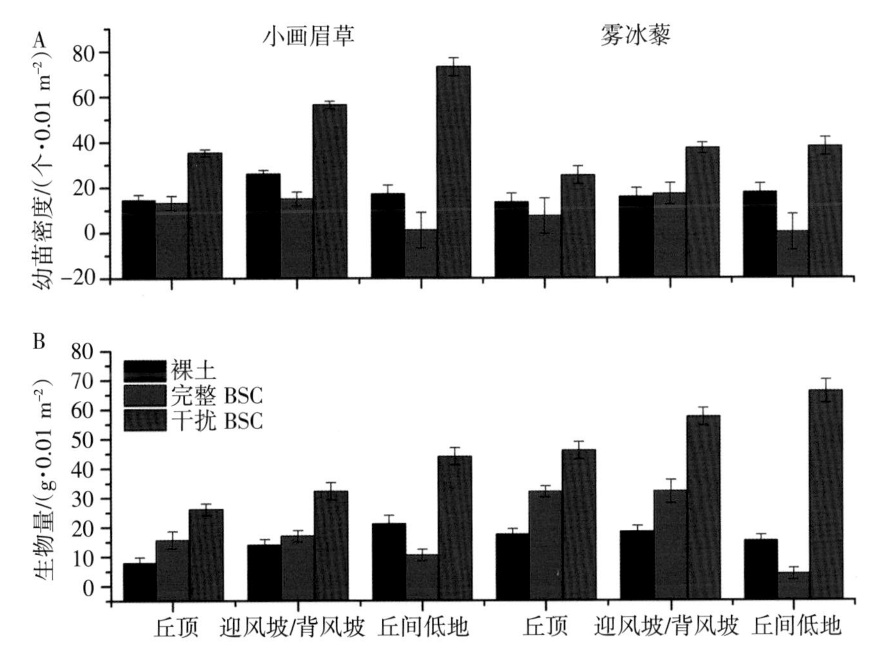

◆ 图 4-13　不同 BSC 处理和类型及地形位置条件下两种一年生草本植物的幼苗密度(A)和(B)生物量(改自李新荣，2012)

固沙植被建立初期人工种植的灌木盖度逐年明显增加，从第二年的 3%增加到 15 年的 35%，随后其盖度又逐渐降低，至植被建立 45 年后的 9%，而此后灌木盖度基本保持在 8%~10%。草本的盖度从沙丘稳定后初期的 35%很快下降到 15 年后的 12%，至 50 年后的 30%~45%，其变化幅度很大，但总的趋势是随着固沙年限的增长而增加。此外，流沙固定 10 年后沙面形成的以蓝藻为优势的结皮，其盖度 10%~30%，40 年后出现了地衣和藓类的混生结皮，其盖度 30%~40%，50 年后以藓类结皮和地衣结皮为主，盖度达到 50%~60%。经过长期定位研究发现固沙区稳定的层皮结构为灌木盖度约 10%，草本盖度为 30%左右，BSC 盖度为 60%左右。

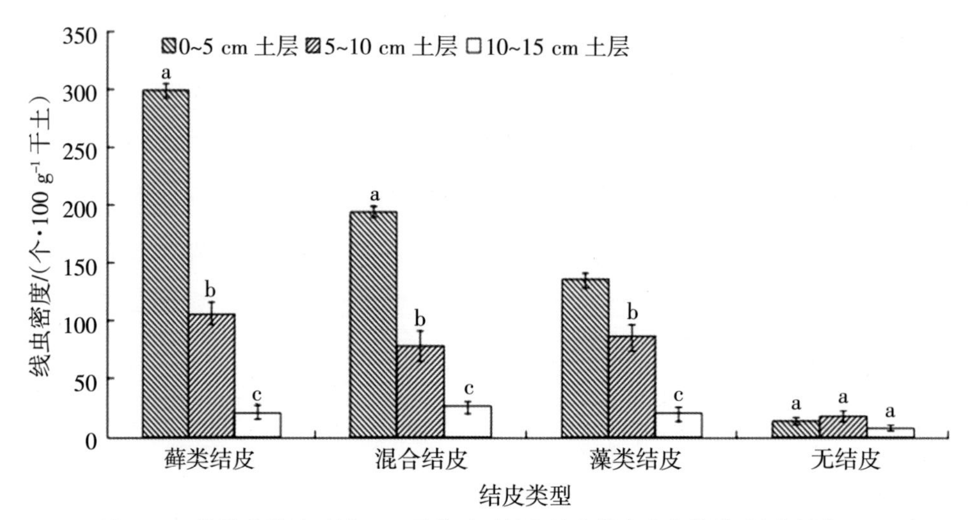

◆ 图 4-14 沙坡头地区不同 BSC 覆盖对不同土层中线虫分布的影响(李新荣，2012)

表 4-4 腾格里沙漠不同掩体演替阶段 BSC 中蚂蚁种的丰富度、洞穴和结皮盖度、生物量及表层土壤参数(改自李新荣，2012)

	对照	蓝藻	地衣	苔藓
蚂蚁种丰富度	2	3	5	7
蚁穴密度/m^2	0	0.24±0.26a	0.28±0.19a	0.51±0.36b
BSC 盖度/%	0	56.72±3.32a	88.66±3.15b	95.54±2.62
BSC 生物量/($mg\cdot cm^{-2}$)	0	2.01±0.12a	2.11±0.22a	6.27±0.44b
BSC 和表土厚度/cm	0	1.53±0.78a	2.96±1.21b	4.52±0.56c
表土粉粒含量/%	0.10±0.05a	19.05±1.77b	19.92±2.00b	23.66±1.89
表土粘粒含量/%	0.42±0.38a	1.95±0.58b	2.32±1.10b	7.45±2.49c
表土层湿度/%	6.59±1.00a	9.03±1.101b	10.30±1.84b	11.63±1.33
夏季土表温度/°C	30.31±2.20a	27.83±1.78b	28.53±2.30b	24.12±2.34
夏季 5 cm 层土壤温度/°C	27.63±3.14a	26.13±1.51a	27.06±1.90a	22.01±1.82b
土壤 pH	7.41±0.38a	7.98±0.16a	7.84±0.13a	7.85±0.14a
表土有机质/($g\cdot kg^{-1}$)	0.58±0.23a	5.99±0.79b	6.13±1.07b	7.52±0.62c
全氮/($g\cdot kg^{-1}$)	0.16±0.02a	0.42±0.09b	0.46±0.02b	0.79±0.12c
全磷/($g\cdot kg^{-1}$)	0.30±0.03a	0.31±0.03a	0.45±0.05a	0.55±0.15a
全钾/($g\cdot kg^{-1}$)	0.07±0.02a	0.88±0.34a	0.92±0.20a	1.00±0.36a
碳酸钙含量/($g\cdot kg^{-1}$)	0.25±0.06a	0.35±0.03a	0.34±0.02a	0.36±0.02a
表土总盐含量/($g\cdot kg^{-1}$)	0.53±0.05a	0.75±0.08a	0.82±0.06a	0.88±0.28a

注:不同字母表示差异显著性,$p<0.05$。

(五)参与干旱沙区生态系统食物链构成,并影响了土壤动物和昆虫多样性

在沙坡头固沙植被区,BSC 的形成和演替显著增加了土壤线虫,见图 4–14,蚂蚁种的丰富度和多样性,见表 4–4,且这种增加随着 BSC 演替愈加明显,而根据土壤参数的测定结果,发现 BSC 在演替后期阶段(藓类结皮)的土壤参数值较演替初期(藻类结皮)的同类参数值高,见表 4–4。通过对 BSC 特征和土壤参数进行回归分析发现,蚁穴的分布与不同演替阶段 BSC 覆盖下的土壤理化性质有关,蚁穴的分布在很大程度上取决于 BSC 特征(生物量、表土和 BSC 层厚度)。

进一步的实验发现,尖尾东鳖甲(*Anatolica mucronata*)、哈蛃(*Haslundichilis* sp.)能够取食 BSC 生物体使其正常的存活,见图 4–15,通过实验后解剖尖尾东鳖甲昆虫的消化系统也证实了这点,解剖发现尖尾东鳖甲的消化道内有大量的 BSC 生物体。同时,我们解剖了几种沙坡头地区广泛分布的其他拟步甲昆虫的成虫,在消化道内均发现有 BSC 的存在,这说明 BSC 在荒漠区作为广泛分布的一种植物资源,其不仅在固定流沙,维持植物多样性方面起到重要作用,而且其作为昆虫的食物,参与食物链的构成、物质循环和能量流动。从而进一步说明 BSC 作为荒漠生态系统的重要组成者,其对昆虫的影响可分为间接的和直接的。BSC 为大量的荒漠昆虫的繁衍、生存提供了适宜的生境,证明了它对部分荒漠昆虫能够提供了食物来源,得出沙坡头地区以 BSC 为初级营养级的食物网关系。

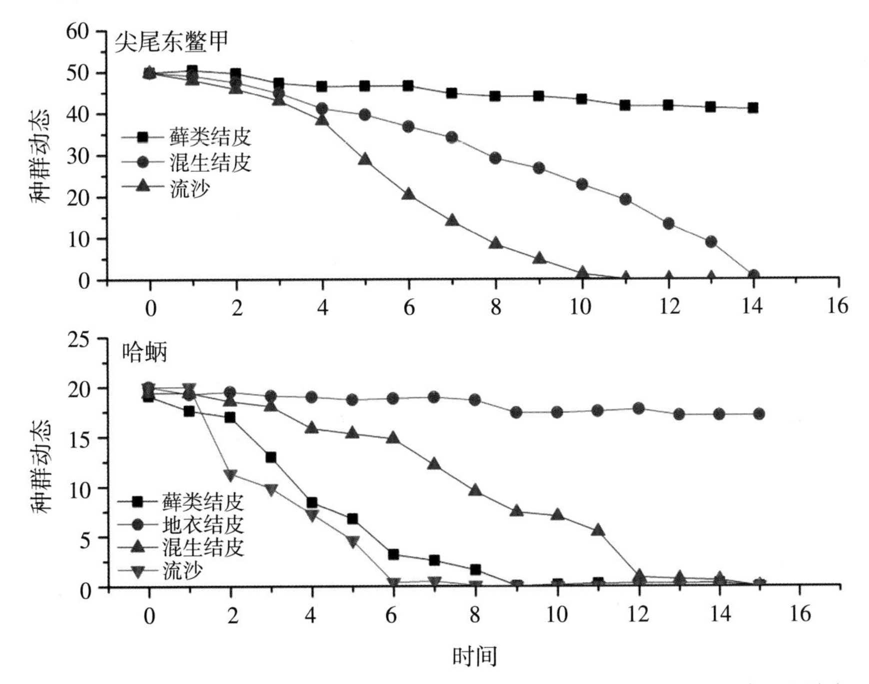

◈ 图 4–15　尖尾东鳖甲(上)和哈蛃(下)成虫实验种群在不同 BSC 上的生存曲线(改自李新荣, 2012)

第二节 土壤微生物多样性及其活性

植被类型对土壤微生物群落结构、多样性及生态功能有着重要的影响。为掌握保护区表层土壤微生物多样性,我们根据保护区典型植被类型,选取了 20 个典型代表样点,对地表 0~5 cm 土壤进行取样,通过高通量分析较全面地反映土壤微生物的多样性,并测定了土壤微生物量碳、氮含量及土壤酶活性。通过土壤微生物量碳和微生物量氮含量指示保护区不同生态系统的微生物数量状况。通过土壤蛋白酶、过氧化氢酶、土壤纤维素酶、碱性磷酸酶、蔗糖酶和脲酶活性,反映不同生态系统的土壤微生物活性。通过微生物量和活性的变化指示不同生态系统的土壤质量状况。

一、土壤微生物群落组成及多样性变化规律

(一)保护区表层土壤细菌群落多样性

20 个样本共获得 613 870 个优质序列,文库的平均大小是 30 694 个序列。20 个样本的 OTU 数目和多样性指数都在 97%的相似水平下计算,共获得 63 406 个 OTUs,数目从 136~6 588。经统计鉴定出 40 门,86 纲,171 目,329 科,648 属,87 种。与第二期科考结果相比,增加了 79 种。

利用 Alpha 多样性分析表层土壤细菌群落丰富度和多样性。不同植被类型间相比,农田生态系统和流沙及固定中土壤的微生物多样性最高,比较大小顺序为:流沙及固定≈农田系统>湖区/湿地系统>红砂-珍珠荒漠土壤>人工林。同一种植被类型,人工林三者相比 A>C>B;湖区/湿地系统相比 D>F>E;农田系统相比 I>H>G;流沙及固定相比 N>P>T>O>Q>M>S>L>R>K。

(二)保护区表层土壤细菌群落结构

对不同生态系统表层土壤中细菌群落进行门分类水平上的群落组成分析,结果显示,保护区表层土壤的优势菌群包括变形菌门(Proteobacteria,19.7%~81.3%)、放线菌门(Actinobacteria,9.2%~22.6%)、酸杆菌门(Acidobacteria,3.7%~16.0%)、硬壁菌门(Firmicutes,2.5%~14.5%)、拟杆菌门(Bacteroidetes,0.6%~13.6%)和蓝藻门(Cyanobacteria,0.1%~11.6%),这六种菌门占了保护区土壤表层细菌群落的 81.4%~97.5%,见图 4-16。

对不同生态系统表层土壤中细菌群落进行纲分类水平上的群落组成分析,结果显

表 4-5　保护区表层土壤细菌群落多样性指数

植被类型	编号	样地描述	丰富度指数	多样性指数
人工林	A	腾格里湖北侧人工林地(新疆小叶杨,胸径 15 cm)	1 117.14	5.36
	B	腾格里湖北侧人工林地(小叶杨,胸径 35 cm 左右)	263.68	3.22
	C	腾格里湖北侧人工林地砍伐林地	615.49	3.84
湖区演变环境多样性	D	芦苇湿地	1 981.15	8.58
	E	退化湿地-草地	172.2	2.54
	F	退化湿地-干草原-芦苇和杠柳	508.35	7.36
农田系列	G	兰铁中卫固沙林场周边北玉米大田	1 340.12	8.74
	H	小湖周边玉米弃耕地	1 251	8.85
	I	腾格里湖区域果园	4837.17	10.08
流沙及固定	K	流沙	226.88	3.38
	L	1987 年蓝藻结皮	4 524.61	10.01
	M	1987 年藻-地衣混合结皮	8 641.92	10.37
	N	1981 年藻-地衣混合结皮	7 350.85	10.65
	O	1956 年藻-地衣混合结皮	6 374.65	10.35
	P	1987 年真藓结皮	8 215.16	10.65
	Q	1981 年真藓结皮	6 899.29	10.36
	R	1956 年真藓结皮	4 404.93	9.04
	S	1956 年土生对齿藓结皮	5 904.55	10.23
	T	1956 年齿肋赤藓结皮	6 985.13	10.48
红砂-珍珠荒漠土壤	J	孟家湾红砂-珍珠群落	490	6.93

示，保护区表层土壤的优势菌群包括 β-变形菌纲（Betaproteobacteria,4.4%~39.8%）、α-变形菌纲（Alphaproteobacteria,10.9%~38.9%）、放线菌纲（Actinobacteria,1.7%~14.2%）、酸杆菌纲(Acidobacteria,3.4%~12.4%)、拟杆菌纲(Bacteroidia,0.2%~11.4%)、梭菌纲(Clostridia,0.1%~10.9%)和蓝藻纲(Cyanobacteria,0.0%~9.7%),这七个菌纲占保护区土壤表层细菌群落的 58.0%~88.3%,见图 4-17。

对 20 个样本表层土壤中细菌群落进行门分类水平上的群落组成分析，结果显示,变形菌门(Proteobacteria)的相对比例在人工林中 B>C>A;湖区/湿地系统相比 E>D>F；农田系统相比 I>G>H；流沙及固定相比 K>(O,P,Q,R,S,T,L,M,N)；蓝藻门

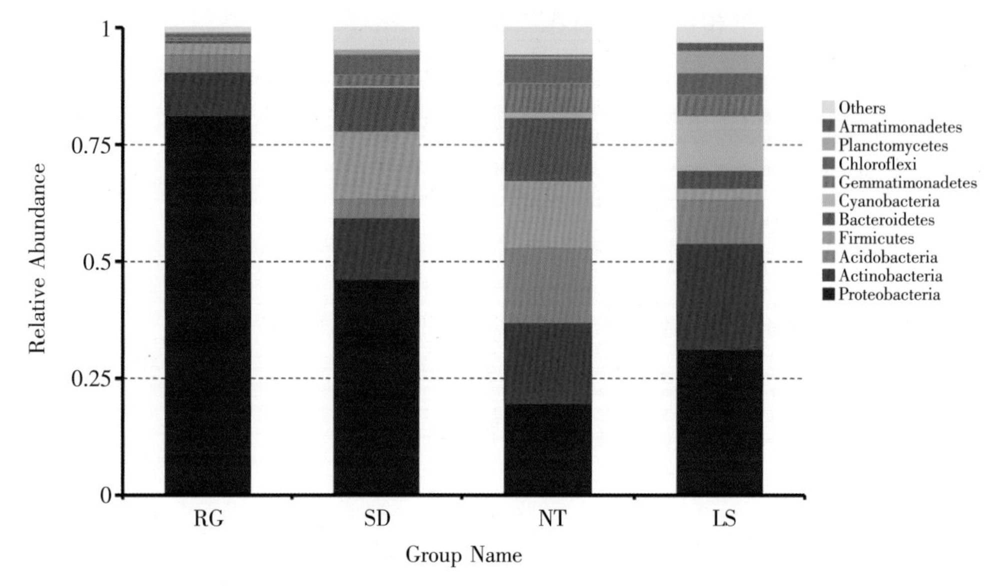

◆ 图 4-16　不同生态系统表层土壤中细菌在门分类水平上群落组成

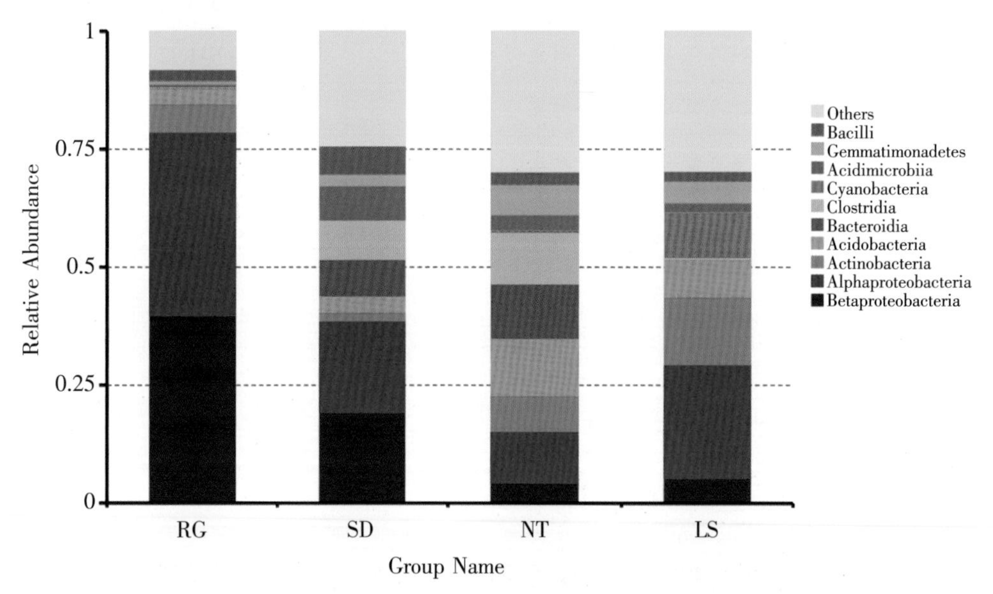

◆ 图 4-17　不同生态系统表层土壤中细菌在纲分类水平上群落组成

(Cyanobacteria)的相对比例在人工林中无显著差异,湖区/湿地系统相比 F>D>E;农田系统相比 H>G>I;流沙及固定相比 K>(O,P,Q,R,S,T,L,M,N);硬壁菌门(Firmicutes)的相对比例在湖区/湿地系统中 F>D>E; 农田系统相比 H>G>I; 流沙及固定相比 K>(O,P,Q,R,S,T,L,M,N);放线菌门(Actinobacteria)的相对比例在人工林中 A>C>B;湖区/湿地系统相比 D>F>E;农田系统相比 H>I>G;流沙及固定相比(O,P,Q,R,S,T,L,M,N)>K;酸杆菌门(Acidobacteria)的相对比例在人工林中 A>C>B;湖区/湿地系统相比 D>F>E；农田系统相比 I>G>H；流沙及固定相比（O，P，Q，R，S，T，L，M，N）>K；拟杆菌门（Bacteroidetes）的相对比例在湖区/湿地系统中 F>D>E；农田系统相比 H>G>I；流沙及固定相比（O，P，Q，R，S，T，L，M，N）>K，见图 4-18。

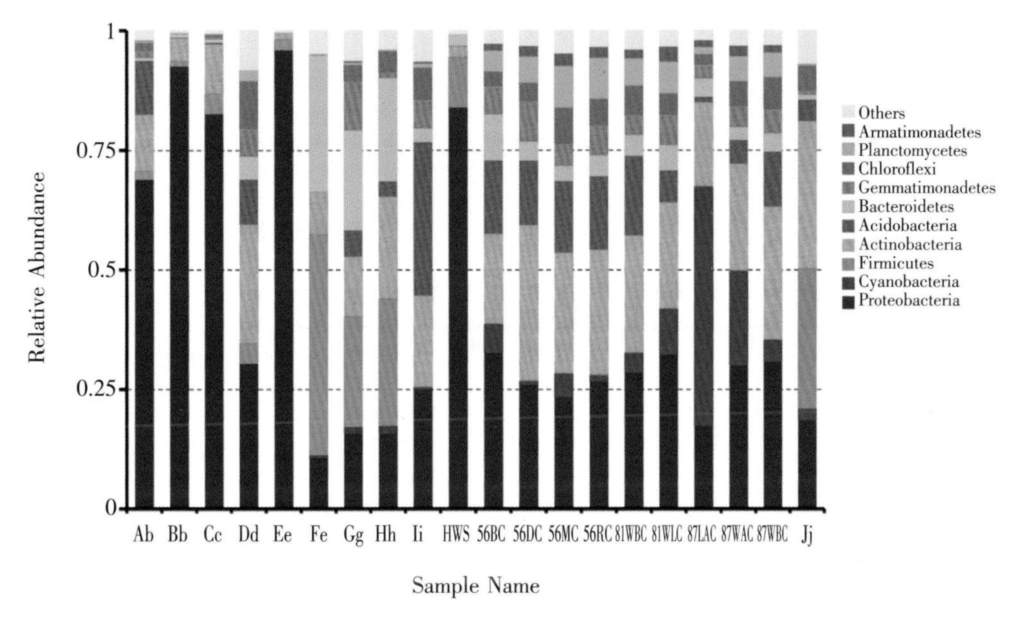

◆ 图 4-18 20 样本表层土壤中细菌在门分类水平上群落组成

对 20 个样本表层土壤中细菌群落进行纲分类水平上的群落组成分析，结果显示，β-变形菌纲（Betaproteobacteria）的相对比例在人工林中 C>A>B；湖区/湿地系统相比 E>D>F；农田系统相比 I>H>G；流沙及固定相比 K>（O，P，Q，R，S，T，L，M，N）；α-变形菌纲（Alphaproteobacteria）的相对比例在人工林中 B>C>A；湖区/湿地系统相比 E>D>F；农田系统相比 I>G>H；流沙及固定相比 K>N>M>R>P>S>Q>T>O>L；放线菌纲（Actinobacteria）的相对比例在人工林中 C>B>A；湖区/湿地系统相比 F>E>D；农田系统相比 H>G>I；流沙及固定相比（O，P，Q，R，S，T，L，M，N）>K；拟杆菌纲（Bacteroidia）的相对比例在湖区/湿地系统中 F>（E，D）；农田系统相比 H>G>I；酸杆菌纲（Acidobacteria）的相对比例在人工林中 A>（B，C）；湖区/湿地系统相比 D>（F，E）；农田系统相比 I>G>H；流沙及固定相比 Q>T>O>R>S>P>N>M>L>K，见图 4-19。

（三）保护区表层土壤真菌群落多样性

20 个样本共获得 408 316 个优质序列，文库的平均大小是 20 416 个序列。20 个样本的 OTU 数目和多样性指数都在 97%的相似水平下计算，共获得 6 687 个 OTUs，数目从 307~3 188。经统计共鉴定出 1 门，3 纲，4 目，7 科，8 属，30 种。第一期和第二期

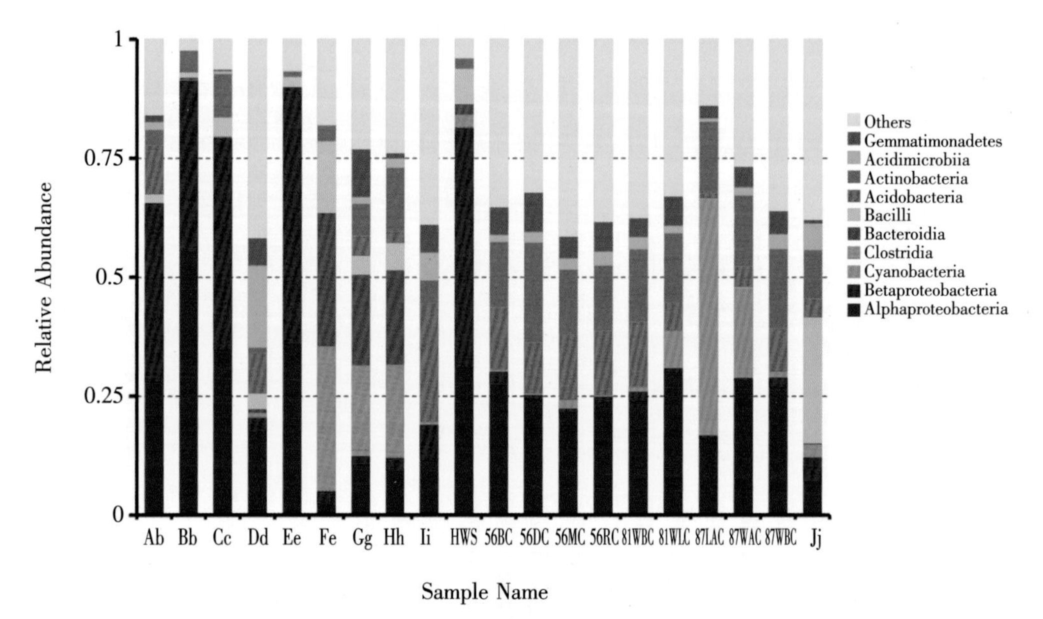

◆ 图 4-19 20 样本表层土壤中细菌在纲分类水平上群落组成

科考均未涉及真菌。

利用 Alpha 多样性分析表层土壤细菌群落丰富度和多样性，不同植被类型间相比，农田生态系统和流沙及固定中土壤的微生物多样性最高，比较大小顺序为：流沙及固定>红砂-珍珠荒漠土壤>农田系统>湖区/湿地系统>人工林。同一种植被类型，人工林三者相比 C>B>A；湖区/湿地系统相比 D>E>F；农田系统相比 I>H>G；流沙及固定相比 Q>O>P>N>T>S>M>R>L>K。

（四）保护区表层土壤真菌群落结构

对不同生态系统表层土壤中真菌群落进行门分类水平上的群落组成分析，结果显示，保护区表层土壤的最优势菌群为球囊菌门（Glomeromycota，21.8%~91.9%），而其他占了保护区土壤表层真菌群落的 8.1%~78.2%，见图 4-20。

对不同生态系统表层土壤中真菌群落进行纲分类水平上的群落组成分析，结果显示，保护区表层土壤的优势菌群包括球囊菌纲（Glomeromycetes，21.5%~90.2%）、古孢霉纲（Archaeosporomycetes，0.2%~12.1% ）和 Paraglomeromycetes（0.1%~1.2%），这三种菌纲占了保护区土壤表层真菌群落的 21.8%~91.9%，见图 4-21。

对 20 个样本表层土壤中真菌群落进行门分类水平上的群落组成分析，结果显示，球囊菌纲（Glomeromycetes）的相对比例在人工林中 A>C>B；湖区/湿地系统相比 E>F>D；农田系统相比 G>I>H；流沙及固定相比 K>（O，P，Q，R，S，T，L，M，N），见图 4-22。

表 4-6　保护区表层土壤真菌群落多样性指数

植被类型	编号	样地描述	丰富度指数	多样性指数
人工林演变	A	腾格里湖北侧人工林地(新疆小叶杨,胸径 15 cm)	239.66	3.81
	B	腾格里湖北侧人工林地(小叶杨,胸径 35 cm 左右)	249.94	4.01
	C	腾格里湖北侧人工林地砍伐林地	286	5.43
湖区演变环境多样性	D	芦苇湿地	233.29	5.02
	E	退化湿地-草地	236	4.95
	F	退化湿地-干草原-芦苇和杠柳	225.43	4.90
农田系列	G	兰铁中卫固沙林场周边北玉米大田	253	4.25
	H	小湖周边玉米弃耕地	356.36	5.71
	I	腾格里湖区果园	453.55	6.06
流沙及固定	K	流沙	329.46	4.60
	L	1987 年蓝藻结皮	1 737.32	8.47
	M	1987 年藻-地衣混合结皮	2 493.2	9.53
	N	1981 年藻-地衣混合结皮	1 942.25	9.70
	O	1956 年藻-地衣混合结皮	1 915	9.82
	P	1987 年真藓结皮	2 097.43	9.81
	Q	1981 年真藓结皮	2 391.88	9.83
	R	1956 年真藓结皮	1 572	9.38
	S	1956 年土生对齿藓结皮	2 484.63	9.53
	T	1956 年齿肋赤藓结皮	1 769	9.61
红砂-珍珠荒漠	J	孟家湾红砂-珍珠群落	325.68	5.78

对 20 个样本表层土壤中真菌群落进行纲分类水平上的群落组成分析,结果显示,球囊菌纲(Glomeromycetes)的相对比例在人工林中 A>C>B;湖区/湿地系统相比 E>F>D; 农田系统相比 I>G>H; 流沙及固定相比 K >(O,P,Q,R,S,T,L,M,N); 古孢霉纲(Archaeosporomycetes)的相对比例在人工林中 B>C>A;湖区/湿地系统相比 D>F>E;农田系统相比 G>I>H;流沙及固定相比 K>(O,P,Q,R,S,T,L,M,N);Paraglomeromycetes 的相对比例在人工林中 C>A>B;湖区/湿地系统相比 E>F>D;农田系统相比 H>I>G;流沙及固定相比 K>(O,P,Q,R,S,T,L,M,N),见图 4-23。

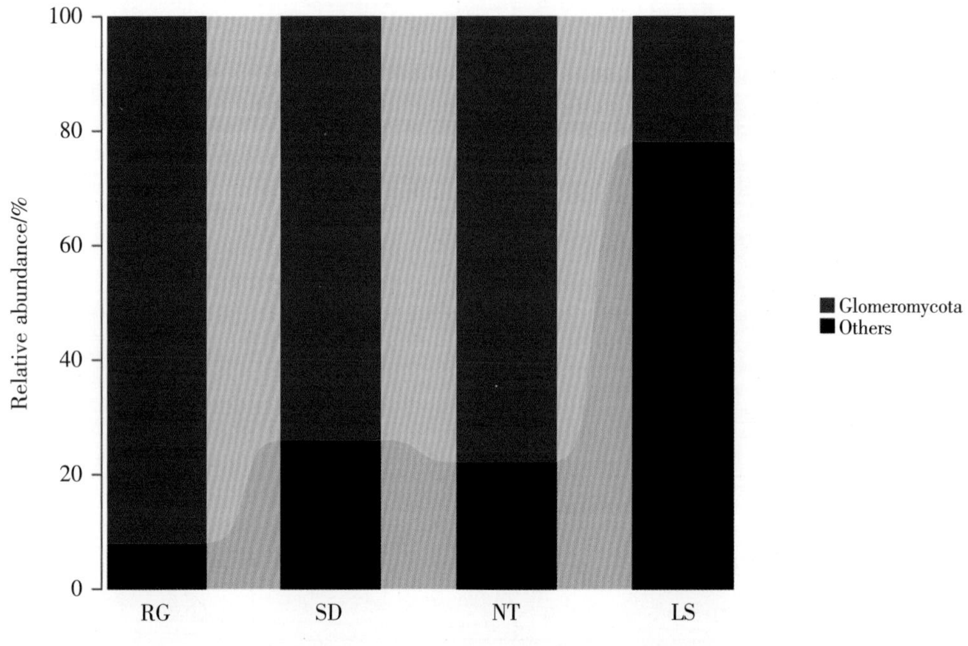

◆ 图 4-20 不同生态系统表层土壤中真菌在门分类水平上群落组成

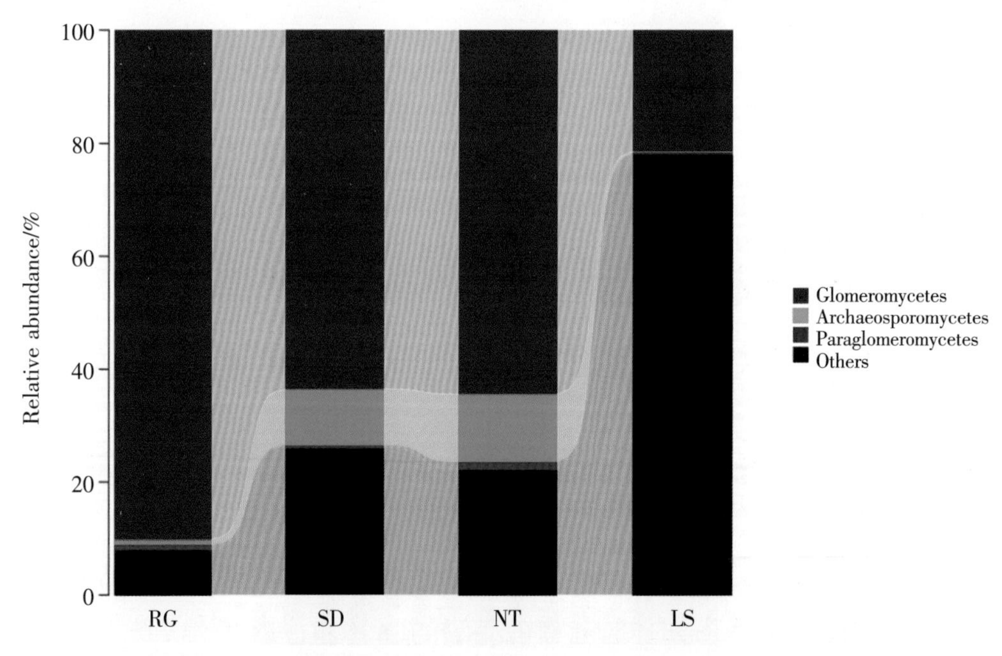

◆ 图 4-21 不同生态系统表层土壤中真菌在纲分类水平上群落组成

(五)土壤微生物量碳氮

图 4-24 显示,流动沙丘固定后(S23、S37 和 S17)其表土(0~5 cm)中的土壤微生物量碳和氮含量最高,而地表没有 BSC 覆盖的流动沙丘地区(S16)土壤微生物量碳和氮含量最低,表明地表 BSC 覆盖可以大大增加土壤微生物量。而且,人为活动频繁的

◆ 图 4-22　20 样本表层土壤中真菌在门分类水平上群落组成

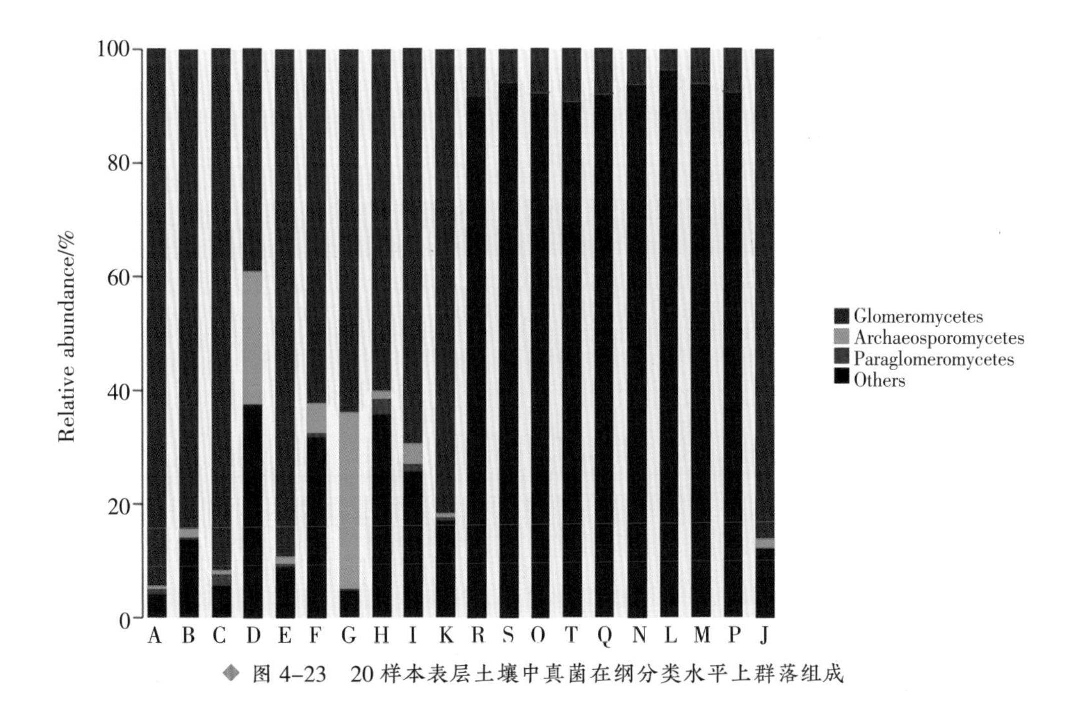

◆ 图 4-23　20 样本表层土壤中真菌在纲分类水平上群落组成

景区(S14)的表土土壤微生物量碳和氮含量低,表明人为干扰会大大降低土壤微生物量,可见,封育是保护提高沙质土壤质量的重要措施。

在典型荒漠生态系统中，土壤微生物量碳和氮的含量表现为 S57>S59>S56>S60,

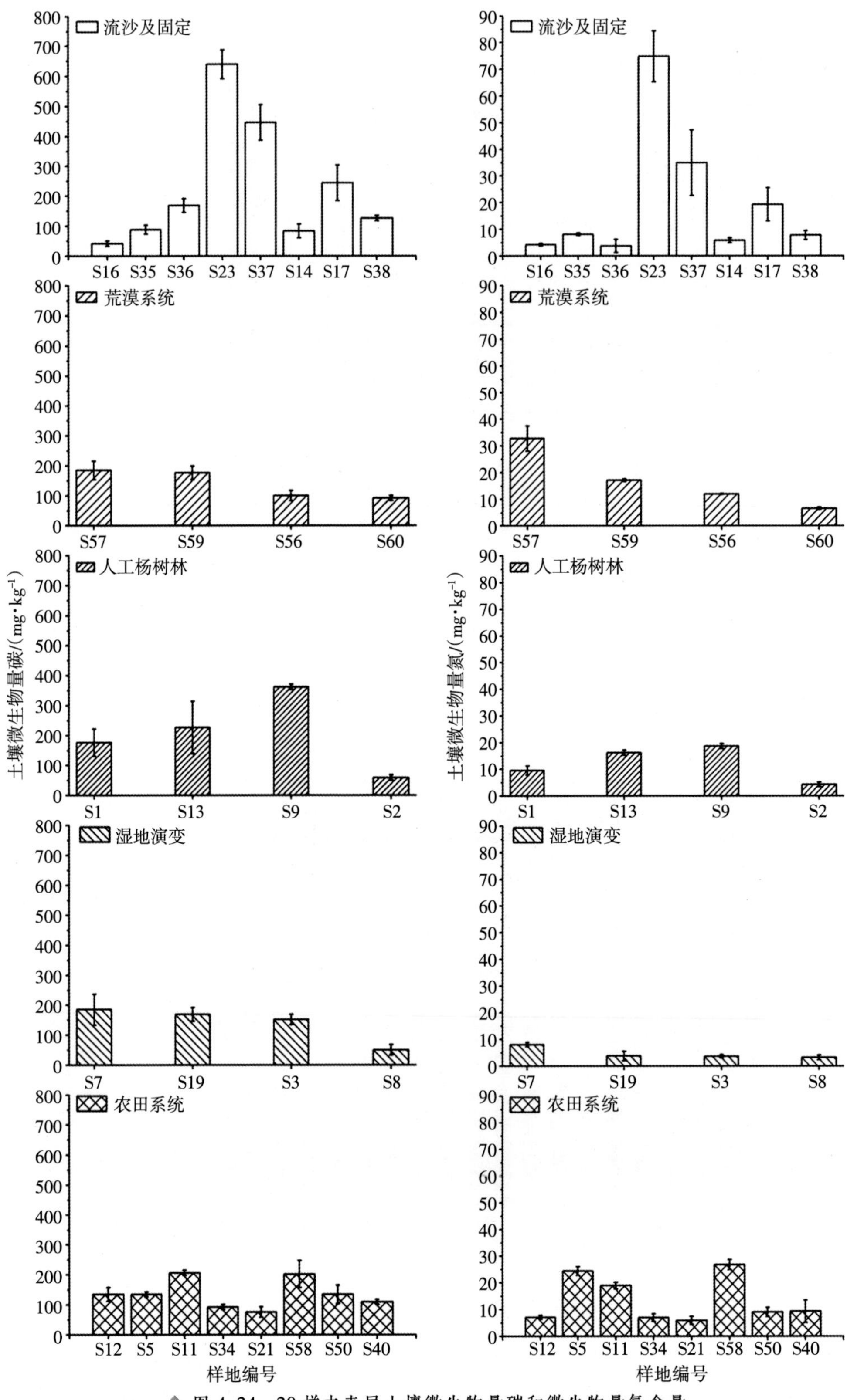

◆ 图 4–24　20 样本表层土壤微生物量碳和微生物量氮含量

表明，随着荒漠土壤退化程度的加重土壤微生物量降低，指示随着荒漠土壤退化程度的加重土壤质量下降。人工杨树林系统中，土壤微生物量碳和氮的含量表现为 S9（生长时间长的杨树林）>S13（生长时间较短的杨树林）>S1（人工速生林）>S2（人工杨树林砍伐地），可见，随着人工杨树林的生长时间的延长而增加。人工杨树林砍伐地（S2）土壤微生物量碳和氮的值最低，其原因可能是人工杨树林地表由于接受黄河水灌溉，淤积成层，但砍伐后不采取措施明显这种淤积层很脆弱，微生物量急剧下降，接近流沙水平。

在湖区和湿地系统中，S7（湖边）最高，S19（退化湿地）和 S3（湖附近）次之，较为干旱的 S8（湖边的固沙区）最低。由此可见，随着土壤水分减少，土壤沙化增加，土壤微生物量逐渐降低。在农田系统中，8 处农田土壤微生物量碳和氮含量差距较小，其中，S34 与 S21 两处果园土壤微生物量较小，其原因是土壤虽然经过改良但仍然是较为贫瘠。

二、土壤酶活性

土壤酶是土壤生态系统中具有催化功能的一类蛋白质，由植物根系分泌物、微生物和动植物残体释放到土壤中，参与了土壤中所有的生物化学过程，其活性的大小可以灵敏地反映土壤中生化反应的方向和强度。

综合图 4-25、图 4-26 和图 4-27 发现，在流沙及固定地区，土壤蛋白酶、过氧化氢酶、土壤纤维素酶、碱性磷酸酶、蔗糖酶和脲酶的活性最高值基本上集中在有 BSC/植被覆盖的固定沙丘区域（S23、S37、S14 和 S28），而植被稀疏的流动沙丘区域（S16）这 6 种土壤酶的活性最低，说明地表 BSC/植被覆盖可以明显增加土壤酶的活性，而封育是保护提高沙质土壤质量的重要措施。

流沙固定后地表结皮形成和发育促进了土壤有机质含量等营养物质的积累，提高的土壤营养增加了微生物活性，微生物活性的变化成为酶活性变化的主要因素，典型荒漠系统退化通常会降低酶的活性。在荒漠系统中，土壤蛋白酶、过氧化氢酶、土壤纤维素酶、碱性磷酸酶、蔗糖酶和脲酶的活性基本表现为 S57>S59>S56>S60，可见，随着荒漠土壤退化程度的加重土壤酶活性降低，指示随着荒漠土壤退化程度的加重土壤质量下降。

在人工杨树林，土壤蛋白酶、过氧化氢酶、土壤纤维素酶、碱性磷酸酶、蔗糖酶和脲酶的活性基本表现为 S9（生长时间长的杨树林）>S13（生长时间较短的杨树林）>S1（人工速生林）>S2（人工杨树林砍伐地），即随着人工杨树林生长时间的延长而土壤酶

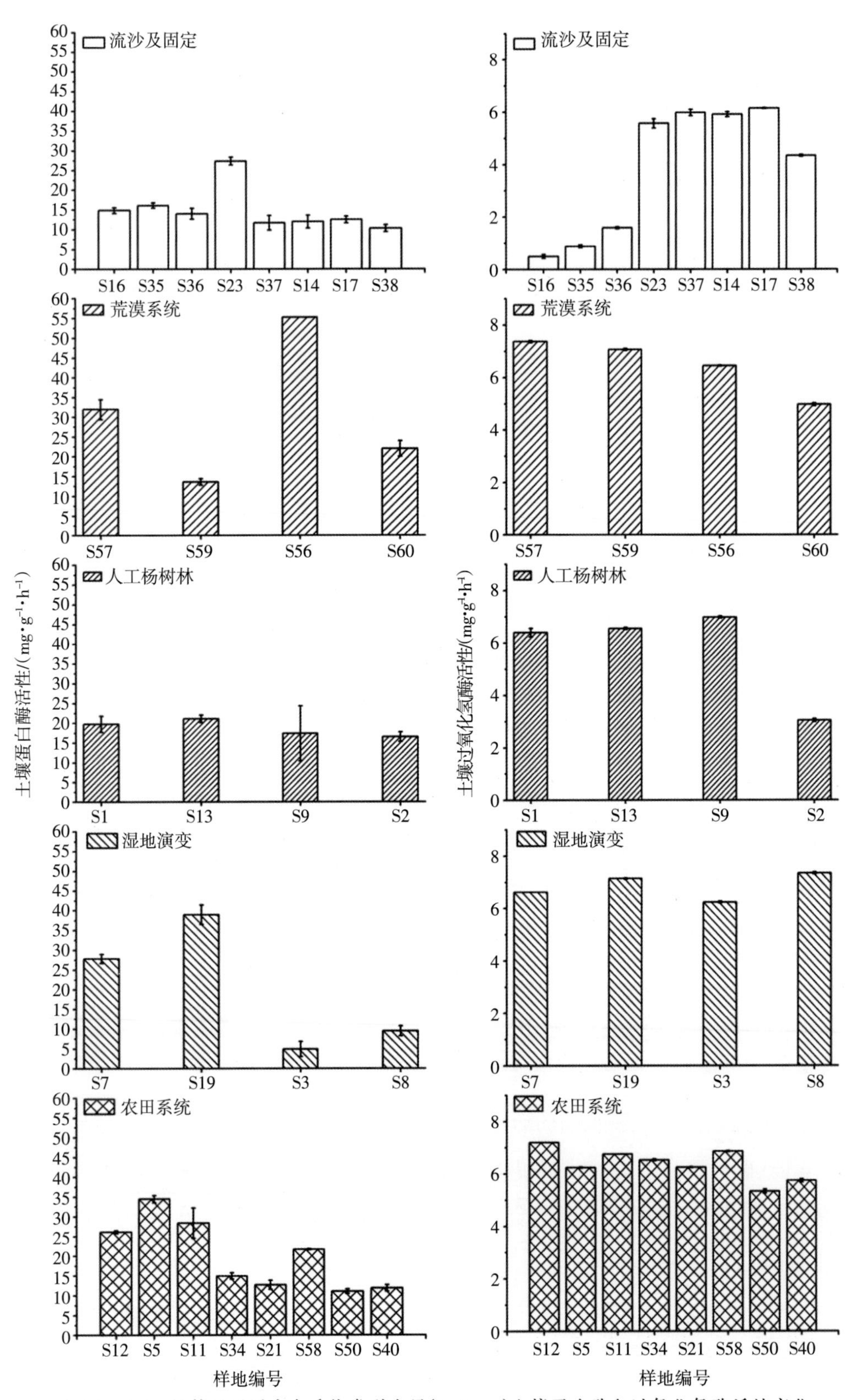

◆ 图 4-25 保护区不同生态系统类型表层(0~5 cm)土壤蛋白酶和过氧化氢酶活性变化

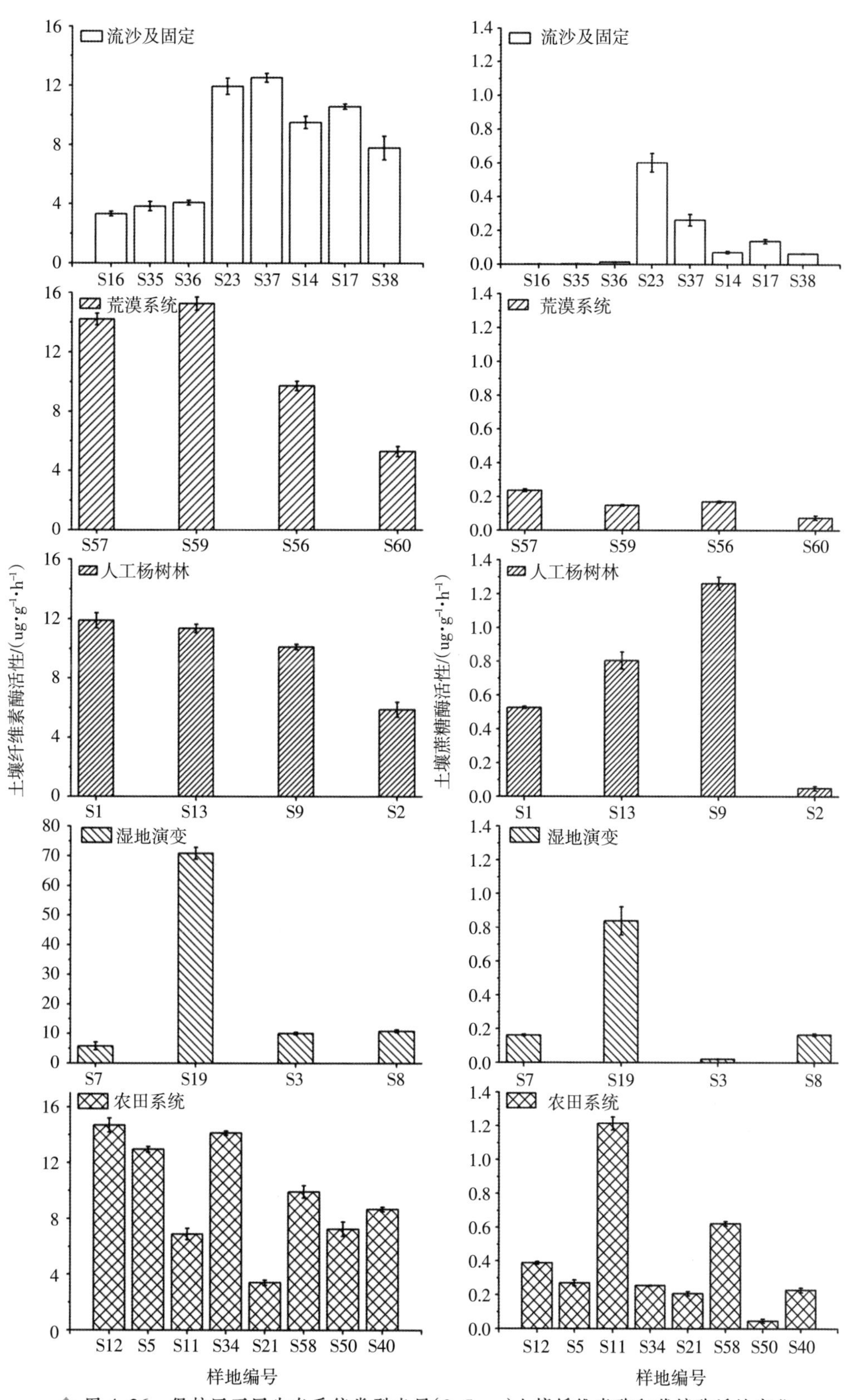

◆ 图 4-26　保护区不同生态系统类型表层(0~5 cm)土壤纤维素酶和蔗糖酶活性变化

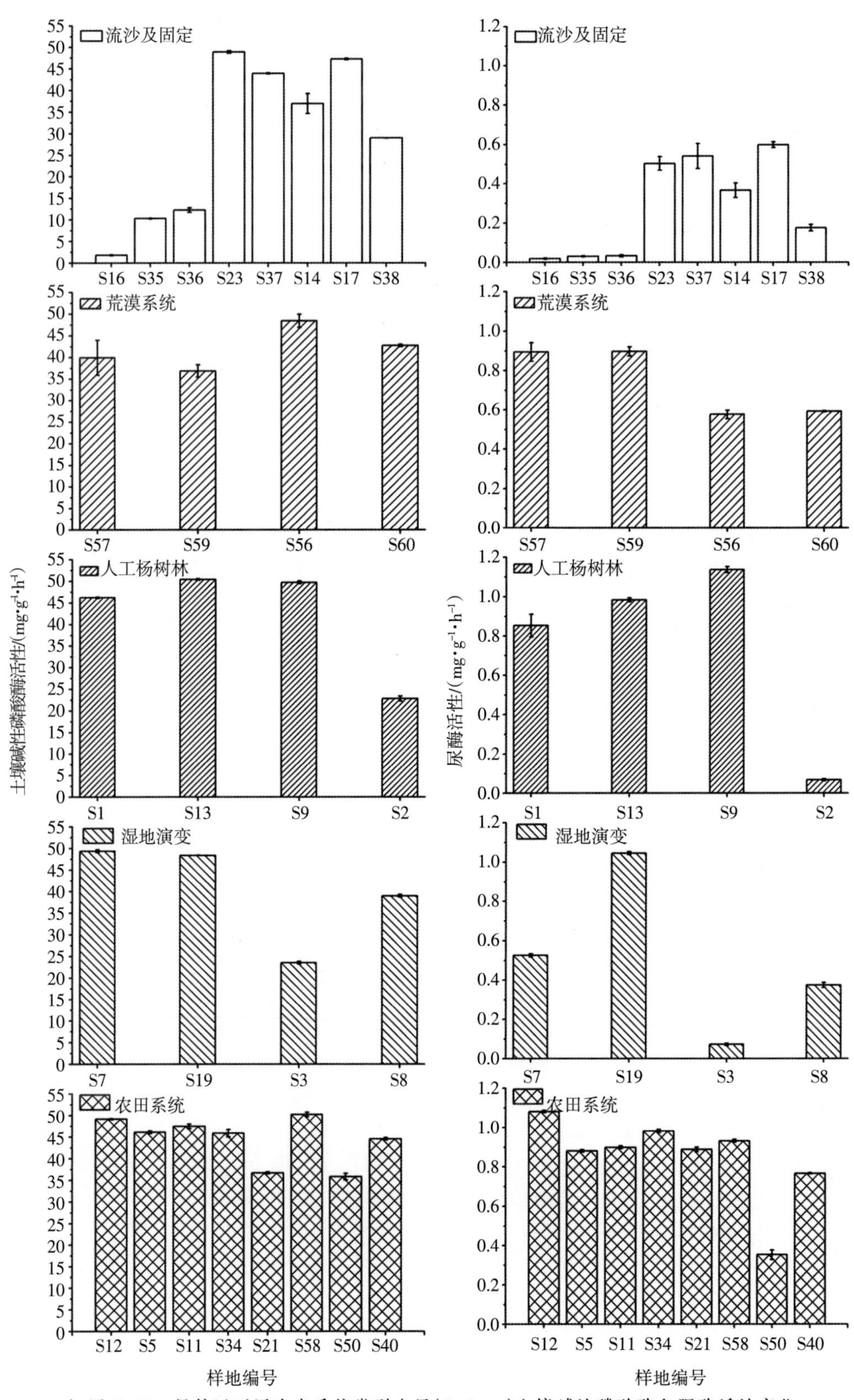

◆ 图 4-27　保护区不同生态系统类型表层(0~5 cm)土壤碱性磷酸酶和脲酶活性变化

活性增加，它们均高于人工杨树林砍伐地，人工杨树林砍伐后土壤酶活性迅速降低。

在湿地系统中，土壤蛋白酶、过氧化氢酶、土壤纤维素酶、碱性磷酸酶、蔗糖酶和脲酶的活性基本表现 S19（退化湿地）最高，S7（湖边）、S3（湖附近）和干旱的 S8（湖边的固沙区）土壤酶活性低。在农田系统中，8 处农田土壤蛋白酶、过氧化氢酶、土壤纤维素酶、碱性磷酸酶、蔗糖酶和脲酶的活性变化较大，因水分、施肥量和生长植物的不同而有所变化。其中，S34 与 S21 两处果园土壤酶活性较小，其原因贫瘠的流沙型土壤导致土壤微生物活性下降，降低了土壤酶活性。

第五章

动物多样性

综合第一、第二和第三期科考普查（刘廼发等，2005；刘廼发等，2011），沙坡头自然保护区分布有脊椎动物5纲27目66科230种。其中鱼类3目5科18种，两栖类1目2科3种，爬行类1目4科7种，鸟类15目43科178种，哺乳类7目12科24种，见表5-1，附录II。野生脊椎动物中，国家重点保护动物26种，其中国家I级5种，国家II级21种。

从保护区的野生脊椎动物种类组成看，鸟类占绝对优势，占沙坡头自然保护区野生脊椎动物种类数量的77.39%；哺乳类次之，占10.43%；鱼类占7.82%；爬行类占3.04%；两栖类最少，仅占1.30%。

表5-1　保护区野生脊椎动物组成统计

类别	目	科	种	国家I级	国家II级
哺乳类	6	12	24	0	4
鸟类	15	43	178	5	17
爬行类	2	4	7	0	0
两栖类	1	2	3	0	0
鱼类	3	5	18	0	0
合计	27	66	230	5	21

与前两期相比，新发现脊椎动物物种7种，其名录如下：

1. 白鹭 *Egretta garzetta* (Linnaeus);

2. 雉(鸡)*Phasianus colchicus* Linnaeus;

3. 达乌尔猬 *Hemiechinus dauricus* (Sundevall);

4. 普通鼩鼱 *Sorex araneus* Linnaeus;

5. 大沙鼠 *Rhombomys opimus* (Lichtenstein);

6. 白条锦蛇(枕纹锦蛇)*Elaphe dione* (Pallas);

7. 花条蛇 *Psammophis lineolatus* (Brandt)。

第一节 水生脊椎动物

一、物种多样性

调查方法:水生脊椎动物的调查主要在长流水、荒草湖、腾格里湖和小湖进行,主要采用网捕调查,由于保护区各个水域都有人工养鱼,结合对养鱼业主采访和调查,记录调查到的鱼种类。

保护区水生脊椎动物主要是鱼类,有3目5科17属18种,见表5-2,其中人工养殖的4种:花鲢(*Aristichthys nobilis*)、白鲢(*Hypophtlmichthys molitrix*)、草鱼(*Ctenopryngodon idellus*)和团头鲂(*Megalobrara amblycephola*)。

保护区鱼类占宁夏鱼类种类(31种)的58.06%。

表5-2 保护区鱼类及区系分布

种类	北方区	宁蒙区	华西区	华东区	华南区
鲤形目 Cypriniformes					
鳅科 Cobitidae					
1. 北方花鳅 *Cobitis granoei*	+	+	+	+	+
2. 泥鳅 *Misgurnus anguillicaudatus*	+	+	+	+	+
3. 达里湖高原鳅 *Tripliophysa dalaica*		+	+		
4. 似鲶高原鳅 *Triplophysa siluroides*			+		
鲤科 Cyprinidae					
5. 鲤 *Cyprinus carpio*	+	+	+	+	+
6. 鲫 *Carassius auratus*	+	+	+	+	+
7. 花鲢 * *Aristichthys nobilis*					

续表

种类	北方区	宁蒙区	华西区	华东区	华南区
8. 白鲢 **Hypophtlmichthys molitrix*					
9. 草鱼 **Ctenopryngodan idellus*					
10. 鳌条 *Hemiculter leucisulus*				+	+
11. 团头鲂 * *Megalobrama amblycephola*					
12. 麦穗鱼 *Pseudorasbora parva*	+	+	+	+	+
13. 黄河鮈 *Gobio huanghensis*			+		
14. 北方铜鱼 *Coreius septentrionalis*		+	+		
15. 棒花鱼 *Abbotina rivularis*	+			+	
鲈形目 Perciformes					
塘鳢科 Eltotridae					
16. 黄鲏鱼 *Hypseleotris swinhonis*	+			+	+
鰕虎鱼科 Gobiidae					
17. 波氏栉鰕虎鱼 *Ctenogobiu cliffordpopei*				+	
鲶形目 Siluriforiformes					
鲶科 Siluridae					
18. 鲶鱼 *Silurus asotus*	+	+	+	+	+

注:* 人工养殖的种类

二、区系分析

保护区养殖的 4 种鱼均是人工引进,不在区系分析的范围内,野生鱼 14 种为区系分析的依据。

保护区虽然鱼类种类较少,但区系较为复杂。依李思忠(1981)《中国淡水鱼类的分布区划》我国鱼类北方区、华西区、宁蒙区、华东区和华南区的代表鱼种几乎这里都有分布,见表 5-2。鳅科(Cobitidae)有 4 种,其中北方花鳅(*Cobitis granoei*)和泥鳅(*Misgurnus anguillicaudatus*)在 5 区均有分布,前者更分布于阿尔泰山的额尔齐斯河亚区,后者分布到黑龙江亚区。达里湖高原鳅(*Tripliophysa dalaica*)是宁蒙区内蒙古高原亚区的代表,主要分布于贺兰山以北内蒙古的内陆水系,向南到黄河水系的渭河,即华西区的陇西亚区。似鲶高原鳅(*Triplophysa siluroides*)是华西区青藏亚区的代表,分布于黄河干流和较大的支流。野生鲤科(Cyprinidae)共 7 种,其中鲤鱼(*Cyprinus carpio*)、鲫鱼(*Carassius auratus*)和麦穗鱼(*Pseudorasbora parva*)3 种在 5 区均有分布。鳌条(*Hemiculter leucisulus*)主要分布于华东区和华南区。黄河鮈(*Gobio huanghensis*)和北方铜鱼(*Coreius septentrionalis*)是黄河中上游的特产,前者只见于华西区的陇西亚区,后者还分布于宁蒙区的河套亚区。棒花鱼(*Abbotina rivularis*)是我国北方鱼类区系的代表,向南分布到江淮亚区。塘鳢科(Eltotridae)是华东区江淮亚区的代表鱼类,黄鲵鱼(*Hypseleotris swinhonis*)向北分布于北方区的黑龙江亚区。鰕虎鱼科(Gobiidae)都是典型的华南区代表鱼种,而波氏栉鰕虎鱼(*Ctenogobiu cliffordpopei*)为华东区江淮亚区的代表。鲶科(Siluridae)中的鲶鱼(*Silurus asotus*)是广布种,见于所有 5 个区。

三、鱼类资源

保护区 14 种野生鱼类中,黄河鲤鱼(*Cyprinus carpio*)、鲶鱼(*Silurus asotus*)和北方铜鱼(*Coreius septentrionalis*)等是世界知名的鱼类,具有很大的经济价值。它们的适应性强,便于饲养。沙坡头地区夏季气温高,日照时间长,水温较高,水源较充足,有利于饲养鱼类。但为达到充分利用水体,科学养殖,变粗养为精养,应组织专题论证,提出科学养殖的规划。

第二节 陆生脊椎动物

一、种类多样性

陆生脊椎动物多样性调查方法:2017—2018 年按照春夏秋冬季节共调查四次,选择美丽纸业人工林片区,小湖湿地片区,腾格里湖片区,迎水桥片区,碱碱湖片区,沙坡头治沙站片区,孟家湾片区和长流水片区,从北(腾格里沙漠区)到南(保护区南端)各区画一条踏查路线,采用肉眼观察,长焦相机,望远镜等辅助观察工具,调查记录沿途遇到的所有脊椎动物和活动踪迹(踪印,粪便等),同时采访兰铁中卫固沙林场职工、铁路巡道员、沿途百姓及沙坡头治沙站和保护区管理局工作人员,询问记录近年来观察到的野生动物。

(一)两栖类

保护区两栖类种类很少,仅 3 种,花背蟾蜍(*Bufo raddei*)、中国林蛙(*Rana temporaria*)和黑斑蛙(*Rana migromaculata*),其中花背蟾蜍的数量较多。

两栖类占宁夏两栖类种数(6 种)的 50.00%。

（二）爬行类

保护区爬行类也较少，只有7种，其中蜥蜴2种：荒漠沙蜥（*Phrynocephalus przewlskii*）和密点麻蜥（*Ereimas multiocellata*），蛇类5种：虎斑游蛇（*Rbdophis tigrina*），白条锦蛇（*Elaphe dione*），黄脊游蛇（*Coluber spinalis*）花条蛇（*Psammophis lineolatus*）和中介蝮（*Agkistrodon intermedius*），占宁夏爬行类（19种）的36.84%。

（三）鸟类

鸟类是保护区陆生脊椎动物种类最多的一个类群，共有15目43科178种。

15目中，种类最多的是雀形目（Passeriformes），达78种，占保护区鸟类的44.07%，其次是鹤形目（Gruiformes）和雁形目（Anseriformes），分别是23种和16种，分别占13.00%和9.03%，鹃形目（Cuculiformes）和夜鹰目（Caprimulgiformes）的最少，都是1种，占0.56%。

43个科中，种类最多的是鸭科（Anatidae），16种，占保护区鸟类的9.03%；其次是雀科（Paridae）和莺科（Sylviinae），分别是12种和11种，分别占7.78%和6.21%。其他科的种类都没有达到两位数。鸣鹟科（Placrocoracidae）、鹳科（Ciconiidae）、鹮科（Threskionithidae）、鸨科（Otididae）、彩鹬科（Rostratulidae）、反嘴鹬科（Recurvirostridae）、燕鸻科（Glareolidae）、杜鹃科（Cuculidae）、夜鹰科（Caprimulgidae）、戴胜科（Upupidae）、太平鸟科（Bombycilllidae）、椋鸟科（Sturnidae）、黄鹂科（Oriolidae）和鳾科（Sittidae）等14个科都只有1种。

（四）哺乳类

保护区有哺乳类6目12科24种，以啮齿目（Rodentia）为主，11种，占50.00%，其次是食肉目（Carnivova）5种，占22.73%，食虫目（Insectivora）2种、翼手目（Chiroptera）和兔形目（Lagomorpha）各有1种，占4.76%。保护区哺乳类占宁夏哺乳类（74种）的29.73%。

二、种类组成及区系

在保护区繁殖的陆生脊椎动物有109种，虽然种类不多，但区系成分比较复杂，包括古北界、东洋界和广布种3大区系类型，以古北界占绝对优势，有79种，占72.5%，东洋界种类（含季风型）12种，占11.0%，广布种18种，占16.5%。古北界包括东北-华北型5种，占6.3%，中亚型27种，占34.2%，全北型10种，占12.7%，北方型26种，占32.9%，东北型9种，占11.4%，蒙古高原型和高地型各一种分别占1.3%，见表5-3。

表5-3中X代表东北-华北型,分布于我国东北和华北,向北伸达朝鲜半岛、俄罗斯远东和蒙古等地。E为季风型,分布于我国东部季风区,大多为东洋界的种类,沿季风向北部延伸分布,有的达到我国东北。D为中亚型,分布于我国西北干旱区,国外中亚干旱区,有的达北非。W为东洋型,主要分布于亚洲热带、亚热带,有的达北温带。C全北型,分布于欧亚大陆北部和北美洲。U为北方型,分布于欧亚大陆北部,向南与东洋界相邻地区。G为蒙古高原型,延伸到我国与之相邻的地区。P为高地型,主要分布于中亚地区的高山。各动物种的分布型详细参见附录II。

表5-3 保护区陆生脊椎动物区系成分

类群	X	E	D	W	C	U	O	M	G	P	合计
两栖类	2	1									3
爬行类		1	4								5
鸟类	2	1	14	8	9	21	18	9			82
兽类	1		9		1	5	1		1	1	19
合计	5	3	27	8	10	26	19	9	1	1	109

保护区在中国动物地理区划中位于古北界中亚亚界蒙新区西部荒漠亚区，因此陆生脊椎动物以古北界的种类占绝对优势。在古北界种类中喜干旱的中亚种类仅占34.2%,另一主要类型是北方型种类,它们主要繁殖在欧亚大陆北部的森林和草原,如鸟类中的大斑啄木鸟(*Dendrocopos major*)、灰头绿啄木鸟(*Picus canus*)、鹏鸮(*Bubo bubo*)、纵纹腹小鸮(*Athene noctua*)等,它们的分布与保护区的植树造林相关;还有如凤头麦鸡(*Vanellus vanellus*)、红脚鹬(*Tringa totanus*)、须浮鸥(*Chlidonidas hybrida*)、黄鹡鸰(*Motacilla flava*),兽类中的艾鼬(*Mustela eversmannii*)、狗獾(*Meles meles*)等则是草原和湿地种类，保护区有相当面积的湿地和湿地草原为这些动物的栖息繁殖提供了生境。

保护区还有几种季风型的动物,两栖类的青蛙(*Rana migromaculata*),爬行类中的虎斑游蛇(*Rbdophis tigrina*),鸟类中的黄鹂(*Oriolus auratus*),它们都是我国东南季风区的动物。保护区南部与六盘山相望,东南季风西进受南北走向的六盘山阻挡向北运行,其末端波及保护区,尤其顺黄河谷地运行,这些季风区的动物沿季风伸入到保护区。虎斑游蛇(*Rbdophis tigrina*)在保护区只活动在潮湿的黄河岸边和水渠旁。黄鹂(*Oriolus auratus*)是邻近村庄的林缘鸟,与保护区的造林绿化有关,而且只见于近黄河的林缘,绝不深入沙漠中的人工林。

保护区还有 8 种东洋界的鸟类,它们在保护区的分布同季风型种类一样,沿受六盘山阻挡北上的季风尾部达保护区。分为两种类型：一是湿地鸟，如黄斑苇鳽(*Ixobrychus sinensis*)和普通燕鸻(*Glareola maldivarum*)等,保护区相当面积的湿地为它们提供了栖居环境；二是森林鸟，如黑卷尾（*Dicrurus macrocercus*）和发冠卷尾(*Dicrurus hottentottus*)等,它们的分布与防风固沙林密切相关。

第三节　昆虫

昆虫的取样和调查2017 年和 2018 年 4—10 月每月进行 1 次调查，方法分别为,样筐法:在各采样区用样筐(底为 1 m×1 m,高 0.5 m，用尼龙纱网包裹,一端开放的取样筐)取 50 筐;扫网法:使用统一的柄长 1 m、网深 65 cm、口径 38 cm 的捕虫网。每个样地内采取 50 个复网(在 5~10 m 长的距离内，扫网的直径在 30~45 cm);黑光灯诱虫法:在各采样区用流动黑光灯在各个采样区每月诱集一次;陷捕器法:将用口径 10 cm,高 15 cm 的塑料口杯埋在各采样区,使杯口和地面齐平,收集诱集在杯中的地栖性昆虫;踏查:在各采样区选择一定的路线,沿途随即采样捕捉昆虫。将所采集的昆虫在野外用毒瓶杀死后,保存在三角纸带内带回室内,进行标本的制作,并按照形态分类学方法进行鉴定。

一、昆虫多样性特征

保护区昆虫有 16 目 173 科 812 种,见附录 III,表 5-4,与第二期科考结果相比,增加了 137 种。保护区主要分布的昆虫种类为鞘翅目、鳞翅目、双翅目、膜翅目、半翅目和同翅目，其中鞘翅目最多为 210 种，占总种数的 25.86%；鳞翅目 210 种,占 25.86%;双翅目 101 种,占 12.44%;膜翅目 92 种 11.33%;同翅目 58 种,占 7.14%;半翅目 48 种,占 5.91%;直翅目 40 种,占 4.93%;蜻蜓目 24 种,占 2.96%。毛翅目、革翅目和缨翅目均没有上两位数,蜉蝣目、襀翅目、蜚蠊目和螳螂目均仅有 1 种。

二、昆虫区系分析

对所采集鉴定的昆虫经过分析,如图 5-1 所示,表明腾格里沙漠东南缘昆虫的区系组成为:古北种 427 种,占 52.33%;东洋种 28 种,占 3.43%;古北东洋共有种 361

表 5-4 保护区昆虫科和种组成

目名	科数	占总科数的比率/%	种数	种占总种比率/%
螳螂目 Mantdea	1	0.58	1	0.12
蜚蠊目 Blattodea	1	0.58	1	0.12
直翅目 Orthoptera	8	4.61	40	4.94
革翅目 Dermaptera	1	0.58	2	0.25
襀翅目 Plecoptera	1	0.58	1	0.12
蜉蝣目 Ephemrida	1	0.58	1	0.12
蜻蜓目 Odonata	5	2.89	24	2.96
缨翅目 Thysaptera	3	1.73	7	0.86
半翅目 Hemiptera	13	7.51	48	5.91
同翅目 Homoptera	15	8.67	58	7.14
脉翅目 Neuropllera	2	1.16	13	1.60
毛翅目 Trichoptera	2	1.16	3	0.37
鳞翅目 Lepidoptera	26	15.03	210	25.86
鞘翅目 Coleoptera	38	21.97	210	25.86
膜翅目 Hymenoptera	27	15.61	92	11.33
双翅目 Diptera	29	16.76	101	12.44
总计 Total	173	100	812	100

种，占 44.24%。

主要类群的区系状况为：直翅目昆虫古北区有 28 种占 80.00%，东洋区 2 种占 5.71%，古北东洋广布种 5 种占 14.29%，直翅目种类主要为古北种，主要分布在干草原与荒漠半荒漠区，而东洋种主要分布在绿洲区；半翅目古北种 35 种占 76.09%，东洋种 5 种占 10.87%，古北东洋广布种 6 种占 13.43%，半翅目由于其具有高的适应性，而且均为刺吸式口器不仅在绿洲区具有高的多样性，而且在荒漠半荒漠地区也有着高的分布；同翅目古北种 22 种占 37.29%，东洋种 1 种占 1.69%，古北东洋广布种 36 种占 61.02%，由于同翅目昆虫为刺吸式口器加之其多数为 R 选择类昆虫，具有高的内禀增长率，其种群密度在年内随着寄主的营养状况和气候的变化具有高的波动，其对环境的群体适应性使得其分布区比较广；鳞翅目昆虫古北种 110 种占 54.46%，东洋种 4 种占 1.98%，东洋古北种 88 种占 43.56%，鳞翅目昆虫为分布区内

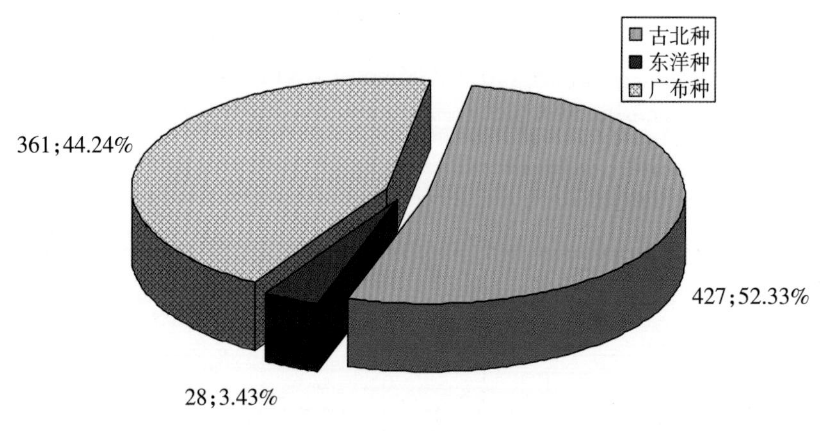

◆ 图 5-1 昆虫区系组成

比较大的目，从区系来看古北区和古北东洋广布种占 98%，而且多分布在绿洲区；鞘翅目昆虫古北种 150 占 69.12%，东洋种 6 占 2.76%，古北东洋广布种 61 占 28.11%，鞘翅目昆虫为腾格里沙漠东南缘分布最为广泛的优势种，特别是拟步甲类昆虫在荒漠区具有高的多样性，而金龟类昆虫主要分布在绿洲。从数据看古北种占很大的比例，次之为东洋和古北区广布种类，而东洋种相对较少，这和研究区所处的地理位置——古北区有关。

三、昆虫组成与分布

由图 5-2 可以得出，绿洲区 730 种，干草原区 385 种，荒漠草原区 335 种，流沙区 62 种。由于绿洲区引黄浇灌，具有大片的农田、防护林与经济林带，而且具有大片的湿地和水产养殖区，植被生长茂盛，景观及物种多样性高，导致绿洲区具有高的昆虫种类。干草原区也由于具有高的植被多样性，昆虫种类也相对较高，荒漠区由于沙化的

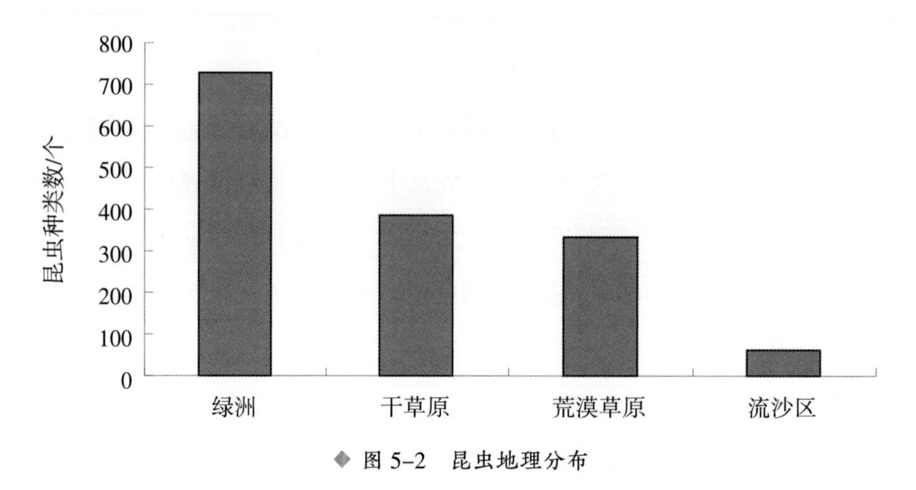

◆ 图 5-2 昆虫地理分布

影响导致昆虫种类降低，流沙区由于其严酷的自然条件——地表的流动性、植被稀少等使得昆虫的种类急剧下降，而且多数种类为具有高度的抗旱性和流沙区生活的适应性——生理和体躯结构的特殊性。另外，流沙区部分昆虫为R生态型昆虫，其发生具有很强的年波动性，随着季节和环境的变化而入侵或消退。

四、不同植被类型区的昆虫群落组成及优势种

根据腾格里沙漠东南缘植被和土壤类型，将该区划分为干草原区，荒漠半荒漠草原区，流沙区和绿洲区，我们对各调查点昆虫种类和数量进行归类分析，各区昆虫优势种分布及群落组成特点如下。

（一）绿洲区

绿洲区主要包括中卫平原引黄灌溉农业区，主要种植水稻、小麦等大田作物和果园，防护林区（农田防护林、铁路引黄灌溉防护林区）主要为高大的乔木，小叶杨（*Populus simonii*）、箭杆杨（*P. nigra* var *thevestinoc*（Dode）Bean）、小青杨（*P. pseudo-simonii* Kitag.）、沙枣（*Elaeagnus angustifolia* Linn.）、刺槐（*Robinia pseudoacacia* L.）、榆（*Ulmus pumila* L.）、旱柳（*Salix matsudana* Koidz.）、黄柳（*Salix gordejevii* Chang et Skv）等，依据不同的植被类型和昆虫组成，我们将绿洲区划分为农田植被区、水生湿生植被区和人工防护林植被区，各区的昆虫特征如下。

1. 农田植被区

农田植被区主要包括黑林村和碱碱湖，由于引水垦殖，形成了一定面积的农田植被区。在这一植被区内，还有一定面积的果园及苗木场。昆虫种类主要为农田害虫和果园害虫，另外农田防护林区有大量的森林昆虫，农田地梗区和撂荒地还有大量的草地昆虫。果园昆虫主要种类为桃小食心虫（*Carposina niponensis*）、梨小食心虫（*Grapholitha molesta*）、李枯叶蛾（*Gastropacha quercifolia*）、山楂粉蝶（*Aporia crataegi*）、卷叶蛾类（*Tortricidae*）等。林业昆虫主要杨柳小卷叶蛾（*Gypsmoma minutana*），大青叶蝉（*Tettigella uiridis*）、中华婪步甲（*Harpalus sinicus*）、黑绒鳃金龟（*Maladera orientalis*）、华北大黑鳃金龟（*Holotrichia oblita*）、光肩星天牛（*Anoplophora glabripenis*）、黄斑星天牛（*Anoplophora nobilis*）、华北蝼蛄（*Gryllotalpa unispina*）、东方蝼蛄（*G. orientalis*）等。农作区种有小麦、水稻、玉米和胡麻等粮油作物及甘蓝、马铃薯等蔬菜作物。其主要昆虫同银川平原昆虫基本一致。如，小地老虎（*Agrotis ypsilo*）、黄地老虎（*Agrotis sogetum*）、小剑地夜蛾（*Agrotis spinifera*）、警纹地老虎（*Agrotis exclamationis*）、

亚洲玉米螟(*Ostrinia fornacalis*)、麦长管蚜(*Macrosiphum avenae*)、麦二叉蚜(*Rchizaphis graminam*)、玉米蚜(*Rhopalosiphum maidis*)、甘蓝蚜(*Brevicoryne brassicae*)、菜粉蝶(*Pieris rapae*)、黏虫(*Leucania separate*)、细胸叩头甲(*Agriotes fascicollis*)、宽背叩头甲(*Selatosomus latus*)、华北大黑金龟(*Holotrichia obllte*)、黑绒鳃金龟(*Maladera oriertalis*)、黄褐丽金龟(*Anomala exoleta*)、灰条夜蛾(*Discestra trifolii*)等;草地昆虫主要有尖锥额野螟(*Loxostege verticalis*)、网锥额野螟(*L. sticticalis*)、小红蛱蝶(*Vanessa cardui*)、大红蛱蝶(*V. indica*)、七星瓢虫(*Coccinella septmpunctata*)、胡蜂(*Vespula* sp.)、铺道蚁(*Tetramorium caespitum*)、艾箭蚁(*Cataglyphis aenescens*)、中华蚱蜢(*Acrida chinerea*)、中华负蝗(*Atractomorpha Sinensis*)、亚洲飞蝗(*Oedeleus asiaticus*)、花胫绿纹蝗(*Aiolopus tamulus*)、蚱(*Teterigidae*)、长绿蝽(*Brachynema germarii*)、苜蓿盲蝽(*Adelphocoris lineolatus*)、牧草盲蝽(*Lygus pratensis*)和大青叶蝉(*Tettigella uiridis*)等。

(二)水生及湿生植被区

在腾格里沙漠东南缘分布着大量的鱼塘和常年积水湖,由于地处黄河岸边,河岸植被为也具有水生湿生的植被,形成了水生和湿生植被区。与此相适应昆虫种类也多为水生和湿生性种类,其主要优势种有中华稻蝗(*Oxya chinensis*)、科氏蚱蜢(*Acrida kozlovi*)、短额负蝗(*Atractomorpha sinensis*)、花胫绿纹蝗(*Aiolopus thalassinus tamulus*)、大垫尖刺蝗(*Epacromius davidiana*)、永宁异爪蝗(*Euchorthippus yungningensis*)、中华草螽(*Conocephalus chinensis*)、日本菱蝗(*Tetrix japonicum*)、大青叶蝉(*Tettigella viridis*)、水龟虫(*Hydrous acumirtatus*)、小水龟虫(*H. affinis*)、黄缘龙虱(*Cybister japonicus*)、四纹龙虱(*Bidessus japonicus*)、负子蝽(*Diplongchus japonicus*)、小划蝽(*Sigara substriata*)、水黾(*Aquarium paludum*)、灰飞虱(*Laodelphax stratella*)、黄斑大蚊(*Nephrotoma* sp.)以及各类虻(Tabanidae)、蝇(Muscoidea)、蠓(Ceratopogonidae)、蚋(Simuliidae)类。益虫以背条螅(*Coenagrion hieroglyphicum*)、七条螅(*C. plagiosum*)、褐斑异痣螅(*Ischnura senegalensis*)、黄衣蜻(*Pantala flavescens*)、夏赤蜻(*Sympetum darwinianum*)和白尾灰蜻(*Orthetrum atlbistylum*)等。另外,还有多种食蚜蝇(Syphoidea)和食虫虻(Asiloidae)类。

(三)人工固沙林植被区

本区主要建群乔木树种有小叶杨(*Populus simonii*)、箭杆杨(*P. nigra* var *thevestinoc* (Dode)Bean)、小青杨(*P. pseudo-simonii* Kitag.)、沙枣(*Elaeagnus angustifolia* Linn.)、刺槐(*Robinia pseudoacacia* L.)、榆(*Ulmus pumila* L.)、旱柳(*Salix matsudana* Koidz.)、

黄柳(*Salix gordejevii* Chang et Skv)等。灌木树种主要有:锦鸡儿(*Caragana* sp.)、花棒(*Hedysarum scoparium*)、柽柳(*Tamarix chinensis* Lour.)、杠柳(*Periploca sepium*)、沙拐枣(*Calligonum arborescens* Litv.)等。其主要优势昆虫种类以常见的林业昆虫为主,如,十斑吉丁虫(*Melanophila decastigma*)、光肩星天牛(*Anoplophora glabripenis*)、杨毒蛾(*Leucoma candida*)、舞毒蛾(*Lymantria dispar*)、沙枣木虱(*Trioza* sp.)、榆毒蛾(*Ivela ochropoda*)、沙枣毒蛾(*Orgyia ericae leechi*)、天幕毛虫(*Malacosoma neustria testacea*)、杨透翅蛾(*Aegeria* sp.)、刺槐蚜(*Aphis robiniae*)、柳二尾蚜(*Cavarilla salicicla*)、槐球蚧(*Eulecanium kuztanai*)、糖槭蚧(*Partenolecanium corni*)、榆绿天蛾(*Callambulys tatarinovii*)、杨木蠹蛾(*Cassus cossus*)、杨二尾舟蛾(*Cerura menciana*)等。以鳞翅目占多数。

(四)干草原区

该地区主要分布香山余脉石质或土石质山地,是典型的戈壁生态类型。植被以红砂(*Reaumuria soongorica*)+珍珠(*Salsola passerina*)、猪毛菜(*S. collina* Pall.)群落,刺叶柄棘豆(*Oxytropis aciphylla*)+狭叶锦鸡儿(*Caragana stenophylla Pojark*)群落为代表的草原化荒漠植被为主。另外,有刺旋花(*Convolvulus tragacanthoides*)、驼绒藜(*Ceratoides latens*(J. F. Gmel.) Revealet Holmgren)、霸王(*Zygophyllure xanthoxylon*)、长芒草(*Stipa bungeana*)、沙生针茅(*Stipa glareosa*)等分布。与该植被类型相适应,其昆虫群落主要以贺兰山疙蝗(*Pseudotmethis alashanicus*)、裴氏短鼻蝗(*Filchnerella beicki*)、腾格里懒螽(*Zichya alashanis*)、黑翅痂蝗(*Bryodema nigroptera*)、宽须蚁蝗(*Myrmeleotettix palpalsis*)、宁夏束颈蝗(*Sphingonotus ningsianus*)、黄胫小车蝗(*Oedaleus infernalis*)、亚洲小车蝗(*O. decorus*)、甘肃鹿蛾(*Amata gansuensis*)、草原斯斑螟(*Staudingera steppicola*)、莱氏脊漠甲(*Pterocoma reitteri*)、泥背脊漠甲(*Pterocoma vittata*)、皱纹琵琶甲(*Blaps nigolssa*)、墨侧裸蜣螂(*Gymnopleurus mopsus*)、甘肃齿足象甲(*Deracanthus potanini*)和拟步甲类(Tenebrionidae)等典型的荒漠昆虫类群组成。多数种类飞翔能力差,体色随环境变化多呈灰黑色,抗逆性一般较强。本区的主要特征是,物种的种类比较多,但是种群数量均相对较低,没有爆发性昆虫的出现。

(五)荒漠半荒漠沙生植被区

固定、半固定沙地植被区。狭叶锦鸡儿(*Caragana stenophylla* Pojark)+刺叶柄棘豆(*Oxytropis aciphylla*)+狗尾草(*Setaria viridis* (L.) Beauv.)+碟果虫实(*Corispermum patelliforme*)群落为主,另外还分布有白茨(*Nitraria tangutorum* Bobr)、驼绒藜(*Ceratoides latens*)、蒙古虫实(*C. mongolicum* Iljin)、牛心朴子(*Cynanchum komatovii*)

等植物。其昆虫种类受植被分布影响,多呈点、片和带状分布。主要种类有拟步甲类,如蒙古沙潜(*Concephalum mongolicum*)、波氏东鳖甲(*Anatolica potanini*)、小丽东鳖甲(*Anatolica umoenula*)、姬小胸鳖甲(*Microdera elegans*)、异距琵甲(*Blaps kiritshenkoi*)、异型琵甲 (*Blaps variolosa*)、多毛宽漠王 (*Sternoplax setosa*)、中华岘甲(*Cyphogenta chinensis*)等、贺兰疙蝗(*Pseudotmethis alashanicus*)、细距蝗(*Leptopternis gracilse*)、小车蝗 (*Oedaleus decorus*)、黑腿星翅蝗 (*Calliptamus barbarus*)、白刺粗角萤叶甲(*Diorhabda rybakowi*)、沙蒿金叶甲(*Chrysolina aeruginosa*)、中华萝摩叶甲(*Chrysochus chinensis*)、甘草萤叶甲(*Diorhabda tarsalis*)、绿绒豆象(*Rhaeabus komarovi*)、甘草豆象(*Bruchidius ptilinoides*)、红斑芫菁 (*Mylabris speciosa*)、网锥额野螟(*Loxostege sticticalis*)、旱柳原野螟(*Proteuclasta stotzneri*)、小灰同斑螟(*Homoeosoma gravosella*)、白条褐斑螟 (*Pima boisduvaliella*)、显纹鳞斑螟 (*Salebria ellenella*)、钩背裸斑螟(*Gymnancyia sfakesella*)、蒙古原斑螟 (*Prorophora mongolica*)、花棒锯斑螟(*Pristophorodes florella*)、窄吉丁(*Agrilus* sp.)、柠条豆象(*Kytorhinus immixtus*)、红长蝽(*Lygaeus equestris*)、蒿小绿叶蝉(*Empoasca* sp.)和沙蒿线蠹蛾(*Holcocerus artemisiae*)等,多数是种群数量大,其危害严重。

(六)流沙区

流动沙地植被区。植被以沙蓬 (*Agriophyllum squarosum*) 群落和白沙蒿(*A. sperocepla* Krasch.)+沙蓬(*Agriophyllum squarosum*)群落为主,伴生有沙鞭(*Psammochola villosa*)、阿拉善沙芥(*Pugionium calcaratum*)、雾冰藜(*Bassia dasyphylla*)等植物。其昆虫种类主要有谢氏宽漠王(*Mantichorula semenowi*)、尖尾东鳖甲(*Anatolica mucronata*)、姬小胸鳖甲(*Mierodera elegans*)、沙蒿大粒象(*Adosomus* sp.)、淡绿球象甲(*Piazomias breuiusculus*)、柠条豆象(*Kytorhinus immixctus*)、黑条筒喙象(*Lixus nigrolineatus*)、舌喙象(*Diglossotros* sp.)及中华蚁蛉(*Euroleon sinicus*)等数种,以取食植物根系和落叶等为主。

根据马世骏(1959)和章士美(1997)对中国昆虫地理区系的划分,腾格里沙漠东南缘应属于古北区的中亚和细亚地区系统。吴福祯和高兆宁(1964)对宁夏农业昆虫地理区划的研究,腾格里沙漠东南缘昆虫区系属于银川平原昆虫区系与荒漠地带昆虫区系的混生区。

腾格里沙漠东南缘昆虫的区系组成为:古北种 427 种,占 52.33%;东洋种 28 种,占 3.43%;古北东洋共有种 361 种,占 44.24%。主要分布的昆虫种类为鞘翅目、鳞翅目、双翅目、膜翅目、半翅目和同翅目,它们分别占总种类数的 26.76%、24.91%、

12.21%、11.34%、5.06%和5.92%。反映了该地区昆虫群落具有绿洲和荒漠草原昆虫群落组成的结构特点。总体来看研究区内昆虫的变化特点主要是:从东向西昆虫由荒漠昆虫相向绿洲相过渡，从南到北由于沙漠化的程度逐渐加剧而使得昆虫由草原相向沙漠相变化,并且从东到西、从南到北昆虫的种类数在下降。

从已鉴定的标本分析来看,沙坡头地区作为荒漠草原向宁夏平原的过渡地区,由于近年来移民引水垦沙,农田面积不断扩大,另外由于铁路固沙体系的建立和沙坡头占人工林和引种园的建立,植被类型多样化程度高,而且斑块状分布,使得该区昆虫种类中,银川平原农业昆虫种类占绝大多数。其中优势种类,如华北蝼蛄(*Gryllotalpa unispina* Saussure)、东方蝼蛄（*G.orientalis* Burmeister)、中华负蝗（*Atractomorpha Sinensis* Boliver)、中华稻蝗(*Oxya chinensis*（Thunbrg))大青叶蝉(*Tettigella uiridis* Linne.)、榆叶蝉(*Empoascd bipunctata* Oshida)、沙枣木虱(*Trioza magnisetosa* Log.)、甘蓝蚜(*Brevicoryne brassicae*（Linne.))、沙枣蝽(*Rhaphigaster brevispina* Horvath)、草地螟(*Loxostege sticticalis* Linnaeus)、亚洲玉米螟(*Ostrinia fornacalis*（Hubner))、稻水螟(*Nymphula vittalis*（Bremer))、沙枣白眉天蛾(*Celerio hippophaes*（Esper))、兰目天蛾(*Smerithus planus* Walker)、榆绿天蛾(*Callambulyk tatarinovi*（Bnemer et Grey))、小地老虎(*Agrotis ypsilo* Rottemberg)、黏虫(*Leucania separata* Walker)、杨二尾舟蛾(*Cerura menciana* Moore)、雪毒蛾(*Stilpnotia solicis*（Linne.))、菜粉蝶(*Pieris rapae* Linnae.)、甜菜象甲(*Bethynoderes punctiventris* Germar)等,与银川平原农业害虫优势种基本相一致。沙坡头区位于腾格里沙漠边缘,具有较大面积的荒漠草原植被,昆虫群落结构又和银川平原的群落结构明显不同,如腾格里癞螽(*Zichya alashanis* B-Bienko)、皱纹琵琶甲(*Blaps nigolosa* Gebler)、贺兰山疙蝗(*Pseudotmethis alashanicus* B-Bienko)、景泰突颜蝗(*Eotmethis jintaiensis* Xi et Zheng)沙蒿大粒象(*Adosomus* sp.)、白茨粗腿豆象(*Diorhabda rybakowi* Weise)、甘肃疙蝗(*Pseudotmethis brachypterus* Linnaeus)、宁夏束颈蝗(*Sphingonotus ningsianus* Zheng et Gow)、细矩蝗(*Leptopternis gracilse*（Ev.))、灰斑古毒蛾(*Orgyia ericae* Germar)以及多种螟蛾等属典型的荒漠昆虫类群。由于具有放牧条件,区内各类蜣螂科(Scarabaeidae）粪蜣科(Geotrupidae）蜉金龟科(Aphodiidae)阎甲科 (Histeridae)粪蝇蝇科(Muscidae）丽蝇科(Calliphoridae)、虻类（Tabanidae)、螳螂、葬甲(*Nicrophorus* sp.)、阎甲等食粪、食腐性昆虫数量也较银川平原丰富,也是荒漠昆虫类群的一大特点。另外,区内还分布有自然和人工湖泊和沼泽湿地。因此,在这些地区分布有较多的水生昆虫和喜湿性昆虫种类，如蚱蜢类（Acrididae)、负蝗类

(Pyrgomorphidae)、蚋类(Simuliidae)、蠓类(Ceratopogonidae)、牙甲(Hydrophilidae)、龙虱(Dytiscidae)、划蝽(*Sigara* sp.)、负子蝽(*Diplonychus japonicus* Vuill.)等,研究区东南边缘主要为人工栽培的农林区,昆虫以食叶性和钻蛀性的种类居多,鳞翅目、半翅目等占很大的比例。沙坡头西南部主要为荒漠地带,昆虫以鞘翅目、膜翅目和土栖性种类、食粪性种类占绝对优势。

第四节　动物多样性及其变化

一、两栖类

两栖动物(Amphibia)分无足目、无尾目和有尾目三目。保护区从已有记载和本次调查表明,仅有无尾目(Anura)在保护区内分布。2003 年调查记录保护区内仅 3 种两栖类动物,花背蟾蜍(*Bufo raddei*),中国林蛙(*Rana temporaria*)和黑斑蛙(*Rana migromaculata*)。2008 年调查仅有花背蟾蜍分布于保护区,其他两种蛙类调查未有发现,2017 年调查保护区内两种两栖类,为花背蟾蜍和林蛙,其中花背蟾蜍广泛发布在保护区,除流动沙地和半固定沙地外,其他植被区数量较多;林蛙仅发现在长流水池塘,数量稀少。引起蛙类数量降低和种类下降的原因主要是沙坡头地区湿地的水质的下降,人工养鱼不断的投喂食物引起氧含量的降低和水体富营养化,蛙类需要清洁的水体进行繁殖,栖息地的恶化,造成种群数量的变动,见表 5-5。

表 5-5　保护区两栖类动物种类变化

科	种	2003 年	2008 年	2018 年
蟾蜍科 Bufonidae	花背蟾蜍 *Bufo raddei*	√	√	√
蛙科 Ranidae	中国林蛙 *Rana temporaria*	√		√
	黑斑蛙 *Rana migromaculata*	√		

注:√表示有分布。

二、爬行类

2003 年记录爬行类 2 目 4 科 5 种,保护区爬行类较少,只有 5 种,其中蜥蜴 2 种:荒漠沙蜥(*Phrynocephalus przewlskii*)和密点麻蜥(*Ereimas multiocellata*);蛇类 3 种:虎斑游蛇(*Rbdophis tigrina*),花条蛇(*Psammophis lineolatus*)和中介蝮(*Agkistrodon intermedius*)。2017 年调查有爬行类 7 种,除了 2003 年有记录的种类外,另外,调查到

白条锦蛇(*Elaphe dione*),黄脊游蛇(*Coluber spinalis*)两个蛇类种类,查阅资料发现,这两个种在中国科学院沙坡头站实验区早有记录,并有标本保存在中国科学院沙坡头沙漠实验与研究站标本室内,以前未有记录只能是当初调查未有发现,此两个种类并不是新近迁入的种类,并从白条锦蛇和黄脊游蛇已有的生物地理学记载来看,沙坡头地区属于此两个种的分布区,见表 5-6。

表 5-6 保护区爬行类动物种类变化

科	种	2003 年	2017 年
鬣蜥科 Agamidae	荒漠沙蜥 *Phrynocephalus przewlskii*	√	√
蜥蜴科 Lacertian	密点麻蜥 *Ereimas multiocellata*	√	√
游蛇科 Colubridae	虎斑游蛇 *Rbdophis tigrina*	√	√
	花条蛇 *Psammophis lineolatus*	√	√
	白条锦蛇 *Elaphe dione*		√
	黄脊游蛇 *Coluber spinalis*		√
蝰科 Viperidae	中介蝮 *Gloydius intermedius*	√	√

注:√表示有分布。

三、鱼类

鱼类 2003—2017 年没有变化,主要为保护区湖泊和人工鱼塘大量养殖,而引起的变化,它们的变化仅是数量的变化。

四、鸟类

2018 年 4 月,2017 年 7 月,2017 年 10 月和 2017 年 12 月,依次作为春夏秋冬 4 个季节对上述 4 种群落类型调查,共记录到鸟类 137 种,见表 5-7,隶属 17 目 43 科。其中鸊目 Podicipediformes 1 科 2 种,鹳形目 Ciconiiformes 3 科 11 种,雁形目 Anseriformes 1 科 14 种,鸡形目 Galliformes 1 科 2 种,鹤形目 Gruiformes 2 科 7 种,隼形目 Falconiformes 3 科 10 种,鸻形目 Charadriiformes 5 科 13 种,鸥形目 Lariformes 1 科 7 种,鸽形目 Columbiformes 2 科 5 种,鹈形目 Pelecaniforme 1 科 1 种,鹃形目 Cuculiformes 1 科 1 种,鸮形目 Strigiformes 1 科 4 种,夜鹰目 Caprimulgiformes 1 科 1 种,雨燕目 Apodiformes 1 科 2 种,佛法僧目 Coraciiformes 2 科 2 种,䴕形目 Piciformes 1 科 2 种,雀形目 Passeriformes 14 科 53 种。种类最多为雀形目,其次为雁形目。其中,

留鸟 22 种，占调查鸟类总种数的 16.06%；候鸟 97 种，占 70.80%。候鸟中夏候鸟占优势，计 54 种，占总种数的 39.42%；冬候鸟 15 种，占 10.95%；旅鸟 28 种，占 20.44%。此外，有居留型难以划分的类型 18 种，占 13.14%，这 18 种鸟类在不同季节的群落可能属于不同类型，如苍鹭既有夏候鸟又有留鸟类型；赤麻鸭和灰椋鸟既有夏候鸟又有冬候鸟类型；蒙古沙雀既有夏候鸟又有旅鸟类型。

表 5-7 2017—2018 年保护区鸟类

目名	科名	种名	居留型
䴙目 Podicipediformes	䴙䴘科 Podicipedidae	凤头䴙䴘*Podiceps cristatus*	S
		小䴙䴘*Podiceps ruficollis*	R
鹳形目 Ciconiiformes	鹮科 Threskionithidae	白琵鹭 *Platalea leucorodia*	T
	鹭科 Ardeidae	苍鹭 *Ardea cinerea*	S & R
		草鹭 *Ardea Purpurea*	T
		池鹭 *Ardeola bacchus*	T
		大白鹭 *Ardea alba*	W
		小白鹭 *Egretta garzetta*	W
		大麻鳽*Botaurus stellaris*	S
		黄斑苇鳽*Ixobrychus sinensis*	S
		夜鹭 *Nycticorax nycticorax*	S
		小苇鳽*Ixobrychus minutus*	S
	鹳科 Ciconiidae	黑鹳 *Ciconia nigra*	S & T
雁形目 Anseriformes	鸭科 Anatidae	白眼潜鸭 *Aythya nyroca*	S
		斑嘴鸭 *Anas poecilorhync*	S & R
		赤颈鸭 *Anas penelope*	T
		赤麻鸭 *Tadorna ferruginea*	S & R
		赤嘴潜鸭 *Netta rufina*	W & T
		赤膀鸭 *Anas strepera*	S
		灰雁 *Anser anser*	S
		绿翅鸭 *Anas crecca*	T
		绿头鸭 *Anas platyrhynchos*	W
		花脸鸭 *Anas formosa*	T

续表

目名	科名	种名	居留型
雁形目 Anseriformes	鸭科 Anatidae	琵嘴鸭 *Anas clypeata*	W
		凤头潜鸭 *Aythya fuligula*	W & T
		针尾鸭 *Anas acuta*	S & T
		大天鹅 *Cygnus cygnus*	W
鸡形目 Galliformes	雉科 Phasianidae	环颈稚 *Phasianus colchicus*	R
		石鸡 *Alectoris chukar*	R
鹤形目 Gruiformes	秧鸡科 Rallidae	骨顶鸡 *Fulica atra*	W & R
		黑水鸡 *Gallicrex chloropus*	S
		普通秧鸡 *Rallus aquaticus*	W
		小田鸡 *Porzana pusilla*	W
	鹤科 Gruidae	灰鹤 *Grus grus*	T
		蓑羽鹤 *Anthropoides virgo*	T
	鸨科 Otididae	大鸨 *Otis tarda*	T
隼形目 Falconiformes	鹰科 Accioitridae	大鵟*Buteo hemilasius*	S & R
		鸢 *Milvus migrans*	R
		玉带海雕 *Haliaeetus leucoryphus*	T
		白尾海雕 *Haliaeetus albicilla*	W
		毛脚鵟 *Buteo lagopus*	T
		白尾鹞 *Circus cyaneus*	T
		金雕 *Aquila chrysaetos*	R
	隼科 Falconidae	红隼 *Falco tinnunculus*	R
		灰背隼 *Falco columbarius*	T
	鹗科 Pandionidae	鹗 *Pandion liaetus*	S
鸻形目 Charadriiformes	鸻科 Charadriidae	灰头麦鸡 *Vanellus cinerous*	S
		金眶鸻 *Cradrius dubius*	S
		凤头麦鸡 *Vanellus vanellus*	S
	鹬科 Scolopacidae	白腰杓鹬 *Numenius arquata*	W & T
		林鹬 *Tringa glareola*	T
		红脚鹬 *Tringa totanus*	S

续表

目名	科名	种名	居留型
鸻形目 Charadriiformes	鹬科 Scolopacidae	白腰草鹬 *Tringa ochropus*	W & T
		矶鹬 *Tringa hypoleucos*	S
		扇尾沙锥 *Capella gallinago*	S
		青脚滨鹬 *Calidris temminckii*	T
	彩鹬科 Rostratulidae	彩鹬 *Rostratula benglensis*	S & T
	燕鸻科 Glareolidae	普通燕鸻 *Glareola maldivarum*	S
	反嘴鹬科 Recurvirostridae	黑翅长脚鹬 *Himantopus himantopus*	S
鸥形目 Lariformes	鸥科 Laridae	红嘴鸥 *Larus ridibundus*	S & T
		普通燕鸥 *Sterna hirundo*	S
		须浮鸥 *Chlidonias hybrida*	S
		黑浮鸥 *Chlidonias niger*	S
		渔鸥 *Larus ichthyaetus*	S & T
		棕头鸥 *Larus brunnicephalus*	T
		白额燕鸥 *Sterna albifrons*	S
鸽形目 Columbiformes	鸠鸽科 Columbidae	灰斑鸠 *Streptopelia decaocto*	R
		火斑鸠 *Streptopelia tranquebarica*	S
		山斑鸠 *Streptopelia orientalis*	R
		岩鸽 *Columba rupestris*	R
	沙鸡科 Pteroclete	毛腿沙鸡 *Syrrhaptes paradoxus*	S
鹈形目 Pelecaniforme	鸬鹚科 Phalacrocoracidae	鸬鹚 *Placrocorax carbo*	T
鹃形目 Cuculiformes	杜鹃科 Cuculidae	大杜鹃 *Cuculus canorus*	S
鸮形目 Strigiformes	鸱鸮科 Strigidae	纵纹腹小鸮 *Athene noctua*	R
		雕鸮 *Bubo bubo*	W
		长耳鸮 *Asio otus*	W
		短耳鸮 *Asio flammeus*	T
夜鹰目 Caprimulgiformes	夜鹰科 Caprimulgidae	欧夜鹰 *Caprimulgus europaeus*	S
雨燕目 Apodiformes	雨燕科 Apodidae	楼燕 *Apus apus*	S
		白腰雨燕 *Apus pacificus*	S

续表

目名	科名	种名	居留型
佛法僧目 Coraciiformes	戴胜科 Upupidae	戴胜 *Upupa epops*	R
	翠鸟科 Alcedinidae	普通翠鸟 *Alcedo atthis*	S
䴕形目 Piciformes	啄木鸟科 Picidae	大斑啄木鸟 *Dendrocopos major*	R
		灰头啄木鸟 *Picus canus*	R
雀形目 Passeriformes	百灵科 Alaudidae	云雀 *Alauda arvensis*	S
		短趾百灵 *Calandrella cheleensis*	W
		凤头百灵 *Galerida cristata*	R
	伯劳科 Laniidae	红背伯劳 *Lanius collurio*	S
		红尾伯劳 *Lanius crisastus*	S
		楔尾伯劳 *Lanius sphenocercus*	R
	黄鹂科 Oriolidae	黑枕黄鹂 *Oriolus chinensis*	S
	鹡鸰科 Motacillidae	白鹡鸰 *Motacilla alba*	S
		黄鹡鸰 *Motacilla flava*	S
		黄头鹡鸰 *Motacilla citreola*	S
		灰鹡鸰 *Motacilla cinerea*	S
		田鹨 *Anthus novaeseelandiae*	S
		树鹨 *Anthus hodgsoni*	S
	卷尾科 Dicruridae	黑卷尾 *Dicrurus macrocercus*	S
	太平鸟科 Bombycillidae	太平鸟 *Bombycilla garrulus*	T
	椋鸟科 Sturnidae	灰椋鸟 *Sturnus cineraceus*	S
		北椋鸟 *Sturnus sturninus*	S
	雀科 Fringillidae	红颈苇鹀 *Emberiza yessoensis*	T
		芦鹀 *Emberiza schoeniclus*	W
		小鹀 *Emberiza pusilla*	W & T
		苇鹀 *Emberiza pallasi*	W & T
		普通朱雀 *Carpodacus erythrinus*	S & T
		蒙古沙雀 *Rhodopechys mongolica*	S & T
	山雀科 Paridae	大山雀 *Parus major*	R
		沼泽山雀 *Parus palustris*	T

续表

目名	科名	种名	居留型
雀形目 Passeriformes	文鸟科 Ploceidae	黑顶麻雀 *Passer ammodendri*	R
		树麻雀 *Passer montanus*	R
	鹟科 Muscicapidae	北红尾鸲 *Phoenicurus auroreus*	S
		赤颈鸫 *Turdus ruficollis*	W
		赭红尾鸲 *Phoenicurus ochruros*	S
		红腹红尾鸲 *Phoenicurus erythrogastrus*	W
		漠䳭*Oenanthe deserti*	S
		沙䳭*Oenanthe isabellina*	S
		蓝喉歌鸲 *Luscinia svecica*	T
		黑喉石䳭 *Saxicola torquata*	S
		虎斑地鸫 *Zoothera dauma*	T
		红点颏 *Luscinia calliope*	T
		穗䳭*Oenanthe oenanthe*	S
	莺科 Sylviinae	小蝗莺 *Locustella certhiola*	S
		大苇莺 *Acroceplus arundinaceus*	S
		北灰鹟 *Muscicapa latirostris*	T
		沙白喉林莺 *Sylvia minula*	S
		极北柳莺 *Phylloscopus borealis*	T
		黄眉柳莺 *Phylloscopus inornatus*	T
	鸦科 Corvidae	灰喜鹊 *Cyanopica cyana*	R
		喜鹊 *Pica pica*	R
		秃鼻乌鸦 *Corvus frugilegus*	R
		寒鸦 *Corus monedula*	R
	岩鹨科 Prunellidae	贺兰山岩鹨 *Prunella koslowi*	W
		棕眉山岩鹨 *Prunella montanella*	S
	燕科 Hirundinidae	家燕 *Hirundo rustica*	S
		毛脚燕 *Delichon urbica*	T
		灰沙燕 *Riparia riparia*	S
合计 17	43	137	

注:W 为冬候鸟,S 为夏候鸟,T 为旅鸟,R 为留鸟。

1986—1987年调查记录到鸟类15目36科100种；1998—1999年16目38科123种；2002—2004年16目42科142种；2017—2018鸟类调查，记录到鸟类17目41科137种。

1998—1999年鸟类种数比1986—1987年新增加41种，其中11种是宁夏新纪录（王香亭，1990）。但是在增加上述种类的同时，1986—1987年记录的鸟类中有18种在1999年的调查中没有发现，它们是小苇鳽（*Ixobrychus minutus*）、黑鹳（*Ciconia nigra*）、大天鹅（*Cygnus cygnus*）、花脸鸭（*Anas formosa*）、鹊鸭（*Bucephala clangula*）、普通秧鸡（*Rallus aquaticus*）、金斑鸻（*Pluvialis fulva*）、普通燕鸻（*Glareola maldivarum*）、细嘴短趾百灵（*Calandrella acutirostris*）、发冠卷尾（*Dicrurus hottenttotus*）、寒鸦（*Corvus dauricus*）、红胁蓝尾鸲（*Tarsiger cyanurus*）、白喉红尾鸲（*Phoenicurus schisticeps*）、文须雀（*Panurus biarmicus*）、漠雀（*Rhodopechys githaginea*）、长尾雀（*Uragus sibiricus*）、灰头鹀（*Emberiza spodocephala*）、芦鹀（*Emberiza schoeniclus*），其中黑鹳、鹊鸭、普通秧鸡、普通燕鸻、文须雀和芦鹀在2002—2004年又在保护区中出现，见表5-8。

与1998—1999年的调查结果比较，2002—2004年增加40种鸟，其中宁夏新纪录8种。虽然增加了上述鸟类，但同时较1998—1999年减少了22种：白尾鹞（*Circus cyaneus*）、灰背隼（*Falco columbarius*）、白胸苦恶鸟（*Amaurornis phoenicurust*）、泽鹬（*Tringa stagnatilis*）、彩鹬（*Rostratula beaghalensis*）、红嘴鸥（*Larus ridibundus*）、黑尾鸥（*Larus crassirostris*）、短耳鸮（*Asio flammeus*）、白腰雨燕（*Apus pacificus*）、蚁䴕（*Jynx torquilla*）、小沙百灵（*Calandrella rufescens*）、灰沙燕（*Riparia riparia*）、水鹨（*Anthus spinoletta*）、小嘴乌鸦（*Corvus corone*）、虎斑地鸫（*Zoothera dauma*）、白眉鸫（*Turdus obscurus*）、黄眉柳莺（*Phylloscopus inornatus*）、褐柳莺（*Phylloscopus fuscatus*）、普通朱雀（*Carpodacus erythrinus*）、北朱雀（*Carpodacus roseus*）、黑尾蜡嘴雀（*Eophona migratoria*）、田鹀（*Emberiza rustica*）。

与2002—2003年调查结果比较，经过近15年的演变2017—2018年减少了18种，增加了21种。增加的种类是环颈稚（*Phasianus colchicus*）、小白鹭（*Egretta garzetta*），黑鹳（*Ciconia nigra*），花脸鸭（*Anas formosa*），大天鹅（*Cygnus cygnus*），小苇鳽（*Ixobrychus minutus*），花脸鸭（*Anas formosa*），白尾鹞（*Circus cyaneus*），灰背隼（*Falco columbarius*），毛脚鵟（*Buteo lagopus*），彩鹬（*Rostratula beaghalensis*），黄眉柳莺（*Phylloscopus inornatus*），红嘴鸥（*Larus ridibundus*），短耳鸮（*Asio flammeus*），白腰雨燕（*Apus pacificus*），棕头鸥（*Larus brunnicephalus*），北椋鸟（*Sturnus sturninus*），灰沙燕（*Riparia

riparia)，虎斑地鸫(*Zoothera dauma*)，红点颏(*Luscinia calliope*)，寒鸦(*Corvus dauricus*)和普通朱雀(*Carpodacus erythrinus*)，其中大天鹅在1986年调查在保护区内有分布，以后几期调查均未出现，环颈雉和小白鹭为本次调查沙坡头保护区新纪录种，以前历次调查均为有记录。小白鹭和大天鹅为旅鸟，主要分布在腾格里湖，由于人工湖的挖掘，水面扩大，冬季和春季在本区出现，应该是在此地越冬。环颈雉的出现可能是由于沙坡头地区旅游业很发达，相应的饮食业有提供养殖环颈雉的食品，人工养殖逃逸在保护区并繁殖，具体进入保护区的原因待以后进行调查研究。减少的种类主要是：翘鼻麻鸭(*Tadorna tadorna*)，鹊鸭(*Bucephala clangula*)，红胸滨鹬(*Calidris ruficollis*)，冠鱼狗(*Ceryle lugubris*)，大嘴乌鸦(*Corvus macrorhynchos*)，黑尾地鸦(*Podoces hendersoni*)，红嘴山鸦(*Pyrrhocorax pyrrhocorax*)，金翅雀(*Carduelis sinica*)，草地鹨(*Anthus pratensis*)，林鹨(*Anthus trivialis*)，红喉姬鹟(*Ficedula parva*)，白顶䳭(*Oenanthe hispanica*)，棕眉柳莺(*Phylloscopus armandii*)，黄腰柳莺(*Phylloscopu proregulus*)，文须雀(*Panurus biarmicus*)，银喉长尾山雀(*Aegithalos caudatus*)，褐岩鹨(*Prunella fulvescens*)和红翅旋壁雀(*Tichodroma muraria*)。

表5-8 保护区1986—1987年、1998—1999年、2002—2004年和2017—2018年鸟类增减名录

物种	1986	1999	2004	2017
凤头䴙䴘*Podiecps cristatus* ※		+	+	+
池鹭 *Ardeola bacchus*		+	+	+
夜鹭 *Nycicorax nycticorax*		+	+	+
小苇鳽*Ixobrychus minutus* ※	+			+
大麻鳽*Botaurus stellaris*		+	+	+
黄斑苇鳽*Ixobrychus sinensis*		+	+	+
黑鹳 *Ciconia nigra*	+		+	+
白琵鹭 *Platalea leucorodia*			+	+
大天鹅 *Cygnus cygnus*	+			+
灰雁 *Anser anser*			+	+
赤膀鸭 *Ansas strepera*			+	+
赤颈鸭 *Ansas penelope*		+	+	+
针尾鸭 *Anas acuta*		+	+	+
花脸鸭 *Anas formosa*	+			+

续表

物种	1986	1999	2004	2017
绿头鸭 *Anas platyrhynchos*			+	+
凤头潜鸭 *Aythya fuligula*			+	+
赤嘴潜鸭 *Netta rufina*		+	+	+
白眼潜鸭 *Aythya nyroca*		+	+	+
翘鼻麻鸭 *Tadorna tadorna*			+	
鹊鸭 *Bucephala clangula*	+		+	
白尾鹞 *Circus cyaneus*		+		+
金雕 *Aquila chrysaetos*		+	+	+
白尾海雕 *Haliaetus albicilla*			+	+
鹗 *Pandion haliaetus*		+	+	+
毛脚鵟 *Buteo lagopus* ※			+	+
灰背隼 *Falco columbarius* ※		+		+
斑翅山鹑 *Perdix dauricus*			+	
灰鹤 *Grus grus*			+	+
蓑羽鹤 *Anthropoides virgo*		+	+	+
普通秧鸡 *Rallus aquaticus*	+		+	+
白胸苦恶鸟 *Amaurornis phoenicurust*		+		
大鸨 *Otis tarda*			+	+
金斑鸻 *Pluvialis fulva*	+			
白腰草鹬 *Tringa ochropus*		+	+	+
泽鹬 *Tringa stagnatilis* ※		+		
扇尾沙锥 *Capella gallinago*		+	+	+
白腰杓鹬 *Numenius arquata* ※			+	+
红胸滨鹬 *Calidris Ruficollis* ※			+	
青脚滨鹬 *Calidris temminckii*			+	+
林鹬 *Tringa glareola*			+	+
彩鹬 *Rostratula beaghalensis* ※		+		+
文须雀 *Panurus biarmicus*	+		+	
小蝗莺 *Locustella certhiola*			+	+

续表

物种	1986	1999	2004	2017
棕眉柳莺 *Phylloscopus armandii*			+	
黄眉柳莺 *Phylloscopus inornatus*		+		+
褐柳莺 *Phylloscopus fuscatus*		+		
北灰鹟 *Muscicapa latirostris* ※		+	+	
大山雀 *Parus major*		+	+	+
沼泽山雀 *Parus palustris* ※			+	+
蒙古沙雀 *Rhodopechys mongolica* ※			+	+
漠雀 *Rhodopechys githaginea*	+			
普通燕鸻 *Glareola maldivarum*	+		+	+
渔鸥 *Larus ichthyaetus* ※		+	+	+
棕头鸥 *Larus brunniceplus* ※		+	+	+
黑尾鸥 *Larus crassirostris*		+		
红嘴鸥 *Larus ridibundus*	+	+		+
黑浮鸥 *Chlidorias niger*			+	+
短耳鸮 *Asio flammeus*	+	+		+
白腰雨燕 *Apus pacificus*	+	+		+
冠鱼狗 *Ceryle lugubris*			+	
蚁䴕 *Jynx torquilla*		+		
大斑啄木鸟 *Picoides major*		+	+	+
灰头啄木鸟 *Picus canus*			+	+
小沙百灵 *Calandrella rufescens*	+	+		
细嘴短趾百灵 *Calandrella acutirostris*	+			
短趾百灵 *Calandrella cinerea*			+	+
云雀 *Alauda arvensis* ※			+	+
灰沙燕 *Riparia riparia*	+	+		+
毛脚燕 *Delichon urbica*			+	+
黄头鹡鸰 *Motacilla citreola*		+	+	+
树鹨 *Anthus hodgsoni*		+	+	+
草地鹨 *Anthus pratensis* ※		+		

续表

物种	1986	1999	2004	2017
水鹨 *Anthus spinoletta*	+	+		
太平鸟 *Bombycilla garrulus* ※		+	+	+
红背伯劳 *Lanius collurio* ※		+	+	+
发冠卷尾 *Dicrurus hottenttotus*	+			
北椋鸟 *Sturnus sturninus*		+	+	+
灰喜鹊 *Cyanopica cyana*			+	+
小嘴乌鸦 *Corvus corone*		+		
大嘴乌鸦 *Corvus macrorhynchos*			+	
寒鸦 *Corvus dauricus*	+			+
红嘴山鸦 *Pyrrhocorax pyrrhocorax*		+	+	
黑尾地鸦 *Podoces hendersoni*		+	+	
黑枕黄鹂 *Oriolus chinensis*			+	+
蓝喉歌鸲 *Luscinia svecica*			+	+
红胁蓝尾鸲 *Tarsiger cyanurus*	+			
红腹红尾鸲 *Phoenicurus erythrogaster*			+	+
白喉红尾鸲 *Phoenicurus schisticeps*	+			
黑喉石䳭 *Saxicol torquata*		+	+	+
沙䳭*Oenanthe isabellina*			+	+
虎斑地鸫 *Zoothera dauma*		+		
白眉鸫 *Turdus obscurus*		+		
普通朱雀 *Carpodacus erythrinus*	+	+		+
北朱雀 *Carpodacus roseus*	+	+		
长尾雀 *Uragus sibiricus*	+			
黑尾蜡嘴雀 *Eophona migratoria* ※		+		
灰头鹀 *Emberiza spodocephala*	+			
田鹀 *Emberiza rustica*	+	+		
芦鹀 *Emberiza schoeniclus* ※	+		+	+
小鹀 *Emberiza pasilla*			+	+
红颈苇鹀 *Emberiza yessoensis* ※			+	+

续表

物种	1986	1999	2004	2017
苇鹀 *Emberiza pallasi*			+	+
环颈雉 *Phasianus colchicus*				+
小白鹭 *Egretta garzetta*				+

注:※为宁夏新纪录。

五、哺乳类

2004年调查哺乳类有6目,11科,22种。2017—2018年调查6目12科27种,见表5-9。与上次调查2004年相比,2017年调查新增加了5种哺乳类动物,它们分别是:食虫目的普通鼩鼱(*Sorex araneus*)和达乌尔猬(*Hemiechinus dauricus*),偶蹄目的岩羊(*Pseudois nayaur*),啮齿目的大沙鼠(*Rhombomys opimus*)和黄胸鼠(*Rattus flavipectus*)。其中普通鼩鼱、达乌尔猬和大沙鼠为首次在保护区调查到。

表5-9 保护区哺乳类动物多样性变化

目	科	种	2004	2017
食虫目 Insectivora	猬科 Erinaceidae	大耳猬 *Hemiechinus auritus*	√	√
		达乌尔猬 *Hemiechinus dauricus Sundevall*		√
	鼩鼱科 Soricidea	普通鼩鼱 *Sorex araneus*		√
食肉目 Carnivora	鼬科 Mustelidae	狗獾 *Meles meles*	√	√
		艾鼬 *Mustela eversmanii*	√	√
	犬科 Canidae	赤狐 *Vulpes vulpes*	√	√
	猫科 Fe lidae	猞猁 *Lynx lynx*	√	√
		荒漠猫 *Felis bieti*	√	√
偶蹄目 Artiodactyla	牛科 Bovidae	岩羊 *Pseudois nayaur*	√	√
		鹅喉羚 *Gazella subgutturosa*	√	√
兔形目 Lagomorpha	兔科 Leporidae	草兔 *Lepus capensis*	√	√
翼手目 Chiroptera	蝙蝠科 Vespertlionidae	北棕蝠 *Eptesicus nilssoni*	√	√
啮齿目 Rodentia	跳鼠科 Dipodiae	三趾跳鼠 *Dipus sagitta*	√	√
		五趾跳鼠 *Allaetaga sibirica*	√	√
	仓鼠科 Cricetidae	子午沙鼠 *Meriones meridianus*	√	√

续表

目	科	种	2004	2017
啮齿目 Rodentia	仓鼠科 Cricetidae	大沙鼠 *Rhombomys opimus*	√	√
		小毛足鼠 *Phodopus roborovskii*	√	√
		黑线仓鼠 *Cricetulus Barabensis*	√	√
		长尾仓鼠 *Cricetulus longicaudatus*	√	√
		长爪沙鼠 *Meriones unguiculatus*	√	√
		麝鼠 *Ondatra zibethicus*	√	√
	松鼠科 Sciuridae	阿拉善黄鼠 *Spermophilus alaschanicus*	√	√
	鼠科 muridae	小家鼠 *Mus musculus*	√	√
		褐家鼠 *Rattus norvegicus*	√	√
		黄胸鼠 *Rattus flavipectus*	√	√

食虫目动物保护区有 2 科 3 种。其中猬科 2 种，分别是大耳猬(*Hemiechinus auritus*)和达乌尔猬(*Hemiechinus dauricus* Sundevall),其中达乌尔猬以前的两次调查中均未有记录，此两种猬科动物广泛发布与人工林，村庄和灌木固沙林地。鼩鼱科 Soricidea 仅调查得到一种——普通鼩鼱(*Sorex araneus*),其主要分布于保护区池塘和湖泊附近,覆盖度较高的灌木林。普通鼩鼱由于体型较小,行动相对缓慢,茂密的植被覆盖便于其逃避敌害,而且在受到侵扰后可进入水中逃避敌害。普通鼩鼱由于以昆虫和蚯蚓作为食物,而且其食量较大,沙漠地区干旱地栖昆虫数量相对较少,靠近水域附近由于植被较好,相应的昆虫数量较荒漠区高,有利于普通鼩鼱取食,另外荒漠湿地区土壤中有蚯蚓的存在也有利于鼩鼱取食,这些为普通鼩鼱提供了良好的栖息环境。

食肉目动物本次调查发现 3 科 5 种。其中鼬科 Mustelidae 2 种,分别是狗獾(*Meles meles*)和艾鼬(*Mustela eversmanii*),这两种动物在沙坡头地区广泛分布,其中本次调查中也有采集制作的实体标本，同时在孟家湾和长流水的公路上也发现了这两种动物的尸体,可能是这两种动物在穿越公路时被过往的车辆碾压致死,沙坡头保护区内铁路和多条公路穿越,过往的车辆很容易造成穿越公路动物死亡。犬科(Canidae)动物沙坡头地区仅 1 种——赤狐(*Vulpes vulpes*),本次调查赤狐发现于固沙林场,另外通过走访调查,铁路巡线的工作人员证实在长流水和迎水桥固沙林地有赤狐的分布。猫科(Felidae)动物历来记载为猞猁(*Lynx lynx*)和荒漠猫(*Felis bieti*),本次调查在腾格里湖边发现荒漠猫,通过走访和保护区工作人员的证实,保护区内小湖北荒漠区曾见到过有猞猁的分布,同时本次调查在该区流沙边缘发现有疑似猞猁活动的痕迹(粪便和足迹)。

偶蹄目 Artiodactyla 动物,保护区本次调查共调查到牛科 Bovidae 1 科 2 种——鹅喉羚(*Gazella subgutturosa*)和岩羊(*Pseudois nayaur*),在沙坡头铁路人工固沙区围栏上发现穿越围栏而被缢死的鹅喉羚幼体尸骸一具,另外据保护区人员讲述,近年来在保护区巡查时见到鹅喉羚聚群的分布。

翼手目 Chiroptera 动物本次调查共发现有一种——北棕蝠(*Eptesicus nilssoni*),属于蝙蝠科 Vespertlionidae,本次调查发现野外出没于沙坡头治沙站、腾格里湖区和迎水桥地区。

啮齿目 Rodentia 是保护区分布最为广泛和数量最多的优势类群,本次调查共发现 4 科 13 种,分别是:跳鼠科(Dipodiae)2 种,三趾跳鼠(*Dipus sagitta*)和五趾跳鼠(*Allaetaga sibirica*);仓鼠科(Cricetidae)7 种,子午沙鼠(*Meriones meridianus*)、大沙鼠(*Rhombomys opimus*)、黑线仓鼠(*Cricetulus Barabensis*)、长尾仓鼠(*Cricetulus longicaudatus*)、长爪沙鼠(*Meriones unguiculatus*)、小毛足鼠(*Phodopus roborovckii*)和麝鼠(*Ondatra zibethicus*);松鼠科(Sciuridae)1 种,阿拉善黄鼠(*Spermophilus alaschanicus*);鼠科 muridae 3 种,小家鼠(*Mus musculus*)、褐家鼠(*Rattus norvegicus*)和黄胸鼠(*Rattus flavipectus*)。宁夏疾病预防控制中心白学礼 2017 年在保护区铁路固沙林区采集到大沙鼠(*Rhombomys opimus*) 1 只,首次报道了大沙鼠在保护区内的存在,这也是宁夏地区的新纪录种。同时 2004 年未有记载的黄胸鼠(*Rattus flavipectus*),在 2008 年第二期考察和 2017 年本次考察中被发现,麝鼠(*Ondatra zibethicus*)在 2004 年的保护区考察报告中有记载,2008 年考察时未有发现,2018 年春季考察中发现于夹道村人工鱼塘内。

六、昆虫

2017 年保护区昆虫有 16 目 173 科 812 种。保护区主要分布的昆虫种类为鞘翅目、鳞翅目、双翅目、膜翅目、半翅目和同翅目,其中鞘翅目最多为 217 种,占总种数的 26.76%;其次为鳞翅目 202 种,占 24.91%;双翅目 99 种,占 12.21%;膜翅目 92 种 11.34%;同翅目 59 种,占 7.15%;半翅目 48 种,占 5.92%;直翅目 41 种,占 5.06%;蜻蜓目 25 种,占 3.08%。毛翅目和革翅目均没有上两位数,蜉蝣目、襀翅目、蜚蠊目和螳螂目均仅有 1 种。

2003年，沙坡头自然保护区记载昆虫种类16目175科，703种，2017年新增加109种，其中主要增加的种类在鞘翅目和鳞翅目种类。

第五节 重点保护动物

一、国家法律保护种类

根据《国家重点保护野生动物名录》(1988年12月10日国务院批准，1989年1月14日中华人民共和国林业部、农业部令第一号发布，自1989年1月14日施行)，保护区有国家重点保护野生动物26种，见表5-10。其中I级保护5种：黑鹳(*Ciconia nigra*)、金雕（*Aquila chrysaetos*）、玉带海雕（*Haliaeetus leucoryphus*）、白尾海雕（*Haliaeetus albicilla*）和大鸨（*Otis tarda*)；II级保护种类21种：小苇鳽(*Ixobrychus minutus*)、白琵鹭(*Platalea leucorodia*)、大天鹅(*Cygnus cygnus*)、鸢(*Milvus migrans*)、大鵟(*Buteo hemilasius*)、毛脚鵟(*Buteo lagopus*)、白尾鹞(*Circus cyaneus*)、鹗(*Pandion liaetus*)、红隼(*Falco tinnunculus*)、灰背隼(*Falco columbarius*)、灰鹤(*Grus grus*)、蓑羽鹤(*Anthropoides virgo*)、黑浮鸥(*Chlidonias niger*)、鹏鸮(*Bubo bubo*)、纵纹腹小鸮(*Athene noctua*)、长耳鸮(*Asio otus*)、短耳鸮(*Asio flammeus*)、荒漠猫(*Felis bieti*)、猞猁(*Lynx lynx*)、鹅喉羚(*Gazella subgutturosa*)和岩羊(*Pseudois nayaur*)。

在1986—1987年调查发现的国家保护动物有14种，1998—1999年调查新增加6种，但1986—1987年调查发现的黑鹳、小苇鳽和大天鹅没有见到，2002—2004年较1998—1999年新增加7种，其中黑鹳又再次出现在保护区，1998—1999年见到白尾鹞、灰背隼、和短耳鸮在此次调查中没有见到。2017—2018年调查发现保护动物26种，为各期调查中数量最多的，并且1986—1987年调查发现的大天鹅种群再次出现在保护区越冬。

表5-10 保护区国家重点保护野生动物名录

种名	1986—1987	1998—1999	2002—2004	2017—2018	级别
黑鹳 *Ciconia nigra*	+		+	+	I
小苇鳽 *Ixobrychus minutus*	+			+	II
白琵鹭 *Platalea leucorodia*			+	+	II
大天鹅 *Cygnus cygnus*	+			+	II
金雕 *Aquila chrysaetos*		+	+	+	I

续表

种名	1986—1987	1998—1999	2002—2004	2017—2018	级别
玉带海雕 *Haliaeetus leucoryphus*	+	+	+	+	I
白尾海雕 *Haliaeetus albicilla*			+	+	I
鸢 *Milvus migrans*	+	+	+	+	II
大鵟 *Buteo hemilasius*	+	+	+	+	II
毛脚鵟 *Buteo lagopus*			+	+	II
白尾鹞 *Circus cyaneus*		+		+	II
鹗 *Pandion liaetus*		+	+	+	II
红隼 *Falco tinnunculus*	+	+	+	+	II
灰背隼 *Falco columbarius*		+		+	II
灰鹤 *Grus grus*			+	+	II
蓑羽鹤 *Anthropoides virgo*		+	+	+	II
大鸨 *Otis tarda*			+	+	I
黑浮鸥 *Chlidonias niger*			+	+	II
鵰鸮 *Bubo bubo*	+	+	+	+	II
纵纹腹小鸮 *Athene noctua*	+	+	+	+	II
长耳鸮 *Asio otus*	+	+	+	+	II
短耳鸮 *Asio flammeus*	+	+		+	II
荒漠猫 *Felis bieti*	+	+	+	+	II
猞猁 *Lynx lynx*		+	+	+	II
鹅喉羚 *Gazella subgutturosa*	+	+	+	+	II
岩羊 *Pseudois nayaur*	+	+	+	+	II
总计	14	17	21	26	

二、濒危野生动植物种国际贸易公约(CITES)附录规定的种类

保护区列入《濒危野生动植物物种国际贸易公约》CITES 附录的脊椎动物 22 种，其中附录 I 中的只有一种白尾海雕，余均为附录 II 中，见表 5-11。1986—1987 年调查有 CITES 附录的脊椎动物 11 种，1998—1999 年有 15 种，新增 6 种，2002—2004 年见到 18 种，新增 5 种。2017—2018 年调查到 22 种，为历次调查中最多，比 2002—2004 年调查多 4 种。

表5-11　保护区 CITES 附录种类

种类	1986—1987	1998—1999	2002—2004	2017—2018	附录
黑鹳 *Ciconia nigra*	+		+	+	II
白琵鹭 *Platalea leucorodia*			+	+	II
花脸鸭 *Anas formosa*	+			+	II
金雕 *Aquila chrysaetos*		+	+	+	II
白尾海鵰 *Haliaeetus albicilla*			+	+	II
玉带海雕 *Haliaeetus leucoryphus*	+	+	+	+	II
鸢 *Milvus migrans*	+	+	+	+	II
大鵟 *Buteo hemilasius*	+	+	+	+	II
毛脚鵟 *Buteo lagopus*			+	+	II
白尾鹞 *Circus cyaneus*		+		+	II
鹗 *Pandion liaetus*		+	+	+	II
红隼 *Falco tinnunculus*	+	+	+	+	II
灰背隼 *Falco columbarius*		+		+	II
灰鹤 *Grus grus*			+	+	II
蓑羽鹤 *Anthropoides virgo*		+	+	+	II
大鸨 *Otis tarda*			+	+	II
鵰鸮 *Bubo bubo*	+	+	+	+	II
纵纹腹小鸮 *Athene noctua*	+	+	+	+	II
长耳鸮 *Asio otus*	+	+	+	+	II
短耳鸮 *Asio flammeus*	+	+		+	II
荒漠猫 *Felis bieti*	+	+	+	+	II
猞猁 *Lynx lynx*		+	+	+	II
合计	11	15	18	22	

三、中日候鸟保护协定规定的鸟类

列入《中国政府和日本国政府保护候鸟及其栖息环境协定》(以下简称《中日保护候鸟协定》)鸟类名录分布于保护区的鸟类有 80 种，占保护区鸟类种数的占保护区鸟类种数的 45.14%，见表 5-12。1986—1987 年有 43 种，占 54.43%；1998—1999 年有 52 种，占 65.82%；2002—2004 年有 59 种，占 74.68%；2017—2018 年有 70 种，占保护区鸟类种数的 51.09%。所有《中日候鸟保护协定》的种类都是迁徙鸟,不同年份种类和数量变化是可以理解的,与迁徙路线改变有关。

表 5-12 保护区《中日候鸟保护协定》的鸟类

种类	1986—1987	1998—1999	2002—2004	2017—2018
凤头䴙䴘 *Podiceps cristatus*		+	+	+
草鹭 *Ardea purpurea*	+	+	+	+
大白鹭 *Egretta alba*	+	+	+	+
夜鹭 *Nycticorax nycticorax*		+	+	+
黄斑苇鳽 *Ixobrychus sinensis*		+	+	+
大麻鳽 *Botaurus stellaris*		+	+	+
黑鹳 *Ciconia nigra*	+		+	+
白琵鹭 *Platalea leucorodia*			+	+
大天鹅 *Cygnus cygnus*	+			+
赤麻鸭 *Tadorna ferruginea*	+	+	+	+
翘鼻麻鸭 *Tadorna tadorna*			+	+
针尾鸭 *Anas acuta*		+	+	+
绿翅鸭 *Anas crecca*	+	+	+	+
花脸鸭 *Anas formosa*	+			+
绿头鸭 *Anas platyrhynchos*			+	+
赤膀鸭 *Anas strepera*			+	+
赤颈鸭 *Anas penelope*		+	+	+
琵嘴鸭 *Anas clypeata*	+	+	+	+
凤头潜鸭 *Aythya fuligula*			+	+
鹊鸭 *Bucephala clangula*	+		+	
毛脚鵟 *Buteo lagopus*			+	+
白尾鹞 *Circus cyaneus*		+		+
灰背隼 *Falco columbarius*		+		+
灰鹤 *Grus grus*			+	+
普通秧鸡 *Rallus aquaticus*	+		+	+
小田鸡 *Porzana pusilla*	+	+	+	+

续表

种类	1986—1987	1998—1999	2002—2004	2017—2018
黑水鸡 *Gallicrex chloropus*	+	+	+	+
凤头麦鸡 *Vanellus vanellus*	+	+	+	+
金斑鸻 *Pluvialis dominica*	+			
彩鹬 *Rostratula benglensis*		+		+
白腰杓鹬 *Numenius arquata*			+	+
红脚鹬 *Tringa totanus*	+	+	+	+
泽鹬 *Tringa stagnatilis*		+		
白腰草鹬 *Tringa ochropus*		+	+	+
林鹬 *Tringa glareola*			+	+
矶鹬 *Tringa hypoleucos*	+	+	+	+
扇尾沙锥 *Capella gallinago*		+	+	+
红胸滨鹬 *Calidris Ruficollis*			+	
青脚滨鹬 *Calidris temminckii*			+	+
黑翅长脚鹬 *Himantopus himantopus*	+	+	+	+
普通燕鸻 *Glareola maldivarum*	+		+	+
红嘴鸥 *Larus ridibundus*	+	+		+
普通燕鸥 *Sterna hirundo*	+	+	+	+
白额燕鸥 *Sterna albifrons*	+	+	+	+
大杜鹃 *Cuculus canorus*	+	+	+	+
长耳鸮 *Asio otus*	+	+	+	+
短耳鸮 *Asio flammeus*	+	+		+
白腰雨燕 *Apus pacificus*	+	+		+
灰沙燕 *Riparia riparia*	+	+		+
家燕 *Hirundo rustica*	+	+	+	+
毛脚燕 *Delichon urbica*			+	+
黄鹡鸰 *Motacilla flava*	+	+	+	+
黄头鹡鸰 *Motacilla citreola*		+	+	+
白鹡鸰 *Motacilla alba*	+	+	+	+

续表

种类	1986—1987	1998—1999	2002—2004	2017—2018
田鹨 *Anthus novaeseelandiae*	+	+	+	+
树鹨 *Anthus hodgsoni*		+	+	+
水鹨 *Anthus spinoletta*	+	+		
太平鸟 *Bombycilla garrulus*		+	+	+
红尾伯劳 *Lanius cristatus*	+	+	+	+
黑枕黄鹂 *Oriolus chinensis*			+	+
秃鼻乌鸦 *Corvus frugilegus*	+	+	+	+
寒鸦 *Corvus monedula*	+			+
红点颏 *Luscinia calliope*	+	+	+	+
蓝喉歌鸲 *Luscinia svecica*			+	+
红胁蓝尾鸲 *Tarsiger cyanurus*	+			
北红尾鸲 *Phoenicurus auroreus*	+	+	+	+
黑喉石䳭 *Saxicola torquata*		+	+	+
虎斑地鸫 *Zoothera dauma*		+		+
大苇莺 *Acrocephalus arundinaceus*	+	+	+	+
黄眉柳莺 *Phylloscopus inornatus*		+		+
极北柳莺 *Phylloscopus borealis*	+	+	+	+
北灰鹟 *Muscicapa latirostris*		+	+	+
普通朱雀 *Carpodacus erythrinus*	+	+		+
北朱雀 *Carpodacus roseus*	+	+		
黑尾蜡嘴雀 *Eophona migratoria*		+		
灰头鹀 *Emberiza spodocephala*	+			
田鹀 *Emberiza rustica*	+	+		
芦鹀 *Emberiza schoeniclus*	+		+	+
小鹀 *Emberiza pasilla*			+	+
苇鹀 *Emberiza pallasi*			+	+
合计	43	52	59	70

四、中澳候鸟保护协定规定的鸟类

分布于保护区的鸟类列入《中澳保护候鸟及其栖息环境的协定》名录的种类有 24 种，占保护区鸟类种数的 13.14%，见表 5-13。1986—1987 年有 16 种，占 65.22%；1998—1999 年有 18 种，占 78.26%；2002—2004 年有 20 种，占 86.96%；2017—2018 年有 20 种，占保护区鸟类的 14.60%。

表 5-13 保护区中澳候鸟保护协定的鸟类

种类	1986—1987	1998—1999	2002—2004	2017—2018
大白鹭 *Egretta alba*	+	+	+	+
黄斑苇鳽 *Ixobrychus sinensis*		+	+	+
琵嘴鸭 *Anas clypeata*	+	+	+	+
彩鹬 *Rostratula benglensis*		+		+
金斑鸻 *Pluvialis dominica*	+			
金眶鸻 *Charadrius dubius*	+	+	+	+
红脚鹬 *Tringa totanus*	+	+	+	+
白腰杓鹬 *Numenius arquata*			+	+
泽鹬 *Tringa stagnatilis*		+		
林鹬 *Tringa glareola*			+	+
矶鹬 *Tringa hypoleucos*	+	+	+	+
红胸滨鹬 *Calidris Ruficollis*			+	
普通燕鸻 *Glareola maldivarum*	+		+	+
普通燕鸥 *Sterna hirundo*	+	+	+	+
白额燕鸥 *Sterna albifrons*	+	+	+	+
黑浮鸥 *Chlidonias niger*			+	+
白腰雨燕 *Apus pacificus*	+	+		+
家燕 *Hirundo rustica*	+	+	+	+
黄鹡鸰 *Motacilla flava*	+	+	+	+
黄头鹡鸰 *Motacilla citreola*		+	+	+
白鹡鸰 *Motacilla alba*	+	+	+	+
灰鹡鸰 *Motacilla cinerea*	+	+	+	

续表

种类	1986—1987	1998—1999	2002—2004	2017—2018
大苇莺 *Acrocephalus arundinaceus*	+	+	+	+
极北柳莺 *Phylloscopus borealis*	+	+	+	+
合计	16	18	20	20

第六节　鸟类数量变化

鸟类调查以景观为背景,包括湿地景观、人工林景观、荒漠景观和村庄农田景观。鸟类种类和数量以样线法调查,以每小时 3.0 km 速度沿样线前进,记录起止时间和样线两侧各 50 m 范围内鸟的种类和数量。鸟类数量以只/km 表示。

一、鸟类数量动态

历次调查完全可比较的只有夏季鸟类。1986 年夏季荒漠景观鸟类数量为 43.45 只/km,1999 年为 18.98 只/km,2003 年 7.33 只/km,2017 年 11.33 只/km,2003 年最低。人工林景观 1986 年为 21.64 只/km,1999 年为 18.27 只/km,2003 年为 35.90 只/km,2017 年 25.63 只/km,1999 年最低。湿地景观鸟类 1986 年数量为 42.46 只/km,1999 年 126.32 只/km,2003 年最高为 199.33 只/km,2017 年 89.64 只/km。村庄农田景观鸟类 1986 年数量为 52.72 只/km,1999 年为 31.37 只/km,2003 年为 25.13 只/km,2017 年 22.34 只/km,基本呈逐次减少趋势,见表 5-14。

二、鸟类季节数量动态

(一)湿地鸟类季节数量动态

湿地鸟类保护区主要分布在腾格里湖区和小湖片区。其中腾格里湖水域面积大,该区域内岸边水草丰富而且有湖心岛屿,有大量的水生鸟类在区域分布。另外一个水生鸟类的分布区是小湖片区,其中小湖水面积大,但由于有环湖公路存在湖边无水生植被的保护,鸟的多样性较低,相反在小湖北部的湿地内,水草丰富,生长茂密,水鸟的种类和密度较高,是水生鸟的主要分布区,大量的苍鹭和白鹭及鸭科的种类再次发布。碱碱湖逐渐退化干涸,鸟类分布稀少。从季节的变化来看,见表 5-15,种类最高的是夏季有 50 种,其次是春季 48 种,秋季和冬季种类数相当,分别是 36 和 35 种。密度

表 5-14　1986 年、1999 年、2003 年和 2017 年夏季保护区鸟类数量和群落结构

单位：只/km

	荒漠				湿地				固沙林				农田村庄			
	1986	1999	2003	2017	1986	1999	2003	2017	1986	1999	2003	2017	1986	1999	2003	2017
小鸊鷉					2.72	1.75	0.84	3.33								
凤头鸊鷉							2.55	4.33								
普通鸬鹚							0.11									
苍鹭						15.5	7.41			0.11	0.11					
草鹭						0.25										
大白鹭						0.13		2.33								
小白鹭																
池鹭						0.11	0.40	0.67								
夜鹭								2.33							0.08	
大麻鳽						13.13	1.80	0.67								
黄斑苇鳽					0.78		0.58	1								
白琵鹭							4.50	0.67								
灰雁							8.75	1.33								
针尾鸭							9.00	2.00								
斑嘴鸭						15.5	15.25	4.33								
赤麻鸭						1.50	1.10	0.33								
白眼潜鸭							78.25	4.67								
鸢			0.06	0.33		1.13	0.31	0.33	1.10	0.74	0.34	0.33				
大鵟	0.26	0.33								0.16	0.11	0.33				
鹗							0.11	1.00								
红隼	0.33	0.67	0.22			0.50	0.10	0.67	0.57	0.11	0.05	0.33				
环颈雉				0.33				1.00				1.33				
石鸡			0.28	0.33												
小田鸡					2.50	0.13	0.21	0.33								
白骨顶					5.90		0.21	1.33								
黑水鸡					0.32	0.50	1.05	0.67								
蓑羽鹤							1.00									

续表

	荒漠				湿地				固沙林				农田村庄			
	1986	1999	2003	2017	1986	1999	2003	2017	1986	1999	2003	2017	1986	1999	2003	2017
凤头麦鸡					5.07	8.25	2.94	1.33								
灰头麦鸡						3.88	1.38	1.33								
金眶鸻					3.95	0.75	1.75	0.33						0.06		
普通燕鸻								0.67								
红脚鹬					2.00	0.38	0.25	1.00								
白腰草鹬						2.50										
扇尾沙锥						1.13										
矶鹬						0.75										
泽鹬										0.21						
黑翅长脚鹬					3.28	1.38	18.9	0.67								
普通燕鸻							2.00	2.00					4.55			
渔鸥						0.88		2.00								
红嘴鸥						1.25		14.33								
须浮鸥						0.25	2.17									
黑浮鸥							2.50									
普通燕鸥					7.41	1.75	3.60									
白额燕鸥					1.35	1.25	1.58	1.00								
鸬鹚								0.67								
毛腿沙鸡	2.56			1.33							0.17					
山斑鸠									0.93	0.16	0.53	0.33			0.08	0.67
灰斑鸠							0.40	0.33		0.05	1.32	0.67		0.63	0.67	0.67
火斑鸠							0.40	0.67		1.11	0.11	0.33			0.17	0.33
岩鸽	2.40		1.44	1.00						0.47		0.67	1.37	1.63		
大杜鹃		0.33				0.13	0.77	0.67	2.71	0.53	2.93	1.33	0.81		0.83	1.00
纵纹腹小鸮			0.17						0.71		0.11	0.33	0.36	0.13		
欧夜鹰										0.37	0.11	0.33				
楼燕											0.11	1.33	3.30		0.82	1.00
普通翠鸟						0.50	0.20									

续表

	荒漠				湿地				固沙林				农田村庄			
	1986	1999	2003	2017	1986	1999	2003	2017	1986	1999	2003	2017	1986	1999	2003	2017
戴胜		1.17	0.44	1.00		1.13	0.84	1.00		0.95	3.18	1.00	2.57	4.25	2.08	1.33
大斑啄木鸟											0.60	0.33				0.33
灰头绿啄木											0.05	0.33				
小沙百灵	3.65	1.83			2.42								0.56			
短趾百灵																2.33
凤头百灵	5.86	1.83	1.78	2.00	1.56		0.30	2.00		0.05	1.80	1.33	2.26		0.08	0.67
云雀			0.22	0.67												
灰沙燕	4.92					0.25										
家燕		3.83	0.44			27.13	5.40	4.00		1.74	1.97	1.67	4.90	3.00	8.17	1.00
田鹨						2.63				0.58					0.58	
草地鹨						1.25										
树鹨										0.26						
水鹨						3.38										
白鹡鸰		0.67				3.50	0.53	1.00		0.05			2.88	1.75	0.33	1.00
黄鹡鸰						6.83	9.00	1.33		0.16						
灰鹡鸰							0.10	0.33								
黄头鹡鸰														0.06		
红尾伯劳	3.70	0.83				1.88	0.75	1.00	4.46	2.26	4.73		0.31	1.88	0.08	
红背伯劳		0.17				0.75	1.40	0.67		0.26	0.45	0.67			0.25	1.67
楔尾伯劳	2.50					0.13				0.16	0.05	1.00				
黑枕黄鹂															0.25	
黄鹂																1.00
黑卷尾								1.33	2.80			2.00			0.08	1.67
灰椋鸟						1.75	1.02	1.00		0.05	3.42	2.33	3.58	9.50	6.42	0.67
红颈苇鹀												0.33				
芦鹀												0.67				
喜鹊							0.70	4.00		1.26		4.00	0.22		0.92	1.67
灰喜鹊							1.10	2.00				2.33				

续表

	荒漠				湿地				固沙林				农田村庄			
	1986	1999	2003	2017	1986	1999	2003	2017	1986	1999	2003	2017	1986	1999	2003	2017
红嘴山鸦		2.33	0.22													
寒鸦	2.00															
秃鼻乌鸦														1.25		
黑尾地鸦			0.11													
穗䳭		0.16	0.44	0.67												
漠䳭	1.90		0.06	0.67												
白顶䳭	2.40	0.67	0.39							0.26				0.66		
沙䳭			0.17	1.00												
大苇莺					3.20	0.50	1.21	0.33								
小蝗莺							0.42	0.33								
沙白喉莺	3.8	0.83								0.11					0.08	
漠莺	0.45															
北红尾鸲										0.05				0.06		
褐柳莺		0.33								0.26						
黄眉柳莺						0.05										
极北柳莺										0.05						
红喉姬鹟										0.26						
北灰鹟										0.16						
大山雀		0.17								1.95						
黑顶麻雀	6.72	2.83	0.61	1.00			2.45	2.33	8.36	3.37	10.09	8.67	0.27	5.63	0.75	1.33
树麻雀			0.22	0.67			1.75	7.00			3.56	4.00	22.63	0.88	2.33	4.00
金翅雀													2.15		0.08	
蒙古沙雀			0.06	0.33												
贺兰山岩鹨												0.67				
棕眉山岩鹨												0.67				
种数	15	17	18	14	14	41	49	50	8	32	23	29	16	15	21	18
数量	43.45	18.98	7.33	11.33	42.46	126.32	199.34	89.64	21.64	18.27	35.90	39.64	52.72	31.37	25.13	22.34

表 5-15　2017—2018 年保护区湿地鸟类季节变化

单位：只/km

种名	夏季	秋季	冬季	春季
凤头鸊鷉*Podiceps cristatus*	4.33	2.00	2.11	2.33
小鸊鷉*Podiceps ruficollis*	3.33	7.00	3.56	6.22
白琵鹭 *Platalea leucorodia*	0.67	0.00	0.67	0.00
苍鹭 *Ardea cinerea*	0.00	2.00	2.89	8.44
草鹭 *Ardea Purpurea*	0.00	0.33	0.00	0.00
池鹭 *Ardeola bacchus*	0.67	0.33	0.00	0.00
大白鹭 *Ardea alba*	2.33	1.67	2.33	7.22
小白鹭 *Egretta garzetta*	0.00	0.00	0.89	2.11
大麻鳽 *Botaurus stellaris*	0.67	0.33	0.00	0.00
黄斑苇鳽 *Ixobrychus sinensis*	1.00	0.00	0.00	0.00
夜鹭 *Nycticorax nycticorax*	2.33	0.00	0.00	0.00
白眼潜鸭 *Aythya nyroca*	4.67	1.00	9.22	8.67
斑嘴鸭 *Anas poecilorhync*	4.33	0.67	13.67	19.78
赤颈鸭 *Anas penelope*	0.00	0.67	0.00	0.00
赤麻鸭 *Tadorna ferruginea*	0.33	1.33	1.22	16.11
赤嘴潜鸭 *Netta rufina*	0.00	0.33	0.89	2.11
赤膀鸭 *Anas strepera*	0.00	0.00	1.44	2.89
灰雁 *Anser anser*	1.33	0.00	1.00	5.11
绿翅鸭 *Anas crecca*	0.00	1.33	0.00	0.00
绿头鸭 *Anas platyrhynchos*	0.00	0.00	0.00	1.56
针尾鸭 *Anas acuta*	2.00	0.00	0.00	0.00
大天鹅 *Cygnus cygnus*	0.00	0.00	15.22	0.00
环颈雉 *Phasianus colchicus*	1.00	1.00	0.44	0.33
石鸡 *Alectoris chukar*	0.00	0.00	0.00	0.00
骨顶鸡 *Fulica atra*	1.33	0.00	3.44	29.67
黑水鸡 *Gallicrex chloropus*	0.67	0.33	0.00	0.00
普通秧鸡 *Rallus aquaticus*	0.00	1.00	0.00	0.00
小田鸡 *Porzana pusilla*	0.33	0.00	0.00	0.00
大鵟*Buteo hemilasius*	0.00	0.00	0.11	0.11

续表

种名	夏季	秋季	冬季	春季
鸢 *Milvus migrans*	0.33	0.00	0.22	0.11
金雕 *Aquila chrysaetos*	0.00	0.00	0.22	0.00
红隼 *Falco tinnunculus*	0.67	0.00	0.11	0.11
鹗 *Pandion liaetus*	1.00	0.00	0.11	0.44
灰头麦鸡 *Vanellus cinerous*	1.33	0.00	0.22	1.00
金眶鸻 *Cradrius dubius*	0.33	1.00	0.00	1.22
凤头麦鸡 *Vanellus vanellus*	1.33	1.00	0.11	0.22
白腰杓鹬 *Numenius arquata*	0.00	0.67	0.22	0.67
林鹬 *Tringa glareola*	0.00	0.67	0.00	0.00
红脚鹬 *Tringa totanus*	1.00	0.67	0.00	0.22
普通燕鸻 *Glareola maldivarum*	0.67	0.00	0.00	0.00
黑翅长脚鹬 *Himantopus himantopus*	0.67	0.00	1.56	14.67
红嘴鸥 *Larus ridibundus*	14.33	15.00	19.78	0.00
普通燕鸥 *Sterna hirundo*	2.00	0.00	0.00	0.00
须浮鸥 *Chlidonias hybrida*	0.00	0.67	0.00	0.00
渔鸥 *Larus ichthyaetus*	2.00	2.00	2.56	0.67
棕头鸥 *Larus brunnicephalus*	0.00	0.00	0.00	0.44
白额燕鸥 *Sterna albifrons*	1.00	0.00	0.00	0.00
灰斑鸠 *Streptopelia decaocto*	0.33	0.00	0.67	0.33
火斑鸠 *Streptopelia tranquebarica*	0.67	0.00	0.00	0.00
山斑鸠 *Streptopelia orientalis*	0.00	0.00	0.00	0.11
鸬鹚 *Placrocorax carbo*	0.67	0.00	0.00	0.00
大杜鹃 *Cuculus canorus*	0.67	0.00	0.00	0.00
纵纹腹小鸮 *Athene noctua*	0.00	0.00	0.00	0.11
欧夜鹰 *Caprimulgus europaeus*	0.00	0.00	0.00	0.11
戴胜 *Upupa epops*	1.00	0.67	0.56	1.00
普通翠鸟 *Alcedo atthis*	0.00	0.33	0.00	0.00
大斑啄木鸟 *Dendrocopos major*	0.00	0.00	0.22	0.11
灰头啄木鸟 *Picus canus*	0.00	0.00	0.00	0.11

续表

种名	夏季	秋季	冬季	春季
凤头百灵 *Galerida cristata*	2.00	1.33	0.00	0.00
红背伯劳 *Lanius collurio*	0.67	1.00	0.00	0.33
红尾伯劳 *Lanius crisastus*	1.00	0.67	0.00	0.44
楔尾伯劳 *Lanius sphenocercus*	0.00	0.00	0.33	0.11
白鹡鸰 *Motacilla alba*	1.00	0.33	0.00	4.78
黄鹡鸰 *Motacilla flava*	1.33	0.00	0.00	0.00
黄头鹡鸰 *Motacilla citreola*	0.00	0.67	0.00	0.67
灰鹡鸰 *Motacilla cinerea*	0.33	0.33	0.00	1.44
黑卷尾 *Dicrurus macrocercus*	1.33	0.00	0.00	0.00
灰椋鸟 *Sturnus cineraceus*	1.00	0.00	0.89	1.44
芦鹀 *Emberiza schoeniclus*	0.00	0.00	0.56	0.00
沼泽山雀 *Parus palustris*	0.00	0.00	0.00	0.67
黑顶麻雀 *Passer ammodendri*	2.33	1.33	0.00	0.00
树麻雀 *Passer montanus*	7.00	4.67	1.22	3.56
赤颈鸫 *Turdus ruficollis*	0.00	0.00	0.00	0.67
大苇莺 *Acroceplus arundinaceus*	0.33	0.33	0.00	0.00
沙白喉林莺 *Sylvia minula*	0.00	0.00	0.00	0.33
小蝗莺 *Locustella certhiola*	0.33	0.00	0.00	0.00
赭红尾鸲 *Phoenicurus ochruros*	0.00	0.00	0.00	0.33
灰喜鹊 *Cyanopica cyana*	2.00	0.00	1.33	0.56
喜鹊 *Pica pica*	4.00	0.00	1.56	1.78
棕眉山岩鹨 *Prunella montanella*	0.00	0.00	0.22	0.00
家燕 *Hirundo rustica*	4.00	0.00	0.00	2.11
合计	89.97	54.66	91.77	153.53
种数	50.00	35.00	36.00	48.00

最高的是春季 153.53 只/km，其次为夏季和冬季，分别为 89.97 只/km 和 91.77 只/km，最低为秋季 54.66 只/km。虽然冬季和夏季密度相当但是种类确有很大不同，导致数量高的原因是鸥科和大天鹅在此越冬导致密度的增高。

(二)人工林鸟类季节数量动态

人工林主要包括小湖周边北部人工杨树林、保护区环保基地、沙坡头治沙站区和铁路沿线铁路固沙林。季节的变化来看,见表5-16,种类最高的是夏季有29种,其次是春季28种,秋季25种,冬季种类最少为15种。人工林密度的变化和种类数一致,分别是最高的是夏季39.64只/km,秋季只24.97/km,春季23.89只/km和冬季6.64只/km。

表5-16 2017—2018年保护区人工林鸟类季节变化

单位:只/km

种名	夏季	秋季	冬季	春季
环颈雉 *Phasianus colchicus*	1.33	0.67	0.00	0.00
大鵟*Buteo hemilasius*	0.33	0.00	0.11	0.11
鸢 *Milvus migrans*	0.33	0.00	0.11	0.22
红隼 *Falco tinnunculus*	0.33	0.33	0.00	0.11
鹗 *Pandion liaetus*	0.00	0.00	0.00	0.11
灰斑鸠 *Streptopelia decaocto*	0.67	0.67	0.78	2.56
火斑鸠 *Streptopelia tranquebarica*	0.33	0.67	0.00	0.22
山斑鸠 *Streptopelia orientalis*	0.33	0.33	0.33	0.44
岩鸽 *Columba rupestris*	0.67	0.33	0.33	0.78
大杜鹃 *Cuculus canorus*	1.33	0.00	0.00	0.00
纵纹腹小鸮 *Athene noctua*	0.33	0.00	0.22	0.44
欧夜鹰 *Caprimulgus europaeus*	0.33	0.00	0.00	0.00
楼燕 *Apus apus*	1.33	0.00	0.00	0.00
戴胜 *Upupa epops*	1.00	1.33	0.44	0.78
大斑啄木鸟 *Dendrocopos major*	0.33	0.33	0.11	0.22
灰头啄木鸟 *Picus canus*	0.33	0.33	0.00	0.11
短趾百灵 *Calandrella cheleensis*	0.00	1.00	0.00	0.89
凤头百灵 *Galerida cristata*	1.33	1.33	0.33	1.56
红背伯劳 *Lanius collurio*	0.67	0.00	0.00	0.44
红尾伯劳 *Lanius crisastus*	0.00	0.00	0.00	1.00
楔尾伯劳 *Lanius sphenocercus*	1.00	0.67	0.00	0.22
白鹡鸰 *Motacilla alba*	0.00	0.00	0.00	0.67

续表

种名	夏季	秋季	冬季	春季
黑卷尾 *Dicrurus macrocercus*	2.00	1.33	0.00	0.00
灰椋鸟 *Sturnus cineraceus*	2.33	0.00	0.33	3.44
红颈苇鹀 *Emberiza yessoensis*	0.33	0.00	0.00	0.00
芦鹀 *Emberiza schoeniclus*	0.67	0.00	0.00	0.00
大山雀 *Parus major*	0.00	2.33	1.44	0.78
黑顶麻雀 *Passer ammodendri*	8.67	1.67	0.00	0.67
树麻雀 *Passer montanus*	4.00	5.00	0.00	3.22
北红尾鸲 *Phoenicurus auroreus*	0.00	0.33	0.00	0.00
赤颈鸫 *Turdus ruficollis*	0.00	0.33	0.00	0.67
红腹红尾鸲 *Phoenicurus erythrogastrus*	0.00	0.33	0.00	0.00
沙白喉林莺 *Sylvia minula*	0.00	0.67	0.11	0.67
赭红尾鸲 *Phoenicurus ochruros*	0.00	0.33	0.00	0.67
灰喜鹊 *Cyanopica cyana*	2.33	2.33	0.56	0.00
喜鹊 *Pica pica*	4.00	2.33	1.00	2.11
贺兰山岩鹨 *Prunella koslowi*	0.67	0.00	0.00	0.22
棕眉山岩鹨 *Prunella montanella*	0.67	0.00	0.44	0.56
家燕 *Hirundo rustica*	1.67	0.00	0.00	0.00
合计	39.64	24.97	6.64	23.89
种数	29.00	23.00	15.00	28.00

（三）民居农田鸟类季节数量动态

农田民居鸟类季节的变化来看，见表5-17，种类最高的是夏季有18种，其次是秋季9种，春季8种，冬季种类最少为5种。密度的变化分别是最高的是夏季22.34只/km，秋季17.99只/km，春季7.79只/km和冬季4.01只/km。

（四）荒漠鸟类季节数量动态

保护区荒漠鸟类数量相对较少共16种，季节的变化来看，见表5-18，种类最高的是夏季有24种，其次是秋季10种，春季8种，冬季种类最少为6种。密度的变化最高的是夏季和秋季11.33只/km，春季只5.44/km和冬季2.22只/km。优势种群为凤头百灵。

表 5-17　2017—2018 年保护区民居农田鸟类季节变化

单位：只/km

种名	夏季	秋季	冬季	春季
灰斑鸠 *Streptopelia decaocto*	0.67	0.00	0.56	0.89
火斑鸠 *Streptopelia tranquebarica*	0.33	0.00	0.00	0.00
山斑鸠 *Streptopelia orientalis*	0.67	0.00	0.00	0.00
岩鸽 *Columba rupestris*	0.00	1.00	0.22	0.22
大杜鹃 *Cuculus canorus*	1.00	0.00	0.00	0.00
楼燕 *Apus apus*	1.00	0.00	0.00	0.00
戴胜 *Upupa epops*	1.33	0.33	0.56	0.78
大斑啄木鸟 *Dendrocopos major*	0.33	0.00	0.00	0.11
短趾百灵 *Calandrella cheleensis*	2.33	5.33	0.00	0.00
凤头百灵 *Galerida cristata*	0.67	1.00	0.11	0.67
红背伯劳 *Lanius collurio*	1.67	0.00	0.00	0.00
黄鹂 *Oriolus auratus*	1.00	0.00	0.00	0.00
白鹡鸰 *Motacilla alba*	1.00	0.33	0.00	0.67
黑卷尾 *Dicrurus macrocercus*	1.67	0.00	0.00	0.00
灰椋鸟 *Sturnus cineraceus*	0.67	0.00	0.00	0.67
黑顶麻雀 *Passer ammodendri*	1.33	1.33	0.00	0.00
树麻雀 *Passer montanus*	4.00	7.67	2.56	3.78
喜鹊 *Pica pica*	1.67	0.00	0.00	0.00
家燕 *Hirundo rustica*	1.00	1.00	0.00	0.00
合计	22.34	17.99	4.01	7.79
种数	18.00	9.00	5.00	8.00

表5-18　2017—2018 年保护区荒漠鸟类季节变化

单位：只/km

种名	夏季	秋季	冬季	春季
环颈雉 *Phasianus colchicus*	0.33	0.67	0.33	0.44
石鸡 *Alectoris chukar*	0.33	0.00	0.00	0.00
鸢 *Milvus migrans*	0.33	0.00	0.00	0.00
红隼 *Falco tinnunculus*	0.00	0.33	0.00	0.00

续表

种名	夏季	秋季	冬季	春季
岩鸽 *Columba rupestris*	1.00	0.67	0.00	0.00
毛腿沙鸡 *Syrrhaptes paradoxus*	1.33	0.00	0.00	0.00
戴胜 *Upupa epops*	1.00	0.67	0.11	0.33
云雀 *Alauda arvensis*	0.67	0.00	0.00	0.00
短趾百灵 *Calandrella cheleensis*	0.00	4.00	0.33	0.67
凤头百灵 *Galerida cristata*	2.00	1.67	0.67	2.56
蒙古沙雀 *Rhodopechys mongolica*	0.33	0.00	0.00	0.11
黑顶麻雀 *Passer ammodendri*	1.00	0.67	0.00	0.00
树麻雀 *Passer montanus*	0.67	2.00	0.67	1.00
漠䳭*Oenanthe deserti*	0.67	0.33	0.11	0.22
沙䳭*Oenanthe isabellina*	1.00	0.00	0.00	0.00
穗䳭*Oenanthe oenanthe*	0.67	0.33	0.00	0.11
合计	11.33	11.33	2.22	5.44
种数	14.00	10.00	6.00	8.00

第七节　鼠类数量动态

选择湿地景观、人工林景观、荒漠景观和村庄农田景观，鼠类采用夹捕法进行调查，诱饵选择白面油烙饼；捕夹方法为留置一昼夜，选择上述四种景观布夹。鼠类的相对密度是表示群落中各种鼠类数量多少的相对指数，为此以夹捕率作为相对密度的指数，种数铗捕率以捕获的各种鼠的个体数/夹日数计算。

一、鼠类数量年间变化

啮齿类是保护区荒漠生态系统的主要动物成分，它们的数量动态可直接反应环境的变化。三次考察啮齿类都是主要数量调查的类群，见表5-19，1986—1987年布夹1 072夹日数，1998—1999年2 620夹日数，2002—2004年5 581夹日数，2017—2018年4 000夹日数。

啮齿动物数量调查共捕获啮齿动物125只，隶属于4科9种。其中子午沙鼠（*Meriones meridianus* Pallas）、三趾跳鼠（*Dipus sagitta* Pallas）和小毛足鼠（*Phodopus roborovskii* Satunin)为优势种，长尾仓鼠(*Cricetulus longicaudatus* Milne-Edwards)、长爪沙鼠(*Meriones unguiculatus* Milne-Edwards)、阿拉善黄鼠(*Spermophilus alaschanicus*)为常见种，小家鼠(*Mus musculus* Linnaeus)、黑线仓鼠(*Cricetulus barabensis* Pallas)、黄胸鼠(*Rattus flavipectus* Milne-Edwards)为稀有种，见表5-20。

四次调查中，总体看夹捕率呈下降趋势，说明该地区的鼠类密度在下降。五趾跳鼠(*Allactaga sibirica*)在前三次调查中逐渐减少，2017—2018年年未有调查记录；三趾跳鼠(*Dipus sagitta*)1986—2008年密度逐步增加，2017—2018年密度略有下降；长爪沙鼠(*Meriones unguiculatus*)和长尾仓鼠(*Cricetulus ongicaudatus*)，自第一次考察后，后两次调查突然在这一地区消失，在2017—2018年调查中又重新采到样本；小毛足鼠(*Phodopus roborovskii*)和黑线仓鼠(*Cricetulus barabensis*)在历次调查中夹捕率出现不同年份之间的波动现象；阿拉善黄鼠(*Spermophilus alaschanicus*)历届调查中均未采集到，本次调查仅发现与孟家湾和长流水地区的洪积扇的红砂-珍珠群落也是该区域的优势种；子午沙鼠(*Meriones meridianus*)1998—1999年的相对数量最高，1986—1987年、2002—2004年和2017—2018年几乎持平，也是保护区种群密度相对最高的鼠类种群；褐家鼠(*Rattus norvegicus*)仅发现与1999年和2002—2008年的调查中且每次仅采集到1只，本次调查未采集到；黄胸鼠历次调查均为采集到，本次调查仅采集到1只。其他种类动态规律并不明显，见表5-20。四次调查总的鼠类数量呈明显下降趋势。

表5-19 保护区啮齿动物数量调查

	捕获数/只	构成百分比/%
子午沙鼠 *Meriones meridianus*	48.00	38.40
三趾跳鼠 *Dipus sagitta*	33.00	26.40
小毛足鼠 *Phodopus roborovskii*	18.00	14.40
长尾仓鼠 *Cricetulus ongicaudatus*	11.00	8.80
长爪沙鼠 *Meriones unguiculatus*	7.00	5.60
阿拉善黄鼠 *Spermophilus alaschanicus*	4.00	3.20
小家鼠 *Mus musculus*	1.00	0.80
黑线仓鼠 *Cricetulus barabensis*	2.00	1.60
黄胸鼠 *Rattus flavipectus*	1.00	0.80
合计	125.00	100.00

表 5-20 1986 年、1999 年、2002—2008 年和 2017—2018 年保护区鼠类及夹捕率比较

种类	1986		1999		2002—2008		2017—2018	
	数量/只	夹捕率/%	数量/只	夹捕率/%	数量/只	夹捕率/%	数量/只	夹捕率/%
五趾跳鼠 *Allactaga sibirica*	14	1.31	7	0.27	2	0.036	—	—
三趾跳鼠 *Dipus sagitta*	4	0.37	14	0.53	62	1.11	33	0.83
小毛足鼠 *Phodopus roborovskii*	14	1.31	5	0.19	60	1.08	18	0.45
长尾仓鼠 *Cricetulus ongicaudatus*	52	4.85	—	—	—	—	11	0.28
黑线仓鼠 *Cricetulus barabensis*	1	0.09	22	0.84	26	0.47	2	0.05
长爪沙鼠 *Meriones unguiculatus*	14	0.65	—	—	—	—	7	0.18
子午沙鼠 *Meriones meridianus*	13	1.31	67	2.56	72	1.29	48	1.20
小家鼠 *Mus musculus*	12	1.21	—	—	5	0.09	1	0.03
褐家鼠 *Rattus norvegicus*	—	—	1	0.04	1	0.018	—	—
黄胸鼠 *Rattus flavipectus*	—	—	—	—	—	—	1	0.03
阿拉善黄鼠 *Spermophilus alaschanicus*	—	—	—	—	—	—	4	0.10
总和	124	11.1	116	4.43	228	4.09	125	3.15

二、鼠类数量季节变化

2017—2018 年春、夏、秋、冬四个季节均布 1000 夹日数。夏季鼠类密度最高，相对夹捕率为 5.40%，其次为秋季 4.40%，冬季最低，为 0.90%，见表 5-21。三趾跳鼠和子午沙鼠在夏季的夹捕率最高，分别是 1.40%和 1.80%，见表 5-21。

表 5-21 保护区啮齿类数量 2017—2018 年的季节变化

	数量/只				夹捕率/%			
	春	夏	秋	冬	春	夏	秋	冬
子午沙鼠 *Meriones meridianus*	8	18	17	5	0.80	1.80	1.70	0.50
三趾跳鼠 *Dipus sagitta*	6	14	13	—	0.60	1.40	1.30	—
小毛足鼠 *Phodopus roborovskii*	1	10	4	3	0.10	1.00	0.40	0.30
长尾仓鼠 *Cricetulus ongicaudatus*	1	4	5	1	0.10	0.40	0.50	0.10
长爪沙鼠 *Meriones unguiculatus*	1	4	2	—	0.10	0.40	0.20	—
阿拉善黄鼠 *Spermophilus alaschanicus*	—	3	1	—	—	0.30	0.10	—
小家鼠 *Mus musculus*	—	1	—	—	—	0.10	—	—

续表

	数量/只				夹捕率/%			
	春	夏	秋	冬	春	夏	秋	冬
黑线仓鼠 *Cricetulus barabensis*	1	—	1	—	0.10	—	0.10	—
黄胸鼠 *Rattus flavipectus*	—	—	1	—	—	—	0.10	—
合计	18	54	44	9	1.80	5.40	4.40	0.90

第八节 昆虫群落特征及环境变化对多样性的影响

保护区属于草原向沙漠的过渡地带，受沙漠的不断侵蚀，土壤和植被由草原型向沙漠型的过渡。在沙坡头—长流水，香山山地—腾格里沙漠（从南至北）之间按照土壤和植被的异质性共选取 8 个样地，具体环境特征如表 5-22 所示。

昆虫的取样和调查方法分别为：样筐法：4—10 月，每月 2 次在各采样区用样筐（底为 1 m×1 m，高 0.5 m，用尼龙纱网包裹，一面开放的取样筐）50 筐；扫网法：使用统一的柄长 1 m、网深 65 cm、口径 38 cm 的捕虫网。每个样地内采取 50 个复网（在 5~10 m 长的距离内扫 10 复网，扫网的直径在 30~45 cm）。数据进行 log(*x*+1)转换，本文主要采用 CANOCO for Windows 和 Wintwins 软件进行分析研究。

表 5-22 保护区不同生境的土壤和植被特征

样地代号	土壤	植被
S1	流动风沙土	花棒群落，分布在沙坡头流沙区，丘间地有零星沙竹、百花蒿、沙芥和白沙蒿，植被盖度小于 1%
S2	人工固定风沙土	油蒿群落，属沙坡头人工固沙植被，伴生种小画眉、狗尾草、虫实和沙蓝刺头等，植被盖度 15%
S3	粗骨质淡灰钙土	红砂+珍珠群落，分布在长流水山前洪积扇上，伴生种有茵陈蒿、蛛丝盐生草、短花针茅、。此外还有砾苔草、无芒隐子草、小车前和中亚紫菀等，总盖度 15%
S4	半固定风沙土	猫头刺群落，分布在长流水北部半固定沙地上，伴生种糙影子草、小画眉草和虫实等，植被盖度 20%
S5	山地石质淡灰钙土	红砂+珍珠+斑子麻黄群落，分布在长流水南部山地，伴生种荒漠锦鸡儿、长柄红砂、矮脚锦鸡儿、刺旋花、三芒草、多根葱和糙隐子草等，盖度 15%
S6	流动风沙土	柠条群落，分布于红卫北部流动沙丘上，伴生种有沙米等，植被盖度小于 5%
S7	半固定风沙土	沙米+白沙蒿+牛心扑子群落，分布在红卫流动沙丘边缘，属半流动沙地雾冰藜、小画眉草、虫实和刺沙蓬等，植被盖度小于 10%
S8	固定风沙土	油蒿群落，分布在长流水铁路以北，部分地区有草方格的痕迹，属固定沙地，伴生种有花棒、柠条、沙葱和沙生针毛等，植被盖度 30%

一、荒漠区昆虫群落特征

（一）不同生境昆虫群落的组成

从表 5-23 可以得出，流沙区昆虫不论是种类和密度都比较少，从流沙到草原鞘

表 5-23　保护区荒漠昆虫群落组成和分布

种名	S1	S2	S3	S4	S5	S6	S7	S8
螳螂目 MANTDEA								
螳螂科 Mantidae								
荒漠方额螳螂 *Eremiaphila* sp.	0.00	2.13	6.61	3.84	6.61	1.49	5.54	3.84
蜚蠊目 BLATTODEA								
地鳖科 Polyphagidae								
中华真地鳖 *Eupolyphaga sinensis*	0.00	0.00	0.00	0.00	0.00	0.00	0.00	0.00
革翅目 DERMAPTERA								
蠼螋科 Labduridae								
日本蠼螋 *Labidura japonica*	0.00	14.29	0.00	0.00	0.00	0.00	0.00	0.00
红褐螋 *Forficula scudderi*	0.00	10.71	5.36	0.00	0.00	0.00	0.00	0.00
直翅目 ORTHOPTERA								
菱蝗科 Teterigidae								
日本菱蝗 *Tetris japonicum*	0.00	2.50	21.25	0.00	18.75	0.00	0.00	0.00
螽斯科 Tettigoniidae								
皮柯懒螽 *Zichya piechockii*	0.00	0.00	8.15	0.00	18.52	0.00	0.00	0.00
腾格里懒螽 *Z. tenggerensi*	0.00	0.00	7.85	0.00	9.78	9.78	0.00	3.31
蝼蛄科 Gryllotalpidae								
东方蝼蛄 *Gryllotalpa orientalis*	0.00	80.00	0.00	0.00	0.00	0.00	0.00	0.00
丝角蝗科 Oedipodidae								
亚洲小车蝗 *Oedaleus asiaticus*	0.00	4.89	6.78	0.00	8.03	0.00	0.00	8.16
黄胫小车蝗 *O. infernalis*	0.00	4.87	6.24	0.00	9.89	0.00	0.00	7.15
细距蝗 *Leptopternis gracili*	0.00	10.60	3.98	14.17	3.47	13.66	9.68	7.54
宁夏束颈蝗 *Sphingonotus ningsianus*	0.00	5.07	28.05	0.00	20.92	0.00	0.00	0.00
束颈蝗属 *S.* sp.	0.00	9.50	14.00	0.00	19.00	0.00	0.00	0.00
黑腿星翅蝗 *Calliptamus barbarus cephalotes*	0.00	0.00	1.47	0.00	4.03	0.00	6.35	7.57

续表

种名	S1	S2	S3	S4	S5	S6	S7	S8
黑翅痂蝗 *Bryodema nigropter*	0.00	0.00	29.66	0.00	17.80	0.00	0.00	0.00
黄胫痂蝗 *B. holdereri*	0.00	6.41	5.98	0.00	3.21	0.00	9.83	9.62
邱氏异爪蝗 *Euchorthipps cheui*	0.00	13.91	3.53	5.19	3.34	0.00	0.56	4.08
雏蝗属 *Chorthippus* sp1	0.00	0.00	7.81	0.00	15.61	0.00	0.00	5.58
雏蝗属 *C.* sp2	0.00	14.42	1.40	0.00	7.44	0.00	0.93	10.23
短翅疙蝗 *Pseudotmethis brachypterus*	0.00	0.00	12.64	0.00	8.05	0.00	2.99	1.38
突鼻蝗 *Rhinotmethis hummeli*	0.00	0.00	13.78	6.89	12.02	0.00	2.49	6.74
景泰突颜蝗 *Eotmethis jintaiensis*	0.00	0.00	14.03	5.25	10.66	0.00	0.66	5.66
贺兰突颜蝗 *E. holanensis*	0.00	0.00	10.83	5.20	12.28	0.00	1.04	6.18
剑角蝗科 Acrididae								
中华蚱蜢 *Acrida chinensis*	0.00	0.00	0.96	1.28	4.17	0.00	0.00	4.97
半翅目 HEMIPTERA								
蝽科 Pentatomidae								
紫翅蝽 *Carpocoris purpureipemis*	1.33	6.64	7.97	11.30	9.97	3.99	4.65	7.97
茶翅蝽 *Halyonorpha picus*	0.00	7.26	3.79	8.20	1.26	0.32	3.15	6.31
长绿蝽 *Brachynema germarii*	1.09	1.46	7.30	12.41	5.11	4.74	2.92	5.84
细毛蝽 *Dolycoris baccarum*	5.85	1.06	7.98	4.79	5.32	2.66	2.66	3.19
横纹菜蝽 *Eurydema gebler*	2.52	11.76	7.56	10.08	15.13	0.84	0.84	2.52
斑菜蝽 *E. pulchrum*	0.71	15.71	0.71	1.43	0.00	0.00	12.14	4.29
猎蝽科 Reduviidae								
伏刺猎蝽 *Reduvius testaceus*	5.39	15.06	7.81	3.35	7.43	2.23	3.53	8.18
枯猎蝽 *Vachiria clavicornis*	5.61	15.22	4.01	4.49	6.41	1.60	7.69	4.01
姬蝽科 Nabidae								
暗色姬蝽 *Nabis stenoferus*	0.00	16.81	10.92	6.72	4.48	4.20	5.04	5.04
华姬蝽 *N. sinoferus*	0.00	15.63	3.91	14.45	6.64	0.00	0.78	5.47
柽姬蝽 *Aspilaspis pallida*	0.00	8.55	5.98	5.13	7.69	1.28	2.56	11.97
长蝽科 Lygaenidae								
红长蝽 *Lygaeus equestris*	0.00	10.89	6.02	6.67	2.44	2.60	6.02	10.73
荒漠红长蝽 *L. melanostolus*	0.00	3.99	19.27	1.33	4.98	0.33	5.65	5.32

续表

种名	S1	S2	S3	S4	S5	S6	S7	S8
类红长蝽 *L. similans*	0.00	3.07	7.46	0.00	7.02	5.70	3.07	0.00
巨膜长蝽 *Jakowleffia setulosa*	0.00	0.00	11.35	0.00	8.65	5.41	2.16	4.86
毛角长蝽 *Hyalicoris pilicornis*	0.00	0.00	11.70	0.00	6.43	12.87	0.00	1.75
盲蝽科 Miridae								
苜蓿盲蝽 *Adelphocoris lineolatus*	0.00	4.78	5.73	7.01	0.00	9.24	9.87	0.64
赤须盲蝽 *Megaloceraea ruficornis*	0.00	12.43	7.67	7.67	2.12	1.59	6.88	5.03
褐须盲蝽 *Stenodema laevifatum*	0.00	18.47	6.02	12.85	3.21	2.01	0.00	3.61
齿爪盲蝽 *Deraeocoris puntulatus*	0.00	2.27	6.05	2.27	3.53	9.82	10.83	9.07
瓦氏草盲蝽 *Lygus wagneri*	6.99	19.87	0.87	6.77	7.21	2.84	13.76	8.73
长毛草盲蝽 *L. rugulipennis*	8.90	11.72	6.08	5.93	4.90	0.15	9.50	6.53
牧草盲蝽 *L. pratensis*	0.00	19.84	7.83	4.18	2.61	12.27	5.74	0.26
草盲蝽属未定种 *L.* sp.	0.27	16.19	0.55	2.47	4.53	0.55	9.74	0.96
黑点食虫盲虫 *Deraeocoris punctulatus*	0.00	19.39	0.00	15.15	9.70	0.00	10.30	0.00
缘蝽科 Coreidae								
刺缘蝽 *Centsocoris volxemi*	7.15	13.33	5.85	5.85	1.95	5.04	14.80	5.37
蝽科未定种 *Pentatomida*	0.00	16.64	6.65	1.40	3.15	0.00	0.00	5.60
网蝽科 Tingidae								
沙柳网蝽 *Monosterir unicostata*	0.00	29.86	0.00	0.00	0.00	2.57	0.00	7.84
土蝽科 Cydnidae								
根土蝽 *Stibaropus formosanus*	0.00	0.00	31.15	0.00	0.00	0.00	0.00	0.00
黄伊土蝽 *Aethus flavicoris*	0.00	6.34	8.92	3.17	2.70	0.00	0.00	7.39
跳蝽科 Saldidae								
跳蝽未定种 *Saldidae*	0.00	0.00	0.00	0.00	0.00	0.00	0.00	0.22
同翅目 Homoptera								
角蝉科 Membracidae								
圆角蝉 *Gargora genistae*	0.00	4.61	0.00	0.00	0.00	18.28	0.00	0.11
叶蝉科 Cicadellidae								
大叶蝉 *cicadellinae*	4.68	10.19	1.64	0.00	1.05	0.00	11.94	32.20
蒿小绿叶蝉 *Empoasca* sp.	3.12	8.59	2.39	0.00	0.10	0.00	19.33	18.55

续表

种名	S1	S2	S3	S4	S5	S6	S7	S8
乌叶蝉 *Ponthimia castanea*	0.00	5.10	4.27	3.34	2.30	3.40	10.68	15.56
大青叶蝉 *Tetigella viridis*	0.00	12.82	32.05	0.00	0.00	0.00	0.00	0.00
飞虱科 Delphacidae								
灰飞虱 *Laodelphax striatellus*	0.00	4.06	6.76	2.49	2.81	0.65	6.54	7.52
蚧科 Coccidae								
沙蒿绒蚧 *Eriococcous* sp.	13.58	17.25	0.00	0.00	0.00	0.00	10.46	20.18
皱大球蚧 *Eulecanium kuwanai*	0.00	23.04	0.00	0.00	0.00	22.58	0.00	0.23
蚜科 Aphididae								
苜蓿蚜 *Aphis medicaginis*	0.00	16.73	0.00	2.33	0.00	0.00	0.00	0.11
洋槐蚜 *Aphis robiniae*	0.00	12.72	0.00	0.00	0.00	21.61	0.00	2.91
花棒蚜 *A. craccivora usuana*	8.14	45.62	0.00	0.00	0.00	17.06	0.00	28.11
艾蚜 *A. kurosawai*	3.26	28.36	0.00	1.39	0.00	0.00	20.34	29.00
木虱科 Psylidae								
枸杞木虱 *Paratrioza sinica*	0.00	0.00	0.00	0.00	0.00	0.00	0.00	0.00
脉翅目 NEUROPTERA								
草蛉科 Chrysopidae								
丽草蛉 *Chrysopa formosa*	3.65	20.06	3.65	2.13	0.00	6.38	3.04	7.60
黄褐草蛉 *C. yatsumatsui*	4.73	11.83	7.22	4.38	5.56	10.41	5.80	9.59
叶色草蛉 *C. phyllochroma*	3.69	8.54	11.26	2.52	5.24	5.05	2.14	6.41
中华草蛉 *C. sinica*	4.46	6.69	2.51	4.46	4.18	7.52	8.36	12.81
大草蛉 *C. septempunctata*	0.94	7.81	4.69	0.31	5.31	10.31	7.81	10.94
蚁蛉科 Mymeleontidae								
中华东蚁蛉 *Euroleon sinicus*	8.45	10.57	5.81	6.61	1.59	8.98	7.93	7.27
斜纹点脉蚁蛉 *Myrmecaelurus* sp.	6.70	9.12	6.97	4.29	1.88	6.17	8.31	5.90
鞘翅目 COLEOPTERA								
步甲科 Carabidae								
大黑步甲 *Scaritinae terricola*	2.50	6.00	4.67	4.83	6.83	7.83	10.33	6.67
短背步甲 *Curtonotus* sp.	0.00	15.45	7.30	4.72	3.43	0.00	7.73	7.73
蜀步甲 *Dolicus halensis*	0.00	22.07	4.83	5.52	4.14	2.76	8.28	8.28

续表

种名	S1	S2	S3	S4	S5	S6	S7	S8
中华婪步甲 *Harpalus sinicus*	0.00	26.42	3.77	0.47	9.91	0.00	2.36	0.00
虎甲科 Cicindelidae								
月斑虎甲 *Cicindela elisae*	0.00	1.03	16.49	0.00	12.37	0.00	0.00	0.00
云纹虎甲 *C. lunulata*	0.00	0.56	12.43	0.00	10.17	0.00	0.00	0.00
拟步甲科 Tenebrionidae								
小丽东鳖甲 *Anatolica umoenula*	0.00	7.45	12.12	0.00	5.84	0.00	0.29	0.00
波氏东鳖甲 *A. potanini*	0.00	7.21	6.54	9.73	5.03	5.03	9.06	6.88
尖尾东鳖甲 *A.mucronata*	11.60	13.24	0.38	17.15	0.00	18.79	19.92	8.45
纳氏东鳖甲 *A. potanini*	0.00	6.46	11.28	0.00	6.94	0.68	1.45	7.62
谢氏宽漠王 *Mantichorula semenowir*	16.47	7.26	0.39	19.20	0.39	22.05	21.66	6.87
姬小鳖甲 *Microdera elegans*	0.00	17.21	4.81	0.00	2.16	0.00	7.94	15.89
异距琵甲 *Blaps kiritshenkoi*	0.00	6.79	7.22	3.39	5.13	0.00	6.09	5.31
大型琵甲 *B. lethifera*	0.00	3.70	10.00	0.00	0.00	0.00	0.00	4.44
维氏漠王 *Platyope victori*	0.00	1.05	14.04	0.00	15.44	0.00	0.00	0.00
多毛宽漠王 *Sternoplax setosa setosa*	0.00	6.34	10.79	4.12	3.09	0.00	2.85	4.20
长爪方土甲 *Myladina unguiculina*	0.00	0.00	7.43	0.38	7.81	0.00	0.00	0.00
中华岘甲 *Cyphogenta chinensi*)	0.00	0.72	6.97	0.00	0.00	0.00	0.48	4.09
莱氏脊漠甲 *Pterocoma reitteri*	0.00	0.00	20.83	0.00	16.36	0.00	0.00	0.00
泥背脊漠甲 *Pterocoma vittata*	0.00	0.00	26.58	0.00	12.67	0.00	0.00	0.00
阿笨土甲 *Penthicus alashanica*	0.00	0.00	6.07	0.00	0.00	0.00	0.00	0.00
网目土甲 *Gonocephalum reticulatum*	0.00	0.00	0.44	0.00	11.79	0.00	0.00	0.00
异型琵甲 *Blaps variolosa*	0.00	0.00	9.37	6.86	0.00	0.00	4.62	7.78
阿土甲属 *Anatrurm* sp.	0.00	0.00	6.03	9.91	0.00	0.00	3.45	28.02
阿小鳖甲 *Microdera kraetzi ulushanica*	0.00	0.00	11.58	0.00	13.24	0.00	0.00	0.00
金龟甲科 Scarabaeidae								
墨侧裸蜣螂 *Gymnopleurus mopsu*	0.00	0.00	9.32	0.00	6.76	0.00	0.00	3.26
台风蜣螂 *Scarabaeus typhon*	0.00	1.05	17.80	0.00	5.76	0.00	0.00	2.62

续表

种名	S1	S2	S3	S4	S5	S6	S7	S8
叉角粪金龟 *Ceratophys polyceros*	0.00	0.00	10.22	0.00	7.30	0.00	0.00	0.73
粪金龟属 *C.* sp.	0.00	3.85	0.77	0.00	8.46	0.00	0.00	0.00
蜉金龟科 Aphodiidae								
蜉金龟 *Aphodius* sp.	0.00	1.60	3.74	0.00	8.29	0.00	3.21	10.70
直蜉金龟 *A. rectu*	0.00	5.73	15.71	0.00	3.44	0.00	12.44	1.80
缘毛蜉金龟 *A. urastigma*	0.00	3.43	4.50	0.00	4.07	0.00	2.36	7.07
鳃金龟科 Melolonthidae								
锈红金龟 *Ochodaeus ferrugineus*	0.00	6.37	8.28	0.00	9.55	0.00	0.00	1.91
棕色鳃金龟 *Holotrichia titanis*	0.00	0.00	28.95	0.00	5.26	0.00	0.00	2.63
华北大黑腮金龟 *H. obllte*	0.00	36.36	9.09	0.00	0.00	0.00	0.00	0.00
黑绒金龟 *Maladera oriertalis*	0.00	0.00	25.00	0.00	0.00	0.00	0.00	0.00
白须鳃金龟 *Polyphylla alba*	0.00	0.00	18.84	0.00	26.09	0.00	0.00	0.00
小云鳃金龟 *P. gracilicornis*	0.00	0.00	11.36	0.00	25.00	0.00	0.00	0.00
围绿蛾鳃金龟 *Hoplia cincticollis*	0.00	0.00	12.00	0.00	16.00	0.00	0.00	0.00
花金龟科 Cetoniidae								
白星花金龟 *Potosia breritarsis*	0.00	51.56	6.25	0.00	9.38	0.00	0.00	0.00
丽金龟科 Rutclidae								
黄褐丽金龟 *Anomala exoleta*	0.00	0.00	0.00	0.00	100.00	0.00	0.00	0.00
皮金龟科 Trigidae								
尸体皮金龟 *Trox cadaverimus*	0.00	5.00	0.00	0.00	15.00	0.00	5.00	36.67
天牛科 Cerambycidae								
带天牛属 *Eutaenia* sp.	33.33	0.00	0.00	0.00	16.67	0.00	0.00	0.00
密条草天牛 *Eodorcadion virgatum*	0.00	0.00	26.09	0.00	6.52	0.00	0.00	0.00
黑腹筒天牛 *Oberea nigriventns*	0.00	0.00	8.33	0.00	0.00	0.00	0.00	0.00
天牛未定种 *Eutaenia* sp.	0.00	12.33	0.00	0.00	0.00	24.25	0.00	0.00
叶甲科 Chrysoelidae								
蒿金叶甲 *Chrysolina aeruginosa*	15.90	21.21	0.00	8.04	0.00	0.00	23.58	13.35
中华萝摩叶甲 *C. chinensis*	0.00	8.25	18.41	3.49	7.30	0.00	15.24	3.49
亚洲切头叶甲 *Coptocephala asiatica*	0.00	13.74	13.27	0.00	0.95	12.80	0.00	4.74

续表

种名	S1	S2	S3	S4	S5	S6	S7	S8
花背短柱叶甲 *Pachybrachys scriptidorsum*	0.00	21.70	8.02	3.30	1.42	0.47	0.00	8.49
柽柳隐头叶甲 *Cryptocephalus astracanicus*	0.00	26.64	12.70	0.00	2.46	0.00	4.10	2.87
白刺萤叶甲 *Diorhabda rybakowi*	0.00	0.00	17.05	0.00	0.00	0.00	0.00	0.00
叩头甲科 Elateridae								
宽背叩头甲 *Selatosomus latus*	0.00	11.63	11.63	0.00	0.00	0.00	0.00	0.00
细胸叩头虫 *Agriotes fuscicollis*	0.00	22.73	4.55	0.00	0.00	0.00	0.00	0.00
几丁甲科 Buprestidae								
沙柳窄吉丁 *Agrilus ratundicollis*	0.00	15.22	1.09	0.00	0.00	0.00	0.00	0.00
窄吉丁 *A.* sp.	0.00	39.53	0.00	0.00	0.00	0.00	9.19	24.30
锦纹吉丁 *Poecilonota* sp.	0.00	35.43	0.00	0.00	0.00	0.00	0.57	20.00
象甲科 Curculionidae								
欧洲方喙象 *Cleonus piger*	0.00	8.67	14.11	3.83	3.83	0.00	4.84	3.83
黄褐纤毛象甲 *Tanymecus urbanus*	0.00	10.86	12.35	4.44	4.20	0.00	5.43	5.68
纤毛象 *T.* sp1	0.00	10.69	7.26	7.46	1.61	7.06	6.85	6.05
纤毛象 *T.* sp2	0.00	10.11	0.28	3.09	0.00	0.84	20.51	7.30
粉红锥喙象 *Conorrhynchus conirostris*	1.15	29.03	0.46	9.68	0.00	1.61	16.13	15.44
甜菜象甲 *Bethynoderes punctiventris*	0.00	3.34	8.21	0.00	12.16	0.00	0.00	1.52
土象属 *Xylinophorus* sp.	0.00	2.44	16.52	0.00	9.48	0.00	0.00	0.14
黑斜纹象属 *Chromoderus* sp.	0.00	0.00	5.00	0.00	3.33	0.00	0.00	7.22
树叶象属 *Phyllobius* sp.	0.00	0.00	6.22	0.00	9.57	6.22	0.00	0.00
亥象 *Heydenia crassicornis*	0.00	0.15	11.23	0.00	0.00	0.00	0.00	0.75
金缘树叶象 *Phyllobius virideaeris*	0.00	0.00	11.30	0.00	7.83	4.35	0.00	3.48
树皮象属 *Hylobius* sp.	0.00	2.44	18.70	0.00	0.81	0.00	0.00	7.32
齿足象属 *Deracanthus* sp1	0.00	0.00	3.61	5.85	14.46	0.00	5.34	2.41
齿足象属 *D.* sp2	0.00	1.12	10.08	0.00	3.92	0.00	0.00	5.04
甘肃齿足象 *D. potanini*	0.00	9.75	13.19	0.00	10.71	0.00	0.00	3.82
沙蒿大粒象 *Adosomus* sp.	11.07	22.13	0.20	11.47	0.00	15.49	10.46	11.47

续表

种名	S1	S2	S3	S4	S5	S6	S7	S8
黑条筒喙象 *Lixus fairmairei*	22.30	30.22	0.00	0.00	0.00	25.90	9.83	9.11
短毛草象甲 *Chloebius psittacinus*	0.00	0.00	3.73	0.00	4.97	0.00	24.22	6.83
淡绿球象甲 *Piazomias breviusculus*	0.00	5.22	7.83	0.00	0.87	0.00	0.00	0.00
褐纹球象甲 *Piazomias* sp.	0.00	1.05	9.47	0.00	3.16	0.00	0.00	4.21
多纹叶喙象 *Diglossotrox alashanicus*	0.00	0.00	5.75	0.00	6.90	0.00	0.00	3.45
瓢甲科 Coccinellidae								
小十三星瓢虫 *Hippoduma variegota*	4.98	26.14	5.39	0.00	1.66	0.83	1.66	9.13
十三星瓢虫 *H. tredecimpunctata*	6.92	6.92	3.77	6.92	5.66	4.40	2.52	3.77
日本龟纹瓢虫 *Propylaea japonica*	0.00	6.85	9.27	2.42	4.44	7.66	4.44	2.02
异色瓢虫 *Leis axyridis*	4.05	10.06	7.63	2.54	5.32	9.60	6.13	7.75
二星瓢虫 *Adalia bipunctata*	3.97	0.66	2.65	2.65	11.92	3.31	7.95	1.99
七星瓢虫 *Coccinella septmpunctata*	7.32	1.74	1.05	0.00	5.23	8.36	10.45	3.48
阎甲科 Histeridae								
宽卵阎甲 *Dendrophillus xanieri*	0.00	24.47	1.06	0.00	4.26	0.00	0.00	11.70
双红斑阎甲 *Peranus bimaculalus*	0.00	4.84	0.00	0.00	8.06	0.00	0.00	16.13
龟阎甲属 *Dendrophillus* sp.	0.00	20.00	0.00	0.00	5.45	0.00	0.00	20.00
葬甲科 Silphidae								
大黑埋葬甲 *Nicrophorus concolor*	0.00	8.52	11.80	0.00	5.25	0.00	0.00	2.95
双斑埋葬甲 *N. vespillioides*	0.00	2.31	21.54	0.00	3.85	0.00	0.00	9.23
豆象科 Brcchidae								
柠条豆象 *Kytothinus immietus*	0.00	23.67	0.00	0.00	0.00	18.08	8.90	0.57
甘草豆象 *Bruchidius ptilinoides*	0.00	8.88	21.15	0.78	7.57	0.00	0.00	0.00
芫菁科 Meloidae								
红斑芫菁 *Mylabris speciosa*	4.68	6.79	3.39	2.91	7.92	10.02	7.92	5.82
圆胸地胆芫菁 *Meloe coruinus*	0.00	0.00	17.50	0.00	15.00	0.00	0.00	0.00
蚁形甲科 Anthicidae								
一角甲 *Notoxus monoceros*	0.00	5.02	5.51	0.00	6.98	14.44	0.00	0.73

续表

种名	S1	S2	S3	S4	S5	S6	S7	S8
鳞翅目 LEPIDOPTERA								
木蠹蛾科 Cossidae								
沙蒿木蠹蛾 *Holaocerus artemisiae*	9.96	26.37	0.00	3.93	0.00	3.37	12.90	17.11
夜蛾科 Noctuidae								
灰夜蛾 *Polia* sp.	0.00	8.89	22.78	0.00	0.00	0.00	0.00	7.78
苜蓿夜蛾 *Hecioehis dipsacea*	0.00	0.00	9.28	0.00	0.00	12.89	0.00	4.64
梦尼夜蛾 *Orthosia* sp.	0.00	11.09	13.69	0.69	2.60	3.64	4.16	6.76
黄黑望夜蛾 *Clytie luteonigra*	0.00	0.0	4.83	0.00	7.25	0.00	2.42	3.86
旋幽夜蛾 *Sctogramma trifolii*	0.00	9.25	3.60	2.06	4.37	1.03	7.20	9.25
银锭夜蛾 *Macdunnoughia crassisigna*	0.00	0.82	11.48	0.00	5.74	0.00	8.20	4.92
交灰夜蛾 *Polia praedita*	0.00	0.00	9.60	1.52	8.08	4.55	0.00	5.56
冬麦异夜蛾 *Protexarnis squalia*	0.00	5.80	5.80	1.45	9.42	0.00	13.77	1.09
间色异夜蛾 *P. poecila*	0.00	5.20	5.66	0.00	7.47	10.63	3.17	1.58
宽胫夜蛾 *Melicleptria scutosa*	0.00	4.95	11.49	3.60	10.36	0.00	6.53	4.73
寒切夜蛾 *Euxoa sibirica*	0.00	0.77	9.65	3.09	8.11	0.00	10.04	1.54
白边切夜蛾 *E. oberthüri*	0.00	15.72	13.54	2.62	2.62	0.00	0.00	0.44
小地老虎 *Agrotis ypsilon*	0.00	16.24	7.01	0.00	7.75	0.00	5.54	7.75
仿爱夜蛾 *Apopestes spectrum*	0.00	0.00	6.98	0.00	20.93	0.00	0.00	0.00
绣漠夜蛾 *Anumeta cestis*	0.00	10.16	11.29	1.35	7.45	0.00	4.74	2.48
粘夜蛾 *Leucania separata*	0.00	26.42	13.21	0.00	16.51	0.00	0.00	0.47
模粘夜蛾 *L. pallens*	0.00	11.00	13.55	1.79	9.72	3.84	3.07	6.39
寒望夜蛾 *Clytie syrdaja*	0.00	8.93	19.64	0.00	6.55	0.00	13.69	0.00
冬夜蛾 *Mniotype* sp	0.00	0.00	12.17	6.09	4.35	0.00	20.00	0.00
一点钻夜蛾 *Earias pudicanu*	0.00	12.19	10.00	0.00	1.25	0.00	0.00	0.94
白薯绮夜蛾 *Erastria trabealis*	0.00	3.83	16.60	0.00	11.91	0.00	7.66	2.13
射妃夜蛾 *Aleucanitis flexuosa*	0.00	13.47	15.28	0.00	8.03	10.10	3.37	5.44
宁妃夜蛾 *A. saisani*	0.00	18.13	21.05	0.00	8.19	0.00	8.19	1.75
马蹄两色夜蛾 *Dichromia sagitta*	0.00	0.39	9.38	0.00	2.34	0.00	55.86	8.98
亮刀夜蛾 *Simyra splendida*	0.00	0.00	6.06	0.00	3.03	2.02	25.25	1.01

续表

种名	S1	S2	S3	S4	S5	S6	S7	S8
绣罗夜蛾 *Leucanitis picta*	0.00	0.00	2.08	0.00	9.38	1.04	10.42	0.00
美冬夜蛾 *Cucullia fulvago*	0.00	11.34	6.19	0.00	6.19	0.00	10.31	0.00
重冬夜蛾 *C. duplicata*	0.00	0.00	13.08	0.00	0.93	0.00	5.61	1.87
碧银冬夜蛾 *C. argentea*	0.00	8.77	16.37	1.75	6.43	0.00	0.00	0.00
灰夜蛾 *Polia* sp.	0.00	10.00	13.16	1.05	0.53	0.00	0.00	0.00
毒蛾科 Lymantriidae								
灰斑古毒蛾 *Orgyia ericae*	0.92	4.35	9.61	0.69	0.69	11.67	0.00	5.95
卷蛾科 Tortricidae								
小常双斜卷蛾 *Lepois pallidena*	0.00	0.00	10.99	0.00	0.00	0.00	0.00	1.10
灯蛾科 Aretiidae								
丽小灯蛾 *Micrarctia kindermanni*	0.00	6.04	16.48	0.00	0.00	0.00	0.00	0.00
红缘灯蛾 *Amsacta lactinea*	0.00	0.00	25.81	0.00	0.00	0.00	0.00	0.00
明痣苔蛾 *Stigmatophora micans*	0.00	0.00	4.41	0.00	0.00	0.00	5.29	6.17
螟蛾科 Pyralididae								
旱柳原野螟 *Proteuclasta stotzneri*	0.00	15.52	2.87	3.74	4.60	0.00	0.00	0.00
草螟 *Crambus* sp.	0.00	7.23	11.64	6.29	3.38	0.00	4.69	4.79
四斑绢野螟 *Diaphania quadrimaculalis*	0.00	10.57	9.14	5.14	2.86	0.00	5.14	0.00
斑螟 *Dinryctria* sp.	0.00	0.66	4.60	4.16	3.06	0.00	3.94	1.09
歧角螟 *Endotricha* sp.	0.00	10.53	9.21	0.00	14.47	0.00	1.32	0.00
红云翅斑螟 *Nephopteryx semirubella*	0.00	6.73	4.49	0.50	2.99	3.74	9.48	1.50
尖锥额野螟 *Loxostege verticalis*	0.00	4.75	7.12	9.00	4.06	1.64	2.42	4.93
网锥额野螟 *L. sticticalis*	0.00	3.34	7.18	5.01	4.51	3.17	8.18	2.00
草原斯斑螟 *Staudingera steppicola*	0.00	5.23	8.55	5.36	6.89	0.00	5.61	2.55
白条紫斑螟 *Calguia defiguralis*	0.00	3.96	10.37	4.57	9.76	0.00	3.05	2.44
二点织螟 *Aphomia zelleri*	0.00	0.00	21.93	0.00	7.02	0.00	18.42	0.00
白纹橄绿斑螟 *Vixsinusia kuramella*	0.00	11.32	12.58	0.00	4.40	0.00	1.26	11.32
豆荚斑螟 *Etiella zickenella*	0.00	0.00	0.26	0.00	0.00	34.25	4.86	1.64
杨柳云斑螟 *Nephopteryx hostilis*	0.00	8.54	7.32	0.00	1.22	0.00	0.00	6.71

续表

种名	S1	S2	S3	S4	S5	S6	S7	S8
皮暗斑螟 *Euzophera batangensis*	0.00	10.69	4.20	0.00	0.00	0.00	10.31	2.29
皮暗斑螟 *E. batangensis*	0.00	11.48	8.74	8.20	6.01	0.00	0.00	2.19
钩背裸斑螟 *Gymnancyia sfakesella*	0.00	7.60	12.40	0.00	0.00	0.00	4.40	8.80
显纹鳞斑螟 *Salebria ellenella*	0.00	4.12	5.35	2.06	4.94	0.00	7.00	0.00
白条褐斑螟 *Pima boisduvaliella*	0.00	4.62	13.85	8.46	1.54	0.00	0.00	9.23
枸翅钩斑螟 *Ancylosis citronella*	0.00	1.41	7.04	0.00	1.41	0.00	0.00	0.00
暗纹钩斑螟 *A. hecestella*	0.00	10.39	31.17	0.00	14.29	0.00	0.00	0.00
白纹楸绿斑螟 *Vixsinusia kuramella*	0.00	9.59	2.21	1.48	0.00	0.00	0.00	0.00
小楸绿齿螟 *Tegostoma uniforma*	0.00	4.88	17.89	6.50	17.89	0.00	0.00	10.57
花棒锯斑螟 *Pristophorodes florella*	9.38	18.27	2.96	3.95	0.00	17.78	9.14	16.54
蒙古原斑螟 *Prorophora mongolica*	0.00	18.23	8.08	4.14	11.28	0.00	0.94	5.64
尺蛾科 Geometridae								
春尺蠖 *Apochemia cinerarius*	0.00	0.00	0.46	0.00	0.00	4.03	0.00	0.00
绶尺蛾 *Zethenia* sp.	0.00	0.00	7.55	13.21	0.00	0.00	22.64	0.00
烟尺蛾 *Phthonosema* sp.	0.00	5.59	3.50	0.00	7.69	0.00	0.00	0.00
枞灰尺蛾 *Deileptenia ribeata*	0.00	8.33	20.00	13.33	0.00	0.00	0.00	1.67
绿尺蛾 *Euchcoris* sp.	0.00	8.59	3.91	0.00	10.55	0.00	2.34	1.56
鹿蛾科 Amatidae								
甘肃鹿蛾 *Amata gansuensis*	0.00	1.20	25.30	0.00	0.00	0.00	0.00	0.00
羽蛾科 Pterophoridae								
野蒿金羽蛾 *Agdistis adactyla*	0.00	4.66	13.99	0.00	9.33	0.00	0.00	3.11
针骨骨羽蛾 *Hellinsia osteodactyla*	0.00	1.45	12.32	0.00	5.80	0.00	0.00	0.72
粉蝶科 Pieridae								
云斑粉蝶 *Pantia daplidice*	0.00	10.34	24.14	3.45	0.00	0.00	0.00	20.69
菜粉蝶 *Pieris rapae*	0.00	17.39	9.18	10.14	9.18	0.00	0.00	10.14
橙黄粉蝶 *Colias fields*	0.00	52.38	0.00	0.00	0.00	0.00	0.00	0.00
缘斑豆粉蝶 *C. erata*	0.00	28.57	0.00	28.57	0.00	0.00	0.00	14.29
灰蝶科 Lycaehidae								

续表

种名	S1	S2	S3	S4	S5	S6	S7	S8
蓝灰蝶 *Everes argiades*	8.44	15.11	0.00	4.44	1.33	0.00	16.67	12.67
蛱蝶科 Nymphalidae								
小红蛱蝶 *Vanessa cardui*	0.00	15.15	0.00	0.00	0.00	0.00	0.00	6.06
蜻蜓目 ODONATA								
蜻科 Libellulidae								
旭光赤蜻 *Sympetrum hypomelas*	0.00	12.50	18.75	7.64	4.86	0.00	3.47	10.42
半黄赤蜻 *S. trocedum*	0.00	8.11	29.73	0.00	8.11	0.00	0.00	9.01
膜翅目 HEMENOPTERA								
姬蜂科 Ichneumonoidae								
甘蓝夜蛾拟瘦姬蜂 *Netelia ocellaris*	0.00	6.23	1.75	2.00	0.00	9.73	0.00	2.49
古北黑瘤姬蜂 *Coccygomimus instigator*	0.00	0.00	2.56	0.64	0.00	5.77	0.00	12.82
红腹菱室姬蜂 *Mesochorus* sp.	0.00	2.08	7.64	0.00	0.00	5.56	0.00	0.00
茧蜂科 Braconidae								
荒漠长距茧蜂 *Macrocentus* sp.	0.00	2.01	9.55	0.50	9.55	2.01	0.00	0.50
红腹茧蜂 *Iphiaulax imposter*	0.00	53.13	0.78	0.00	2.34	0.00	0.00	0.00
黄褐内茧蜂 *Rogas testaceus*	0.00	0.00	10.31	0.00	0.00	8.25	0.00	0.00
种小蜂科 Torymidae								
柠条种子小蜂 *Asclerobia sinensis*	0.00	10.00	16.67	0.00	0.00	0.00	40.00	23.33
油蒿虫瘿长尾小蜂 *Torymus* sp.	0.00	26.96	3.48	0.00	0.00	0.00	17.39	18.26
白刺叶甲卵啮小蜂 *Tetrastichus* sp.	0.00	0.10	0.59	0.00	2.86	0.00	0.00	0.00
土蜂科 Seoliidae								
戈壁眼斑土蜂 *Scolia* sp.	0.00	13.04	7.83	8.70	12.61	0.00	4.35	1.74
黄带黑土蜂 *S. fascinata*	0.00	16.83	5.77	17.79	1.44	0.00	0.00	2.40
白毛长腹土蜂 *Campsomeris annulata*	0.00	4.10	2.87	4.51	2.46	0.00	3.69	1.64
金毛长腹土蜂 *C. prismatica*	0.00	10.00	0.00	4.44	5.00	0.00	12.22	3.89
胡蜂科 Vespidae								
黄斑胡蜂 *Vespula mongolica*	0.00	5.33	8.20	4.10	1.64	0.00	0.00	6.15
德国胡蜂 *V. germanica*	15.31	2.87	4.78	1.91	5.26	0.00	2.87	0.48

续表

种名	S1	S2	S3	S4	S5	S6	S7	S8
北方黄胡蜂 *V. rufa*	0.00	5.22	11.19	0.75	11.94	0.00	0.00	16.42
马蜂科 Polistidae								
中华马蜂 *Polistes chinensis*	0.00	5.83	5.83	3.88	7.77	0.00	5.83	5.83
柞蚕马蜂 *P. gallicus*	0.00	30.89	0.81	0.00	0.81	0.00	0.00	6.50
蜜蜂科 Apidae								
中华蜜蜂 *Apis cerana*	0.00	9.38	7.29	15.63	7.81	13.54	0.00	1.56
意大利蜜蜂 *A. mellifera*	4.84	9.13	7.47	15.35	5.39	14.80	0.00	3.73
蚁科 Formicidae								
掘穴蚁 *Formica cunicularia*	0.00	24.69	1.95	5.97	0.90	0.00	7.18	15.44
红林蚁 *F. sinae Emery*	0.00	1.47	8.71	4.49	1.47	0.00	5.76	11.03
艾箭蚁 *Cataglyphis aenescens*	0.00	3.66	7.90	1.06	10.24	0.00	0.00	2.07
铺道蚁 *Tetramorium caespitum*	0.00	0.00	18.04	0.00	31.38	0.00	0.00	0.00
针毛收获蚁 *Messor aciculatus*	0.00	0.00	18.89	0.00	21.61	0.00	0.00	0.00
双翅目 DIPTERA								
食蚜蝇科 Syrphidae								
大灰食蚜蝇 *Syrphus corollae*	0.50	0.00	2.99	0.00	4.48	6.47	0.00	0.00
凹带食蚜蝇 *Metasyrphus nitens*	0.00	27.34	12.50	0.00	0.78	7.03	0.00	1.56
黑带食蚜蝇 *Epistrohe alteata*	0.00	8.62	7.47	1.72	4.02	4.60	8.05	8.05
窄腹食蚜蝇 *Sphaerophoria eyindnica*	17.93	6.37	1.59	1.20	5.18	10.36	10.36	11.55
工斑食蚜蝇 *Eristalomyia tenax*	0.00	1.79	0.90	3.14	4.04	10.76	2.69	4.04
实蝇科 Trypetidae								
蒿瘿实蝇 *Trypanea artemisia*	4.75	16.02	0.00	0.00	0.00	0.00	18.49	28.52
白刺实蝇 *T. amoena*	0.00	1.83	24.39	0.00	0.00	0.00	0.00	0.00
寄蝇科 Tachinidae								
常怯寄蝇 *Phryxe vulgaris*	0.00	0.00	4.29	0.00	0.00	0.00	0.00	0.00
金龟长喙寄蝇 *Prosena sybarita*	0.00	0.00	0.00	0.00	0.00	0.00	0.00	15.91
花蝇科 Anthomyiidae								
粪种蝇 *Paregle cinerella*	0.00	0.00	9.21	8.55	11.18	11.84	1.32	6.58

续表

种名	S1	S2	S3	S4	S5	S6	S7	S8
麻蝇科 Sarcophagidae								
红尾拉麻蝇 *Rarinia striata*	0.00	8.14	12.79	9.30	0.00	5.81	12.79	8.14
巴彦污蝇 *Wohlfahrtia valassoglosa*	0.00	0.00	8.61	0.66	9.27	2.65	13.25	2.65
蝇科 Muscidae								
厩腐蝇 *Muscina stabulans*	0.00	17.24	0.00	5.52	4.83	4.14	7.59	10.34

翅目,鳞翅目和直翅目的种类和密度在增加,同翅目和半翅目昆虫占全部昆虫种类和数量的比率在降低,相对于沙生植被区——荒漠草原区昆虫的密度都比较低。从生态选择性上来说,该地区分布的鞘翅目昆虫大多为典型的K生态选择类昆虫,而同翅目昆虫均为典型的R生态选择类昆虫,因此可以得出,从流沙到荒漠化草原K生态选择类昆虫的物种数在增加,R生态选择类昆虫的物种数在减少。固定沙地具有荒漠和草原的共同成分,而且具有大量的R-K中间生态选择性的昆虫,固定沙地具有最高的昆虫物种数和密度。

(二)不同生境昆虫群落分类

共选取8个不同生境的昆虫群落并对各生境的昆虫进行了系统调查研究, 通过TWINSPAN分析,将昆虫群落分为3个类型,如图5-3所示,在距离D=0.234时,该区域昆虫群落按照种类组成和密度可分为3类。

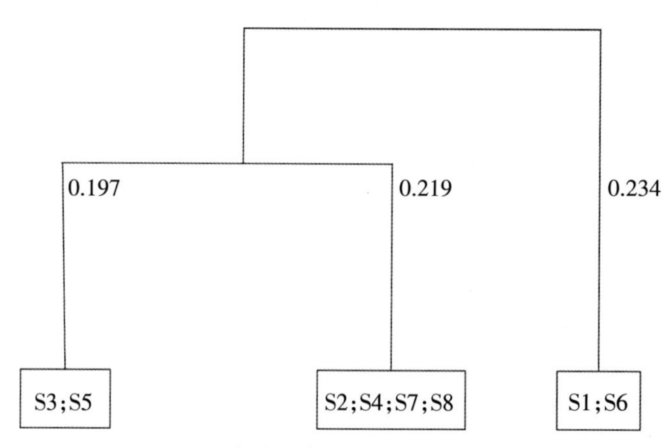

◆ 图5-3 荒漠昆虫群落的TWINSPAN分类图

另外,对不同生境的昆虫群落进行了DCA排序,从排序结果看,见图5-4,这一结果反映了两个环境梯度:一是从流沙到荒漠化草原,沙漠化的程度在加强;二是昆虫的食物状况。第一轴从左到右,喜沙性昆虫的比率下降,草原类群昆虫增高。第二轴从下

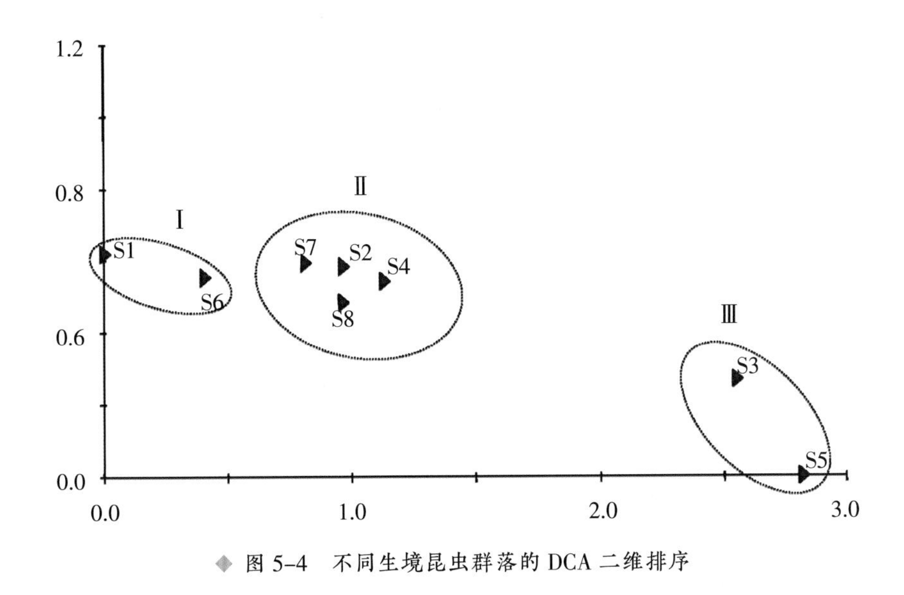

◆ 图 5-4 不同生境昆虫群落的 DCA 二维排序

到上，食物的营养条件在降低，昆虫的刺吸式特别是 R 类生态选择昆虫所占的比率在下降，K 生态选择昆虫的比率在升高。从图 5-4 的结果看，腾格里沙漠东南缘荒漠区昆虫也可分为 3 个类型，DCA 排序的结果和 TWINSPAN 分析结果一致。

三种类型昆虫群落特征如下：

第一类型昆虫群落，主要包括 S1 和 S6 两种生境的昆虫群落，由于该二区生境属于流动沙丘，该类型的昆虫群落具有两个特征，第一为该区部分优势昆虫具有高度的喜沙性，主要优势种为谢氏宽漠王和尖尾东鳖甲，这类昆虫在体形和生物学特性上具有高度的流沙活动的特征，其体形的共同特征是：体呈流线型；前胸背板和侧板一致圆滑的向下弯曲；鞘翅侧缘向下变为明显向下包被腹部一部分的假缘折和缘折；头部一部分常常缩入前胸；头胸部和鞘翅愈合的非常紧密后翅退化前翅愈合，足的形状也变化大——多跗毛使得可在灼热的沙面上行走，肌体向保水和散热的方面发展但保水和散热是两个相互矛盾的对立方面所以又形成亚翘窝这种特殊的构造（任国栋，1990）。在食性上属于杂食性，食谱范围广。第二为该区部分昆虫为典型的 R 生态选择类昆虫，比如同翅目蚜虫和叶蝉类，这类昆虫个体较小，口器为刺吸式，具有高内禀增长率，其发生为间歇性，在条件适宜的情况下侵入该区，并在短时间内达到很高的密度，在环境条件恶化时种群密度剧烈下降或退出。

第二类型昆虫群落，包括 S3、S5，该区的生境属于荒漠化草原，昆虫的主要组成特征为：鞘翅目和直翅目昆虫为优势类群，大多数昆虫均属于 K 生态选择类昆虫，R 选择类的昆虫类群相对较少，昆虫的丰富度和均匀性程度比较高，但是种群密度均较低。

第三类型昆虫群落，包括 S2、S4、S7、S8，该区属于半流动、半固定和固定沙地。昆虫的组成为：该区属于流沙相向草原相过渡的类型，具有高的昆虫丰富度，即具有喜沙性的昆虫种类，也有草原性的昆虫类群，并且 R–K 中间选择类昆虫具有高的多样性，比如鳞翅目螟蛾科的昆虫在该区具有广泛的分布；该地区的优势类群为鳞翅目、鞘翅目和直翅目昆虫。

（三）不生境昆虫群落异质性分析

土壤与植被格局与过程的变化驱动了系统中昆虫区系、组成、群落结构的变化，而这种变化既反映了昆虫对无机环境和以植物群落为环境的有机环境变化的响应，也反映了生物群落中物种之间相互关系的变化。从本次调查的结果来看，随着沙漠化程度的不同，该地区昆虫群落是从沙生昆虫相向荒漠草原昆虫相的过渡。腾格里沙漠东南缘荒漠区昆虫可化为 3 个类型：沙漠型、草原化荒漠型和荒漠化草原型。过渡地区草原化荒漠区具有草原和沙漠的混合成分。昆虫群落的不同由植被和土壤两个因素决定，在土壤决定昆虫分布上很好地反映了昆虫由沙漠向草原的过渡，但是由于植物的影响，使得一些狭食性昆虫随着植被的演化而变化，这主要反应在刺吸式口器的昆虫方面，这些昆虫随着沙漠化的加剧，表现了一种正反馈的机制。

二、环境变化对荒漠昆虫多样性的影响

（一）土壤特性

不同生境土壤质地不同，见表 5–24。土壤黏粒和粉粒含量从流动沙丘的 99.7%和

表 5–24　腾格里沙漠东南缘不同生境的土壤特征

土壤特征参数	流动沙丘	半流动沙丘	半固定沙丘	人工植被	固定沙丘	荒漠化草原
沙粒/%	99.7	93.53	84.91	68.3	54.81	12.68
粉粒/%	0.10	4.02	10.51	24.8	36.07	73.00
粘粒/%	0.20	2.45	4.58	6.9	9.30	14.31
容重/($mg \cdot m^{-3}$)	1.62	1.56	1.55	1.47	1.42	1.26
全氮/($g \cdot kg^{-1}$)	0.08	0.11	0.27	0.39	0.37	0.71
有机质/($g \cdot kg^{-1}$)	0.08	0.14	0.22	0.38	0.34	0.58
30 cm 土壤水分/($g \cdot kg^{-1}$)	0.06	0.52	0.97	0.07	1.43	2.31

0.10%逐渐增加到荒漠化草原的12.68%和73.00%；因此0~30 cm土层土壤质地从沙漠到荒漠化草原变的更细。从流动沙地到荒漠化草原容重逐渐降低土壤养分从流动沙地到荒漠化草原逐渐增加。0~30 cm土层平均最高含水量出现在荒漠化草原2.31 g/kg，最低在流动沙丘0.06 g/kg。

（二）植被特征

该区域共有35种植物出现在所调查样方内。流动沙丘分布主要植物是花棒（*Hedysarum scoparium*）、白沙蒿（*Artemisia sphaerocephala*）、沙米（*Agriophyllum squarrosum*）和沙鞭（*Psammochola villosa*）等；半流动沙地分布植物主要是油蒿(*A. ordosica*)、柠条(*Caragana korshinskii*)、花棒、雾冰藜(*Bassia dasyphylla*)和小画眉草(*Eragrostis minor*)等；固定和半固定沙地主要分布有油蒿、柠条、茵陈蒿(*A. scoparia*)、小画眉草、刺叶柄棘豆(*Oxytropis aciphylla*)、沙冬青(*Ammopiptanthus mongolicus*)、绵蓬(*Corispermum patelliforme*)、沙生针茅(*Stipa plareosa*)、沙蓝刺头(*Echinops gmelinii*)和沙葱(*Allium nzongolicum*)等；人工植被区主要分布植物是油蒿、花棒、柠条、小画眉草、雾冰藜等；荒漠草原分布主要植物是红砂(*Reaumuria soongorica*)、珍珠(*Salsola passerina*)、狭叶锦鸡儿(*C. stenophylla*)、霸王(*Zygophyllum xanthoxylon*)、灌木亚菊(*Ajania fruticnlosa*)、草霸王(*Z. mucronatum*)、三芒草(*Aristida adscensionis*)、芨芨草(*Achnatherum splendens*)和骆驼蓬(*Peganum harmala*)等。

不同生境的植物种在丰富度上不同，见表5-25，在荒漠化草原固定沙地种的丰富度最高(20.03)，流动沙丘最低(1.86)。流动、半流动沙丘和半固定沙丘上分布植物种多为沙生植物，固定沙丘物种组成具有沙漠与草原化荒漠过渡带的特点。不同生境植被盖度和生物量也不同，其中灌木盖度和生物量平均最高均在固定沙地，分别为

表5-25　腾格里沙漠东南缘不同生境的植被特征

植被特征参数	流动沙丘	半流动沙丘	半固定沙丘	人工植被	固定沙丘	荒漠化草原
灌木丰富度	1.06	2.01	2.47	2.56	3.58	4.47
草本丰富度	0.80	1.10	11.23	7.35	13.76	15.56
灌木盖度/%	0.67	15.52	26.61	16.58	37.55	31.53
草本盖度/%	0.01	2.03	13.56	20.08	32.21	25.01
灌木生物量/(kg·100 m^{-2})	2.06	10.43	16.33	17.05	25.03	13.63
草本生物量/(kg·100 m^{-2})	0.00	0.38	1.95	2.73	5.10	3.12

37.55%和 25.03 kg/100 m²;最低灌木盖度和生物量均出现在流动沙丘。同样地固定沙地草本植物盖度和生物量均最高,分别为 32.21%和 5.10 kg/100 m²,最低值还是在流动沙丘。

(三)昆虫特征

该区域共有 291 种昆虫发现在取样区,其中流沙区 43 种,占总种类数的 14.7%;半流动沙地 90 种,占总种类数的 30.8%;半固定沙地 98 种,占总种类数的 33.6%;人工植被区 174 种,占总种类数的 59.6%;固定沙地 252 种,占总种类数的 86.3%;荒漠化草原 208 种,占总种类数的 71.2%。荒漠化草原区昆虫群落主要以贺兰山疙蝗(*Pseudotmethis alashanicus*)、裴氏短鼻蝗(*Filchnerella beicki*)、腾格里懒螽(*Zichya alashanis*)、黑翅痂蝗(*Bryodema nigroptera*)、宁夏束颈蝗(*Sphingonotus ningsianus*)、黄胫小车蝗(*Oedaleus infernalis*)、亚洲小车蝗(*O. decorus*)、甘肃鹿蛾(*Amata gansuensis*)、草原斯斑螟(*Staudingera steppicola*)、莱氏脊漠甲(*Pterocoma reitteri*)、泥背脊漠甲(*Pterocoma vittata*)、墨侧裸蜣螂(*Gymnopleurus mopsus*)和甘肃齿足象甲(*Deracanthus potanini*)等典型的荒漠昆虫类群组成;固定和半固定沙丘主要分布种类是波氏东鳖甲(*Anatolica potanini*)、小丽东鳖甲(*A. umoenula*)、姬小胸鳖甲(*Microdera elegans*)、异距琵甲(*Blaps kiritshenkoi*)、异型琵甲(*B. variolosa*)、多毛宽漠王(*Sternoplax setosa*)、中华岘甲(*Cyphogenta chinensis*)等、贺兰疙蝗、细距蝗(*Leptopternis gracilse*)、白刺粗角萤叶甲(*Diorhabda rybakowi*)、沙蒿金叶甲(*Chrysolina aeruginosa*)、网锥额野螟(*Loxostege sticticalis*)、旱柳原野螟(*Proteuclasta stotzneri*)、蒙古原斑螟(*Prorophora mongolica*)、花棒锯斑螟(*Pristophorodes florella*)、窄吉丁(*Agrilus* sp.)、柠条豆象(*Kytorhinus immixtus*)、蒿小绿叶蝉(*Empoasca* sp.)、沙蒿线蠹蛾(*Holcocerus artemisiae*)及中华蚁蛉(*Euroleon sinicus*)等;流动和半流动沙丘昆虫种类主要有谢氏宽漠王(*Mantichorula semenowi*)、尖尾东鳖甲(*Anatolica mucronata*)、姬小胸鳖甲(*Mierodera elegans*)、沙蒿大粒象(*Adosomus* sp.)、黑条筒喙象(*Lixus nigrolineatus*)和舌喙象(*Diglossotros* sp.)等。

不同生境的昆虫种在多样性指数上差异明显,见表 5-27,从流动沙丘到荒漠化草原昆虫的多样性指数逐渐升高。最高的多样性指数出现在固定沙地,其次为荒漠化草原,但是荒漠化草原与固定沙地这两个指数差异不显著(n=3,p>0.05),最小的多样性指数为流动沙地。流动沙丘、半流动沙丘、半固定沙丘、人工植被区和固定沙丘之间多样性指数差异显著(n=3,p<0.05)。

不同生境昆虫的多度差异明显,见表 5-26:昆虫的多度从大到小依次为:固定沙

表 5-26　保护区不同生境昆虫的多样性指数、丰富度和多度比较

样地	香农多样性指数	辛普森多样性指数	多度	丰富度
流动沙丘	3.336±0.134a	0.957±0.132a	1409.43±430.12a	40.56±13.51a
半流动沙丘	3.671±0.234b	0.949±0.213b	3880.78±312.30c	87.34±11.30b
半固定沙丘	4.119±0.135c	0.976±0.200c	2773.64±199.34b	94.55±21.30b
人工植被	4.729±0.321d	0.988±0.331d	7761.80±143.12e	166.44±16.38c
荒漠化草原	4.932±0.257e	0.991±0.243e	6323.16±98.14d	202.16±25.31d
固定沙丘	5.054±0.334e	0.990±0.190e	8150.49±212.33e	242.79±31.26e

注：不同字母表示差异显著性。

丘>人工植被>荒漠化草原>半流动沙丘>半固定沙丘>流动沙丘。人工植被区与固定沙丘昆虫的多度差异不显著($n=3, p>0.05$)，流动、半流动、半固定、固定沙丘和荒漠化草原昆虫的多度差异显著($n=3, p<0.05$)。

（四）昆虫多样性变化与环境的关系

昆虫多样性与环境因子相关性分析(见表 5-27)显示：昆虫的多样性指数与黏粒、粉粒、全氮、有机质、灌木盖度、草本盖度、灌木丰富度、草本丰富度和草本生物量与昆虫多样性指数相关显著($p<0.05$)，30 cm 土壤水分和灌木生物量与多样性指数相关不显著($p>0.05$)，多样性指数显著负相关于沙粒、容重($p<0.05$)。昆虫的丰富度显著负相关于土壤沙粒含量和容重($p<0.01$)；正相关于黏粒、粉粒、全氮、有机质、灌木盖度、草本盖度、灌木丰富度、草本丰富度、灌木生物量和草本生物量，30 cm 土壤水分、灌木盖度和灌木生物量与丰富度相关不显著($p>0.05$)。

气候和环境通常是影响昆虫的主要决定性因素，昆虫对环境状况反应敏感，通常作为气候和环境条件变化的指示者。在腾格里沙漠南缘气候条件相对均一的情况下，昆虫群落中种的组成和分布更多的是受土壤和植被参数影响。风蚀是沙漠地区最基本的环境特征，据观测腾格里沙漠沙丘每年以 5 m 的速度向南移动。典型草原昆虫类群不在适宜沙漠环境而逐渐消退或退出，喜沙性昆虫的种类和多度随着沙漠化的加剧而增加，这种草原化荒漠区的环境为喜沙性昆虫的定居、入侵提供了条件。固定和半固定沙地作为过渡带昆虫组成的一个显著特点就是由荒漠化草原和喜沙昆虫组成。从流沙区到固定沙地都有花棒、柠条等灌木，由于这些植物的幼嫩部分相比荒漠化草原的优势灌木红砂和珍珠高，而且花棒和柠条为豆科植物，就昆虫而言营养比较好，导致沙地昆虫的组成和荒漠化草原不同，典型的特征是刺吸式口器的昆虫的多样

表 5-27　昆虫群落特征和土壤植被特征的相关分析

	1	2	3	4	5	6	7	8	9	10	11	12	13	14	15	16	17	18
2	-0.859*																	
3	0.859*	-10.00**																
4	0.852*	-0.987**	0.982**															
5	-0.848*	0.995**	-0.99**	-0.98**														
6	0.782	-0.974**	0.975**	0.952**	-0.965**													
7	0.940**	-0.969**	0.972**	0.939**	-0.960**	0.932**												
8	0.690	-0.961**	0.962**	0.944**	-0.963**	0.954**	0.877*											
9	0.719	-0.962**	0.958**	0.966**	-0.964**	0.980**	0.878*	0.970**										
10	0.870*	-0.878*	0.866*	0.927**	-0.904*	0.800	0.864*	0.783	0.832*									
11	0.839*	-0.837*	0.826*	0.886*	-0.817*	0.787	0.802	0.724	0.805	0.853*								
12	0.801	-0.698	0.680	0.786	-0.711	0.591	0.684	0.559	0.643	0.911*	0.905*							
13	0.556	-0.768	0.758	0.830	-0.752	0.668	0.635	0.780	0.747	0.763	0.845	0.772						
14	0.407	-0.415	0.390	0.553	-0.446	0.314	0.310	0.366	0.453	0.705	0.707	0.869*	0.677					
15	0.624	-0.717	0.702	0.795	-0.719	0.605	0.612	0.691	0.697	0.793	0.865*	0.868*	0.969**	0.858*				
16	0.672	-0.879*	0.866*	0.936**	-0.890*	0.837*	0.760	0.883*	0.917*	0.880*	0.880*	0.816*	0.965**	0.752	0.911*			
17	0.608	-0.860*	0.829*	0.881*	-0.815*	0.865*	0.675	0.816*	0.858*	0.824*	0.887*	0.820*	0.978**	0.806	0.943**	0.987**		
18	0.507	-0.833*	0.824*	0.867*	-0.867*	0.826*	0.696	0.912*	0.913*	0.795	0.636	0.589	0.713	0.563	0.713	0.913*	0.858*	
19	0.759	-0.947**	0.939**	0.976**	-0.962**	0.893*	0.863*	0.944**	0.944**	0.921**	0.837*	0.783	0.893*	0.636	0.854*	0.970**	0.923**	0.931**

注:* 相关分析在 0.05 水平显著。 ** 相关分析在 0.01 水平显著。

1 为 0~30 cm 土壤水分;2 为沙粒;3 为粉粒; 4 为黏粒;5 为容重;6 为全氮; 7 为全磷;8 为全钾;9 为有机质;10 为灌木丰富度;11 为草本丰富度;12 为灌木盖度;13 为草本盖度;14 为灌木生物量;15 为草本生物量;16 为 Shannon-Wiener 多样性指数;17 为 Simpson 多样性指数;18 为多度;19 为丰富度。

性升高。另外固定沙地植被由灌木、半灌木和草本片层组成、在垂直层次上高于荒漠化草原区的半灌木和草本的层次,层次的复杂性升高,为昆虫的定居创造了较好的条件,使得昆虫的组成复杂性高于荒漠化草原区。流动和半流动沙丘由于环境的不稳定性,使得昆虫的种类组成偏向于高适应性的昆虫在植物的营养状况好,环境条件相对稳定的情况下,一些生活周期短的昆虫也有自然入侵,但是这类昆虫在环境条件不利的情况下又退出,比如豆蚜和油蒿蚜。人工植被区由于面积比较小,与流沙区和人工灌水的防护林的距离较近,由于边缘效应昆虫的组成比较复杂,既有沙漠类型也有草原类型,同时一些绿洲类型在条件适宜的情况下也暂时入侵。荒漠化草原所分布的灌木多数为超旱生植物，这种植物幼嫩组织少，具有高的不利于昆虫的取食，有些植物具有昆虫的抗生性物质，具有高的抗虫性，导致昆虫的丰富度下降，并且由于荒漠化草原是该地区植物演体的顶级群落，这种群落的昆虫丰富度低，也是昆虫和植物长期的协同进化而导致，并且荒漠化草原没有进行封育，存在放牧现象，放牧的干扰使得昆虫的多样性下降也是一个重要原因。

土壤质地影响昆虫主要表现在，土壤表层的稳定性对地栖性和土壤昆虫的影响，流动的土壤表面使得适应这种特征的地栖息性昆虫的多样性下降，比如直翅目昆虫随着沙化的程度而逐渐退出，另外土壤沙粒含量的升高，土壤有机质、黏粒和保水性下降，使得以土壤作为部分栖息地的昆虫的多样性也下降，比如鳞翅目和鞘翅目昆虫的多样性随着沙化程度的下降而逐渐消退。另外，由于土壤质地在调节植被格局、植物种组成和结构、功能等方面有着重要的作用，而间接影响昆虫的多样性和组成。

腾格里沙漠东南缘沙漠与草原化荒漠过渡带植被一个显著的特点是植被由草原化荒漠植物种和喜沙植物种共同组成。从流沙区到荒漠化草原，昆虫的多度、丰富度和多样性逐渐升高，固定沙地具有沙地和草原的混合类群，是荒漠化草原与沙地昆虫的过渡区，具有高的物种多样性。昆虫多样性指数显著正相关与黏粒、粉粒、全氮、有机质、灌木盖度、草本盖度、灌木丰富度、草本丰富度和草本生物量（$p<0.05$），显著负相关于沙粒含量（$p<0.05$）。

第九节　油蒿根部害虫

油蒿作为保护区核心区的主要建群灌木种类，在固沙方面发挥着主要的作用，研究油蒿根部害虫对于固沙和保护区核心区的生态系统稳定性具有重要意义。选择保护区核心区人工固沙植被区和临近长势良好的天然油蒿群落植被区，在不同植被区随即设置 5 个 10 m×10 m 的样方，调查油蒿根部害虫。同时统计每个样方油蒿密度和死亡油蒿的数量，并随机选取 5 株油蒿测量株高、盖度幅和新稍长。每个样方随机选取 5 株油蒿，用挖土调查根部害虫，并采用剖根法调查统计根部害虫。

一、天然和人工油蒿植被区土壤和油蒿生长状况

从两种植被区的土壤状况的分析看，见表 5-28，人工植被区经过人工措施固沙

后，由于大气降尘和凋落物的分解，使得一些隐花植物（藻类、地衣和苔藓）入侵，在地表形成一层结皮厚（2.50±0.03）cm，天然植被区没有土壤结皮的形成，地表状况为半流动的风沙土。由于结皮的形成沙面的成土作用，使得土壤养分升高，见表 5-28：人工植被区土壤全磷、全氮和全钾的含量高于天然植被区，并在 0.05 水平显著（$p<0.05$）。但是人工植被区 0~30 cm 土壤体积含水量却下降，而且与人工植被区之间存在显著的差异（$p<0.05$），这是由于由于结皮的形成使得土壤的地表蒸发增加，由于结皮对降水的拦截在土壤表层并被结皮隐花植物和一年生草本植物，从而使得人工植被区的土壤水分恶化。

表 5-28　不同植被区土壤状况

样地	结皮厚度/cm	全氮/($g·kg^{-1}$)	全磷/($g·kg^{-1}$)	全钾/($g·kg^{-1}$)	0~30 cm 土壤体积水分/%
天然植被	0.00±0.00a	0.39±0.10a	1.21±0.15a	1.01±0.9a	4.87±0.23a
人工植被	2.50±0.03b	1.02±0.21b	1.59±0.06b	1.76±0.05b	3.26±0.21b

注：同一列字母不同表示通过 LSD 检验在 0.05 水平显著。

表 5-29　不同植被区油蒿生长状况

样地	死亡率/%	盖度/%	株高/cm	新梢长/cm
天然植被区	13.6±4.3a	37.7±8.5a	58.8±15.8a	15.7±6.6a
人工植被区	71.4±11.6b	15.5±11.2b	46.4±7.6b	9.8±5.7b

注：同一列字母不同表示通过 LSD 检验在 0.05 水平显著。

表 5-29 表明，人工植被区油蒿的死亡率（71.4±11.6）%高于天然植被区（13.6±4.3）%，并经过统计分析存在显著的差异（$p<0.05$），天然植被区油蒿的盖度、株高和新稍长总是高于人工植被区，并且二者之间存在显著的差异（$p<0.05$）。这说明天然植被区油蒿的生长状况好于人工植被区，相比之下人工植被区的油蒿生长处于退化阶段，这可能是由于人工植被区油蒿的生境在恶化导致这样的结果。

二、油蒿根部害虫在两种植被区的危害

经过野外调查，采集鉴定，共有 18 中昆虫为害油蒿根部，其中天然植被区 13 种，人工植被区 13 种。其中主要为害油蒿根部的害虫天然植被区 6 种：沙蒿大粒象 *Adosomus* sp.，尖尾东鳖甲 *Anatolica mucronata*，谢氏宽漠王 *Mantichorula semenowi*，勃氏鳖甲 *Anatolica potanini*，窄吉丁 *Agrilus* sp.，沙蒿木蠹蛾 *Holcocerus artemisiae*；人工

植被区 5 种：沙蒿大粒象 *Adosomus* sp.，姬小胸鳖甲 *Mierodera elegans*，勃氏鳖甲 *Anatolica potanini*，窄吉丁 *Agrilus* sp.，沙蒿木蠹蛾 *Holcocerus artemisiae*，见表 5-30。总体上，人工植被区根部害虫种类多于天然植被区，但是优势害虫种类天然植被区少于人工植被区，而且昆虫的种类也有差异。这可能是由于人工植被区经过 50 年的恢复，地表稳定性搞，土壤的发育比较良好，植物多样性较高的原因。

油蒿主要害虫种类的为害状如图 5-5 所示：窄吉丁 *Agrilus* sp. 主要在木质部和韧皮部之间取食，洞道长，后期引起木质部和韧皮部分离，常多头幼虫寄生取食，洞道内充满粉末状虫粪，见图 5-5a；沙蒿木蠹蛾 *Holcocerus artemisiae* 低龄幼虫在木质部和韧皮部之间取食，后侵入木质部，多洞道，洞道较长，后期洞道交织，洞道内充满木屑状虫粪，见图 5-5b；沙蒿大粒象 *Adosomus* sp 幼虫钻蛀取食油蒿根部，一般在在近地表根部取食，取食根部木质部和韧皮部，取食坑道比较短，一般成坑洞状，见图 5-5c；拟步甲类非钻蛀取食，主要取食幼根和粗根根皮，咬食成乱麻状，见图 5-5d。

油蒿根部害虫的为害情况见图 5-6：两种植被区窄几丁的为害株率最高分别是(89.31±5.71)%和(21.83±6.29)%，窄几丁在人工植被区的为害率高于自然植被

表 5-30 两种油蒿群落中根部昆虫种类

样地	根部害虫种类	根部优势害虫种类
人工植被区	沙蒿大粒象 *Adosomus* sp.，粉红锥喙象 *Conorrhynchus conirostris*，黑斜纹象甲 *Chromoderus aeclivis*，黑条筒喙象 *Lixus nigrolineatus*，东方鳖甲 *Anatolica cellicola*，勃氏鳖甲 *Anatolica potanini*，小丽东鳖甲 *Anatolica umoenula*，尖尾东鳖甲 *Anatolica mucronata*，戈壁琵琶甲 *B. kangarensis gobiensis*，谢氏宽漠王 *Mantichorula semenowi*，多毛宽漠王 *Sternoplax setosa*，姬小胸鳖甲 *Mierodera elegans*，异距琵琶甲 *Blaps kiritshenkoi*，异型琵甲 *Blaps variolosa*，皱纹琵琶甲 *Blaps rugosa*，中华岘甲 *Cyphogenta chinensis*，窄吉丁 *Agrilus* sp.，沙蒿木蠹蛾 *Holcocerus artemisiae*，变伊土蝽 *Aethus varians*(18 种)	沙蒿大粒象 *Adosomus* sp.，姬小胸鳖甲 *Mierodera elegans*，勃氏鳖甲 *Anatolica potanini*，窄吉丁 *Agrilus* sp.，沙蒿木蠹蛾 *Holcocerus artemisiae*
天然植被区	沙蒿大粒象 *Adosomus* sp.，粉红锥喙象 *Conorrhynchus conirostris*，黑条筒喙象 *Lixus nigrolineatus*，东方鳖甲 *Anatolica cellicola*，勃氏鳖甲 *Anatolica potanini*，尖尾东鳖甲 *Anatolica mucronata*，谢氏宽漠王 *Mantichorula semenowi*，多毛宽漠王 *Sternoplax setosa*，姬小胸鳖甲 *Mierodera elegans*，异距琵甲 *Blaps kiritshenkoi*，窄吉丁 *Agrilus* sp.，沙蒿木蠹蛾 *Holcocerus artemisiae*，变伊土蝽 *Aethus varians*(13 种)	沙蒿大粒象 *Adosomus* sp.，尖尾东鳖甲 *Anatolica mucronata*，谢氏宽漠王 *Mantichorula semenowi*，勃氏鳖甲 *Anatolica potanini*，窄吉丁 *Agrilus* sp.，沙蒿木蠹蛾 *Holcocerus artemisiae*

◆ 图 5-5 油蒿根部害虫害状和油蒿生长区地表状况

a. 窄几丁害状;b. 沙蒿木蠹蛾害状;c. 沙蒿大粒象害状;d. 拟步甲类害状;
e. 天然植被区地表为半流动风沙土;f. 人工植被区地表微生物结皮覆盖。

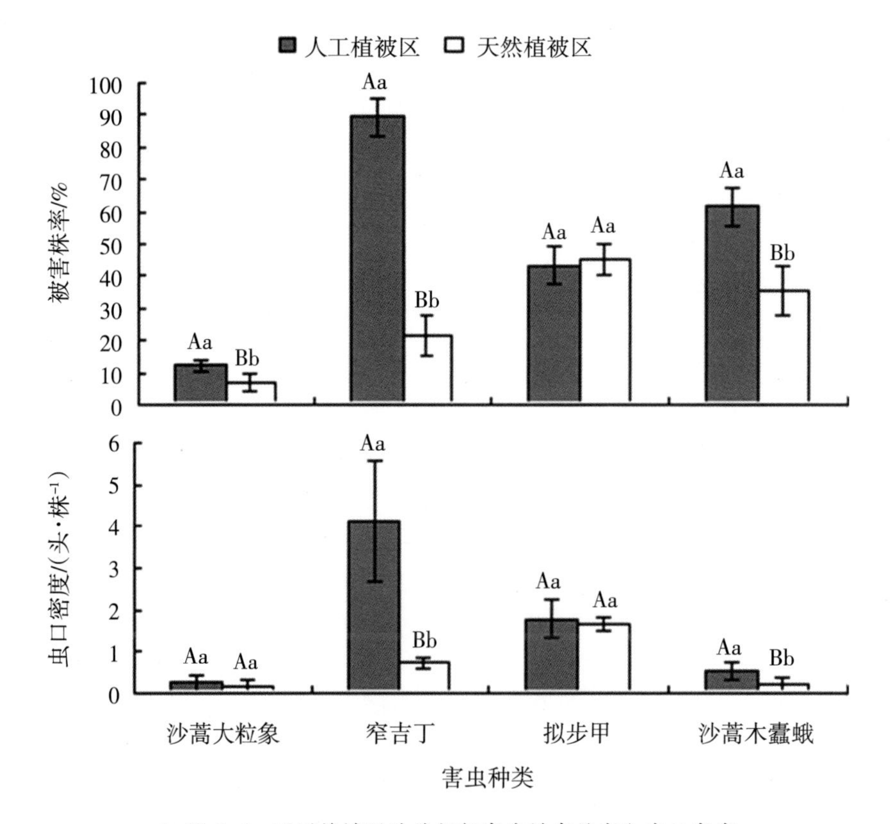

◆ 图 5-6 不同植被区油蒿根部害虫被害株率和虫口密度

区,并且二者之间幼显著的差异;同时人工植被区窄几丁的单株虫口密度也是最高为(4.12±1.46)头/株,两种植被窄几丁的单株虫口密度有显著差异;虽然拟步甲类在人工植被区和天然植被区具有较高的虫口密度和被害株率,但两种植被区的被害株率和单株虫口密度均没有显著的差异,由于拟步甲类的为害特征是在根部局部取食,应此说明引起油蒿死亡的可能不是拟步甲科昆虫的取食,它的取食可能仅仅是引起油蒿的长势衰弱，但也不能排除在幼苗阶段它们可能导致油蒿死亡；沙蒿木蠹蛾在人工植被区和天然植被区的被害株率也较高，分别为（61.67±5.83)%和(35.47±7.93)%,人工植被区显著高于天然植被区;其单株虫口密度在人工植被区和天然植被分别为(0.52±0.22)头/株和(0.22±0.16)头/株,也是人工植被区显著高于天然植被区。沙蒿大粒象在人工植被区的被害株率(12.34±1.65)%高于天然植被区(7.14±2.64)%,并且二者之间有显著的差异,但是单株虫口密度虽然人工植被区(0.25±0.17)头/株高于天然植被区(0.17±0.13)头/株,但二者之间的差异不显著。

沙坡头人工植被区引起油蒿大量死亡的原因是由根部害虫的为害造成的，其中引起死亡的主要害虫种类按照贡献大小依次为：窄吉丁 *Agrilus* sp.、沙蒿木蠹蛾 *Holcocerus artemisiae*、沙蒿大粒象 *Adosomus* sp.和拟步甲类,其中主要引起油蒿死亡的昆虫为窄几丁和沙蒿木蠹蛾。

人工植被区的土壤水分条件的恶化引起油蒿长势衰弱,这在某种程度上降低了其对于昆虫入侵的抵御能力。因此,生态条件的恶化是诱因而不是油蒿死亡的直接原因。

第十节　动物多样性动态原因分析

保护区东西狭长,南北较窄,北部分布着广泛的腾格里沙漠由于受区域旅游开发、公路修建、植树造林、开荒和人为改造湿地等人类活动的影响,原有的地貌已发生了较大变化。2002 年以来,特别是保护区东部,人为作用已成为地貌演化的主要动力条件。地貌变化较大的区域集中于沙坡头车站以东区域,主要变化类型为由流动格状沙丘演变为平沙地、固定沙丘、半固定沙丘、人工平地和人工湖泊,均影响了保护区的动物多样性。

一、保护动物种类和数量变化

和 2002—2004 年相比 2017—2018 年保护区内的国家重点保护动物增加,保护区重点保护鸟基本是旅鸟，迁飞途中在保护区内暂停休息。由于当地固沙林地面积大量的增加，再由于由于保护区内湖泊和水域等的湿地面积有所增加，变得更加集中，主要分布在长流水沿线和保护区的东北部，大批的水鸟集中在小湖片区和腾格里湖片区，腾格里湖是近年来人工将夹道村鱼塘改造而成，水域面积大，而且将高墩湖和马场湖联通，周边的陆地也进行了改造，种植了大片人工植被，湖心岛数量增加，湖边林地的面积也人为增加，水面的扩大为旅鸟停息创造了良好的条件。另外，小湖面积增大，湖边芦苇等的水草保护和供水鸟栖息，湖面上鸟类数量大量增加。

2017—2018 年调查保护区岩羊，鹅喉羚和猞猁仍然在保护区内有分布。这些动物在保护区相邻的甘塘和内蒙古就有分布，出现在保护区是顺理成章的。猞猁的出现还与保护区兔子等数量多有关。

二、鱼类和两栖类

依 1998—1999 年、2002—2004 年和 2017—2018 年调查鱼类中的达里湖高原鳅（*Triplophysa dalaica*）、麦穗鱼（*Pseudorabora parava*）和棒花鱼（*Abbotina rivularis*）在高墩湖和马场湖等原采集地已经采不到。两栖类中的林蛙（*Rana temporaria*）和黑斑蛙（*Rana migromaculata*）在几个主要的湖已经看不到，黑斑蛙彻底消失，林蛙仅见于长流水池塘。上述鱼类和黑斑蛙一样，无论幼体还是成体都要求水体清洁，水体污染对它们的作用是致命的。保护区的水体污染主要来自两个方面，1986 年以来鱼塘和湖泊大量高密度养鱼，投喂没有消耗的剩余的饵料、鱼的粪便造成水体“富营养化”，藻类大量滋生，水体变绿，水中溶解氧减少，水质变坏。农田使用农药和化肥，那些残余的农药、化肥随农田灌溉水流入鱼塘和湖泊，造成水体污染，水质变坏。水体污染造成蛙类数量和种类减少，已是世界性问题，应引起注意，采取措施，拯救蛙类。

三、鸟类

2017—2018 年相比于历届调查，鸟类的种类增加，而且数量也有所回升，特别是个别种类的数量在增加，比如红嘴鸥和大天鹅。这类鸟增加的原因之一，与迁徙动态有关。鸥类、鹭类和鸭类由于腾格里湖的建成水域面积扩大，提供了栖息场所和充分的食物，使其数量和种类增加。相较于历年调查虽然种类和数量在不断增加但是聚集度相对更加集中，主要原因是，另一方面由于人为活动，扩大了人工林地和水域的面积。沙坡头旅游区的扩大和相应的配套设施的建设;第二个方面是当地政府在保护区周边固沙营林,引水灌溉,营造了大片的固沙林,扩大了荒漠林地的面积;第三方面是原有的部分沙地变为农田,保护区内土地类型斑块化明显。综上所述,鸟类种类的增加无不与环境改变有关,人类活动对人工固沙林的影响改变了鸟类群落种类的组成,随着固沙林进一步增加和保护区有效的保护,将有更多的鸟类进入保护区。

2017—2018 年荒漠景观,人工固沙林景观和村庄农田景观鸟类数量减少。近些年农村经济发展,农民生活水平提高,大多数农民推土房,盖砖房,麻雀在农村失去了合适的营巢环境,种群数量下降,大片的荒漠景观被改造为农田和旅游配套景观,栖息地面积逐渐缩小,另外保护区内长流水和小湖北有放牧现状严重,地下水位的下降使得固沙林地衰败,公路建设和农业的开发影响了本区域鸟类的多样性。

另外本次调查发现环颈稚在保护区广泛发布,此种鸟以往历次调查均未出现,应该是新近进入本保护区区域的鸟类，关于此鸟是何时如何进入保护区还需以后进行具体的研究。

四、鼠类

鼠类 1999 年新增一种麝鼠，以后历次调查均未见到,2018 年调查发现与夹道村鱼塘,这种鼠不是我国原产,是国外引入人工饲养的经济动物,从饲养场中逃逸,进入野外,现今分布很广。什么时间,通过什么途径进入保护区还不清楚。

2017—2018 年调查五趾跳鼠未有采到,依据历次调查的资料看,五趾跳鼠呈逐年下降趋势,反之三趾跳鼠的数量逐渐增多,这可能与两者的生态位重复有关,在竞争中五趾跳鼠退出。历次调查中优势种类子午沙鼠、小毛足鼠和三趾跳鼠的优势地位未有改变。长尾仓鼠 1986 年主要捕于靠近房屋的人工固沙林和砾石荒漠。天牛危害大量杨树枯死，林地被垦为农田，环境的改变使上述两种鼠从群落中消失。长爪沙鼠 1986 年数量就很少(刘迺发,1991),捕于砾石荒漠和人工固沙林(人工半固定沙丘)。砾石荒漠变成了农田，年青的固沙林 10 余年的生长使半固定沙丘变成了固定沙丘。生境的变化,使长爪沙鼠从群落中消失。长尾仓鼠除 20 世纪 80 年代出现外一度从保护区内消失,本次调查到 11 只,这和沙坡头地区农田和村庄的建设有一定关系。

五、昆虫

保护区由于植被面积的扩大,使得一些昆虫分布到保护区,昆虫的多样性程度不断增加。

第六章

社会经济状况

第一节　保护区人口的基本情况

据 2017 年统计，保护区共有人口 4 890 人，农业人口为 3 529 人，企事业单位职工 1 361 人。

一、行政村的人口及基本情况

保护区依行政区划属于中卫市沙坡头区迎水桥镇，全镇共 17 个行政村、2 个社区，户籍户数 12 649 户，户籍人口 31 897 人，常住户数 8 453 户，常住人口 28 777 人。保护区共涉及夹道、码头村、迎水、黑林、鸣沙、鸣钟、沙坡头和孟家湾 8 个行政村 3 529 人，保护区内居民的男女比例接近 1:1。保护区内回族 724 人，占总人数 20.52%，除了黑林村的 4 个回族外，其余全部为 2010 年由海原县移民至新建成的鸣沙村。

二、保护区企事业单位的人口情况

保护区企事业单位总计 1 361 人，其中少数民族 35 人（回族 31 人、满族 3 人、蒙古族 1 人），见表 6-1。保护区内现有较大的企事业单位 10 个，其中公益性单位有 7 个，分别为中科院沙坡头沙漠研究试验站、兰铁中卫固沙林场、中卫市林场、沙坡头线路维修工区、西气东输武警中队等单位；企业有 3 个，分别为沙坡头旅游景区、大漠边关旅游景区和腾格里沙漠湿地。

企事业单位总人口为 1 361 人,较 1984 年的 2 358 人和 2003 年的 3 500 人,分别减少了 997 人和 2 139 人。2017 年研究生学历为 34 人,本科学历为 168 人,大专学历 418 人,中专和高中学历 537 人,初中及以下学历为 204 人。

表 6-1 保护区企事业单位的人口情况

单位:人

类别	单位	总人数	男	女	少数民族	学历				
						研究生	本科	大专	中专(高中)	初中及以下
公益性	中科院沙坡头沙漠研究试验站	30	18	12	2(回)	28	1	0	1	0
	兰铁中卫固沙林场	80	76	4	5(回)	2	8	70	0	0
	中卫市林场	4	4	0	0	0	0	0	4	0
	沙坡头线路维修工区	21	20	1	0	—	—	—	21	—
	沙坡头车站	10	10	0	0	—	—	8	2	—
	孟家湾车站	5	5	0	0	—	—	1	4	—
	武警中队	60	60	0	6(回)	—	2	18	40	—
企业	沙坡头旅游景区	757	380	377	4(回) 2(满)	2	127	196	298	134
	腾格里湖湿地	319	149	170	13(回) 1(满) 1(蒙)	2	24	106	137	50
	大漠边关	75	50	25	1(回)	—	6	19	30	20
合计		1 361	772	589	35	34	168	418	537	204

公益性事业单位总人数有 210 人,其中男性 193 人,女性 17 人,男女比例大概为 11.35:1,少数民族有 13 人,都是回族;旅游业从业总人数为 1 151 人,其中男性 579 人,女性 572 人,男女比例接近 1:1,其中研究生学历为 4 人,本科生 157 人,大专生 321 人,中专和高中学历 456 人,初中以下学历的为 204 人。

第二节 保护区的经济情况

一、行政村经济情况

保护区行政村经济收入按照行业来划分主要来源于:种植业(水稻、玉米、小麦)、林业(苹果、葡萄、枣、杏、梨)、养殖业(猪、鸡、牛、羊)、渔业、工业、劳务输出、商业、运输业、旅游服务(农家乐、骆驼、快艇、羊皮筏子)和其他。2017 年 8 个行政村(夹道、迎水、黑林、码头、鸣沙、鸣钟、沙坡头、孟家湾)总产值为 18 807.6 万元,劳务输出为 8 987.8 万元,占到行业总收入的 47.8%。保护区内村民 2017 年总产值为 4 747.98 万元,人均可支配收入为 13 454.2 元。现将涉及保护区范围内的夹道、迎水村、沙坡头村等 8 个行政村村民收入具体收入如下。

(一)黑林村

2017 年人均可支配收入 11 373.9 元,其中第一产业人均收入 2 551.2 元,占人均可支配收入的 22.56%;第二产业人均收入 675.7 元,占人均可支配收入 6%;第三产业人均收入 8082.4 元,占人均可支配收入 71.46%(劳务输出收入 5 341,占人均收入的 47%)。

(二)码头村

2017 年人均可支配收入 13 414.8 元,其中第一产业人均收入 3 178.7 元,占人均可支配收入的 23.69%;第二产业人均收入 1 074.9 元,占人均可支配收入 8%;第三产业人均收入 9 164 元,占人均可支配收入 68.3%(劳务输出收入 7 391.8,占人均收入的 55%)。

(三)迎水村

2017 年人均可支配收入 12 409.9 元,其中第一产业人均收入 852.2 元,占人均可支配收入的 6.87%;第二产业人均收入 4 969.5 元,占人均可支配收入 40%,是八个行政村里面第二产业收入最高的村;第三产业人均收入 6 588.3 元,占人均可支配收入 53.1%(劳务输出收入 5 678.1,占人均收入的 45.7%)。

(四)夹道村

2017 年人均可支配收入 14 548.1 元,其中第一产业人均收入 3 355.8 元,占人均可支配收入的 23.1%,第一产业的收入主要来自于渔业;第二产业人均收入 192.3 元,占人均可支配收入 13.2%;第三产业人均收入 11 000 元,占人均可支配收入 75.6%(劳务输出收入 9 620.8,占人均收入的 66.1%)。

(五)鸣钟村

2017 年人均可支配收入 17 605.4 元,其中第一产业人均收入 7 183.7 元,占人均可支配收入的 40.8%;第二产业人均收入为零;第三产业人均收入 10 421.8 元,占人均可支配收入 59.2%(第三产业收入主要来源于旅游服务业,在旅游业人均收入 7 851 元)。

表 6-2 保护区涉及的 8 个行政村 2017 年社会总产值统计表

单位:万元

村名	户数/户	人口/人	总产值	按行业分											按国民经济产业分		
				种植业	林业	养殖业	渔业	工业	劳务输出	商业	运输业	建筑业	旅游服务业	其他	第一产业	第二产业	第三产业
黑林	1 093	3 108	3535	309.4	176	308	0	0	1660	20	430	210	200	201.6	793	210	2 512
码头	767	2 177	2 920.4	284.42	106	301.1	0	101	1 609.2	110	100	133	24	151.4	692	234	1 995
迎水	1 158	3 274	4 062.9	126.4	14.3	138	0	1 026	1859	55	72	601	26	144.4	279	1 627	21 57
夹道	1 105	3 120	4 538.6	171	0	124	752	0	3 001.7	44	112	60	0	273.9	1 047	60	3 432
鸣钟	270	735	1 294.5	170.32	231.9	126	0	0	107.1	43	36	0	580	0	528	0	766
沙坡头	160	454	1 295.7	3.8	8	8.5	0	0	44	3	79.2	0	1135	14.2	20	0	1 275
孟家湾	214	397	410.9	0	30	19.1	0	0	46.8	13	280	0	0	22	49	0	362
鸣沙	205	714	749.6	0	0	0	0	0	660	15	0	0	36	38.6	0	0	750
总计	4 972	13 979	18 807.6	1 065.34	566.2	1024.7	752	1 127	8 987.8	303	1 109.2	1 004	2 001	846.1	3408	2 131	13 249
保护区内居民	872	3 529	4 747.98	268.95	142.94	258.69	189.84	284.51	2 268.97	76.49	280.02	253.46	505.15	213.60	860.35	537.97	3 344.71

(六)沙坡头村

2017 年人均可支配收入 28 524.2 元,是 8 个行政村里面人均收入最高的,98.45% 的收入都来源于第三产业(第三产业收入主要来源于旅游服务业,在旅游业人均收入 25 000 元,占人均收入的 87%)。

(七)孟家湾村

2017 年人均可支配收入 10 352.6 元,其中第一产业人均收入 1 234.2 元,占人均可支配收入的 11.9%;第二产业人均收入为零;第三产业人均收入 9 118.4 元,占人均可支配收入 88.1%(第三产业收入主要来源于运输业)。

(八)鸣沙村

2017 年人均可支配收入 10 504.2 元,收入基本全部来自第三产业人均收入,占人均可支配收入 59.2%(第三产业收入主要来源于劳务输出,人均收入 9 243.7 元,占了总人均收入的 88%)。

二、旅游业

沙坡头景区成立于 1986 年,部分位于保护区内,占地面积 454 hm^2。2007 年 5 月 8 日被国家旅游局授予首批全国 5A 级景区,是世界垄断性的旅游资源。这里集大漠、黄河、高山、绿洲、长城、丝路为一处，即具西北风光之雄奇，又兼江南景色之秀美。自然景观独特，人文景观丰厚，治沙成果显著。目前，打造了九曲黄河游、大漠探险游两条精品旅游线，开发了黄河漂流、大漠探险、环保治沙、飞跃黄河和激情滑沙等旅游产品。

沙坡头景区 2017 年接待游客 136.7 万人次，旅游收入 2.48 亿元，相较 2003 年的 47 万人次，接待量翻了 3 倍，年产值过亿。

三、渔业①

2017 年，保护区内渔业养殖水域较大，主要包括中卫市建宁渔业专业合作社，隶属于夹道村合作社，养殖水域面积为 110 hm^2；小湖水域面积为 175 hm^2；千岛湖水域面积为 16 hm^2。保护区内的主要鱼塘面积为 861 hm^2，按照每公顷产鱼 6 500 kg 计算，按照市场价 15 元/kg 计算，总产值为 8 394 万。

保护区内的水域养殖面积为 861 hm^2，与 2004 年的 757 hm^2 和 1998 年的 270.9 hm^2 相比，分别增加了 1.13 倍和 3.17 倍。

四、林业②

保护区内有 2 个林场，中卫市林场和兰铁中卫固沙林场。保护区林地面积 5 745.29 hm^2，占保护区总面积 40.91%，其中，国有林地 5 555.9 hm^2，占保护区总面积 39.56%；集体林地 189.39 hm^2，占保护区总面积 1.35%。果园为 360 hm^2，较 1984 年的 0.37 hm^2 和 2003 年的 199 hm^2 分别增加了 359.63 和 161 hm^2。

这些人工林形成了坚固的防护林体系，阻止了腾格里沙漠的前移，保证了包兰铁路和银兰公路畅通无阻，保证了中卫市沙坡头区工农业生产的正常进行，取得较大的生态效益、经济效益和社会效益。

五、畜牧业

保护区内的 8 个行政村内现有 131 头牛，主要分布于夹道村、黑林村和鸣钟村，每

---

① 本小节中渔业养殖面积数据来源于中卫市相关部门的统计数据，与遥感解译的土地利用数据略有出入。

② 本小节中林地面积和果园面积数据来源于中卫市相关部门的统计数据，与遥感解译的土地利用数据略有出入。

头牛的价值在 12 000 元左右，总价值约为 157.2 万元；骆驼主要分布在鸣沙村 120 峰，用于旅游，总价值 240 万元。羊 2 670 只，单位产值为 800 元，总产值 213.6 万元。鸡的数量大概在 1.17 万只，每只按照 60 元计算，总产值在 70.2 万元。猪有 2 200 头，每头猪价格在 2 000 元左右，总产值为 440 万元；畜牧业总产值为1 121 万元。

第三节 社区文化教育

保护区内共有学校3 所，卫生所 7 所，能够基本满足居民文化、教育、卫生需求。

自从全国推广“新农合”以来，截至 2017 年年底，保护区内的行政村民 100%参与了医疗保险，企事业单位的员工都参与了职工医疗保险。

第四节 交通、通讯和电力

保护区内铁路有包兰、甘武铁路。高速公路有定武高速，县级道路包括沙坡头中央大道和迎闫公路。保护区的其他道路主要包括乡村道路、巡护道路和旅游道路等。

保护区内线通讯和无线通讯网络覆盖保护区大部分地区，保护区可以通过程控电话、全球通等方式实现内部与区外的通讯联系。

保护区电力资源丰富，电网建设遍布整个保护区，南部沿迎水桥、黑林村、碱碱湖、沙坡头、孟家湾有 35 kV 高压输电线路；中部从迎水桥至沙坡头有 10 kV 输电线路；北部沿迎闫公路通往内蒙古阿拉善左旗、通湖、硝厂有 10 kV 输电线路；东部从迎水桥至高墩湖有 10 kV 输电线路；东部有马场湖至红武村 10 kV 输电线；2010 年建成的第二光伏电站年发电量达 10 MWh。

第五节 土地利用

一、土地利用现状

保护区近几十年来，土地利用类型及其分布发生了较大的变化。依据《土地利用现状分类》（GB/T 21010—2017），利用 2002 年、2008 年和 2017 年遥感影像解译得到了不同时期的土地利用图和土地利用类型统计表，见附图和表 6-3。

表 6-3 保护区不同时期土地利用类型面积统计(正值为增加,负值为减少)

土地利用类型		2002 年	2008 年			2017 年				
一级分类	二级分类	面积 /hm^2	面积 /hm^2	与 2002 年相比		面积 /hm^2	与 2008 年相比		与 2002 年相比	
				绝对变化 /hm^2	相对变化 /%		绝对变化 /hm^2	相对变化 /%	绝对变化 /hm^2	相对变化 /%
耕地	水浇地	307.18	485.55	178.38	58.07	1 130.96	645.41	132.92	823.78	268.18
果园	果园	93.95	90.22	−3.73	−3.97	398.34	308.12	341.53	304.39	324.00
林地	乔木林地	815.19	1 411.02	595.83	73.09	1 543.39	132.37	9.38	728.2	89.33
	森林沼泽	—	—	—	—	6.16	6.16	—	6.16	—
	灌木林地	2 493.79	3 705.26	1 211.47	48.58	1 720.17	−1 985.09	−53.57	−773.62	−31.02
	其他林地	817.85	618.68	−199.17	−24.35	2 066.91	1 448.23	—	1 249.06	152.72
	小计	4 126.83	5 734.96	1 608.13	38.97	5 336.63	−398.33	−6.95	1 209.8	29.32
草地	天然牧草地	1 830.27	1 620.09	−210.18	−11.48	2 302.34	682.25	42.11	472.07	25.79
	沼泽草地	—	4.43	—	—	72.48	68.05	1 536.05	72.48	—
	人工牧草地	—	—	—	—	183.87	183.87	—	183.87	—
	小计	1 830.27	1 624.52	−210.18	−11.48	2 558.69	934.17	57.50	728.42	39.80
居民和建设用地	居民和建设用地	202.88	300.18	97.3	47.96	714.32	414.14	137.97	511.44	252.09
特殊用地	风景名胜用地	66.93	95	28.07	41.94	100.42	5.42	5.71	33.49	50.04
水域	河流水面	6.59	6.45	−0.13	−2	6.78	0.33	5.06	0.19	2.96
	湖泊水面	132.4	336.43	204.04	154.11	566.63	230.2	68.42	434.23	327.98
	水库水面	8.48	6.27	−2.21	−26.07	6.27	0	−0.04	−2.21	−26.09
	坑塘水面	387.32	398.29	10.97	2.83	275.08	−123.21	−30.93	−112.24	−28.98
	小计	534.79	747.44	212.67	39.77	854.76	107.32	14.36	319.97	59.83
其他	沙地	6 785.69	4941.29	−1 844.4	−27.18	2 903.42	−2 037.87	−41.24	−3 882.27	−57.21
	裸土地	95.83	25.18	−70.65	−73.72	46.8	21.62	85.87	−49.03	−51.16
	小计	6 881.52	4966.47	−1 915.05	−27.83	2 950.22	−2 016.25	−40.60	−3 931.30	−57.13

一级土地利用类型包括耕地、果园、林地、草地、居民和建设用地、特殊用地、水域和其他等 8 类，其中分布面积最大的三类分别是林地（包括乔木林地、灌木林地、其他林地和森林沼泽）面积为 5 336.63 hm^2，占总土地面积的 38.00%；未利用土地（包括沙地和裸土地）面积为 2 950.22 hm^2，占总土地面积的 21.00%；草地（包括天然牧草地、人工牧草地和沼泽草地）面积 2 558.69 hm^2，占总土地面积的 18.22%。

二级土地利用类型包括水浇地、果园、乔木林地、森林沼泽、灌木林地、其他林地、天然牧草地、沼泽草地、其他草地、居民和建设用地、风景名胜及特殊用地、河流水面、湖泊水面、水库水面、坑塘水面、沙地和裸土地等 17 类。

目前，分布面积最大的二级土地利用类型分别为沙地、天然牧草地和其他林地，面积分别为 2 903.42 hm^2、2 302.34 hm^2 和 2 066.91 hm^2，分别占到保护区总面积的 20.67%、16.39%和 14.72%。沙地主要分布在保护区西北部的缓冲区和实验区内，天然牧草地主要分布在长流水–孟家湾地区，其他林地主要分布在小湖以北区域。

二、土地利用变化

（一）总体变化

在大面积植树造林之前的 2002 年，保护区土地利用类型面积位居前三的分别为沙地、灌木林地和天然牧草地，面积分别为 6 785.70 hm^2、2 493.79 hm^2 和 1 830.27 hm^2，分别占保护区总面积的 48.32%、17.76%和 13.03%。

2008 年保护区主要的土地利用类型面积位居前三仍然为沙地、灌木林地和天然牧草地，面积分别为 4 941.28 hm^2、3 705.26 hm^2 和 1 620.09 hm^2，分别占保护区总面积的 35.18%、26.38%和 11.54%。

2017 年与 2002 年相比，绝对面积减少最多的前三种土地利用类型为沙地、灌木林地和坑塘水面，而增加最多的其他林地、水浇地和乔木林地，相对面积减少最多的是沙地、裸土地和灌木林地，相对面积增加最多的是湖泊水面、果园和水浇地，见表 6–3。

（二）土地类型转换

1. 大面积植树造林以来土地类型转换

与未开始大面积植树造林的 2002 年相比，2017 年绝对面积减少最多的前三种土地利用类型为沙地、灌木林地和坑塘水面。沙地主要转换为其他林地、乔木林地和天然牧草地，分别占沙地类型转换面积的 33.43%、19.15%和 10.71%；灌木林地主要转换为其他林地、乔木林地和天然牧草地，分别占灌木林地类型转换面积的 38.93%、

34.62%和 5.55%。坑塘水面主要转换为湖泊水面、乔木林地和水浇地，分别占坑塘水面转换面积的 67.74%、12.72%和 11.77%，见表 6-3 和表 6-4。

相比 2002 年，2017 年绝对面积增加最多的土地利用类型为其他林地、乔木林地、水浇地。其他林地主要由沙地、灌木林地和乔木林地转换而来，分别占其他林地转换

表 6-4 2002—2017 年保护区土地利用转换矩阵

2017 年	2002 年													
	水浇地	果园	乔木林地	灌木林地	其他林地	天然牧草地	居民和建设用地	风景名胜和特殊用地	河流水面	湖泊水面	水库水面	坑塘水面	沙地	裸土地
水浇地	283.44	0.00	224.70	35.58	175.29	33.78	21.43	0.00	0.00	0.00	0.06	34.26	307.68	14.73
果园	0.00	39.89	1.93	12.87	38.65	12.68	0.00	7.87	0.00	10.90	0.00	3.36	263.21	6.98
乔木林地	0.52	17.57	233.95	410.28	337.07	13.21	0.84	6.24	0.00	6.67	0.00	37.03	416.41	63.58
森林沼泽	0.00	0.15	1.16	0.00	0.13	1.55	0.00	0.00	0.00	0.29	0.00	2.88	0.00	0.00
灌木林地	0.00	0.00	74.20	1 308.58	37.66	2.36	0.00	12.03	0.00	3.11	0.00	0.00	282.24	0.00
其他林地	0.87	0.00	109.79	461.42	122.17	38.82	3.83	0.00	0.00	28.54	0.00	1.30	1 300.16	0.00
天然牧草地	9.77	0.00	13.99	65.74	4.24	1 459.01	0.00	0.00	0.37	0.16	3.30	1.15	744.60	0.00
沼泽草地	0.00	0.18	0.09	32.94	5.54	9.70	0.00	0.00	0.00	2.61	0.00	7.72	13.70	0.00
人工牧草地	0.00	1.03	0.02	17.17	0.06	94.71	0.00	0.00	0.00	0.24	0.00	1.41	69.23	0.00
建设用地	10.16	2.38	57.03	39.72	25.05	20.88	171.38	4.95	0.00	2.76	0.00	2.89	375.93	1.20
风景名胜用地	0.00	0.00	5.10	18.56	0.00	0.00	0.00	35.84	0.00	0.00	0.00	0.00	40.91	0.00
河流水面	0.00	0.00	0.00	0.00	0.03	0.00	0.02	0.00	6.21	0.00	0.07	0.00	0.45	0.00
湖泊水面	0.00	32.28	48.36	22.21	43.31	110.12	0.00	0.00	0.00	62.97	0.00	197.24	50.14	0.00
水库水面	0.00	0.00	0.00	0.00	0.00	1.15	0.00	0.00	0.00	0.00	5.13	0.00	0.00	0.00
坑塘水面	2.41	0.48	32.87	45.50	25.23	32.31	5.37	0.00	0.00	0.00	0.00	96.13	11.30	9.35
沙地	0.00	0.00	0.26	2.80	3.41	0.00	0.00	0.00	0.00	0.00	0.00	0.00	2 896.96	0.00
裸土地	0.00	0.00	11.66	20.43	0.00	0.00	0.00	0.00	0.00	0.00	0.00	1.94	12.77	0.00

面积的66.86%、23.73%和5.65%。乔木林地主要由沙地、灌木林地和其他林地转换而来，分别占乔木林地转换面积的31.80%、31.33%和25.74%。水浇地主要由沙地、乔木林地和其他林地转换而来，分别占水浇地地转换面积的36.30%、26.51%和20.68%，见表6-3和表6-4。

总体而言，自2002年以来，由于大面积的植树造林和保护区的人类活动增加，原有的沙地、灌木林地和坑塘水面转换为其他林地、乔木林地、湖泊水面和水浇地。

2. 近十年土地类型转换

与2008年相比，2017年绝对面积减少最多的前三种土地利用类型为沙地、灌木林地和坑塘水面。沙地主要转换为其他林地、天然牧草地和灌木林地，分别占33.63%、32.54%和9.12%；灌木林地主要转化为其他林地、水浇地和乔木林地，分别占36.92%、15.85%和14.45；坑塘水面主要转换为湖泊水面，乔木林地和沼泽草地，分别占64.34%、10.63%和9.15%。

相对面积减少最多的也是灌木林地、沙地和坑塘水面，只是次序不同而已。

与2008年相比，2017年绝对面积增加最多的为其他林地、天然牧草地和水浇地。其他林地主要由灌木林地、沙地和天然牧草地转换而来，分别占52.55%、43.66%和1.32%；天然牧草地主要由沙地、灌木林地和水浇地转换而来，分别占86.93%、10.72%和1.72%；水浇地主要由灌木林地、乔木林地和沙地转化而来，分别占52.41%、24.81%和15.47%，见表6-5。

相对面积增加最多的是沼泽草地、果园以及居民和建设用地。沼泽草地主要由坑塘水面、灌木林地和沙地转化而来，分别占38.47%、20.75%和10.51%；果园主要由灌木林地、沙地和乔木林地转化而来，分别占74.50%、20.31%和4.16%；居民和建设用地主要由沙地、乔木林地和灌木林地转换而来，分别占52.95%、14.78%和14.52%，见表6-5。

总体而言，近十年来，由于持续的人工造林、人工湿地改造和人类活动的增加，沙地、天然灌木林地和坑塘水面等土地类型转化为其他林地、天然牧草地、水浇地、湖泊水面以及居民和建设用地。同时，相较于2002年以来的变化，明显林地增加的速度有所放缓，而居民和建设用地和水浇地等的增加。

三、生态系统格局现状

保护区的主要生态系统可分为荒漠自然生态系统、人工林生态系统、湿地生态

表 6-5　2008—2017 年保护区土地利用转换矩阵

2017 年	2008 年																
	水浇地	果园	乔木林地	森林沼泽	灌木林地	其他林地	天然牧草地	沼泽草地	人工牧草地	居民和建设用地	风景名胜用地	河流水面	湖泊水面	水库水面	坑塘水面	沙地	裸土地
水浇地	450.88	0.00	168.76	0.00	356.45	0.00	17.31	0.00	0.00	4.29	0.00	0.00	0.00	0.00	16.69	105.21	11.37
果园	0.75	50.18	14.48	0.00	259.39	0.00	0.76	0.00	0.00	0.00	0.00	0.00	0.52	0.00	1.55	70.71	0.00
乔木林地	1.38	17.20	1 040.96	0.00	325.03	64.14	3.54	0.00	0.00	5.97	0.00	0.00	15.92	0.00	30.43	35.16	3.66
森林沼泽	0.00	0.02	0.00	0.00	1.12	0.00	0.00	0.00	0.00	0.00	0.00	0.00	1.55	0.00	3.46	0.00	0.00
灌木林地	0.00	0.63	45.12	0.00	1 456.14	26.12	2.68	0.00	0.00	0.40	0.00	0.00	1.54	0.00	0.35	187.20	0.00
其他林地	1.63	0.00	18.37	0.00	830.43	486.53	20.84	0.00	0.00	4.95	0.00	0.00	6.91	0.00	7.20	690.06	0.00
天然牧草地	13.24	0.00	0.00	0.00	82.37	2.66	1534.25	0.00	0.00	0.48	0.00	0.54	0.01	0.00	1.11	667.67	0.00
沼泽草地	0.05	0.10	0.30	0.00	14.12	0.00	0.38	4.43	0.00	0.00	0.00	0.01	19.76	0.00	26.18	7.15	0.00
人工牧草地	0.00	2.33	0.00	0.00	122.26	5.26	0.00	0.00	0.00	0.00	0.00	0.00	0.21	0.00	2.77	51.03	0.00
居民和建设用地	8.93	2.62	65.23	0.00	64.08	33.98	17.25	0.00	0.00	273.10	2.21	0.00	2.89	0.00	10.34	233.61	0.07
风景名胜用地	0.00	0.00	0.35	0.00	0.06	0.00	0.00	0.00	0.00	6.87	92.42	0.00	0.00	0.00	0.00	0.72	0.00
河流水面	0.00	0.01	0.00	0.00	0.06	0.00	0.00	0.00	0.00	0.00	0.37	5.91	0.00	0.00	0.00	0.44	0.00
湖泊水面	0.00	17.13	28.56	0.00	60.01	0.00	3.90	0.00	0.00	0.00	0.00	0.00	272.91	0.00	184.12	0.00	0.00
水库水面	0.00	0.00	0.00	0.00	0.00	0.00	0.00	0.00	0.00	0.00	0.00	0.00	0.00	6.27	0.00	0.00	0.00
坑塘水面	8.71	0.00	23.34	0.00	90.60	0.00	19.16	0.00	0.00	4.08	0.00	0.00	14.21	0.00	112.09	2.88	0.00
沙地	0.00	0.00	2.26	0.00	11.70	0.00	0.00	0.00	0.00	0.04	0.00	0.00	0.00	0.00	0.00	2 889.44	0.00
裸土地	0.00	0.00	3.29	0.00	31.45	0.00	0.00	0.00	0.00	0.00	0.00	0.00	0.00	0.00	1.99	0.00	10.07

系统和农田生态系统四大类，其中前三种生态系统是保护区的主要保护对象。

目前，荒漠生态系统，主要包括沙地、天然牧草地、裸土地和天然灌木林，其占地面积为 5 859.39 hm²,占保护区面积的 41.72%。人工林地生态系统,主要包括乔木林地、其他林地、人工灌木林地,覆盖面积 4 824.07 hm²,占保护区面积的 34.35%;湿地生态系统,包括河流、湖泊、水库、坑塘、森林沼泽和沼泽草地,覆盖 933.40 hm²,占保护区面积的 6.65%。农田生态系统,主要包括水浇地和果园,覆盖面积 1 529.30 hm²,占保护区面积的 10.89%。

按人工和自然生态系统来区分,保护区的自然生态系统(沙地、天然牧草地、裸土地、天然灌木林、沼泽草地、河流水面、天然湖泊和天然坑塘)占地面积 5 894.50 hm²,人工生态系统(水浇地、果园、乔木林地、其他林地、人工灌木林地、森林沼泽、水库、人工湖泊和人工坑塘)占地面积 7 435.53 hm²,分别占保护区总面积的 42.68%和 52.23%,二者比为 4.5:5.5,人工生态系统业已超过自然生态系统,成为保护区内的主要生态系统。

四、生态系统格局演变

(一)大规模造林以前(2002 年)的生态系统格局特征

2002 年,保护区四大生态系统中,荒漠自然生态系统(包括沙地、天然牧草地、裸土地和天然灌木林)占地面积为 10 044.72 hm²,占保护区面积的 71.52%;人工林生态系统,包括乔木林地、人工灌木林地和其他林地,占地面积 2 860.83 hm²,占保护区面积的 21.37%;湿地生态系统,包括河流、湖泊、水库和坑塘,占地面积 534.78 hm²,占保护区面积的 3.81%;农田生态系统,包括水浇地和果园,占地面积为 401.13 hm²,占保护区面积的 2.86%。

按人工和自然生态系统来划分,2002 年保护区的自然生态系统(沙地、天然牧草地、裸土地、天然灌木林、河流水面、天然湖泊和天然坑塘)占地面积 10 185.19 hm²,人工生态系统(水浇地、果园、乔木林地、其他林地、人工灌木林地、森林沼泽、水库、人工湖泊和人工坑塘)占地面积 3 656.26 hm²,分别占保护区总面积的 72.52%和 26.03%,二者比为 7.4:2.6,自然生态系统占绝对优势,是保护区的主要生态系统。

(二)实施生态修复以前(2008 年)生态系统格局特征

2008 年,保护区四大生态系统中荒漠自然生态系统占地面积为 9 079.87 hm²,占保护区面积的 64.65%;人工林生态系统占地面积 3 336.65 hm²,占保护区面积的 23.76%;湿地生态系统占地面积 751.88 hm²,占保护区面积的 5.35%;农田生态系统占地面积为 575.77 hm²,占保护区面积的 4.10%。

按人工和自然生态系统来划分,2008 年自然保护区的自然生态系统占地面积 9 164.76 hm²,人工生态系统占地面积 4 492.56 hm²,分别占保护区总面积的 65.26%和 31.99%,二者比为 6.7∶3.3,人工生态系统的比重进一步增加,但自然生态系统占优势,自然生态系统仍是保护区的主要生态系统。

(三)保护区生态系统格局演变特征

2002 年以来,保护区开展了系列的植树造林和生态修复活动,使得保护区的人工生态系统覆盖面积逐步增加,而自然生态系统覆盖面积逐步减少。从人工和自然生态系统的分类上看,人工生态系统已占据优势,成为保护区主要的生态系统类型。

第六节 土地权属

一、管理和经营权属

保护区管理局主要负责管理保护区,组织保护区环境与资源的监测,保护保护区的自然环境和自然资源,负责保护区界限范围的勘测和立标工作,行政管理权属为宁夏环境保护厅。

包兰铁路及其“五带一体”防护铁路则属于兰州铁路局中卫工务段管理,小湖等区域的防护林则归中冶美利西部生态建设公司管理和经营,穿越保护区的公路、西气东输管线和输电线路途经区则属各自专业部门管理。沙坡头旅游区由港中旅沙坡头旅游集团有限公司管理经营。沙坡头治沙站及其试验地则归中国科学院管理,保护区内的集体土地多数经营权属于保护区内村民或周边村民。

总体而言,保护内的土地管理和经营权属复杂多样,这给保护区的统一管理和保护带来了困难,不利于保护区保护管理。

二、土地权属

保护区土地权属问题复杂。保护区内现有国有土地面为 13 621.47 hm²,占保护区总面积的 96.99%;集体林地 422.87 hm²,占保护区总面积 3.01%,主要分布在长流水村、黑林村、夹道村、孟家湾村、鸣钟村、沙坡头村、迎水村、西园林场。国有土地中使用权在保护区管理局的仅 300.15 hm²,仅占保护区总面积 2.14%,其余土地保护区管理局只有监管权,没有土地所有权、支配权和使用权,造成保护区管理难度大,监管困难。

第七节　保护区生态旅游管理

一、沙坡头生态旅游的原则

(1)保护优先的原则。保护自然资源和生物的多样性、维持资源利用的可持续性，生态旅游必须服从于自然保护，保证核心区、缓冲区不受任何干扰，对保护区内自然资源和自然环境不造成负面影响。

(2)在保护自然资源和生态环境、历史文化遗址景观完整的同时，突出重点，讲究特色，合理布局。

(3)旅游与科普相结合。通过开展以荒漠生态为主要内容的科普旅游，使游客了解人与自然的关系，增强保护生态环境的意识，成为集科普考察、宣传教育、观光旅游于一体的生态旅游示范区。

(4)景点设计以有效保护自然及人文资源为前提，充分发挥景观资源的美学、文化及艺术价值；通过适度的景点开发和旅游服务设施建设，突出地方特色和特点。

(5)把生态旅游建设成为一个对外宣传的窗口，成为对青少年进行爱国教育和环保意识教育的基地，充分发挥其社会公益效益和经济效益，促进保护区经济建设和生态建设的协调发展。

(6)保护区实验区内生态旅游建设项目，必须进行建设项目环境影响评价和景观美学评价，不得新建改变面貌、影响景观、污染环境的实施。旅游发展规划也必须进行环境影响评价，从源头上控制不符合国家法律法规要求的旅游开发项目立项、开工建设。

二、沙坡头生态旅游保护措施

(1)保护好沙坡头景区内荒漠生态系统的自然性与完整性，保持现存的荒漠植被、沙生植被、湿地沼泽植被多样性与群落结构的复杂性以及自然景观的独有性。

(2)保护好沙坡头景区内珍稀特有野生物种资源，特别是对国家重点保护物种要最大限度地扩大其种群规模。

(3)保护好沙坡头景区内长城故垒和峰燧，新石器时代文化遗址，闻名中外的人进沙退“草方格沙障”固沙治沙工程,中国“三大鸣沙”之一的沙坡鸣钟等独特人文和自然资源景观得到切实有效的保护。

(4)保护区内其他野生动植物及栖息地免受人畜干扰和破坏。

第七章
保护区威胁因素

第一节　自然因素

一、气候干旱化

根据中卫市气象站的观测数据，自1959年以来，气温出现明显的上升趋势，特别是20世纪80年代以来，年均温度快速上升，且上升速率有加快的趋势。1998年气候发生突变，突变后的年均气温达到9.89℃，年均气温升高速率为0.42℃/10a。近10年以来的平均气温高达10.05℃。

1959年以来，年均降水量为182.56 mm，近10年的平均降水量为182.38 mm，是典型的干旱区。降水的变化趋势基本稳定，略呈下降趋势，降低速率为0.66 mm/10 a，但因地处东部季风边缘区，受季风强弱的年际变化，降水量的年际波动很大，变异系数高达337.96%。

温度和降水是影响蒸发两个主要因素，温度的升高，降水的递减是气候干旱化的表现，必然导致地表蒸发量增大，进而导致土壤水分减少，影响地表植被的生长，存在植被衰败退化的风险。

保护区地处干旱区，地带性植被为荒漠草原植被，自然植被会根据土壤水分状况逐步调整植被盖度和种群数量以适应气候的干旱化，形成自然演替。而保护区的主要保护对象以乔灌为主的人工防护林和人工湿地等非地带性植被为主的人工生态系统，特别是分布在核心区腾格里湖片区和小湖片区的部分新营造的人工林地、人工草地和人工湿地生态系统很难在自然状态下正向演替和维持，若无人为干预，将因为土壤水分供应不足，人工林地将大面积衰败枯亡，人工草地快速退化为流沙地，人工湿地快速干涸，成为新的沙尘源地，亟须人工精心管护。

二、风蚀沙埋

由于保护区地处腾格里沙漠东南缘，在未治理以前，保护区内风蚀沙埋灾害严重，对包兰铁路安全运营和中卫平原生态安全造成严重危害，同时风沙直接进入美利渠，掩埋灌渠对当地的生产生活活动造成严重影响，甚至风沙直接入黄，导致黄河泥沙含量增高，进而影响黄河下游淤积。经过60余年的风沙治理，在保护区边缘构建了环环相扣的生态安全屏障，风蚀沙埋灾害得到了有效的治理，目前风沙沙埋主要发生在宝兰铁路防沙体系的西北缘和小湖片区人工林西北部外缘，若无气象异常现象，如持续大风和持续干旱，基本可防可控。

三、山洪泥石流

在保护区西部的长流水和孟家湾区域，由于地处香山北麓，位于山前洪积扇，地表植被稀疏，地形多变，存在发生泥石流的基本条件。泥石流发生后，长流水沟内为灾害最为严重区，不仅会对沟内现有地貌、农田和天然植被造成严重的破坏，同时对沟内的孟家湾水库，乃至天然气管道等造成较大影响，将严重影响保护周边长流水村和孟家湾村居民的生产生活。随着近年来全球气候变暖，极端天气发生频率增加，长流水和孟家湾区域发生山洪泥石流的风险有所增加。

四、病虫害

（一）主要森林植物检疫对象

根据国家林业局公告《全国林业检疫性有害生物名单、全国林业危险性有害生物名单》（2013年第4号），保护区林业检疫性有害生物对象包括：苹果蠹蛾（*Cydia pomonella*）。全国林业危险性有害生物对象包括枣大球蚧（*Eulecanium gigantean*）、梨圆蚧（*Quadraspidiotus perniciosus*）、柠条豆象（*Kytorhinus immixtus*）、双条杉天牛（*Semanotus bifasciatus*）、杨干透翅蛾（*Sesia siningensis*）等。

（二）天牛对杨柳科植物的危害

防风固沙林中的小叶杨群系、小叶杨——沙枣群系中，小叶杨的虫害率由于新造林树种较为单一,易导致病虫害。如小湖即周边片区的人工林以杨树为主,天牛等病虫害侵袭严重,导致部分杨树枯死。

(三)油蒿根部害虫在两种植被区的危害

经过野外调查,采集鉴定,共有18中昆虫为害油蒿根部,其中天然植被区13种,人工植被区13种。其中主要为害油蒿根部的害虫天然植被区6种:沙蒿大粒象 *Adosomus* sp.,尖尾东鳖甲 *Anatolica mucronata*,谢氏宽漠王 *Mantichorula semenowi*,勃氏鳖甲 *Anatolica potanini*,窄吉丁 *Agrilus* sp.,沙蒿木蠹蛾 *Holcocerus artemisiae*;人工植被区5种:沙蒿大粒象 *Adosomus* sp.,姬小胸鳖甲 *Mierodera elegans*,勃氏鳖甲 *Anatolica potanini*,窄吉丁 *Agrilus* sp.,沙蒿木蠹蛾 *Holcocerus artemisiae*。总体上,人工植被区根部害虫种类多于天然植被区,但是优势害虫种类天然植被区少于人工植被区,而且昆虫的种类也有差异。这可能是由于人工植被区经过50年的恢复,地表稳定性搞,土壤的发育比较良好,植物多样性较高的原因。

(四)经济林木害虫

最新调查发现,苹果蠹蛾已遍布保护区内的主要林果园地,如保护区的果园岛和沙坡头治沙站实验基地,对部分果树造成虫害。

第二节 人为因素

一、大面积人工造林

保护区成立的初衷就是为保护以人工植被为主的"五带一体"防沙体系和人工防护林。人工植被的构建始于1955年包兰铁路治沙队的成立,此后持续加剧,并在2002年以后呈快速增加趋势,2017年人工植被覆盖面积已大于自然覆盖面积。

根据历史遥感图像的对比分析发现,保护区的人工植被增加明显。自1973年以来,沙坡头车站片区的"五带一体"防护体系不断加宽,并在2000年以后基本稳定,而铁路以南区域有最初的流沙地演变为农田,且面积越来越大,见图7-1。腾格里湖片区,在2000年以前为湖泊湿地和流动沙丘,2000年以后在其中南部出现大面积的鱼塘,北部为流动沙地,东西两侧为天然湖泊,2017年退渔还湖成为人工湖泊,原有流动沙地变为人工草地,见图7-2。

小湖片区的变化则更大,1973年为小面积湿地和大面积的流沙地,2000年湿地面积增大,小湖面积也逐步增大,2007年小湖面积进一步增大,湿地和人工林面积迅速扩展，流沙地面积迅速缩小，见图 7–3。

大规模的防沙治沙活动，创造性地提出并构建了“五带一体”的综合防沙体系，彻底解决了该段铁路的风沙危害，保障了包兰铁路这条东西交通大动脉的安全畅通运营，该研究成果获得国家科技进步特等奖（1988 年）和联合国环境规划署（UNDP）颁发的“全球环境保护 500 佳”金质奖章（1994），成为享誉中外的治沙楷模。

为巩固和发展防风固沙事业，中卫市人民先后在腾格里沙漠边缘开展了大规模的防沙治沙，植树造林和营造人工湿地工作，经过二十多年的努力，已彻底改变了黄沙连天的原有景观，建起以人工防护林和人工湿地为主体的防风固沙体系，形成一道横亘于腾格里沙漠与中卫平原间的绿色屏障，保卫中卫平原免受风沙侵袭，实现了人进沙退，沙漠变绿洲，生态环境得到了明显的改善，人类活动对区域生态环境的改善起到了良好的正向作用。

2017 年人工生态系统所占比重达 55%以上，上升明显，自然生态系统所占比重已降至 45%以下。土地利用转换分析表明，大面积原有的沙地和天然灌木林地已被人工林地所替代。

由于人为干扰，特别是在腾格里湖片区，引种新的观赏性植物，导致保护区的生物多样性进一步丰富。目前保护区中分布的 485 种种子植物中野生种有 285 种，占总种

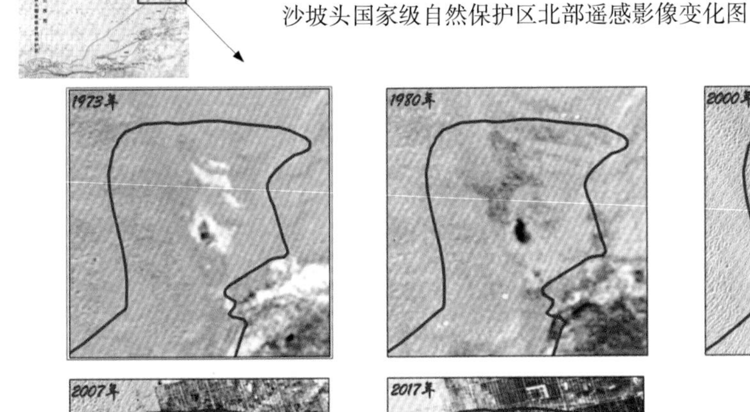

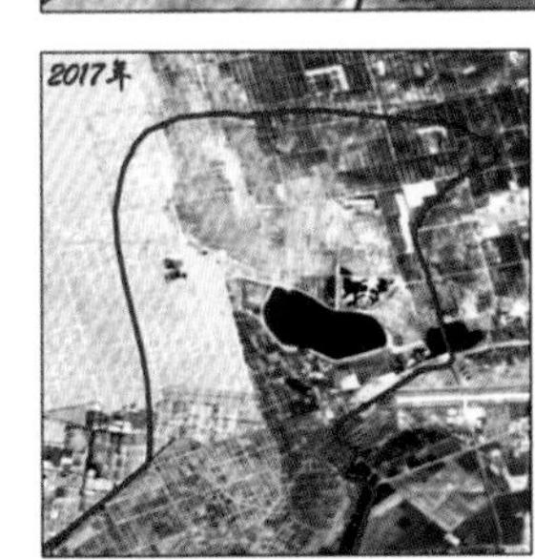

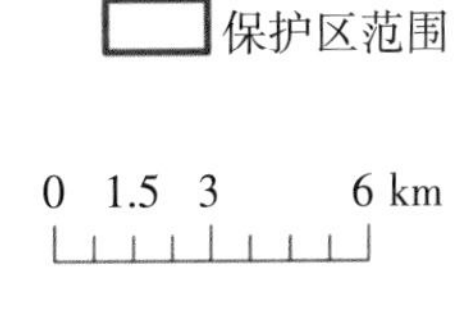

◆ 图 7–1 沙坡头自然保护区北部土地利用变化遥感影图像

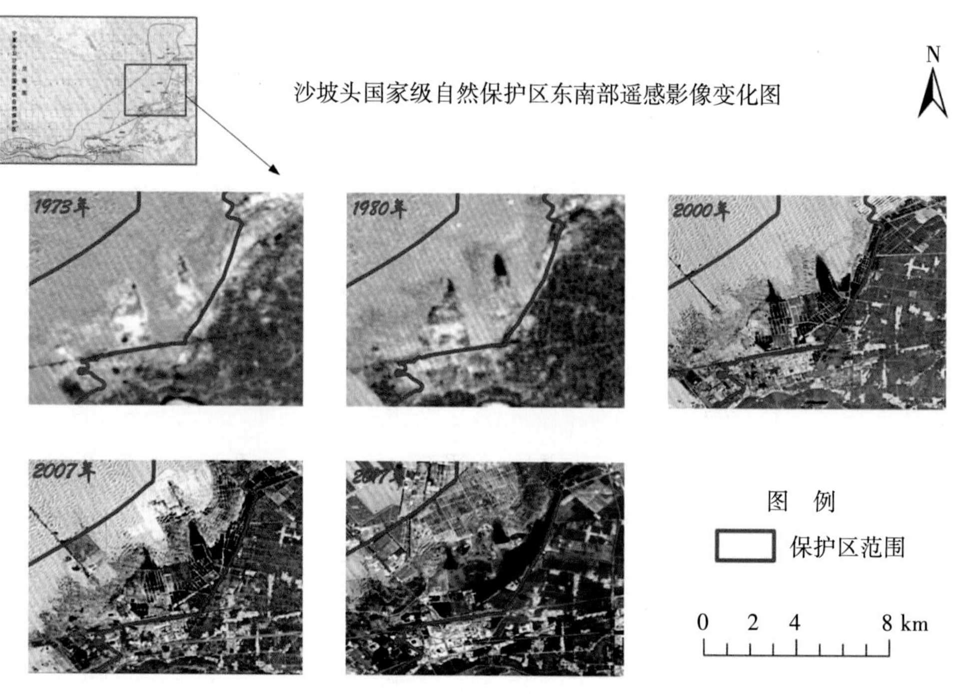

◆ 图 7–2 沙坡头自然保护区东南部土地利用变化遥感影图像

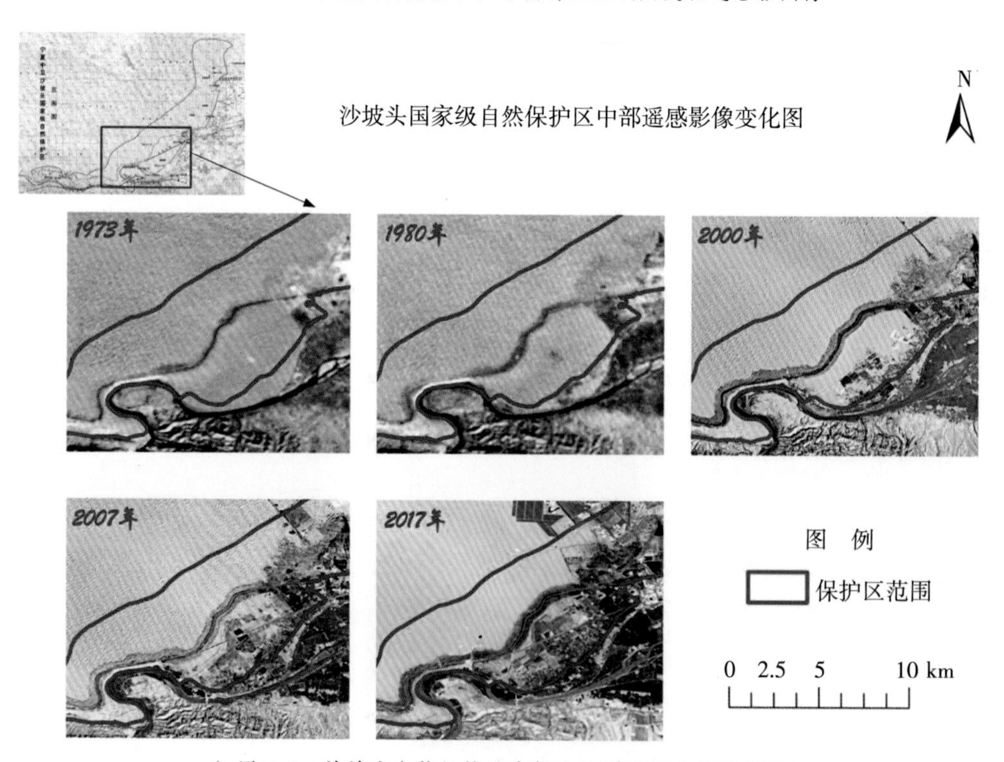

◆ 图 7–3 沙坡头自然保护区中部土地利用变化遥感影图像

数的 58.76%，栽培植物 200 种，占 41.24%。近 10 年来沙坡头自然保护区种子植物种类略有增加，共增加 45 种，其中人工栽培植物 24 种，野生植物 21 种。

人工干扰后的区域生态环境得到了一定的改善，主要表现为区域风沙环境得到遏制，局地沙漠景观以被人工林地、草地和湿地景观所取代，区域的植被覆盖度、绿度迅速扩张，并改变了局地小气候，增加了空气湿度、降低气温，使之更适宜人居和旅游气候适宜性得到改善。大面积的人工营造林地、草地和湿地，也提高了环境美观性。

由于营造的人工生态系统与区域地带性自然生态系统相差甚远，因此人工生态系统稳定性的平衡主要靠人工灌溉和管理才能稳定维持，管护成本极高，若无人为干预，其稳定性将大大降低。

目前的防护林规模已足够保障包兰铁路的安全运营和阻止腾格里沙漠的南移，不宜在保护区及其周边地区扩大植树造林面积，而应逐步改善现有防护林体系，提高其防护效益，降低其人工依赖性。

二、土地开垦

保护区中南部的夹道村，在保护区成立之初就存在与此，目前有居民 88 户 570 人。这些居民以水产养殖和农业种植为业，其生产生活均位于保护区内。受自然保护区管理政策的限制，影响居民的生产生活和经济发展，管理矛盾日趋突出。

此外，在保护区沙坡头村和鸣钟村等村庄也存在大量居民，目前有 561 户 2244 人。

原住居民和移民为了生存，自发开垦土地，人工植被面积，特别是农田和果园面积增加较多。

三、放牧

保护区的放牧活动主要集中于长流水和孟家湾地区，主要是当地居民饲养的牛羊。尽管近年实行草原全面禁牧封育，进行圈养，自然植被明显恢复，但偷牧、夜牧现象时有发生。

四、基础设施建设

保护区成立之初就存在包兰铁路、S201 省道（现为 G338）等交通道路，此后又建设定武高速、迎闫公路和中央大道等。此外，还有保护区内的铁路巡护道路、林业巡护道路、保护区管理巡护道路和居民出行道路等多条，保护区道路可谓四通八达。道路建设和运行对保护区的影响主要体现在以下几个方面：一是交通车辆产生的废气对保护区空气造成污染，废气沉降和废液进入土壤会对区域的土壤等产生潜在的污染风险；二是交通车辆产生的噪声长期作用和夜间灯光，对保护区动物造成惊吓，进而对动物的生理和行为等产生影响；三是土地利用类型发生变化，破坏区域动植物生境，使其生境进一步碎片化，对不同片区的动植物交流造成阻隔和障碍，导致物种退化；四是为生物入侵提供了便利通道，提高了生物入侵的风险；五是为人类自由进入保护提供了便利，对保护区的管理和保护工作增加了难度。

电网建设遍布整个保护区，南部沿迎水桥、黑林村、碱碱湖、沙坡头、孟家湾有 35 kV 高压输电线路；中部从迎水桥至沙坡头有 10 kV 输电线路；北部沿迎闫公路通往内蒙古阿拉善左旗、通湖、硝厂有 10 kV 输电线路，东部从迎水桥至高墩湖有 10 kV 输电线路，东部有马场湖至红武村 10 kV 输电线。输电线路广布，一方面电磁辐射对鸟类的飞翔造成不利影响，另一方面增加了保护区发生火灾的风险。

五、旅游活动

由于当地发展沙漠旅游具有天然的优势，因此中卫市旅游具有起步早、发展迅速，带动性强等特点。《中卫市旅游业发展总体规划（2013—2025）》提出的旅游发展总体目标为打造国际化沙漠旅游目的地城市。目前，中卫市著名的旅游区沙坡头旅游景区位于保护区内。2017 年游客数量分别达到了 136.7 万人次。虽然旅游区以开展生态旅游为主，但游客数量的激增和旅游设施的建设，对保护区的生态环境影响主要表现在以下几个方面：

一是旅游设施的建设和沙漠越野类活动破坏原有的沙漠景观地貌，有些导致沙丘形态发生变化。

二是人工旅游景观的营造，对原有的自然景观造成一定影响。沙漠旅游区的植被覆盖度降低，在沙坡头滑沙区表现较为明显。旅游道路和停车场等基础设施建设，铲除植被，导致植被覆盖减少，但因面积较小，对保护区植被覆盖影响甚小。保护区内的旅游开发区内没有珍稀保护植物分布，因此对珍稀保护植物无影响。

三是对动物的影响。不同的鸟类产生警戒和产生惊飞的距离会因鸟的种类、游客与鸟类之间障碍物类型（如树林、篱笆等）、游客的行为和噪音大小等的不同而存在很大差异，旅游区内动物（包括鸟类）会渐渐习惯游客的存在，上述警戒距离和惊飞距离会缩短。在旅游开发和运营初期，对鸟类的影响较大，随着景区运营，鸟类对人类的惧怕程度降低，加之设置人工岛等免受人类影响的鸟类栖息地，进而旅游对鸟类的影响随着旅游开发的时间而逐步衰减，影响减小。

六、人为水域扩张和水产养殖

因改善局地生态环境和农业生产需要，保护区内营造了大大小小的人工湖和坑塘,原有的湖泊面积也进一步增大,这些水域面积的扩大,对改善局地生态环境,发展水产养殖,实现林地和农田灌溉便利化,发挥了重要作用,但由于这些水域的水源补给较为单一,主要靠人工注入黄河水,水域流通性较差。同时人为水域扩张,使得保护区生态系统的人工依赖性更加强烈,并不利于保护区生态系统的可持续发展。

水产养殖中大面积饲料的投放,更加加剧了水体污染,水体富营养化严重,对两栖类动物的栖息环境造成较大影响。

七、林草火灾隐患

近年来,保护区干旱、高温和大风天气增多,发生火灾的危险性越来越大,同时,由于保护区内人为活动较多,交通发达,致使火源管理难度增加。森林火灾对森林资源的威胁程度较大,对生物多样性保护构成了最直接的威胁,破坏森林生态系统,破坏野生动物栖息地,影响野生动物生存等。

第三节　限制因素

一、管护人员数量不足,管护能力有待提高

保护区管理局隶属宁夏环保厅直属的处级全额拨款事业单位。根据保护任务、职能范围和管理项目,内设管理科、办公室、科普科、技术科 4 个科室。编制 22 人,其中事业编 12 人,控制编 10 人,实有人员 17 人。虽然管理人员素质水平和技术能力较强,但大多数为林学专业,缺少自然保护和野生动物危害管理方面的专业知识。由于保护区内土地权责复杂,管护任务重大,需要增加更多的管护和巡护人员。

二、科研和人类活动监测能力有待提升

目前,保护区使用的是 2010 年的生物资源本底数据,区域自然地理环境数据较为陈旧。虽然建立了区域生态监测样方,但仍缺乏长期生态系统监测的设备和技术人员,监测频次和管理有待进一步提高。区域气象监测站点和水体监测站点较少,目前仅分布在沙坡头治沙站和荒草湖等地,监测仪器的自动化和信息化水平偏低,且无法覆盖保护区的全部典型区。

三、社区共管有待加强

社区群众参与保护自然资源的积极性还没有得到发挥，保护与开发利用之间矛盾重重。保护区的建设与管理面临着与经济发展、社会稳定和环境保护的诸多矛盾。只有通过建设和有效管理促进当地经济发展，解决人民群众的基本生活问题，才能维护保护区的持久稳定性。保护区内及周边社区都有当地人居住和生活，他们长期依赖这些土地和资源谋生，保护区的建立给这些土地和资源附加了新的用途，限制了当地人发展生产。妥善解决好当地人的生产生活问题和提高他们的经济收入，是有效管理自然保护区和开展资源保护的前提条件。因此，必须解决好保护区内及周边社区居民生活和生产、经济发展，帮助他们发展退耕还林还草、大力发展特色农业和设施种养业等替代生计项目。

四、宣教功能有待提高

保护区成立以来虽然开展过多种形式的宣传教育活动，但对社区群众开展生态教育的形式和手段单一，影响了公众保护意识的提高，给保护管理工作带来压力。

五、土地权责复杂

保护区土地权责问题复杂。保护区内现有国有土地面为 13 621.47 hm^2，约占保护区总面积的 96.99%；集体土地为 440.08 hm^2，约占保护区总面积的 3.01%。这些土地中，包兰铁路及其“五带一体”铁路防护区域则属于兰州铁路局中卫工务段管理，小湖等区域的防护林则归中冶美利西部生态建设公司管理和经营，穿越保护区的公路、西气东输管线和输电线路途经区则属各自专业部门管理。沙坡头旅游景区由港中旅沙坡头旅游集团有限公司管理经营。沙坡头治沙站及其试验地则归中国科学院管理，保护区内的集体土地多数经营权属于保护区内村民或周边村民。

国有土地中使用权在保护区管理局的仅 300.15 hm^2，仅占保护区总面积 2.14%，其余土地保护区管理局只有监管权，没有土地所有权、支配权和使用权，造成保护区管理难度大，监管困难。

第八章
保护区管理

第一节　历史沿革

1984年，宁夏回族自治区（以下简称“自治区”）人民政府批准建立中卫沙坡头自然保护区管理所（宁政办函〔1984〕78号），暂定编制15人，由自治区城乡建设厅领导，自治区科委对保护区列入自治区科研计划的科研项目进行业务指导，行政事业费预算纳入自治区城乡事业费开支计划。

1985年3月13日，中卫县人民政府正式确立宁夏中卫沙坡头自然保护区界线范围（卫政发〔1985〕30号，宁沙管字〔1985〕8号）即：西起孟家湾，东到高鸟墩，南以美利渠—革命渠为界，北由铁路孟家湾—沙坡头区以北600~1 500 m，沿“三北”防护林二期工程基线向东北延伸到定北墩外围300~500 m，其方位在北纬37°26′15″~37°37′30″—东经104°55′~105°11′15″，总面积为13 400 hm^2。

1994年4月5日，国务院批准沙坡头自然保护区晋升为沙坡头国家级自然保护区（国函〔1994〕26号）。

1996年11月19日，自治区机构编制委员会《关于“自治区环境保护研究所（环境监测中心站）”和“宁夏沙坡头自然保护区管理所”划归自治区环境保护局管理的通知》（宁编办发〔1996〕18号）将保护区管理所划归自治区环境保护局管理。

1999年12月17日，自治区机构编制委员会办公室（宁编办（事）发〔1999〕36号）批准“宁夏中卫沙坡头自然保护区管理所”更名为“宁夏中卫沙坡头国家级自然保护区管理处”。

2006 年 5 月 31 日，自治区机构编制委员会办公室下发《自治区机构编制委员会关于印发中卫沙坡头国家级自然保护区管理局机构编制方案的通知》（宁编发〔2006〕299 号）：“宁夏回族自治区中卫沙坡头国家级自然保护区管理处”更名为“宁夏中卫沙坡头国家级自然保护区管理局”，加挂“宁夏沙坡头治沙研究中心”牌子，为自治区环境保护局所属正处级事业单位，内设办公室、管理技术科。自治区中卫沙坡头国家级自然保护区管理局核定全额预算事业编制 15 名，领导职数 1 正 2 副，科级领导职数 2 正 2 副。

2009 年 10 月 16 日，自治区机构编制委员会办公室下发《关于自治区环保厅所属事业单位机构编制调整有关问题的通知》（宁编发〔2009〕64 号）：同意给自治区中卫沙坡头国家级自然保护区管理局（宁夏沙坡头治沙研究中心）增加聘用人员编制 10 名（主要用于保护区管护人员及工勤技能岗位），同意将管理技术科分设为管理科和技术科，增加科级领导职数 1 正 1 副。调整后，自治区中卫沙坡头国家级自然保护区管理局内设 3 个科级机构，全额预算事业编制 15 名，聘用人员编制 10 名，处级领导职数 1 正 2 副，科级领导职数 3 正 3 副。

2009 年 9 月 28 日，国务院下发《国务院办公厅关于调整天津古海岸与湿地等 5 处国家级自然保护区的通知 》（国办函〔2009〕92 号），同意调整沙坡头国家级自然保护区。2009 年 12 月 7 日，国家环保部下发《关于调整天津古海岸与湿地等 5 处国家级自然保护区有关事项的通知》（环函〔2009〕301 号），进一步明确了保护区的范围和功能区。调整后保护区位于中卫市城区西部腾格里沙漠的东南缘，东起二道沙沟南护林房，西至头道墩，北接腾格里沙漠，沙坡头段向北延伸 1 000~2 000 m，沿“三北”防护林二期工程基线向东北延伸至定北墩外围 300~500 m，南临黄河，长约 38 km，宽约 5 km，海拔在 1 300~1 500 m。地理坐标 104°49′25″~105°09′24″，E37°25′58″~37°37′24″N，总面积 14 043.09 hm^2，其中核心区 3 956.76 hm^2、缓冲区 5 414.12 hm^2、实验区面积 4 672.21 hm^2。

2012 年 2 月 27 日，自治区机构编制委员会办公室下发《关于调整自治区环境保护厅所属事业单位机构编制事项的通知》（宁编办发〔2012〕64 号）：同意自治区中卫沙坡头国家级自然保护区管理局增设科普科，增加科级领导职数 1 正 1 副，增加后，自治区中卫沙坡头国家级自然保护区管理局内设 4 个科级机构，科级领导职数 4 正 4副。

2018 年 11 月 13 日，自治区人民政府下发了《自治区人民政府关于宁夏沙坡头南华山火石寨青铜峡库区 4 处自然保护区勘界结果的通知》(宁政发〔2018〕48 号),同意沙坡头国家级自然保护区的勘界结果。勘界后保护区范围为 104°49′25″~105°09′24″E,37°25′58″~37°37′24″N 之间。保护区总面积 14 044.34 hm²,比 2009 年国务院批准的面积增加 1.25 hm²。核心区面积 3 962.15 hm²,缓冲区面积 5 448.49 hm²,实验区面积 4 633.70 hm²,实地勘测精度为 0.5 m。保护区范围四至坐标与 2009 年国务院批准的功能区划图坐标一致,核心区面积、缓冲区面积与功能区划图图示面积基本一致。

2018 年 11 月 25 日,自治区人民政府下发了《宁夏回族自治区人民政府关于宁夏沙坡头南华山火石寨青铜峡库区 4 处自然保护区勘界结果备案的通知》(宁政函〔2018〕124 号),对沙坡头国家级自然保护区等 4 处自然保护区勘界结果给生态环境部和国家林业和草原局进行了备案。

2019 年 5 月 14 日,自治区机构编制委员会办公室下发《关于自治区本级机构改革涉及事业单位机构编制调整事项的通知》(宁编发〔2019〕12 号):将原区环保厅所属自治区中卫沙坡头国家级自然保护区管理局(宁夏沙坡头治沙研究中心)及 11 名全额预算事业编制,10 名聘用人员编制,1 正 2 副处级领导职数,4 正 4 副科级领导职数,划入自治区林业和草原局。

第二节　管理总体评价

保护区自 1984 年建立以来,依据《环境保护法》《野生动物保护法》《自然保护区条例》《建设项目环境保护管理条例》《宁夏自然保护区管理办法》等法律法规,针对保护区实际,依据保护对象,先后制定了《关于加强沙坡头自然保护区管理的布告》《沙坡头自然保护区管理暂行办法》《关于严禁在沙坡头自然保护区狩猎的规定》《关于在保护区内严肃查处环境违法行为的通告》以及《保护区管理制度》等制度和有效的保护措施,并得到严格贯彻和执行,使保护区的保护管理逐步走上了依法治理的轨道,保护区的资源管护工作基本做到了日常化、规范化、制度化,保护工作取得了显著成效。

经过 30 多年的保护,主要取得以下成绩:①使得包兰铁路“五带一体”风沙防护体系完好无损,确保了包兰铁路沙坡头段的安全运营。②保护区的植被覆盖面积和湿地面积明显增加,生态环境改善明显,生态屏障功能加强,构建了横亘与腾格里沙漠和中卫平原之间的生态屏障。近 30 年来,通过在保护区中北部地区植树造林,已绿树成荫,植被覆盖率达到 30%以上,改变了原有的黄沙漫天的面貌。北部的人工林,中部的腾格里湖和西部的包兰铁路“五带一体”防护体系首尾相连,从沙进人退到人进沙退乃至沙绿共存,构成了横亘与腾格里沙漠和中卫平原间的生态屏障。③保护区物种多样性进一步增加,植物物种和动物物种均有明显的增加,维管束植物物种增加了66种,脊椎动物增加了15种,昆虫增加了135种。④人工生态系统的人工依赖性进一步增加,生态系统的稳定性增强。保护区的长流水、孟家湾天然荒漠草原生态系统和西北边缘的原生沙漠生态系统属于自然生态系统,人工依赖弱,主要依据气候变化而进行自调节变化,较为稳定。包兰铁路“五带一体”防沙体系为自然——人工复合生态系统,且以自然演替为主,经过60年的演替,目前生态系统也较为稳定。中北部的腾格里湖和小湖片区的人工林生态系统人工依赖性较强,其自然稳定性差,但在人工强烈干扰下,其稳定性也变强。⑤生态系统类型次序发生了重要变化,自然生态系统面积由原来的70%以上逐渐降低为目前的40%以下,而人工生态系统面积由原来了不足30%上升到超过60%。

第三节 管理措施评价

一、加大管理力度,加强日常巡护

近年来,随着国家西部开发战略的实施,国家对西部生态环境保护给予了政策、资金、项目等方面的大力支持,保护区管理局利用国家财政部国家级自然保护区专项资金,进行保护区能力建设,在保护区西南界的孟家湾109国道,保护区中部地界中卫通往内蒙古左旗的迎闫公路旁分别设置了两处永久性警示牌,在管理处迎水桥办公地设置一处警示牌;同时,在保护区东界、中部的迎水桥、沙坡头设立了图文并茂的解说牌,以此增强公众的环境保护意识,扩大保护区的知名度。同时,保护区管理人员搞好监督,加强日常巡护管理,现场解决出现的问题,保护管理工作到位而不错位,管护效果良好。

二、加强各种形式的宣传,不断增强了公众的环境保护意识

以生态科普宣传进学校、进广场、进社区、进乡村为主要形式,利用“世界野生动植物日”“爱鸟周”“科技周”“5·22国际生物多样性日”“六五世界环境日”“国际森林日”“植树节”等纪念日,通过悬挂宣传横幅、现场讲解、免费发放宣传资料、短信、微信发布等方式方法,开展了一系列生态科普宣传活动,积极向社会公众宣传习近平生态

文明思想、生态保护法律法规知识，充分发挥了保护区社会服务功能，先后被命名为全国青少年科技教育基地和全国科普教育基地、生态环境科普基地以及全国中小学环境教育社会实践基地。一是开展环保科普“四进”活动。在中卫市城区及保护区周边的学校、村镇、社区、军营等地扎实开展了生态保护科普讲座、生态保护科普知识和法律法规宣传活动。通过现场发放自然保护区法律法规、自然保护区基础知识以及生态文明思想宣传材料等方式，向公众进行自然保护区生态知识教育，进一步提高公众生态保护意识。二是积极创新科普宣传方式方法。分别组织北京市东四九条小学、西中街小学以及北京外国语学院附中师生，开展了12次“绿色生态综合实践”活动。通过扎设麦草方格、种植沙生植物等实践活动，教育引导学生亲身感受自然生态保护的重要意义。活动生动新颖、寓教于乐，成为了沙坡头国家生态环境科普基地一个新的科普宣教品牌和亮点。“治沙实践教学研修活动”被评为“2017年国家环保科普基地特色科普活动”。三是开展新媒体宣传。充分利用网络、微信公众号、手机短信等新媒体平台在“科技周”“生物多样性日”发布宣传信息和宣传短信。保护区微信公众号的关注人数在不断增加，现已成为一个科研成果展示、生态科普宣传平台。四是开展教学实习活动。接待来自四川农业大学、北京航空航天大学、西北师范大学、兰州交通大学、宁夏大学、美国哈佛大学等百余所大专院校师生到保护区进行暑期社会实践活动和教学实习。

所有这些都使更多的人认识了保护自然的重要性，不断增强了公众的生态保护环境意识，进一步推进了科普宣传教育工作的社会化。

第四节　科研与监测工作评价

一、科技力量

保护区建立以来，上级主管部门和保护区管理局都非常重视科研基础建设，多方筹措资金，有计划的购置了生态监测仪器设备；同时，建立动植物标本室和生物展览室；并积极从各地采购图书资料，订购专业刊物，建立图书资料室，这些为开展科研工作奠定了基础。尽管保护区在30多年来对保护区的本底资源、荒漠生态系统的结构与功能等方面的研究做了大量工作，但距离对保护区的科研要求还有很大差距。因此，保护区应在科研队伍和科研设备建设方面尚需做大量工作。

二、自然资源动态调查研究

为了查明保护区内自然资源，提供生态系统“本底”，规划和建设好保护区，从1986—1990年，在宁夏建设厅、宁夏科委、宁夏环保厅和宁夏农业区划办等部门的大力支持下聘请了兰州大学生物系、宁夏农学院植保系、宁夏农业厅勘查设计院等区内外科研、教学业务部门的教授、专家与技术人员，先后对保护区植物、植被、森林、动物、昆虫、土地和社会经济7个学科分期进行了全面专业的考察，系统地取得了保护区的资源本底资料。编写了《沙坡头自然保护区脊椎动物名录》《沙坡头自然保护区脊椎动物资源调查报告与保护区规划》《宁夏沙坡头自然保护区种子植物名录》《宁夏沙坡头自然保护区植物考察报告及其规划意见》《沙坡头自然保护区植物生态考察报告》《宁夏沙坡头自然保护区土壤调查报告》《宁夏中卫沙坡头自然保护区植被调查报告》《沙坡头自然保护区森林资源调查报告》等。2002—2004年，对保护区进行的第二期综合科学考察完成，2005年出版了《宁夏沙坡头国家级自然保护区综合科学考察》，2011年出版《宁夏沙坡头国家级自然保护区二期综合科学考察报告》。2017—2018年，沙坡头管理局组织开展了保护区第三期综合科学考察，分析研究了保护区30多年来荒漠景观、生物多样性及资源环境主要特征的变化、物种面临的威胁以及物种多样性和数量动态变化原因，提出了科学地保护物种资源和生物多样性的对策，为进一步制定完善保护区总体规划和管理计划提供了科学依据。2018年，与生态环境部南京环境科学研究所联合进行了《宁夏中卫沙坡头国家级自然保护区生态保护红线基础调查及生态保护规划》研究，针对面临的生物多样性和人工-自然复合荒漠生态系统受威胁的状况，优先在保护区生态保护红线内开展基础调查，进行生态评估，提出对策建议，提升保护区生态系统质量和稳定性，改善区域生态环境质量，增强生态产品供给能力，维护本区域生态安全。编制了《宁夏宁夏中卫沙坡头国家级自然保护区生态保护红线基础调查报告》、《宁夏宁夏中卫沙坡头国家级自然保护区生态保护红线生态评估报告》和《宁夏宁夏中卫沙坡头国家级自然保护区生态保护红线生态保护规划》，为今后进行生态保护红线监管提供了科学依据。

三、科学研究

保护区由于科研经费缺乏，科研力量薄弱，单独开展专题科研工作不多。多年来主要采取与高等院校和科研单位合作的方式，进行保护区科学研究。在1986—1990年完成的保护区“本底”资源调查的基础上，兰州大学与宁夏农学院植物、动物和生态学方面的研究人员撰写了《宁夏沙坡头陆生脊椎动物演替初探》《沙坡头地区鼠类的密度及其危害》《腾格里沙漠东南缘昆虫初步调查》《宁夏沙坡头自然保护区鼠类群落研究》《沙坡头地区人工生态系统中的夏季鸟类》等专题报告;1998—1999年,与兰州大学生命科学学院共同完成了宁夏科委的《沙坡头自然保护区野生动植物资源消长变化及可持续发展对策研究》项目,编写出了研究报告,报告详细阐述了动植物群落和物种多样性10年变化情况、原因及对策,撰写了《宁夏保护区动物资源的消长》及《宁夏保护区植物群落的消长变化及可持续研究》研究论文。2001年9月获国家环境保护科技成果。2002—2004年,与兰州大学生命科学学院合作,对保护区进行了两次科学考察,并对保护区的鸟类和鼠类十几年来种类和数量的变化进行了专题研究,撰写了《宁夏保护区四种生境夏季鸟类群落结构变化》《植物空间异质性对鸟类结构的影响》《宁夏保护区啮齿类群落结构及其季节动态》《宁夏保护区鸟类群落结构及其季节动态》四篇研究论文。2013—2014年,联合华东师范大学开展"气候变化对宁夏沙坡头保护区生物多样性影响评估与对策"研究,撰写了《宁夏沙坡头自然保护区气候变化脆弱性评价》研究论文。

2012—2015年与兰州大学联合开展了《干旱沙漠自然保护区生态稳定性评估与社会服务功能研究》。以宁夏沙坡头为典型区域,针对干旱沙漠自然保护区生态健康诊断和生态功能评估不系统、开发建设活动环境监管和旅游环境影响评价体系不完善等问题,提出干旱沙漠自然保护区关键生态系统最小面积临界阈值及干旱沙漠地区自然保护区生态健康诊断关键技术,提出了保护区生态功能稳定性评估关键技术;研究建设活动、旅游开发和生态环境保护之间的相互作用,形成开发建设活动生态监督管理关键技术,集成干旱沙漠自然保护区生态旅游管理技术体系;构建生态科普示范基地建设集成技术体系以及可持续经营管理模式。出版了《干旱沙漠自然保护区生态系统稳定性评估技术》(高翔著)、《干旱沙漠自然保护区旅游生态影响研究》(王文瑞著)、《干旱沙漠自然保护区社会服务功能研究》(程弘毅著)。

自保护区建立以来,管理局工作人员在《宁夏农学院学报》《兰州大学学报》《生物多样性》《动物学研究》《西北植物学报》等诸多学术期刊发表学术论文30篇。

通过这些研究,对保护区的植物群落的类型和特征、荒漠生态系统的结构与功能、物种多样性等方面基本取得了系统的认识,为后续研究打下了良好基础。

四、生态监测

对于自然保护区，生态系统定位监测可动态了解生态系统及其他保护对象的变化,可有的放矢地完善保护措施,及时调整保护策略,提高有效保护的力度。沙坡头自然保护区在设立的十余个定点样方生态监测点，但是已有基础定位观测站在保护区内的分布不合理,主要集中在沙坡头一带,同时保护区的定点样方生态监测点设备和监测手段落后,这些都不利于积累保护区生态系统的基础资料,不利于随时了解保护区生态系统的动态变化。

第五节 设施设备建设评价

保护区建立以来,国家财政投入基本建设经费累计投资 420 万元,现有固定资产净值 365.38 多万元。近年来,通过多种渠道和多种方式筹集资金进行了基本的设施设备建设,保护区在中卫市城区有办公楼 1 处,建立管护站 1 处,购置巡护及执法车辆 2 辆,埋置 300 块界碑,设置功能区界桩 270 块、功能区标示碑 24 块和瞭望塔 1 座。建立永久警示牌 3 处和解说碑 2 处，并封育 6.2 km^2 重点功能区，建立社区宣传栏 17 个。建立一个生态示范园,配置了常用科研实验仪器设备,基础设施、设备的建设,为保护工作正常开展创造了一定条件。

第六节 存在的主要问题

保护区成立以来,在宁夏环保厅直接领导和地方政府的大力支持下,保护区管理部门在保护本区生态环境和自然资源方面做了大量工作，有效地遏制了破坏自然环境的行为,取得了显著的成绩。但由于近几年气候持续干旱,城镇化、村庄、农田和鱼塘面积扩大、不合理利用自然资源等方面压力,保护与开发的矛盾日渐突出,直接影响保护目标的实现。

一、管护基础设施尚不完善

目前,保护区并没有建立起管理局—管护站的二级管理体系,仅在沙坡头火车站附近设有一座 89 m^2 管护站,缺乏相应的巡护执法设备,难以对保护区自然资源进行有效管护。进入保护区内的重要路口以及一些人员活动频繁的区域缺乏流动管护哨卡,难以对保护区人类活动进行全方位监管。

二、法律法规仍不健全

按照国家级自然保护区有关规定,保护区需实行一区一法,而保护区至今尚未制定保护区管理办法,管理人员没有切合本保护区实际的章法可遵循,致使巡护、管护及处理案件的力度得不到强化。

保护区管理机构对保护区土地只有管理权,没有所有权和使用权,在管理和建设工作上没有主动权。保护区公安派出所或执法大队至今还未建立,没有形成一个有效管理体系,执法能力仍需加强。

三、管理运行经费缺乏

保护区基础建设资金主要来源为国家级自然保护区专项资金、地方政府的财政拨款。本单位属于区财政全额拨款事业单位,行政事业费预算由本单位编制,经宁夏环境保护厅审查后上报宁夏财政厅核拨,纳入宁夏环境保护厅行政事业费开支计划。保护区经费所需基本建设经费大部分由主管部门从部门经费中解决, 但由于宁夏地方财政收入微薄,财政支出主要依靠中央补贴,造成对保护区经费投入少。近几年来,随着本地区经济社会的不断发展以及城市化进程的加快,给本区环境保护工作带来巨大压力,保护区的管理难度加大,用与保护区建设与管理的运行经费仍不能满足需要。由于资金投入不足,导致了保护区的基础设施与设备落后、管理技术手段不能满足保护工作的需要,限制了保护区各种功能的发挥。

四、科研基础薄弱

科研、监测基础能力薄弱,设备缺乏,无法对保护区的生态环境、动植物、鸟类的种群和数量及其变化实施监测和开展系统的科学研究, 对保护区丰富的物种资源和环境资料缺乏收集和保存, 无法开展一些非常有价值的科研课题。由于科研人员缺乏,保护区现有科研工作仅是配合各科研院校、研究机构开展一些辅助性工作,难以独立队保护区资源进行深入研究和探讨,保护区科研水平得不到应有的提高,一定程度上影响了对保护区管理工作的技术支撑, 难以适应国家对国家级自然保护区建设和发展的要求。

五、宣传教育力度不足

保护区成立以来虽然开展过多种形式的宣传教育活动,但缺乏系统综合的公众环境保护意识宣传教育计划,影响了公众保护意识的提高,给保护管理工作带来压力。

第九章
综合评价

第一节　保护区的特殊性

一、保护对象特殊——人工–自然复合生态系统

自然保护区是对有代表性的自然生态系统、珍稀濒危野生动植物物种的天然集中分布、有特殊意义的自然遗迹等保护对象所在的陆地、陆地水域或海域，依法划出一定面积予以特殊保护和管理的区域。

宁夏中卫沙坡头国家级自然保护区有别于其他自然保护区，具有较强的特殊性，其成立的初衷就是为了保护包兰铁路沙坡头段以人工防护林和草方格为主体的“五带一体”(卵石防火带、灌溉乔木带、草障治沙带、前沿阻沙带和封沙育草带，五带互为依托，缺一不可。)铁路防沙体系，保护的主要对象为以防护林为主体的人工–自然复合生态系统等治沙科研成果，而非自然生态系统。

二、生态系统类型特殊——人工干预依赖性生态系统

由于地处干旱区，年平均降水量仅为 182 mm，地带性植被为荒漠草原植被，又地处沙漠边缘，天然植被稀疏。以乔木和灌木为主的人工防护林等非地带性植被，特别是一些新进营造的人工林，因土壤水分所限，很难在自然状态下维持健康发展。人工湖泊湿地生态系统也因高蒸发量和低补给量影响，在自然状态下更是难以为继。

上述的人工防护林和人工湖泊湿地系统均属于典型的人工干预依赖性生态系

统，该类生态系统的产生、演替和维持均需要较强的人工干预，在自然状态无法维持生态系统的稳定。

截至目前，仍处于生态修复初期的腾格里湖片区仍需要每年人工补水 400 万 m^3 以维持人工湖泊湿地水面和周边新植防护林和人工草地生态系统的稳定。

三、生态功能特殊——防沙治沙和人工生态屏障

由于保护区位于腾格里沙漠东南缘，其间又有包兰铁路途经沙漠地区，相比于其他自然保护区以生物多样性为主要功能，保护区的最主要生态功能则为防沙治沙功能和生态屏障功能。

（一）防沙治沙功能，维护包兰铁路铁路运营安全

包兰铁路沙坡头段"五带一体"的风沙防护体系是保护区保护的重中之重，也是保护区设立的初衷。"五带一体"风沙防护体系的主要功能是阻止风沙前移，避免风沙上道，维护铁路运营安全，因此保护区具有防沙治沙和维护包兰铁路安全畅通运行的重要生态功能。

（二）生态屏障功能，阻止腾格里沙漠风沙长驱直入中卫平原，维系区域生态安全

保护区成立以来，为巩固和发展防风固沙事业，中卫市人民先后在腾格里沙漠边缘开展了大规模的防沙治沙，植树造林和营造人工湿地工作，经过二十多年的努力，已彻底改变了黄沙连天的原有景观，建起以人工防护林和人工湿地为主体的防风固沙体系。

在腾格里沙漠东南缘，由包兰铁路"五带一体"防护体系、人工防护林以及人工湿地和草地等首尾相连，环环相扣共同构成一道横亘于腾格里沙漠与中卫平原间的人工生态屏障，见图 9-1，有效阻止了腾格里沙漠的东移，保卫卫宁平原西部免受风沙侵袭，实现了人进沙退，沙漠变绿洲，生态环境得到了明显的改善。

（三）水土保持，阻止腾格里沙漠风沙进入黄河，保障美利渠免遭风沙填埋

中央大道南北两侧的农业开发，将原有的流沙地改造为农田，不仅本身起到良好的固沙作用，而且也有效阻止了过境的腾格里沙漠风沙流，与"五带一体"防沙体系一并有效阻止了腾格里沙漠风沙进入黄河，减少了黄河泥沙含量，同时也保障了中卫平原主要灌溉干渠——美利渠在取水口附近免遭风沙填埋的风险。

◆ 图 9-1 腾格里沙漠东南缘人工生态屏障组成与布局

第二节 保护区综合评价

一、自然环境复杂，人类活动频繁

保护区地处香山山地、腾格里沙漠和中卫黄河冲积平原三大地理单元的交汇处，虽然同处干旱区，但复杂的地形导致了区域水热分布的差异，造就了复杂的自然环境。

人类改造自然活动频繁，从 20 世纪 50 年代以来，先后营造了包兰铁路“五带一体”风沙防护体系、“三北”防护林和腾格里人工湖湿地等系列人类改造沙漠环境的重大生态工程。保护区沙地分布面积较大，植被多样性低，水资源储量较少且分分及其不均匀，在人类活动影响较大的地区，如包兰铁路沿线，生态环境表现出了极高的敏感性，其次为沙漠边缘地带，由于植被覆盖率低，水分缺乏，加之西北地区多大风天气，生态环境敏感性较高。

保护内拥有世界级的旅游资源——沙坡头，滑沙、骆驼骑乘和沙漠越野等体验式的旅游活动均集中在保护区内，2017 年游客数量已达到 136.7 万人次。

保护区和周边存在 8 个行政村，共有 3 529 人居住、生产和生活于保护区内。另外孟家湾村、长流水村、鸣钟村和黑林村等虽然居住和生活于保护区外，但因部分土地位于保护区内，导致居民在保护区内进行生产活动。

二、生态系统多样，人工生态系统占优

虽然地处干旱区，复杂的自然环境和频繁的人类活动，造就了保护区多样的生态系统，主要包括人工-自然复合生态系统、灌溉人工林生态系统、自然荒漠生态系统、自然湿地生态系统、人工湿地生态系统和农田生态系统。

据2017年最新的不同生态系统覆盖面积统计，人工生态系统（人工-自然复合生态系统、灌溉林业生态系统、人工湿地生态系统和农田生态系统）的覆盖面积已达60%以上，超过自然生态系统（自然荒漠生态系统和自然湿地生态系统），成为保护区占优势的生态系统。

三、生物多样性丰富，物种略有增加，珍稀濒危物种较多

根据调查结果，目前保护区内共有种子植物485种，较第二期科考增加45种。脊椎动物230种，较第二期科考增加7种。珍稀濒危野生植物2种，国家重点保护野生动物26种，其中I级保护5种，II级保护种类21种。

四、人类活动正向作用明显，保护区生态系统稳定性持续增强

保障了包兰铁路和201省道等的交通线路畅通和安全运营，有效阻止腾格里沙漠风沙入黄，而且荣获“全球环境500佳”荣誉称号，成为全球沙漠治理，以及人与自然和谐共存的成功典范。

三北防护林体系、腾格里湖人工湿地和包兰铁路“五带一体”防护体系共同构成的人工生态屏障，有效阻止了腾格里沙漠的东移入侵中卫平原，实现了人进沙退，沙漠变绿洲，人类活动对区域生态环境的改善起到了良好的正向作用，保护区生态系统稳定性持续增强。

近10年来，保护区生态保护状况一直属于良好状态，主要保护对象的原生生境保护状况较好。

保护区防风固沙林主要造林树种以小叶杨、沙枣、新疆杨、樟子松、柠条、沙拐枣、花棒等的主体，由它们组成的乔木林占人工林总面积的90%，主要分布于保护区东北部的林场和湖泊水域附近。此外，兰铁中卫固沙林场在保护区铁路沿线两旁的流动和半固定沙丘上种植了大量的防风固沙灌木林，在防风固沙，阻挡流沙南侵，保证包兰铁路安全畅通方面发挥了重要作用。总体上，保护区小湖西部和北部、沙坡头景区北部等区域的防风固沙能力较强，保护区南部的防风固沙能力较弱。

由于中央大道南北两侧的农业开发，将原有的流沙地改造为农田，再加上高墩湖、马场湖、小湖等湖泊在人工注水等强干扰措施下，水域面积得以维持，不仅本身起到良好的固沙作用，而且也有效阻止了过境的腾格里沙漠风沙流，与“五带一体”防沙体系一并有效阻止了腾格里沙漠风沙进入黄河，同时也保障了中卫平原主要灌溉干渠——美利渠在取水口附近免遭风沙填埋的风险。总体上，包兰铁路沿线及以南区域、湖泊水域附近（马场湖、高墩湖、小湖）、中冶美利纸业西部的林场等区域的水土保持功能较强，包兰铁路以北区域的沙漠地区的水土保持功能较弱。

由于人为干扰，特别是在腾格里湖片区，引种新的观赏性植物，导致保护区的生物多样性进一步丰富，总体上，包兰铁路沿线以南和沙坡头车站以东区域、水域附近（马场湖、高墩湖、小湖）、中冶美利纸业西部的林场等区域的生物多样性维护服务能力较强，包兰铁路以北区域的沙漠地区和保护区南端区域的生物多样性维护服务能力较差。由于保护区位于腾格里沙漠东南缘，其间又有包兰铁路途经沙漠地区，沙坡头自然保护区的最主要生态功能为防沙治沙功能和生态屏障功能，相比于其他自然保护区，其生物多样性维护服务功能总体上相对较弱。

由于保护区独特的自然地理位置的特殊性，其人工生态系统面积大于自然生态系统面积，在人为作用的改造下，植被分布格局呈现“东高西低，南高北低”的特点，碱碱湖农林生产区—固沙林场—马场湖—高墩湖—县林场—小湖一线组成了高植被覆盖区，该区域生态系统服务功能极重要，包兰铁路沿线北靠近腾格里沙漠的一侧组成了低植被覆盖区，该区域生态系统服务功能一般重要。总体上，保护区生态系统服务功能极重要区域面积为 6 378.30 hm^2，重要区域面积为 4 019.09 hm^2，极重要区域面积为 3 645.70 hm^2。

第三节 保护对策

一、加强多种形式的宣传教育，不断提高公众的生态环境保护意识

依托国家生态科普教育基地，建立完善的生态环境教育体系。通过微信公众号、网络、电视等新媒体，利用影像资料、宣传画册、专题片、科普书籍等形式开展对外宣传。采取建立保护区访客中心、设置警示牌、标志牌和解说系统等保护区的公众教育设施设备的建设手段加强保护区内宣传。通过宣传教育不断提高公众对建设保护区的认识和保护意识，赢得社会舆论和社会各界对保护区的理解和支持，扩大保护区在

国内外的影响和知名度。

二、制定生物物种资源保护和利用规划，构建基因库，建立严格控制外来物种的入侵制度

保护区内生物资源丰富，是荒漠生态系统生物多样性的重要基地。在三次保护区综合科学考察和各种专题研究及保护规划的基础上，编制保护区物种基因库目录。建立就地和迁地保护物种保育基地，保存荒漠生态系统丰富的物种基因资源。多方筹措资金，增加投入，全面提升保护区科研中心及相关配套设施，开展、气象、水文水质、植物资源、生物多样性的监测工作，建立健全自然保护区生物多样性监测和评估体系，为保护区的保护管理决策提供科学依据。

建立实时保护区管理地理信息系统，通过分析保护区行政管理、气象与地理、生物资源和保护区基本动植物分布图等空间信息，来掌握生物多样性资源动态变化。

严格监控预防外来物种的入侵，减少外来物种给本地物种带来的压力。

三、逐步改善现有人工防风固沙林的结构体系

保护区的防风固沙林已有60余年的历史，阻止流沙推进，防风固沙，在保障包兰铁路畅通，保障附近几个乡镇工农业可持续发展方面发挥了巨大作用。为了防止防风固沙林的进一步衰败，应再造新型防风固沙林，具体措施如下。

1. 选择速生、抗病虫害和抗旱性强的树种作为防风固沙林的建群种

长期以来保护区防风固沙林的乔木林树种单一，结构简单，生态功能低下，常以小叶杨、箭杆杨、合作杨、新疆杨、毛白杨等杨属树种为建群树种。这些树种大多数抗病虫害能力差、抗旱能力弱，在病虫害危害和天旱地下水位下降的年份往往表现为树上部枝条干枯、树叶脱落、树皮剥落，尤其是对杨树天牛等虫害抵抗力差，且感染速度快，造成大面积爆发，导致植株大量死亡的严重后果。为防止这种情况发生，最好的办法是选用抗病虫、特别是抗天牛的速生、抗旱、抗风沙的优良树种，逐步淘汰小叶杨、箭杆杨等树种。

2. 建设以灌木林为主，乔、灌、草、隐花植物相结合的新型人工防护林体系，改变树种单一化的格局

增加人工固沙林植物的多样性，增加混交林与林内树种，减少纯林，是防止虫害大面积爆发和蔓延的有效的生物学措施。

从保护区植被的样方数据和植株生活力的观察，发现防风固沙灌木林生长良好，如：小叶锦鸡儿–沙拐枣群落盖度为54%；中间锦鸡儿–油蒿–紫穗槐群落盖度为76%；柠条锦鸡儿–白沙蒿群落盖度高达80%，88年调查结果；小叶锦鸡儿–沙拐枣群落盖度为70%；柠条锦鸡儿–紫穗槐群落盖度高达84%，而且建群种小叶锦鸡儿、柠条锦鸡儿和中间锦鸡儿生活力强，长势好，很少有枯死或上半枯死或病虫害危害为现象，群落中优势种或伴生种黄柳、沙柳、紫穗槐，乔木状沙拐枣、花棒、甘蒙柽柳等灌木和白沙蒿、油蒿等半灌木大部分生长良好。枯死率低，结实率高。两次调查结果都说明，灌木林比乔木林长势好，因此发展以灌木及半灌木为建群种和优势种的灌木林比发展以小叶杨，沙枣等为主的乔木林的前景更好，而事实也说明了这一结论，如保护区孟家湾和沙坡头铁路两侧的灌木林，造林前先用草方格固沙，再在其中种植油蒿、花棒、柠条等灌木，效果很好，就是在无水灌溉的条件下，都取得了成功。这些灌木林在防风固沙，保持水土，美化环境、调节气候、尤其在保证包兰铁路畅通等方面都发挥了巨大的作用，受到国内外治沙工作者的好评，这也是宁夏防风固沙工作的成功经验和今后固沙造林的有效途径。

而近年来，随着我国防沙治沙研究领域的不断进步，人们逐渐认识到地表原不起眼的生物土壤结皮的重要性。生物土壤结皮在防治沙化、维护荒漠生态系统的稳定性、生态平衡和生态系统修复等方面发挥的重要作用，使得其形成和发育被作为生态系统健康的重要标志之一，并作为沙区生态系统的生态系统工程师，在生态修复过程实践中加以应用。因此，通过改善生物土壤结皮生境条件促进其自然发育或利用蓝藻、绿藻、地衣和藓类等隐花植物和微生物，通过人工促进与繁衍，使之与沙面土壤胶结快速形成生物土壤结皮，实现沙面固定，实现可持续性高，一劳永逸的有效综合治理。

3. 加强管理措施

大力加强防风固沙林的保护和管理，加强森林自然保护区的防火工作，提高林火管理意识，确保自然保护区生物多样性的安全，同时加强病虫害的检疫、预防和杀灭工作，将病虫害消灭在初始阶段。加强进出固沙林人员、机械管理，减少对土壤表层的踩踏和破坏，促进地表生物土壤结皮的形成和发育，充分发挥隐花植物和微生物的“生态系统工程师作用”，增加土壤的稳定性和养分含量，促进土壤的形成和发育，使得生态系统进入一个健康、良性的演替进程。

四、强化保护区湿地的保护和管理，开展水体污染和富营养化治理工作

禁止在核心区和缓冲区进行人工水产养殖和水域面积扩张，实验区内限制鱼塘的数量和规模。保护区内禁止大量开采地下水，保护区周边限制地下水开采，以维持区域地下水资源平衡，保证湿地的水源和湿地动、植物资源的可持续发展。退渔还湖，恢复原有景观。

加大对湖泊好坑塘等水体污染和富营养化治理力度，治理途经宜选择以生物净化为主，物理措施为辅。水体污染和富营养化以投放生态鱼苗、播种水体净化植物等为主要措施，加强邻近湖泊水体的连通和水体交换问题，变死水为活水。腾格里湖的水源补给宜采取地下回灌入渗方式补给，提高补给水源的水质，不宜将黄河水直接灌入湖内，减少外源输入性的污染。

五、依法强化保护区管理，严禁在保护区内开荒种地和毁灌造乔，不宜大面积植树造林，改变土地利用性质

近 10 年来保护区内部分沙地被开垦为农田和果园，沙地面积不断减少，这种人类生产活动已不同程度影响了保护区生物资源的可持续发展。为保证保护区的生物资源可持续发展，严格执行《森林法》《环境保护法》《自然保护区管理条例》和《自然保护区土地管理办法》等法律法规，加强保护区土地管理，严禁在保护区内进行开荒，甚至毁林开荒等违法行为。应退耕还林，退鱼塘还湿地，恢复原来植被景观。严格管控旅游项目，限制旅游线路等，打造“在保护中利用、在利用中保护”的统一体。

由于保护区地处干旱区，地带性植被为荒漠草原，目前保护区内的人工造林规模已达到构建腾格里沙漠边缘人工生态屏障的功能，而且当前的人工林多依靠人工灌溉来维持，对人工依赖性很强，其自然稳定性和可持续性较弱，因此不宜改变荒地和沙地土地利用性质，进行大面积的新植造林活动，而重点放在现有林木的更新和改造上。严禁毁坏原有的天然灌木，而应加强保护，不得因人工新植乔木而毁坏天然灌木，以免发生舍本逐末的问题。

六、适度发展生态旅游，形成旅游和环境保护互为驱动的机制

位于保护区的沙坡头风景区因起步早，资源禀赋高，其旅游品牌享誉国内外，是中卫乃至宁夏的旅游名片。适度发展生态旅游，形成旅游和环境保护互为驱动的内循环机制，可保障环境保护和修复的可持续性。

七、充分认识保护区的特殊性和人类活动不可或缺，应规范人类活动，而非禁止人类活动

由于保护区的生态系统的人工依赖性，导致保护区的人类活动的不可或缺。因此，不管是核心区、缓冲区还是实验区，都应以各区域生态系统对人工依赖性强度出发，实事求是，以保护区域生态系统的健康和稳定发展为根本目的，制定和规范各区域的人类活动强度，切忌形成“一刀切”。

八、探索形成多部门和社区共管的体制机制

保护区内土地权属、承包权、使用权和管理权限复杂，导致保护区管理复杂，困难重重，今后需探索保护区管理局、中卫市相关职能部门、保护区内各单位和社区共同管理保护区的体制机制，力争做到得到更加有效的管理，维持区域生态系统的健康可持续发展。

参考文献

[1] Bagnold R A. 1954. The physics of blown sand and desert dunes. London: Methuen.

[2] Goldsack D R, Leach M F, Kilkenny C. 1997. Natural and artificial singing sands. Nature, 386: 29.

[3] Haff P K. 1986. Booming dunes. American Scientist, 74: 377–381.

[4] Lewis A D. 1936. Roaring sands of the Kalahari Desert. Journal of Geography, 19: 33–49.

[5] Li X R. 2005. Influence of variation of soil spatial heterogeneity on vegetation restoration. Science in China Series D–Earth Sciences, 48: 2020–2031.

[6] Li X R, Chen Y W, Su Y G, et al. 2006. Effects of biological soil crust on desert insect diversity: Evidence from the Tengger Desert of Northern China. Arid Land Research and Management, 20: 263–280.

[7] Li X R, Chen Y W, Yang L W. 2004. Cryptogam diversity and formation of soil crusts in temperate desert. Annual of Arid Zone, 42: 335–353.

[8] Li X R, He M Z, Zerbe S, et al. 2010. Micro–geomorphology determines community structure of biological soil crusts at small scales. Earth Surface Processes and Landforms, 35: 932–940.

[9] Li X R, Jia X H, Dong G R. 2006. Influence of desertification on vegetation pattern variations in the cold semi–arid grasslands of Qinghai–Tibet plateau, North–west China. Journal of Arid Environments, 64: 505–522.

[10] Li X R, Jia X H, Long L Q, et al. 2005. Effects of biological soil crusts on seed bank, germination and establishment of two annual plant species in the Tengger Desert (N China). Plant and Soil, 277: 375–385.

[11] Li X R, Ma F Y, Xiao H L, et al. 2004. Long–term effects of revegetation on soil

water content of sand dunes in arid region of Northern China. Journal of Arid Environments,57:1–16.

[12] Li X R., Tian F, Jia R L, et al. 2010. Do biological soil crusts determine vegetation changes in sandy deserts? Implications for managing artificial vegetation. Hydrological Processes,24:3621–3630.

[13] Li X R, Wang X P, Li T, et al. 2002. Microbiotic soil crust and its effect on vegetation and habitat on artificially stabilized desert dunes in Tengger Desert, North China. Biology and Fertility of Soils,35:147–154.

[14] Li X R, Xiao H L, He M Z, et al. 2006. Sand barriers of straw checkerboards for habitat restoration in extremely arid desert regions. Ecological Engineering, 28: 149–157.

[15] Li X R, Xiao H L, Zhang J G, et al. 2004. Long–term ecosystem effects of sand–binding vegetation in the Tengger Desert, northern China. Restoration Ecology, 12: 376–390.

[16] Li X R, Zhang J G, Liu L C, et al. 2003. Plant diversity and succession of artificial vegetation types and environment in an arid desert region of China. Lemons J. Conserving Biodiversity in Arid Regions. Springer, 179–188.

[17] Li X R, Zhang Z S, Zhang J G, et al. 2004. Association between vegetation patterns and soil properties in the southeastern Tengger Desert, China. Arid Land Research and Management, 18: 369–383.

[18] Li X R, Zhou H Y, Wang X P, et al. 2003. The effects of sand stabilization and revegetation on cryptogam species diversity and soil fertility in the Tengger Desert, Northern China. Plant and Soil, 251: 237–245.

[19] Liu LC, Li S Z, Duan Z H, et al. 2006. Effects of microbiotic crusts on dew deposition in the restored vegetation area at Shapotou, northwest China. Journal of Hydrology, 328: 331–337.

[20] Su Y G, Li X R, Cheng Y W, et al. 2007. Effects of biological soil crusts on emergence of desert vascular plants in North China. Plant Ecology, 191:11–19.

[21] Wang W T, Eric K, Zhang P Z, et al. 2013. Tertiary basin evolution along the northeastern margin of the Tibetan plateau: Evidence for basin formation during

Oligocene transtension. Geological Society of America Bulletin，125（3 /4）：377–400.

[22] Xu M，Chang C P，Fu C B，et al. 2006. Steady decline of east Asian monsoon winds，1969 –2000：Evidence from direct ground measurements of wind speed. Journal of Geophysical Research –Atmosphere，111（D24），doi:10.1029/2006JD007337.

[23] 白学礼，张涛，周庚，等. 2017. 宁夏中卫市沙坡头区啮齿动物及其体外寄生虫调查. 疾病预防控制通报，32（4）：34–36.

[24] 陈服官，罗时有. 1998. 中国动物志——鸟纲九卷. 北京：科学出版社.

[25] 陈应武. 2015. 腾格里沙漠东南缘沙漠化对昆虫多样性的影响. 河南农业科学，44（9）：77–81.

[26] 缔约国. 1971. 关于特别是作为水禽栖息地的国际重要湿地公约. 伊朗·拉姆萨尔.

[27] 丁国瑜. 1993. 宁夏中卫沙坡头黄河位错现象. 第四纪研究，13(4)：370–378

[28] 段争虎，刘新民. 1996. 沙坡头人工植被区营养元素循环研究. 中国沙漠，16（z1）：76–79.

[29] 方淑荣. 环境科学概论. 2011. 北京：清华大学出版社，73–102.

[30] 傅桐生，宋榆钧，高玮. 1998. 中国动物志——鸟纲十四卷. 北京：科学出版社.

[31] 高耀亭. 1987. 中国动物志——兽类 八卷. 北京：科学出版社.

[32] 龚子同. 中国土壤地理. 2014. 北京：科学出版社.

[33] 关贯勋，谭匡. 2003. 中国动物志——鸟纲七卷. 北京：科学出版社.

[34] 国家环境保护局，国家技术监督局. 1994. 自然保护区类型与级别划分原则（GB/T4529—93）. 北京：中国标准出版社.

[35] 贺达汉，张克智. 2000. 流沙治理与昆虫多样性. 西安：陕西师范大学出版社.

[36] 胡伟，陆健健. 2002. 渭河平原地区夏季鸟类群落结构. 动物学研究，23(4)：351–355.

[37] 黄族豪，刘迺发，刘荣国，等. 2006. 宁夏沙坡头自然保护区鱼类多样性. 四川动物，25(3)：499– 501.

[38] 黄族豪，刘荣国，刘迺发，等. 2002. 宁夏沙坡头自然保护区鼠类群落结构十年演变. 兰州大学学报：自然科学版，38(增)：1–4.

[39] 黄族豪，刘荣国，刘迺发，等. 2003. 宁夏沙坡头自然保护区四种生境夏季鸟类群落变化. 动物学研究，24(4)：269–273.

[40] 江亚风，尹功明，俞岗，等. 2013. 宁夏沙坡头黄河大弯的成因分析. 地震工程学报，35(3)：631–640.

[41] 李思忠. 1981. 中国淡水鱼类分布区划. 北京：科学出版社.

[42] 李新荣. 2012. 荒漠生物土壤结皮生态与水文学研究. 北京：高等教育出版社.

[43] 李新荣，回嵘，赵洋. 2016. 中国荒漠生物土壤结皮生态生理学研究. 北京：高等教育出版社.

[44] 李新荣，张元明，赵允格. 2009. 生物土壤结皮研究：进展、前沿与展望. 地球科学进展,24(1)：12–24.

[45] 李新荣，张志山，刘玉冰，等. 2016. 中国沙区生态重建与恢复的生态水文学基础. 北京：科学出版社.

[46] 林业部，农业部. 1989. 国家重点保护野生动物名录.

[47] 刘迺发. 1990. 甘肃安西荒漠鼠类群落多样性研究. 兽类学报，10(3)：215–220.

[48] 刘迺发，常城. 1990. 宁夏沙坡头繁殖鸟类群落及演替的研究. 兰州大学学报，26(4)：95–101.

[49] 刘迺发,常城. 1991. 沙坡头地区鼠类的密度和危害.见流沙治理研究. 银川：宁夏人民出版社， 120–125.

[50] 刘廼发，郝耀明，吴洪斌. 2005. 宁夏沙坡头国家级自然保护区综合科学考察. 兰州：兰州大学出版社.

[51] 刘迺发，黄族豪，吴洪斌，等. 2002. 宁夏沙坡头国家级自然保护区动物资源的消长. 生物多样性，10(2)：156–162.

[52] 刘廼发，吴洪斌，郝耀明. 2011. 宁夏沙坡头国家级自然保护区二期综合科学考察. 兰州：兰州大学出版社.

[53] 刘辛斐，李自珍，王权，等. 1993. 沙坡头自然保护区昆虫资源调查报告. 宁夏农林科技，(3)： 1–4.

[54] 罗泽珣，陈卫，高武. 2000. 中国动物志——兽纲六卷（仓鼠科）. 北京：科学出版社.

[55] 马克平，刘灿然，刘玉明. 1995. 生物多样性的测定Ⅱβ 多样性. 生物多样性，3(1)：38–43.

[56] 宁夏农业勘查设计院. 1991. 宁夏土种志.

[57] 邱国玉，石庆辉. 1993. 沙坡头人工固沙区沙地水分动态和植被演替. 中国科学院沙坡头沙漠试验研究站年报 1991–1992. 兰州：甘肃科学技术出版社，120–127.

[58] 屈建军，孙波，张伟民，等. 1995. 鸣沙石英颗粒表面结构及其声学意义. 科学通报，40(12)：1111–1113.

[59] 屈建军，孙波，张克存，等. 2007. 鸣沙表面结构特征与共鸣机制的模拟实验研究. 中国科学 D 辑：地球科学，37 (7)：949–956.

[60] 任国栋，王希蒙. 1991. 腾格里沙漠东南缘昆虫初步调查. 见：中国科学院兰州沙漠研究所沙坡头沙漠科学研究站. 腾格里沙漠沙坡头地区流沙治理研究(二). 银川：宁夏人民出版社，107–119.

[61] 宋江平，黄族豪，刘迺发，等. 2006. 宁夏沙坡头国家级自然保护区湿地水禽多样性动态. 湿地科学，4(2)：127–132.

[62] 孙宏义. 1989. 沙坡头昆虫区系初步研究. 中国沙漠，9(2)：71–81.

[63] 王海军，张勃，赵传燕，等. 2009. 中国北方近 57 年气温时空变化特征. 地理科学进展，28(4)：643–650.

[64] 王鹏祥，杨金虎，张强，等. 2007. 近半个世纪来中国西北地面气候变化基本特征. 地球科学进展，22(6)：649–656.

[65] 王希蒙，任国栋，刘荣光. 1992. 宁夏昆虫名录. 西安：陕西师范大学出版社.

[66] 王香亭. 1977. 宁夏地区脊椎动物调查报告. 兰州大学学报：自然科学版，(1)：110–119.

[67] 王香亭. 1991. 甘肃脊椎动物志. 兰州：甘肃科学技术出版社.

[68] 王应祥. 2003. 中国哺乳动物种和亚种分类名录与分布大全. 北京：中国林业出版社.

[69] 汪松，解焱. 2004. 中国物种红色名录(第一卷). 北京：高等教育出版社.

[70] 吴坚，王常禄. 1995. 中国蚂蚁. 中国林业出版社.

[71] 吴征镒. 1980.中国植被.北京:科学出版社.

[72] 吴征镒. 1991.中国种子植物属的分布区类型. 植物分类与资源学报，(S4).

[73] 肖洪浪，张继贤，李金贵. 1996. 沙漠流沙固定过程中土壤肥力的演变. 中国沙漠，16(S1)：64–69.

［74］邢莲莲，杨贵生. 1996. 乌梁素海鸟类志. 呼和浩特：内蒙古大学出版社.

［75］阎满存，董光荣，李保生. 1997. 沙坡头地区黄河阶地发育与地貌演化. 中国沙漠，17(4)：369–376.

［76］杨昊天. 2014. 腾格里沙漠周边荒漠草地生态系统碳储量研究. 北京：中国科学院博士研究生学位论文.

［77］杨友桃. 1995. 甘肃鱼类资源及其分布. 甘肃科学学报，7(3)：72–75.

［78］张珂，刘开瑜，吴加敏，等. 2004. 宁夏中卫盆地的沉积特征及其所反映的新构造运动. 沉积学报，22(3)：465–473.

［79］张荣祖. 2004. 中国动物地理. 北京：科学出版社.

［80］张维岐，焦德成，柴炽章，等. 1988. 宁夏香山—天景山弧形断裂带新活动特征及1709 年中卫南 7 级地震形变带. 地震地质，10(3)：12–20.

［81］张显理，梁文裕，张大治，等. 1998. 宁夏沙坡头自然保护区鼠类群落研究. 宁夏农林科技，(2)：14–17.

［82］张显理，孙平. 1992. 宁夏沙坡头陆生脊椎动物演替初探. 宁夏农学院学报，13(4)：52–60.

［83］张迎梅，包新康，虞闰六，等. 2002. 宁夏沙坡头荒漠生态环境鸟类季节性消长研究. 中国沙漠，22(6)：541–544.

［84］张迎梅，王香亭. 1990. 宁夏沙坡头自然保护区鸟类区系与沙漠治理. 兰州大学学报，26(3)：88–98.

［85］张迎梅，王香亭. 1991. 沙坡头地区人工生态系统中的夏季鸟类. 见：中国科学院兰州沙漠研究所沙坡头沙漠科学研究站. 腾格里沙漠沙坡头地区流沙治理研究(二). 银川：宁夏人民出版社，101–106.

［86］张渝疆. 2003. 啮齿动物群落生态学研究现状. 新疆大学学报：自然科学版，20(4)：427–431.

［87］张元明，王雪芹. 2010. 荒漠地表生物土壤结皮形成与演替特征概述. 生态学报，30(16)：4484–4492.

［88］张忠兵，赵天飙，李新民，等. 1997. 大沙鼠种群空间分布格局的研究. 动物学杂志，32(4)：91–93.

［89］章士美. 1998. 中国农林昆虫地理区划. 中国农业出版社.

［90］长有德，贺达汉. 1998. 宁夏荒漠地区蚂蚁种类及分布. 宁夏农学院学报，19

(4): 12-15
[91] 赵天飙，张忠兵，李新民. 2001. 大沙鼠和子午沙鼠的种群生态位. 兽类学报, 21(1): 76-79.
[92] 郑宝赉. 1985. 中国动物志——鸟纲八卷雀形目（阔嘴鸟科一和平鸟科. 北京: 科学出版社.
[93] 郑作新. 1987. 中国动物志——鸟纲四卷鸡形目. 北京: 科学出版社.
[94] 郑作新，龙泽虞，卢汰春. 1995. 中国动物志——鸟纲十卷. 北京: 科学出版社.
[95] 郑作新，龙泽虞，郑宝赉. 1987. 中国动物志——鸟纲. 北京: 科学出版社.
[96] 郑作新，冼耀华，关贯勋. 1991. 中国动物志——鸟纲六卷. 北京: 科学出版社.
[97] 郑作新. 1979. 中国动物志——鸟纲二卷. 北京: 科学出版社.
[98] 郑作新. 1997. 中国动物志——鸟纲一卷. 北京: 科学出版社.
[99] 郑作新. 1994. 中国鸟类种和亚种分化名录大全. 北京: 科学出版社.
[100]朱晓炜，杨建玲，崔洋，等. 2013. 1961—2009 年西北地区东部降水时空分布及成因.干旱区研究, 30(6): 1094-1099.
[101]赵兴梁. 1988. 沙坡头地区植物固沙问题的探讨. 腾格里沙漠沙坡头地区流沙治.
[102]理研究（二）.银川: 宁夏人民出版社: 27-57.
[103]中国科学院南京土壤研究所. 2015. 西北区土壤综合数据库.
[104]中国科学院南京土壤研究所土壤系统分类课题组，中国土壤系统分类课题研究协作组. 1995.中国土壤系统分类(修订方案). 北京: 中国农业科技出版社.
[105]中华人民共和国国家标准委员会. 2009. 中国土壤分类与代码(GB/T 17296—2009). 北京: 中国标准出版社.
[106] 中华人民共和国国家标准委员会. 2017. 土地利用现状分类（GB/T 21010—2017). 北京: 中国标准出版社.

附录Ⅰ

种子植物名录

种子植物门 Spermatophyta

裸子植物亚门 Gymnospermae

1. **松科** Plnaceae

(1)华北落叶松 *Larix principis-rupprechtii* Mayr. * 沙坡头。

(2)青海云杉 *Picea crassifolia* Kom. 沙坡头。

(3)樟子松 *Pinus sylvestris L. var. mongolica* Litv.* 沙坡头治沙站。

(4)油松 *Pinus tabuliformis* Carr.* 沙坡头。

2. **杉科** Taxodiaceae

(5)水杉 *Metasequoia glyptostroboides* Hu *et* Cheng.* 沙坡头旅游景区。

3. **柏科** Cupressaceae

(6)杜松 Juniperus rigida Sieb. et Zucc.* 沙坡头治沙站。

(7)侧柏 *Platycladus orientalis*（L.）Franco.* 沙坡头治沙站。

(8)叉子圆柏 *Sabina vulgaris* Ant.* 沙坡头治沙站。

(9)圆柏 *Sabina. Chinensis*（L.）Antoine.* 沙坡头治沙站。

(10)刺柏 *Juniperus formosana* Hayata 沙坡头治沙站。

(11)爬地柏 *Sabina. procumbens*（Endl.）Wata et Kusaka.* 沙坡头治沙站。

4. **麻黄科** Ephedraceae

(12)中麻黄 *Ephedra intermedia* Schrenk. *ex* Mey. * 黄河和美利渠沿岸。

(13)膜果麻黄 *E. przewalskii* Stapf.* 沙坡头治沙站。

---

* 表示引种或栽培植物，下同。

(14)斑子麻黄 E. *lepidosperma* C. Y. Cheng 孟家湾车站西覆土石质丘陵。

(15)草麻黄 *E. sinica* Stapf. 长流水村附近。

(16)双穗麻黄 *E. distachya* L. 长流水村附近。

被子植物亚门 Angiospermae

1. **香蒲科** Typceae

(1)水烛(狭叶香蒲) *Typha angustifolia* Linn. 高墩湖和荒草湖的湖边或积水湿地。

(2)达香蒲 *T. davidiana* (Kronf.) Hand. 高墩湖和荒草湖的湖边或积水湿地。

(3)小香蒲 *T. minima* Funch. 高墩湖和马场湖周边。

2. **眼子菜科** Potamogetonaceae

(4)眼子菜 *Potamogeton distinctus* A. Benn. 高墩湖水中。

(5)浮叶眼子菜 *P. natans* L. 高墩湖和荒草湖水中。

(6)小眼子菜 *P. pusillus* L. 高墩湖水中。

(7)篦齿眼子菜(龙须眼子菜) *P. pectinatus* L. 高墩湖淡水中。

(8)穿叶眼子菜 *P. perfoliatus* L. 荒草湖水中。

(9)线叶眼子菜 *P. panormitanus* Biv. 高墩湖水中。

3. **水麦冬科** Juncaginaceae

(10)海韭菜 *Triglochin maritimum* L.小湖和荒草湖的边缘或潮湿盐渍化滩地。

(11)水麦冬 *T. palustre* L.小湖和荒草湖湖盆边缘。

4. **茨藻科** Najadaceae

(12)茨藻 *Najas marina* L. 高墩湖底。

5. **泽泻科** Aismataceae

(13)草泽泻 *Alisma gramineum* Lej. 迎水桥水中。

(14)泽泻 *A. plantago-aquatica* Linn. 荒草湖和高墩湖沿岸。

(15)慈姑 *Sagittaria trifolia* L. var. sinensis (Sims.) Makino 高墩湖边。

6. **禾本科** Gramineae

(16)芨芨草 *Achnatherum splendens* (Trin.) Nevski. 本区有零星分布。

(17)根茎冰草(米氏冰草) *Agropyron michnoi* Roshev.* 沙坡头。

(18)沙芦草 *A. mongolicum* Keng.* 沙坡头。

(19)西伯利亚冰草 *A. sibiricum* (Willd.) Beauv.* 沙坡头。

(20)西伯利亚剪股颖 *Agrostis sibirica* V. Petr. 迎水桥旱地。

(21)三芒草 *Aristida adscensionis* L. 迎水桥和美利渠沿岸。

(22)羽毛三芒草 *A. pennata* Trin.* 迎水桥。

(23)白羊草 *Bothriochloa ischaemum* (L.) Keng. 沙坡头和美利渠沙地。

(24)拂子茅 *Calamagrostis epigeios* (L.) Roth. 马场湖和荒草湖。

(25)野青茅 *Deyeuxia arundinacea* (L.) Beauv. 小湖边。

(26)大拂子茅 *Calamagrostis macrolepis* Litv. 荒草湖盐渍化滩地。

(27)小花野青茅(忽略野青茅) *Deyeuxia neglecta* (Ehrh.) Kunth Rev. Gram. 荒草湖滩地。

(28)假苇拂子茅 *C. pseudophragmites* (Hall. f.) Koel. 本区湖盆地带常见。

(29)虎尾草 *Chloris virgata* Sw. 本区田间、路旁和荒地。

(30)无芒隐子草 *Cleistogenes songorica* (Roshev.) Ohwi. 沙坡头美利渠边。

(31)隐花草 *Crypsis aculeata* (L.) Ait. 小湖和荒草湖湿地。

(32)马唐 *Digitaris sanguinalis* (L.) Scop. 本区田间杂草。

(33)稗 *Echinochloa crusgalli* (L.) Beauv. 高墩湖稻田。

(34)湖南稗子 *E. frumentacea* (Roxb.) Link* 沙坡头治沙站。

(35)无芒稗 *E. crusgalli* (L.) Beauv. var. mitis (Pursh) Peterm. 迎水桥田埂。

(36)大画眉草 *Eragrostis cilianensis* (All.) Link ex Vignclo – Lutati. 迎水桥田边杂草。

(37)无毛画眉草 *E. Pilosa* (L.) Beauv. var. inberbis Franch. 田间杂草。

(38)小画眉草 *E. minor* Host. 小湖沼泽地。

(39)紫大麦草(紫野麦草) *Hordeum violaceum* Boiss. et Huet. 小湖边。

(40)大赖草 *Leymus racemosus* (Lam.) Tzvel.* 迎水桥。

(41)赖草 *L. secalinus* (Georgi) Tzvel. 本区常见。

(42)水稻 *Oryza sativa* L.* 常见。

(43)稷(糜) *Panicum miliaceum* L.* 迎水桥。

(44)黍 *P. miliaceum var. glutinosa* Bretsch.* 迎水桥。

(45)白草 *Pennisetum centrasiaticum* Tzvel. 小湖沙地。

(46)芦苇 *Phragmites australis* (*Cav.*) Trin ex Steud. 本区湖岸和滩地。

(47)细叶早熟禾 *Poa angustifolia* L. 本区湖盆地。

(48)草地早熟禾 *P. pratensis* L.* 迎水桥。

(49)长芒棒头草 *Polypogon monspeliensis*（L.）Desf. 本区水沟边和盐碱地。

(50)沙鞭(沙竹）*Psammochloa villosa*（Trin.）Bor 定北墩和孟家湾沙地。

(51)中亚细柄茅 *Ptilagrostis pelliotii*（Danguy）Grub. 孟家湾丘陵区。

(52)碱茅 *Puccinellia distans*（L.）Parl. 荒草湖盐渍化滩地。

(53)微药碱茅 *P. micrandra*（Keng）Keng et S. L. Chen 本区盐碱地。

(54)老芒麦 *Elymus sibiricus* Linn. 撂荒地。

(55)柯孟披碱草 *Elymus kamoji*（Ohwi）S. L. Chen. 沙坡头村附近枸杞园撂荒地。

(56)星星草 *P. tenuiflora*（Griseb.）Scribn. *Et* Merr. 荒草湖潮湿滩地。

(57)狗尾草 *Setaria viridis*（L.）Baeuv. 本区田间杂草。

(58)大狗尾草 *Setaria faberii* Herrm. 迎水桥田埂。

(59)蜀黍 *S. vulgare* Pers.* 迎水桥。

(60)长芒草 *Stipa bungeana* Trin. 孟家湾丘陵区。

(61)沙生针茅 *S. glareosa* P. Smirn. 孟家湾沙地。

(62)玉蜀黍 *Zea mays* L.* 迎水桥。

(63)短花针茅 *Stipa breviflora* Griseb. 长流水。

(64)看麦娘 *Alopecurus aequalis* Sobol. 长流水村东侧小麦地。

(65)狐尾草 *Alopecurus pratensis* L. Myriophyllum aquaticum（Vell.）Verdc. 孟家湾。

7. **莎草科** Cyperaceae

(66)扁秆藨草 *Scirpus planiculmis* Fr. Schmidt 湖区和水稻田中常见。

(67)丛薹草 *Carex caespitosa* L. 迎水桥滩地。

(68)箭从薹草 *C. ensifolia* Turcz. 荒草湖沼泽地。

(69)砾薹草 *Carex stenophylloides* V. Krecz. 龙宫湖、马场湖和荒草湖边。

(70)头状穗莎草 *Cyperus glomeratus* L. 迎水桥水沟。

(71)乳头基荸荠 *Heleocharis mamillata* Lindb.f 小湖沼泽地。

(72)槽秆荸荠 *H. mitracarpa* Steud. 迎水桥。

(73)具刚毛荸荠 *H. valleculosa* Ohwi f. setosa（Ohwi）Kitag. 高墩湖和荒草湖边。

(74)花穗水莎草 *Juncellus pannonicus*（Jacq.）C. B. Clarke. 高墩湖和荒草湖边，水沟和稻田。

(75)水莎草 *J. serotinus*（Rottb.）C. B. Clarke. 迎水桥和高墩湖边。

(76)球穗扁莎 *Pycreus globosus* (All.) Reichb. 小湖边。

(77)槽鳞扁莎 *P. korshinskyi* (Meinsh.) V. Krezz. 小湖湿地。

(78)剑苞藨草 *Scirpus ehrenbergii* Bocklr. 小湖和沼泽地。

(79)水葱 *S. validus* Vahl 高墩湖边浅水区。

(80)藨草 *S. triqueter* L. 荒草湖和高墩湖边。

8. **天南星科** Araceae

(81)菖蒲 *Acorus calamus* L. 河边滩地。

9. **浮萍科** Lemnaceae

(82)浮萍 *Lemna minor* L. 高墩湖,稻田中。

10. **灯心草科** Juncaceae

(83)小花灯芯草 *Juncus articulatus* L. 迎水桥水边。

(84)尖被灯芯草 *J. turczaninowii* (Buchen.) V.Kercz. 小湖潮湿地。

11. **百合科** Lillaceae

(85)矮韭 *Allium anisopodium* Ledeb. 美利渠边沙地。

(86)蒙古韭(沙葱) *Allium mongolicum* Regel. 孟家湾黄河边沙地。

(87)碱韭(多根葱) *Allium polyrhizum* Turcz. Ex Regel. 孟家湾和长流水。

(88)兴安天门冬 *Asparagus dauricus* Fisch. ex Link.* 孟家湾。

(89)戈壁天门冬 *A. gobicus* Ivanova ex Grubov. 孟家湾沙地。

(90)石刁柏 *A. officinalis* L.* 沙坡头。

(91)粗柄独尾草 *Eremurus inderiensis* (M. Bieb.) Regel.* 沙坡头。

(92)百合 *Lilium brownii* var. *viridulum* Baker.* 腾格里湖区域。

12. **鸢尾科** Iridaceae

(93)大苞鸢尾 *Iris bungei* Maxim.* 沙坡头旅游景区。

(94)马蔺 *I. lactea* Pall. var. chinensis (Fisch.) Koidz. 小湖和荒草湖滩地。

(95)细叶鸢尾 *I. tenuifolia* Pall. 高墩湖,稻田中。

13. **美人蕉科** Cannaceae

(96)美人蕉 *Canna indica* L.* 沙坡头。

14. **杨柳科** Salicaceae

(97)银白杨 *Populus alba* L.* 人工杨树林引种。

(98)新疆杨 *Populus alba* var. *pyramidalis* Bge.* 人工杨树林引种。

(99)加杨 *Populus canadensis* Moench.* 人工杨树林引种。

(100)银灰杨 *Populus canescens* (Ait.) Smith.* 人工杨树林引种。

(101)胡杨 *Populus euphratica* Oliv.小湖、马场湖、沙坡头等地有野生或引种。

(102)二白杨 *Populus gansuensis* C. Wang et H. L. Yang* 人工杨树林引种。

(103)河北杨 *Populus hopeiensis* Hu et Chow.* 人工杨树林引种。

(104)箭杆杨 *Populus nigra* L. var. *thevestina* (Dode) Bean.* 人工杨树林引种。

(105)小青杨 *Populus pseudo-simonii* Kitag.* 人工杨树林引种。

(106)小叶杨 *Populus simonii* Carr.* 人工杨树林引种。

(107)秦岭小叶杨 *Populus. simonii* Carr. var. *tsinlingensis* C. Wang et C. Y. Yu.* 人工杨树林引种。

(108)毛白杨 *Populus tomentosa* Carr.* 人工杨树林引种。

(109)小钻杨 *Populus* × *xiaozhuanica* W. Y. Hsu et Liang.* 人工杨树林引种。

(110)中林46杨 *Populus deltoides* Bartr. cv.'Zhonglin-46' 人工杨树林引种。

(111)白柳 *Salix alba* L. 沙坡头和荒草湖。

(112)黄柳 *Salix gordejevii* Y. L. Chang et Skv.* 沙坡头。

(113)筐柳 *Salix linearistipularis* (Franch.) Hao. 荒草湖和沙坡头。

(114)旱柳 *Salix matsudana* Koidz. 沙坡头。

(115)龙爪柳 *Salix matsudana* var. *matsudana* f. *tortuosa* (Vilm.) Rehd.* 沙坡头。

(116)北沙柳 *Salix psammophila* C. Wang et Ch. Y. Yang. 定北墩、荒草湖和沙坡头。

(117)线叶柳 *Salix wilhelmsiana* M. B.* 沙坡头。

(118)刺柳 *Salix wilhelmsiana* f. ciliuensis C. F. Fang et H. L. Yang.* 沙坡头。

(119)玉门柳 *Salix yumenensis* H. L. Yang.* 沙坡头。

15. **胡桃科** Juglandaceae

(120)胡桃 *Juglans regia* L.* 沙坡头。

16. **榆科** Ulmaceae

(121)旱榆 *Ulmus glaucescens* Franch.* 沙坡头治沙站。

(122)欧洲白榆 *U. laevis* Pall.* 沙坡头。

(123)榆树 *U. pumila* L. 本区防沙林带内有零星植株,生长不旺盛。

17. **桑科** Moraceae

(124)啤酒花 *Humulus lupulus* Linn.* 沙坡头治沙站。

(125)桑 *Morus alba* Linn.* 小湖、荒草湖和沙坡头引种。

18. **蓼科** Polygonaceae

(126)沙木蓼 *Atrapxis bracteata* A. Los. 沙坡头铁路边引种。

(127)狭叶沙木蓼 *A. bracteata* var. angustifolia 高鸟墩沙地。

(128)锐枝木蓼 *A. pungens* (Bieb.) Jaub. et Spach. 小湖固定沙地。

(129)阿拉善沙拐枣 *Calligonum alascnicum* A. Los. 沙坡头治沙站。

(130)乔木状沙拐枣 *C. arborescens* Litv.* 沙坡头和孟家湾铁路边引种。

(131)头状沙拐枣 *C. caput-medusae* Schrenk.* 沙坡头治沙站。

(132)甘肃沙拐枣 *C. chinense* A. Los.* 沙坡头治沙站。

(133)网状沙拐枣 *C. cancellatum* Mattei.* 沙坡头治沙站。

(134)心形沙拐枣 *C. cordatum* E. Kor ex N. Pavl.* 沙坡头治沙站。

(135)密刺沙拐枣 *C. densum* Borszcz.* 沙坡头治沙站。

(136)艾比湖沙拐枣 *C. ebi-nuricum* Ivan ex Y. D. Saskov.* 沙坡头治沙站。

(137)泡果沙拐枣 *C. junceum* (Fisch. et Mey.) Litv.* 沙坡头治沙站。

(138)奇台沙拐枣 *C. klementzii* A. Los.* 沙坡头治沙站。

(139)白皮沙拐枣 *C. leucocladum* (Schrenk) Bunge.* 沙坡头治沙站。

(140)沙拐枣 *C. mongolicum* Turcz.* 沙坡头治沙站。

(141)波氏沙拐枣 *C. przewalskii* A. Los.* 沙坡头治沙站。

(142)小沙拐枣 *C. pumilum* A. Los.* 沙坡头治沙站。

(143)塔里木沙拐枣 *C. roborowskii* A. Los.* 沙坡头治沙站。

(144)红果沙拐枣 *C. rubicundum* Bge.* 沙坡头治沙站。

(145)扁蓄 *Polygonum aviculare* L. 本区农田水沟边。

(146)水蓼 *P. hydropiper* L. 本区农田水沟边。

(147)酸模叶蓼 *P. lapathifolium* L. 高墩湖、荒草湖和小湖水边。

(148)春蓼(桃叶蓼) *P. persicaria* L. 迎水桥。

(149)西伯利亚蓼 *P. sibiricum* Laxm. 荒草湖、马场湖、高墩湖和小湖等地。

(150)华北大黄 *Rheum franzenbachii* Munt.* 孟家湾。

(151)单脉大黄 *R. uninerve* Maxim. 孟家湾。

19. **藜科** Chenopodiaceae

(152)沙蓬(沙米) *Agriophyllum squarrosum* (L.) Moq. 本区在流动、半固定沙地和

沙丘间低地常见。

(153)中亚滨藜 *Atriplex centralasiatica* Iljin. 迎水桥荒地。

(154)榆钱菠菜 *A. hortensis* L.* 迎水桥。

(155)野滨藜 *A. fera* (L.) Bunge. 高墩湖岸边。

(156)鞑靼滨藜 *Atriplex tatarica* L. 迎水桥。

(157)雾冰藜 *Bassia dasyphylla* (Fisch. et C. A. Mey.) Kuntze. 沙坡头。

(158)心叶驼绒藜 *Ceratoides ewersmanniana* (Stschegl. ex Losinsk.) Botsch. et Ikonn.* 沙坡头治沙站。

(159)驼绒藜 *Ceratoides latens* (J. F. Gmel.) Reveal et Holmgren. 孟家湾沙地。

(160)藜 *Chenopodium album* L. 本区村庄、田边和荒地。

(161)尖头叶藜 *C. acuminatum* Willd. 碱碱湖和高墩湖等地，生于盐碱地。

(162)灰绿藜 *C. glaucum* L. 本区分布普遍，多生于旱地、水渠和碱地。

(163)中亚虫实 *Corispermum heptapotamicum* Iljin. 生于本区流动沙丘和沙地。

(164)蒙古虫实 *C. mongolicum* Iljin. 生长于小湖附近沙地。

(165)蝶果虫实 *C. patelliforme* Iljin 高墩湖，生于流动和半流动沙丘。

(166)白茎盐生草 *Halogeton arachnoideus* Moq. 迎水桥和沙坡头，生于沙地和河滩。

(167)梭梭 *Haloxylon ammodendron* (C. A. Mey.) Bunge.* 沙坡头治沙站。

(168)白梭梭 *H. persicum* Bge. ex Boiss. et Buhse* 沙坡头治沙站。

(169)尖叶盐爪爪 *Kalidium cuspidatum* (Ung.-Sternb.) Grub. 腾格里湖。

(170)盐爪爪 *K. foliatum* (Pall) Moq.高墩湖岸盐碱地。

(171)盐生草 *Halogeton glomeratus* (Bieb.) C. A. Mey. 定北墩。

(172)木地肤 *Kochia prostrata* (L.) Schrad.小湖。

(173)地肤 *K. scoparia* (L.) Schrad.小湖。

(174)木本猪毛菜 *Salsola arbuscula* Pall. 孟家湾和长流水。

(175)猪毛菜 *S. collina* Pall. 荒草湖和小湖，生于沙地和荒地。

(176)蒙古猪毛菜 *S. ikonnikovii* Iljin. 孟家湾。

(177)珍珠猪毛菜 *S. passerina* Bunge. 孟家湾，生于山坡和山前平原。

(178)松叶猪毛菜 *S. laricifolia* Turca. ex Litv. 长流水附近。

(179)刺沙蓬 *S. ruthenica* Iljin.本区沙地常见。

(180)角果碱蓬 *Suaeda corniculata* (C. A. Mey.) Bunge. 本区生于湖边。

(181)碱蓬 *S. glauca* (Bunge.) Bunge. 本区湖边和盐碱地。

(182)平卧碱蓬 *S. prostrata* pall. 高墩湖。

(183)阿拉善碱蓬 *S. przewalskii* Bunge. 本区湖边、盐碱地和沙丘间低湿沙地。

(184)盐地碱蓬 *S. salsa* (L.) pall. 本区湖边和盐碱地。

(185)合头草 *Sympegma regelii* Bunge. 孟家湾。

20. **苋科** Amarantceae

(186)反枝苋 *Amaranthus retroflexus* L.本区田边和村边的荒地。

(187)青葙 *Celosia argentea* L.* 迎水桥。

(188)鸡冠花 *C. cristata* L.* 沙坡头旅游景区。

21. **紫茉莉科** Nyctaginaceae

(189)紫茉莉 *Mirabilis jalaba* L.* 沙坡头旅游景区。

22. **马齿苋科** Portulacaceae

(190)马齿苋 *Portulaca oleracea* L. 本区农田间,为常见杂草。

23. **石竹科** Caryophyllaceae

(191)裸果木 *Gymnocarpos przewalskii* Maxim. 孟家湾覆土石质丘陵。

(192)牛漆姑草 *Spergularia salina* J. et C. Presl. 高墩湖边。

(193)叉歧繁缕 *Stellaria dichotoma* L. 沙坡头。

(194)霞草状繁缕 *S. gypsophiloides* Fenzl. 沙坡头。

(195)石竹 *Dianthus chinensis* L.* 腾格里湖区域。

24. **毛茛科** Ranunculaceae

(196)黄花铁线莲 *Clematis intricata* Bunge. 小湖、沙坡头和美利渠沿岸沙地。

(197)小叶铁线莲 *C. nannophylla* Maxim. 美利渠边。

(198)凤眼蓝(水葫芦) *Eichhornia crassipes* (Mart.) 沙坡头水边。

(199)长叶碱毛茛 *Halerpestes ruthenica* (Jacq.) Ovcz. 荒草湖、迎水桥和盐碱地。

(200)茴茴蒜 *Ranunculus chinensis* Bunge. 迎水桥边。

25. **木兰科** Magnoliaceae

(201)玉兰 *Magnolia denudata* Desr.* 沙坡头。

26. **罂粟科** Papaveraceae

(202)海罂粟 *Glaucium fimbrilligerum* Boiss.* 沙坡头旅游景区。

27. **白花菜科** Capparidaceae

(203)刺山柑 *Capparis spinosa* L.* 沙坡头旅游景区。

28. **十字花科** Cruciferae

(204)芝麻菜 *Eruca sativa* Mill.* 迎水桥。

(205)独行菜 *Lepidium apetalum* willd. 迎水桥田埂。

(206)宽叶独行菜 *L. latifolium* L. 迎水桥田埂。

(207)距果沙芥 *Pugionium calcaratum* Kom. 孟家湾和沙坡头沙地。

(208)宽翅沙芥 *P. dolabratum* Maxim. var. *latipterum* S. L. Yang. 孟家湾、沙坡头、荒草湖、马场湖、小湖和定北墩。

29. **景天科** Crassulaceae

(209)费菜 *Sedum aizoon* L.* 沙坡头旅游景区。

30. **虎耳草科** Saxifragaceae

(210)美丽茶藨子 *Ribes pulchellum* Turcz.* 迎水桥。

31. **悬铃木科** Platanaceae

(211)三球悬铃木(法国梧桐) *Plantanus orientalis* L.* 迎水桥。

32. **蔷薇科** Rosaceae

(212)扁桃(巴旦杏) *Amygdalus communis* L.* 沙坡头治沙站。

(213)山桃 *Amygdalus davidiana* (Carrière) de Vos ex Henry* 沙坡头治沙站。

(214)蒙古扁桃 *A. mongolica* (Maxim.) Ricker.* 沙坡头治沙站。

(215)长梗扁桃 *A. pedunculata* Pall.* 沙坡头治沙站。

(216)桃 *A. persica* L.* 沙坡头治沙站。

(217)西康扁桃 *A. tangutica* (Batal.) Korsh.* 沙坡头治沙站。

(218)榆叶梅 *A. triloba* (Lindl.) Ricker.* 沙坡头治沙站。

(219)山杏 *Armeniaca sibirica* (L.) Lam.* 沙坡头治沙站。

(220)杏 *A. vulgaris* Lam.* 沙坡头治沙站。

(221)欧李 *Cerasus humilis* (Bge.) Sok.* 沙坡头治沙站。

(222)山荆子 *Malus baccata* (L.) Borkh.* 定北墩人工林。

(223)苹果 *Malus pumila* Mill.* 腾格里湖区域和沙坡头。

(224)蕨麻(鹅绒委陵菜) *Potentilla anserina* L. 荒草湖、小湖和潮湿沙地。

(225)朝天委陵菜 *P. supina* L. 迎水桥田埂。

(226)绢毛委陵菜 *Potentilla sericea* L. 腾格里湖区域。

(227)杜梨 *Pyrus betulifolia* Bunge* 腾格里湖区域

(228)白梨 *P. bretschneideri* Rehd.* 腾格里湖区域

(229)西洋梨 *P. communis* L* 腾格里湖区域

(230)秋子梨 *P. ussuriensis* Maxim.* 腾格里湖区域。

(231)月季花 *Rosa chinensis* Jacq.* 腾格里湖区域、迎水桥和沙坡头。

(232)玫瑰 *R. rugosa* Thunb.* 腾格里湖区域。

(233)美人梅 *Prunus×blireana* cv. Meiren.* 腾格里湖区域。

(234)樱桃 *Cerasus pseudocerasus* (Lindl.) G. Don.* 沙坡头治沙站。

(235)草莓 *Fragaria × ananassa* Duch.* 沙坡头治沙站。

33. **豆科** Leguminosae

(236)合欢 *Albizia julibrissin* Durazz.* 沙坡头。

(237)银砂槐 *Ammodendron bifolium* (Pall.) Yakovl.* 沙坡头。

(238)沙冬青 *Ammopiptanthus mongolicus* (Maxim. ex Kom.) Cheng. 定北墩和长流水下游。

(239)紫穗槐 *Amorpha fruticosa* Linn.* 小湖和沙坡头。

(240)斜茎黄芪(沙打旺) *Astragalus adsurgens* Pall. 荒草湖和沙坡头。

(241)亮白黄芪 *A. candidissimus* Ledeb.* 沙坡头。

(242)卵果黄芪 *A. grubovii* Sancz. 定北墩沙地。

(243)草木樨状黄芪 *A. melilotoides* Pall. 荒草湖、沙坡头和美利渠沿岸。

(244)糙叶黄芪 *A. scaberrimus* Bunge 定北墩、小湖和孟家湾。

(245)变异黄芪 *A. variabilis* Bunge ex Maxim. 迎水桥和孟家湾沙地。

(246)乳白黄芪 *A. galactites* Pall. 孟家湾丘陵区。

(247)刺叶锦鸡儿 *Caragana acanthophylla* Kom. 孟家湾。

(248)树锦鸡儿 *C. arborescens* Lam. 荒草湖、沙坡头和孟家湾沙地。

(249)矮脚锦鸡儿 *C. brachypoda* Pojark.* 孟家湾、沙坡头治沙站。

(250)短叶锦鸡儿 *C. brevifolia* Kom.* 沙坡头治沙站。

(251)库车锦鸡儿 *C. canilli-scheideri* Kom.* 沙坡头治沙站。

(252)川西锦鸡儿 *C. erinacea.* Kom.* 沙坡头治沙站。

(253)绢毛锦鸡儿 *C. hololeuca* Bge. ex Kom.* 沙坡头治沙站。

(254)中间锦鸡儿 *C. intermedia* Kuang et H. C. Fu. 荒草湖、沙坡头和孟家湾。

(255)甘肃锦鸡儿 *C. kansuensis* Pojark.* 沙坡头治沙站。

(256)柠条锦鸡儿 *Caragana korshinskii* Kom. 本区沙地常见。

(257)小叶锦鸡儿 *C. microphylla* Lam. 荒草湖、沙坡头和孟家湾沙地。

(258)甘蒙锦鸡儿 *C. opulens* Kom.* 沙坡头治沙站。

(259)荒漠锦鸡儿 *C. roborovskyi* Kim.* 孟家湾。

(260)狭叶锦鸡儿 *C. stenophylla* Pojavk. 孟家湾沙地。

(261)毛刺锦鸡儿(垫状锦鸡儿) *C. tibetica* Kom.* 沙坡头治沙站。

(262)准噶尔无叶豆 *Eremosparton songoricum* (Litv.) Vass.* 沙坡头。

(263)美国皂荚 *Gleditsia triacanthos* L.* 沙坡头。

(264)大豆 *Glycine Max* (Linn.) Merr.* 农田常见。

(265)野大豆 *G. soja* Sieb. et Zucc. 迎水桥。

(266)粗毛甘草 *Glycyrrhiza aspera* Pall.* 沙坡头治沙站。

(267)圆果甘草 *G. squamulosa* Franch.* 沙坡头治沙站。

(268)洋甘草 *G. glabra* L.* 沙坡头治沙站。

(269)胀果甘草 *G. inflata* Batal.* 沙坡头治沙站。

(270)甘草 *Glycyrrhiza uralensis* Frish. 迎水桥、沙坡头和美利渠沿岸沙地。

(271)铃铛刺 *Halimodendron halodendron* (Pall.) Voss.* 迎水桥。

(272)山竹岩黄芪(羊柴) *Hedysarum fruticosum* Pall. 小湖、荒草湖，沙坡头引种，生长良好。

(273)细枝岩黄芪(花棒) *H. scoparium* Fisch. et Mey. 本区沙地、流动沙丘和固定沙丘常见。

(274)胡枝子 *Lespedeza bicolor* Turcz.* 沙坡头治沙站。

(275)兴安胡枝子 *L. daurica* (Laxm.) Schindl. 孟家湾。

(276)尖叶铁扫帚(尖叶胡枝子) *Lespedeza juncea* (L. f.) Pers. 孟家湾人工红枣林。

(277)牛枝子 *Lespedeza potaninii* Vass. 沙坡头美利渠沿岸。

(278)绒毛胡枝子(山豆花) *L. tomentosa* (Thunb.) Sieb. ex Maxim*. 小湖和市林科所沙地。

(279)野苜蓿 *Medicago falcata* L.* 沙坡头治沙站。

(280)天蓝苜蓿 *M. lupulina* L. 迎水桥路边。

(281)杂花苜蓿 *M. rivulatis** 沙坡头治沙站。

(282)紫苜蓿 *M. sativa* L.* 本区栽培。

(283)白花草木樨 *Melilotus albus* Medic. ex Desr. 迎水桥。

(284)驴食草(红豆草) *Onobrychis viciifolia* Scop.* 沙坡头治沙站。

(285)猫头刺 *Oxytropis aciphylla* Ledeb. 沙坡头和孟家湾沙地。

(286)醉马草 *Achnatherum inebrians* (Hance) Keng 荒草湖。

(287)菜豆 *Phaseolus vulgaris* Linn.* 沙坡头治沙站。

(288)刺槐 *Robinia pseudoacacia* Linn. 本区常见。

(289)毛刺槐 *R. hispida* L.* 沙坡头。

(290)苦豆子 *Sophora alopecuroides* L. 定北墩、小湖、高墩湖和沙坡头沙地。

(291)苦参 *S. flavescens* Alt.* 迎水桥。

(292)槐 *S. japonica* Linn.* 沙坡头。

(293)龙爪槐 *S. japonica* Linn. var. japonica f. pendula Hort.* 沙坡头。

(294)苦马豆 *Sphaerophysa salsula* (Pall.) DC. 荒草湖和沙坡头。

(295)披针叶野决明(披针叶黄华) *Thermopsis lanceolata* R. Br. 小湖和迎水桥。

(296)蚕豆 *Vicia faba* L.* 迎水桥。

(297)救荒野豌豆 *V. sativa* L. 迎水桥沙地。

34. **牻牛儿苗科** Geraniaceae

(298)牻牛儿苗 *Erodium stephanianum* willd. 碱碱湖田埂。

(299)鼠掌老鹳草 *Geranium sibiricum* L. 迎水桥路边。

35. **亚麻科** Linaceae

(300)亚麻(胡麻) *Linum usitatissimum* L.* 本区有小面积种植。

36. **蒺藜科** Zygophyllaceae

(301)大白刺 *Nitraria roborowskii* Kom. 定北墩、小湖、荒草湖和固定沙丘。

(302)小果白刺 *N. sibirica* Pall. 马场湖和荒草湖的湖盆边缘盐渍化沙地。

(303)白刺 *N. tangutorum* Bobr. 定北墩、高墩湖和荒草湖的湖盆边缘。

(304)多裂骆驼蓬 *Peganum multisectum* (Maxim.) Bobr. 迎水桥和荒草湖沙地。

(305)骆驼蓬 *P. harmala* L. 高墩湖和迎水桥沙地。

(306)四合木 *Tetraena mongolica* Maxim.* 沙坡头治沙站。

(307)蒺藜 *Tribulus terrestris* L. 小湖沙地。

(308)蝎虎驼蹄瓣 *Zygophyllum mucronatum* Maxim. 孟家湾沙地。

(309)霸王 *Sarcozygium xanthoxylon* Bunge 孟家湾沙坡和山前平原。

(310)甘肃驼蹄瓣 *Zypophyllum kansuense* Liou filia. 孟家湾水库东侧剥蚀山地。

37. **芸香科** Rutaceae

(311)北芸香 *Haplophyllum dauricum*（L.）G. Don 小湖沙地。

(312)针枝芸香 *H. tragacanthoides* Diels. 碱碱湖。

(313)花椒 *Zanthoxylum bungeanum* Maxim.* 沙坡头高家园子栽培。

38. **苦木科** Simaroubaceae

(314)臭椿 *Ailanthus altissima*（Mill.）Swingle. 高墩湖、荒草湖和沙坡头。

39. **楝科** Meliaceae

(315)楝 *Melia azedarach* L.* 沙坡头治沙站。

(316)香椿 *Toona sinensis*（A. Juss.）Roem.* 沙坡头治沙站。

40. **远志科** Polygalaceae

(317)远志 *Polygala tenuifolia* Willd. 沙坡头美利渠边。

41. **大戟科** Euphorbiaceae

(318)地锦 *Euphorbia humifusa* Willd. ex Schlecht. 迎水桥和孟家湾。

(319)蓖麻 *Ricinus communis* L.* 腾格里湖区域。

42. **漆树科** Anacardiaceae

(320)火炬树 *Rhus Typhina* Nutt* 沙坡头治沙站。

43. **卫矛科** Celastraceae

(321)白杜(桃叶卫矛、丝棉木) *Euonymus maackii* Rupr.* 沙坡头治沙站。

44. **槭树科** Aceraceae

(322)枫叶槭 *Acer tonkinense* H. Lec. subsp. *liquidambarifolium*（Hu et Cheng）Fang* 沙坡头治沙站。

(323)元宝槭 *A. truncatum* Bunge.* 沙坡头治沙站。

45. **无患子科** Sapindaceae

(324)栾树 *Koelreuteria paniculata* Laxm.* 沙坡头治沙站。

(325)文冠果 *Xanthoceras sorbifolium* Bunge.* 沙坡头治沙站。

46. **凤仙花科** Balsaminaceae

(326)凤仙花 *Impatiens balsamina* L.* 沙坡头治沙站。

47. **鼠李科** Rmnaceae

(327)柳叶鼠李 *Rhamnus erythroxylon* Pall.* 沙坡头治沙站。

(328)枣 *Ziziphus. jujuba* Mill.* 沙坡头治沙站和孟家湾。

(329)酸枣 *Z. jujuba* Mill. var. *spinosa*（Bunge）Hu *ex* H. F. chow. 沙坡头黄河岸边。

48. **葡萄科** Vitaceae

(330)掌裂蛇葡萄 *Ampelopsis delavayana* Planch. var. glabra（Diels et Gilg）C.L.Li 沙坡头美利渠沿岸。

(331)葡萄 *Vitis vinifera* L.* 本区常见。

49. **锦葵科** Malvaceae

(332)蜀葵 *Altheae rosea*（L.）Caran* 沙坡头旅游景区。

(333)野西瓜苗 *Hibiscus trionum* Linn.高墩湖沙地。

(334)木槿 *H. syriacus* Linn.* 迎水桥。

(335)锦葵 *Malva sinensis* Cavan. 迎水桥。

(336)咖啡黄葵 *Abelmoschus esculentus*（Linn.）Moench.* 沙坡头治沙站。

50. **柽柳科** Tamaricaceae

(337)宽苞水柏枝 *Myricaria bracteata* Royle. 迎水桥水渠边。

(338)宽叶水柏枝 *M. platyphylla* Maxim. 荒草湖和沙坡头的沙地或沙丘基部。

(339)红砂 *Reaumuria songorica*（Pall.）Maxim. 小湖、高墩湖、沙坡头和孟家湾。

(340)五柱红砂 *R. kaschgarica* Rupr. 孟家湾。

(341)黄花红砂 *R. trigyna* Maxim.* 孟家湾。

(342)白花柽柳 *Tamarix androssowii* Litw. 迎水桥。

(343)甘蒙柽柳 *T. austromongolica* Nakai. 荒草湖和沙坡头沙地。

(344)甘肃柽柳 *T. gansuensis* H. Z. zhang. 兰铁中卫固沙林场。

(345)多花柽柳 *T. hohenackeri* Bunge.* 沙坡头治沙站。

(346)短穗柽柳 *T. laxa* willd.* 沙坡头治沙站。

(347)多枝柽柳 *T. ramosissima* Ledeb.* 沙坡头治沙站。

51. **半日花科** Cistaceae

(348)半日花 *Helianthemum songaricum* Schrenk.* 沙坡头治沙站。

52. **瑞香科** Thymelaeaceae

(349)黄瑞香 *Daphne giraldii* Nitsche.* 沙坡头。

53. 胡颓子科 Elaeagnaceae

(350)沙枣 *Elaeagnus angustifolia* L. 本区防沙林带常见。

(351)沙棘 *Hippophae rhamnoides* L.* 沙坡头治沙站。

54. 千屈菜科 Lythraceae

(352)千屈菜 *Lythrum salicaria* L. 高墩湖边。

(353)紫薇 *Lagerstroemia indica* Linn* 腾格里湖区域。

55. 柳叶菜科 Onagraceae

(354)中华柳叶菜 *Epilobium sinense* Levl. 高墩湖边。

(355)月见草 *Oenothera biennis* L.* 腾格里湖区域。

56. 小二仙草科 loragaceae

(356)狐尾藻 *Myriophyllum verticillatum* L. 小湖水中。

57. 杉叶藻科 Hippuridacea

(357)杉叶藻 *Hippuris vulgaris* L. 高墩湖边。

58. 伞形科 Umbelliferae

(358)毒芹 *Cicuta virosa* L. 高墩湖边。

(359)茴香 *Foeniculum vulgare* Mill.* 沙坡头农田。

(360)水芹 *Oenanthe javanica*（Bl.）DC. 小湖、高墩湖和迎水桥的水边。

59. 山茱萸科 Cornaceae

(361)红瑞木 *Swida alba* Opiz.* 沙坡头。

60. 报春花科 Primulaceae

(362)海乳草 *Glaux maritima* L. 荒草湖盐碱地。

61. 白花丹科 Plumbaginaceae

(363)黄花补血草 *Limonium aureum*（Linn.）Hill. 孟家湾丘陵区。

62. 木犀科 Oleaceae

(364)雪柳 *Fontanesia fortunei* Carr.* 沙坡头治沙站。

(365)连翘 *Forsythia suspensa*（Thunb.）Vahl.* 沙坡头治沙站。

(366)美国红梣(洋白蜡) *Fraxinus pennsylvanica* March* 沙坡头治沙站。

(367)小叶白蜡/小叶梣 *Fraxinus bungeana* DC*. 沙坡头治沙站。

(368)紫丁香 *Syringa oblata* Lindl.* 沙坡头治沙站。

(369)红丁香 *Syringa villosa* Vahl.* 沙坡头治沙站。

63. **马钱科** Loganiaceae

(370)互叶醉鱼草 *Buddleja alternifolia* Maxim.* 沙坡头治沙站。

64. **龙胆科** Gentianaceae

(371)百金花 *Centaurium pulchellum* (Swartz) Druce var. altaicum Moench 高墩湖草地。

65. **夹竹桃科** Apocynaceae

(372)罗布麻 *Apocynum venetum* L.* 沙坡头治沙站。

(373)白麻 *Poacynum pictum* (Schrenk) Baill. 高墩湖、荒草湖和沙坡头美利渠边。

(374)大叶白麻 *P. hendersonii* (Hook. f.) WoodS.* 沙坡头。

66. **萝藦科** Asclepiadaceae

(375)羊角子草 *Cynanchum cathayense* Tsiang et Zhang. 荒草湖,路边或盐碱地。

(376)鹅绒藤 *C. chinense* R. Br. 荒草湖沙地。

(377)华北白前(牛心朴子) *C. hancockianum* (Maxim.) Al. Iljinski. 高墩湖、定北墩、小湖、荒草湖和碱碱湖沙地。

(378)杠柳 *Periploca sepium* Bge. 本区固定沙地和半固定沙地。

67. **旋花科** Convolvulaceae

(379)打碗花 *Calystegia hederacea* Wall. ex. Roxb. 迎水桥田间和路边。

(380)银灰旋花 *Convolvulus ammannii* Desr. 孟家湾丘陵区。

(381)田旋花 *C. arvensis* L. 迎水桥沙地。

(382)刺旋花 *C. tragacanthoides* Turcz. 孟家湾沙地和丘陵区。

(383)菟丝子 *Cuscuta chinensis* Lam. 迎水桥沙地和孟家湾。

(384)圆叶牵牛 *Pharbitis purpurea* (L.) Voight.* 沙坡头治沙站。

68. **紫草科** Boraginaceae

(385)疏花假紫草 *Arnebia szechenyi* Kanitz. 沙坡头路边沙地。

(386)异刺鹤虱 *Lappula heteracantha* (Ledep.) Gurke. 孟家湾,美利渠沿岸沙地。

(387)砂引草 *Messerchmidia sibirica* L. 迎水桥沙地。

(388)聚合草 *Symphytum officinale* L.* 迎水桥。

69. **马鞭草科** Verbenaceae

(389)蒙古莸 *Caryopteris mongholica* Bunge.* 沙坡头治沙站和孟家湾。

70. **唇形科** Labiatae

(390)细叶益母草 *Leonurus sibiricus* L. 美利渠边沙地。

(391)地笋 *Lycopus lucidus* Turcz. 高墩湖边。

(392)薄荷 *Mentha haplocalyx* Briq.* 迎水桥。

(393)脓疮草 *Panzeria alaschanica* Kupr. 小湖和孟家湾沙地。

(394)紫苏 *Perilla frutescens* (L.) Britt.* 沙坡头旅游景区。

(395)薰衣草 *Lavandula angustifolia* Mill.* 沙坡头旅游景区。

71. **茄科** Solanaceae

(396)曼陀罗 *Datura stramonium* L. 迎水桥和小湖田边。

(397)宁夏枸杞 *Lycium barbarum* L. 沙坡头。

(398)黑果枸杞 *L. ruthenicum* Murr. 高墩湖和碱碱湖盐碱地。

(399)酸浆 *Physalis alkekengi* L.* 腾格里湖区域。

(400)红葵红果龙葵(红葵) *Solanum alatum* Moench. 迎水桥田间。

(401)龙葵 *S. nigrum* L. 小湖沙地。

(402)卵果青杞 *S. septemlobum* Bunge. var. *ovoideocarpum* C. Y. Wu et S. C. Huang. 沙坡头沙地。

(403)番茄 *Lycopersicon esculentum* Mill.* 本区常见。

72. **玄参科** Scrophulariaceae

(404)兰考泡桐 *Paulownia elongata* S. Y. Hu.* 沙坡头。

(405)北水苦荬 *Veronica anagallis-aquatica* L. 高墩湖湖边。

73. **紫葳科** Bignoniaceae

(406)灰楸 *Catalpa fargesii* Bureau.* 沙坡头。

(407)梓 *C. ovata G.* Don.* 沙坡头。

(408)角蒿 *Incarvillea sinensis* Lam. 沙坡头黄河沿岸。

74. **列当科** Orobancceae

(409)沙苁蓉 *Cistanche sinensis* G. Beck. 小湖高鸟墩和孟家湾沙地。

75. **狸藻科** Lentibulariaceae

(410)狸藻 *Utricularia vulgaris* L. 小湖淡水中。

76. **车前科** Plantaginaceae

(411)车前 *Plantago asiatica* L. 荒草湖盐碱地。

(412)平车前 *P. depressa willd.* 美利渠沿岸。

77. **茜草科** Rubiaceae

(413)茜草 *Rubia cardifolia* L. 美利渠沙地。

78. **忍冬科** Caprifoliaceae

(414)半边月(水马桑) *Weigela japonica var. sinica* (Rehd.) Bailey.* 腾格里湖区域。

(415)金银忍冬(金银木) *Lonicera maackii* (Rupr.) Maxim.* 腾格里湖区域。

(416)忍冬(金银花) *Lonicera japonica* Thunb.* 沙坡头旅游景区。

79. **葫芦科** Cueurbitaceae

(417)西瓜 *Citrullus lanatus* (Thunb.) Matsum. et Nakai.* 沙坡头治沙站。

(418)甜瓜 *Cucumis melo* L.* 沙坡头治沙站。

80. **菊科** Compositae

(419)顶羽菊 *Acroptilon repens* (L.) DC. 沙坡头黄河沿岸。

(420)白莎蒿(籽蒿、糜蒿) *Artemisia blepharolepis* Bge. 孟家湾沙地。

(421)沙蒿 *Artemisia desertorum* Spreng. Syst. Veg.* 长流水。

(422)纤杆蒿 *A. demissa* Krasch. 孟家湾沙地。

(423)盐蒿(差不嘎蒿) *A. halodendron* Turcz. ex Bess.* 沙坡头治沙站。

(424)蒙古蒿 *A. mongolica* (Fisch. ex Bess.) Nakai 高墩湖、荒草湖和碱碱湖。

(425)黑沙蒿(油蒿) *Artemisia ordosica* Krasch. 高墩湖、定北墩、沙坡头和孟家湾沙地。

(426)栉叶蒿 *Neopallasia pectinata* (Pall.) Poljak.孟家湾。

(427)野艾蒿 *Artemisia lavandulaefolia* DC. * 沙坡头治沙站。

(428)猪毛蒿 *A. scoparia* Waldst. *ex* Kit. 迎水桥和孟家湾沙地。

(429)圆头蒿 *A. sphaerocephala* Krasch. 定北墩、荒草湖、沙坡头和孟家湾沙地。

(430)中亚紫菀木 *Asterotmnus centraliasiaticus* Novopokr. 迎水桥。

(431)狼杷草 *Bidens tripartita* L. 迎水桥。

(432)星毛短舌菊 *Bracnthemum pulvinatum* (nd.–Mazz.) Shih. 孟家湾丘陵区。

(433)短星菊 *Brachyactis ciliata* Ledeb. 高墩湖和迎水桥沙地。

(434)刺儿菜 *Cirsium setosum* (Willd.) MB. 迎水桥沙地。

(435)砂蓝刺头 *Echinops gmelini* Turcz. 定北墩和高墩湖沙地。

(436)阿尔泰狗娃花 *Heteropappus altaicus* (Willd.) Novopokr. 孟家湾丘陵区。

(437)狗娃花 *H. hispidus*（Thunb.）Less.沙坡头和沙地。

(438)向日葵 *Helianthus annuus* L.* 沙坡头治沙站。

(439)欧亚旋覆花 *Inula britanica* L. 荒草湖和高墩湖沙地。

(440)旋覆花 *I. japonica* Thunb. 小湖。

(441)蓼子朴 *Inula salsoloides*（Turcz.）Ostenf. 定北墩。

(442)中华小苦荬(山苦荬) *Ixeridium chinense*（Thunb.）Tzvel. 荒草湖沙地。

(443)乳苣 *Mulgedium tataricum*（Linn.）DC. 定北墩。

(444)丝叶小苦荬 *Ixeridium graminifolium*（Ledeb.）Tzvel. 荒草湖路边。

(445)花花柴 *Karelinia caspia*（Pall.）Less. 荒草湖盐渍化滩地。

(446)乳苣(蒙山莴苣) *Mulgedium tataricum*（L.）DC. 迎水桥盐碱地。

(447)火媒草(鳍蓟) *Olgaea leucophylla*（Turcz.）Iljin. 迎水桥、孟家湾和小湖沙地。

(448)盐地风毛菊 *Saussurea salsa*（Pall.）Spreng. 高墩湖、小湖和沙地。

(449)倒羽叶风毛菊(碱地风毛菊) *Saussurea runcinata* DC. 高墩湖和小湖潮湿地。

(450)蓍状亚菊 *Ajania achilloides*（Turcz.）Poljak. et Grubov. 孟家湾和长流水。

(451)灌木亚菊 *Ajania fruticulosa*（Ledeb. ）Poljak. 孟家湾和长流水。

(452)拐轴鸦葱(密丛叉枝鸦葱) *Scorzonera divaricata* Turcz. 定北墩、荒草湖、沙坡头和孟家湾沙地。

(453)苣荬菜 *Sonchus arvensis* L. 高墩湖和迎水桥沙地。

(454)苦苣菜 *S. oleraceus* L. 迎水桥。

(455)长裂苦苣菜 *Sonchus brachyotus* DC. 沙坡头村附近。

(456)百花蒿 *Stilpnolepis centiflora*（Maxim.）Krasch. 本区固定沙地和半流动沙地常见。

(457)冷蒿 *Artemisia frigida* Willd. Sp. Pl. 长流水村西和长流沟北沙漠前缘平沙地。

(458)茵陈蒿 *Artemisia capillaris* Thunb. 长流水附近。

(459)凸尖蒲公英 *Taraxacum sinomongolicum* Kitag. 高墩湖盐碱地。

(460)多裂蒲公英 *T. dissectum*（Ledeb. ）Ledeb. 荒草湖滩地。

(461)蒲公英 *T. mongolicum* Hand.-Mazz. 荒草湖路边。

(462)华蒲公英 *T. borealisinense* Kitam.* 沙坡头治沙站。

(463)万寿菊 *Tagetes erecta* L.* 腾格里湖区域。

(464)百日菊 *Zinnia elegans* Jacq.* 腾格里湖区域。

（465）黑心金光菊 *Rudbeckia hirta* L.* 腾格里湖区域。

（466）滨菊 *Leucanthemum vulgate* Lam.* 腾格里湖区域。

（467）碱菀 *Tripolium vulgare* Ness. 小湖盐碱地。

（468）苍耳 *Xanthium sibiricum* Patrin ex Widder.迎水桥旱地。

（469）小蓬草 *Conyza Canadensis* L. Cronq. 腾格里湖区域。

附录 II

脊椎动物名录

鱼纲 Pisces

本保护区鱼纲有 3 目 5 科 17 属 18 种。人工养殖的有 4 种,另外鲤鱼和鲫鱼也有野生的,也有引入养殖的。

I. **鲤形目** Cypriniformes

1. 鳅科 Cobitidae

(1)北方花鳅 *Cobitis granoci* Rendahl ,属北方区、额尔齐斯河亚区、宁蒙区、华东区和华南区。

遇见地:迎水桥和高墩湖。

(2)泥鳅 *Misgurnus anguillicaudatus* (Cantor),属黑龙江亚区。

遇见地:高墩湖、龙宫湖、马场湖和荒草湖。

(3)达里湖高原鳅 *Triplophysa dalaica* (Kessler),属宁蒙区和内蒙古高原亚区。

遇见地:高墩湖和龙宫湖。

(4)似鲶高原鳅 *Triplophysa siluroides* (Herzenstein),属华亚区、青藏亚区和陇西亚区。

遇见地:沙坡头黄河干流。

2. 鲤科 Cyprinidae

(5)草鱼 *Ctenopryngodan idellus* (Cuvier et Valenciennes),属黑龙江亚区、华南亚区、华东亚区、江淮亚区。

遇见地:沙坡头黄河干流。

(6)鳘条 *Hemiculter leucisculus* (Basilewsky),属北方区、黑龙江亚区、华南亚区和华东亚区。

遇见地:高墩湖渔场。

(7)团头鲂 *Megalobrama amblycephala* Yih,属华东区和江淮亚区。

遇见地:高墩湖渔场和沙坡头黄河干流。

(8)鳙 *Aristichthys nobilis* (Richardson),属北方区、华西区、宁蒙区、华东区和华南区。

遇见地:沙坡头黄河干流。

(9)鲢 *Hypophthalmichthys molitrix* Cuvier et Valenciennes,属北方区,华西区,宁蒙区,华东区和华南区。

遇见地:沙坡头黄河干流。

(10)鲤 *Cyprinus carpio* Linnaeus,属华亚区、准噶尔亚区,华东亚区、华南亚区、陇西亚区、川西亚区和宁蒙亚区。

遇见地:沙坡头黄河干流。

(11)鲫 *Carassius auratus* (Linnaeus),属华亚区、准噶尔亚区、华东区、华南区、陇西亚区、川西亚区和宁蒙区。

遇见地:高墩湖和龙宫湖。

(12)麦穗鱼 *Pseudorasbora parva* (Temminck et Schlegel),属北方区、黑龙江亚区、华亚区、宁蒙区、华东区和华南区。

遇见地:高墩湖。

(13)黄河鮈*Gobio huanghensis* Lo,Yao et Chen,属华西区和陇西亚区。

遇见地:沙坡头黄河干流。

(14)棒花鱼 *Gobio rivularis* Basilewsky,属北方区、黑龙江亚区和华东区。

遇见地:高墩湖。

(15)北方铜鱼 *Coreius septentrionalis* (Nichols),属宁蒙区、华亚区、河套亚区和陇西亚区。

遇见地:沙坡头。

II. **鲈形目** Perciformes

3. 塘鳢科 Eleotridae

(16)黄黝鱼 *Hypseleotris swinhonis* (Günther),属北方区、黑龙江亚区、华东区、辽河亚区、华南区、河海亚区、浙闽亚区、江淮亚区。

遇见地:高墩湖、荒草湖和龙宫湖。

4. 鰕虎鱼科 Gobiidae

(17)波氏栉鰕虎鱼 *Ctenogobiu cliffordpopei*（Nichoes），属华东区、江淮亚区。

遇见地：高墩湖和龙宫湖。

III. **鲶形目** Siluriformes

5. 鲶科 Siluridae

(18)鲶 *Silurus asotus* Linnaeus，属华亚区、准噶尔亚区、华东区、华南区、陇西亚区、川西亚区、宁蒙区。

遇见地：沙坡头黄河干流和龙宫湖。

两栖纲 Amphibia

保护区内有两栖纲 1 目 2 科 3 种。

I. **无尾目** Salicutia

1. 蟾蜍科 Bufonidae

(1)花背蟾蜍 *Bufo Raddei* Strauch，区系型 X。

遇见地：兰铁中卫固沙林场和荒草湖。

2. 蛙科 Ranidae

(2)中国林蛙 *Rana temporaria chensinensis* David，区系型 X。

遇见地：高墩湖。

(3)黑斑侧褶蛙 *Pelophylax nigromaculata* Hallowell，区系型 E。

遇见地：高墩湖。

爬行纲 Reptilia

保护区内爬行纲有 2 目 4 科 7 种。

I. **蜥蜴目** Lacertiformes

1. 鬣蜥科 Agamidae

(1)荒漠沙蜥 *Phrynocephalus przewalskii* Strauch，区系型 D。

遇见地：孟家湾、沙坡头、迎水桥、小湖、高墩湖和定北墩。

2. 蜥蜴科 Lacertidae

(2)麻点麻蜥 *Eremias multiocellata subsp. Multiocellata* Boulenger,区系型 D。

遇见地:沙坡头。

II. **蛇目** Serpentiformes

3. 游蛇科 Colubridae

(3)黄脊游蛇 *Coluber spinalis* (Peters),区系型 U。

遇见地:沙坡头。

(4)白条锦蛇(枕纹锦蛇) *Elaphe dione* (Pallas),区系型 U。

遇见地:沙坡头。

(5)花条蛇 *Psammophis lineolatus* (Brandt),区系型 D。

遇见地:沙坡头。

(6)虎斑颈槽蛇 *Rhabdophis tigrinus* (Boie),区系型 E。

遇见地:沙坡头长流水村。

4. 蝰科 Viperidae

(7)中介蝮 *Gloydius intermedius* (Strauch),区系型 D。

遇见地:沙坡头。

鸟纲 Aves

保护区内鸟纲有 15 目 43 科 178 种。

I. **䴙䴘目** Podicipediformes

1. 䴙䴘科 Podicipedidae

(1)小䴙䴘 *Tachybaptus ruficollis* (Pallas),夏候鸟,区系型 W。

遇见地:高墩湖、沙坡头黄河边和马场湖。

(2)凤头䴙䴘*Podiceps cristatus cristatus* (Linnaeus),夏候鸟,区系型 U。

遇见地:马场湖和小湖。

II. **鹈形目** Pelecaniformes

2. 鸬鹚科 Placrocoracidae

(3)鸬鹚 *Phalacrocorax carbo sinensis* (Blumenbach),旅鸟,区系型 O。

遇见地:高墩湖。

III. **鹳形目** Ciconiiformes

3. 鹭科 Ardeidae

(4)苍鹭 *Ardea cinerea* Linnaeus,夏候鸟,区系型 U。

遇见地:高墩湖和小湖。

(5)草鹭 *Ardea purpurea* Meyen,旅鸟,区系型 U。

遇见地:高墩湖。

(6)池鹭 *Ardeola bacchus* (Bonaparte),旅鸟,区系型 W。

遇见地:马场湖。

(7)大白鹭 *Egretta alba* (Linnaeus),冬候鸟,区系型 O。

遇见地:马场湖和小湖北。

(8)白鹭 *Egretta garzetta* (Linnaeus),保护区首次发现,旅鸟,区系型 O。

遇见地:腾格里湖。

(9)夜鹭 *Nycticorax nycticorax* (Linnaeus),夏候鸟,区系型 O。

遇见地:高墩湖。

(10)小苇鳽*Ixobrychus minutus* (Linnaeus),夏候鸟,区系型 U。

遇见地:高墩湖。

(11)黄苇鳽 *Ixobrychus sinensis* (Gmelin),夏候鸟,区系型 W。

遇见地:高墩湖和马场湖。

(12)大麻鳽 *Botaurus stellaris* (Linnaeus),旅鸟,区系型 U。

遇见地:高墩湖。

4. 鹳科 Ciconiidae

(13)黑鹳 *Ciconia nigra* (Linnaeus),旅鸟,区系型 U。

遇见地:高墩湖。

5. 鹮科 Threskionithidae

(14)白琵鹭 *Platalea leucorodia* Linnaeus,旅鸟,区系型 O。

遇见地:浅水湖。

IV. **雁形目** Anseriformes

6. 鸭科 Anatidae

(15)灰雁 *Anser anser* Linnaeus,夏候鸟,区系型 U。

遇见地:高墩湖和小湖。

(16)大天鹅 *Cygnus cygnus*(Linnaeus),旅鸟,区系型U。

遇见地:高墩湖和小湖。

(17)赤麻鸭 *Tadorna ferruginea*(Pallas),夏候鸟,区系型U。

遇见地:高墩湖 。

(18)翘鼻麻鸭 *Tadorna tadorna*(Linnaeus),旅鸟,区系型U。

遇见地:高墩湖和迎水桥。

(19)针尾鸭 *Anas acuta* Linnaeus,旅鸟,区系型C。

遇见地:高墩湖。

(20)绿翅鸭 *Anas crecca* Linnaeus,旅鸟,区系型U。

遇见地:高墩湖和小湖。

(21)花脸鸭 *Anas Formosa* Georgi,旅鸟,区系型M。

遇见地:高墩湖。

(22)绿头鸭 *Anas platyrhynchos* Linnaeus,夏候鸟,区系型C。

遇见地:迎水桥和高墩湖。

(23)斑嘴鸭 *Anas poecilorhyncha* Forster,留鸟,区系型W。

遇见地:马场湖、高墩湖和碱碱湖。

(24)赤膀鸭 *Anas strepera* Linnaeus,旅鸟,区系型C。

遇见地:高墩湖和迎水桥。

(25)赤颈鸭 *Anas Penelope* Linnaeus,旅鸟,区系型U。

遇见地:马场湖和高墩湖。

(26)琵嘴鸭 *Anas clypeata* Linnaeus,旅鸟,区系型C。

遇见地:高墩湖。

(27)赤嘴潜鸭 *Netta rufina*(Pallas),旅鸟,区系型O。

遇见地:小湖及其周边水域、高墩湖和孟家湾水库。

(28)白眼潜鸭 *Aythya nyroca* Guldenstadt,旅鸟,区系型O。

遇见地:迎水桥。

(29)凤头潜鸭 *Aythya fuligula*(Linnaeus),旅鸟,区系型U。

遇见地:马场湖。

(30)鹊鸭 *Bucepla clangula*(Linnaeus),旅鸟,区系型C。

遇见地:高墩湖。

V. **隼形目** Falconiformes

7. 鹰科 Accipitridae

(31)(黑)鸢 *Milvus migrans* (Boddaert),留鸟,区系型 U。

遇见地:荒草湖和中卫。

(32)毛脚鵟 *Buteo lagopus* (Pontoppidan),旅鸟,区系型 C。

遇见地:长流水。

(33)大鵟 *Buteo hemilasius* Temminck *et* Schlegel,留鸟,区系型 D。

遇见地:迎水桥和高墩湖。

(34)金鹏 *Aquila chrysaetos* (Linnaeus),留鸟,区系型 C。

遇见地:迎水桥。

(35)白尾海鹏 *Haliaeetus albicilla* (Linnaeus),冬候鸟,区系型 U。

遇见地:高墩湖。

(36)玉带海鹏 *Haliaeetus leucoryphus* Pallas,旅鸟,区系型 D。

遇见地:迎水桥。

(37)鹗 *Pandion haliaetus* (Linnaeus),夏候鸟,区系型 C。

遇见地:高墩湖、小湖和腾格里湖。

(38)白尾鹞 *Circus cyaneus* (Linnaeus),旅鸟,区系型 C。

遇见地:高墩湖。

8. 隼科 Falconidae

(39)灰背隼 *Falco columbarius* Linnaeus,旅鸟,区系型 C。

遇见地:荒草湖。

(40)红隼 *Falco tinnunculus* Linnaeus,留鸟,区系型 O。

遇见地:孟家湾、碱碱湖和小湖。

VI. **鸡形目** Galliformes

9. 雉科 Psianidae

(41)石鸡 *Alectoris chukar* (J. E. Gray),留鸟,区系型 D。

遇见地:沙坡头。

(42)斑翅山鹑 *Perdix dauuricae* (Pallas),留鸟,区系型 D 。

遇见地:沙坡头。

(43)雉(鸡) *Phasianus colchicus* Linnaeus,保护区首次发现,留鸟,区系型 U。

遇见地:腾格里湖区域、沙坡头和长流水。

VII. **鹤形目** Gruiformes

10. 鹤科 Gruidae

(44)蓑羽鹤 *Anthropoides virgo* (Linnaeus),旅鸟,区系型 D。

遇见地:小湖和腾格里湖。

(45)灰鹤 *Grus grus* (Linnaeus),旅鸟,区系型 U。

遇见地:高墩湖和腾格里湖。

11. 秧鸡科 Rallidae

(46)普通秧鸡 *Rallus aquaticus* Linnaeus,夏候鸟,区系型 U。

遇见地:高墩湖、腾格里湖。

(47)白胸苦恶鸟 *Amaurornis phoenicurus* (Pennant),旅鸟,区系型 W。

遇见地:马场湖。

(48)小田鸡 *Porzana pusilla* (Pallas),夏候鸟,区系型 O。

遇见地:腾格里湖、高墩湖和小湖。

(49)黑水鸡 *Gallinula chloropus* (Linnaeus),夏候鸟,区系型 O。

遇见地:腾格里湖、小湖和高墩湖。

(50)白骨顶 *Fulica atra atra* Linnaeus,夏候鸟,区系型 O。

遇见地:湖、腾格里湖、马场湖和高墩湖。

12. 鸨科 Otididae

(51)大鸨 *Otis tarda* Linnaeus,旅鸟,区系型 O。

遇见地:小湖

VIII. **鸻形目** Charadriiformes

13. 彩鹬科 Rostratulidae

(52)彩鹬 *Rostratula benghalensis* (Linnaeus),旅鸟,区系型 W。

遇见地:马场湖。

14. 反嘴鹬科 Recurvirostridae

(53)黑翅长脚鹬 *Himantopus himantopus* (Linnaeus),夏候鸟,区系型 O。

遇见地:马场湖。

15. 燕鸻科 Glareolidae

(54)普通燕鸻 *Glareola maldivarum* Forster,夏候鸟,区系型 W。

遇见地:小湖和黑林村。

16. 鸻科 Charadriidae

(55)凤头麦鸡 *Vanellus vanellus* (Linnaeus),夏候鸟,区系型 U。

遇见地:小湖和高墩湖。

(56)灰头麦鸡 *Vanellus cinerous* (Blyth),夏候鸟,区系型 M。

遇见地:荒草湖、高墩湖和小湖。

(57)金(斑)鸻 *Pluvialis dominica* (Müller),旅鸟,区系型 C。

遇见地:迎水桥。

(58)金眶鸻 *Charadrius dubius* Scopoli,夏候鸟,区系型 O。

遇见地:碱碱湖、兰铁中卫固沙林场、小湖和定北墩。

17. 鹬科 Scolopacidae

(59)扇尾沙锥 *Gallinago gallinago* (Linnaeus),夏候鸟,区系型 U。

遇见地:高墩湖。

(60)白腰勺鹬 *Numenius arquata* Linnaeus,旅鸟,区系型 U。

遇见地:马场湖。

(61)红脚鹬 *Tringa totanus* (Linnaeus),夏候鸟,区系型 U。

遇见地:高墩湖和小湖。

(62)泽鹬 *Tringa stagnatilis* (Bechstein),旅鸟,区系型 U。

遇见地:小湖。

(63)青脚滨鹬 *Calidris temminckii* (Leisler),旅鸟,区系型 U。

遇见地:马场湖。

(64)白腰草鹬 *Tringa ochropus* Linnaeus,旅鸟,区系型 U。

遇见地:碱碱湖和黑林村。

(65)林鹬 *Tringa glareola* Linnaeus,旅鸟,区系型 U。

遇见地:荒草湖。

(66)矶鹬 *Tringa hypoleucos* Linnaeus,夏候鸟,区系型 C。

遇见地:沙坡头。

(67)红颈椎鹬 *Calidris ruficollis* (Pallas),旅鸟,区系型 O。

遇见地:马场湖。

IX. 鸥形目 Lariformes

18. 鸥科 Laridae

(68)黑尾鸥 *Larus crassirostris* Vieillot,旅鸟,区系型 O。

遇见地:高墩湖。

(69)渔鸥 *Larus ichthyaetus* Pallas,旅鸟,区系型 D。

遇见地:高墩湖和马场湖。

(70)棕头鸥 *Larus brunnicephalus* Jerdon,旅鸟,区系型 P。

遇见地:小湖。

(71)红嘴鸥 *Larus ridibundus* Linnaeus,旅鸟,区系型 U。

遇见地:高墩湖。

(72)普通燕鸥 *Sterna hirundo* Linnaeus,夏候鸟,区系型 C。

遇见地:黑林村、高墩湖和小湖。

(73)白额燕鸥 *Sterna albifrons* Pallas,夏候鸟,区系型 O。

遇见地:高墩湖。

(74)须浮鸥 *Chlidonias hybrida* (Pallas),夏候鸟,区系型 U。

遇见地:高墩湖和迎闫公路。

(75)黑浮鸥 *Chlidonias niger* (Linnaeus),夏候鸟,区系型 C。

遇见地:小湖。

X. 鸽形目 Columbiformes

19. 沙鸡科 Pteroclidiae

(76)毛腿沙鸡 *Syrrhaptes paradoxus* (Pallas),夏候鸟,区系型 D。

遇见地:小湖、长流水和高墩湖。

20. 鸠鸽科 Columbidae

(77)岩鸽 *Columba rupestris* Pallas,留鸟,区系型 O。

遇见地:沙坡头。

(78)山斑鸠 *Streptopelia orientalis* (Latham),夏候鸟,区系型 E。

遇见地:沙坡头、迎水桥和小湖。

(79)灰斑鸠 *Streptopelia decaocto* (Frivaldszky),夏候鸟,区系型 W。

遇见地:沙坡头。

(80)火斑鸠 *Oenopopelia tranquebarica* (Hermann),夏候鸟,区系型 W。

遇见地:沙坡头。

XI. **鹃形目** Cuculiformes

21. 杜鹃科 Cuculidae

(81)大杜鹃 *Cuculus canorus* Linnaeus,夏候鸟,区系型 O。

遇见地:沙坡头、荒草湖、小湖和居民区。

XII. **鸮形目** Strigiformes

22. 鸱鸮科 Strigidae

(82)鹛鸮 *Bubo bubo* (Linnaeus),留鸟,区系型 U。

遇见地:兰铁中卫固沙林场。

(83)纵纹腹小鸮 *Athene noctua* (Scopoli),留鸟,区系型 U。

遇见地:沙坡头、荒草湖、龙宫湖和小湖。

(84)长耳鸮 *Asio otus* (Linnaeus),旅鸟,区系型 C。

遇见地:沙坡头。

(85)短耳鸮 *Asio flammeus* (Pontoppidan),旅鸟,区系型 C。

遇见地:定北墩。

XIII. **夜鹰目** Caprimulgiformes

23. 夜鹰科 Caprimulgidae

(86)欧夜鹰 *Caprimulgus europaeus* Linnaeus,夏候鸟,区系型 O。

遇见地:迎水桥。

XIV. **雨燕目** Apodiformes

24. 雨燕科 Apodidae

(87)普通楼燕 *Apus apus* (Linnaeus),夏候鸟,区系型 O。

遇见地:迎水桥。

(88)白腰雨燕 *Apus pacificus* (Latham),夏候鸟,区系型 M。

遇见地:小湖 。

XV. **佛法僧目** Coraciiformes

25. 翠鸟科 Alcedinidae

(89)冠鱼狗 *Ceryle lugubris* (Temminck),夏候鸟,区系型 O。

遇见地:沙坡头。

(90)普通翠鸟 *Alcedo atthis* (Linnaeus),夏候鸟,区系型 O。

遇见地:沙坡头。

26. 戴胜科 Upupidae

(91)戴胜 *Upupa epops* Linnaeus,夏候鸟,区系型 O。

遇见地:沙坡头、兰铁中卫固沙林场、高墩湖和小湖。

XVI. **䴕形目** Piciformes

27. 啄木鸟科 Picidae

(92)蚁䴕 *Jynx torquilla* Linnaeus,旅鸟,区系型 U。

遇见地:沙坡头固沙林区。

(93)灰头啄木鸟 *Picus canus* Gmelin,留鸟,区系型 U。

遇见地:固沙人工林。

(94)大斑啄木鸟 *Picoides major* (Linnaeus),留鸟,区系型 U。

遇见地:长流水、沙坡头等处固沙林和人工林。

XV. **雀形目** Passeriformes

28. 百灵科 Alaudidae

(95)短趾百灵 *Calandrella cinerea* (Gmelin),不常见冬候鸟,区系型 U。

遇见地:沙坡头。

(96)细嘴短趾百灵 *Calandrella acutirostris* Hume,留鸟,高地型 P。

遇见地:沙坡头、荒草湖和小湖。

(97)小沙百灵 *Calandrella cheleensis* (Swinhoe),夏候鸟,区系型 D。

遇见地:沙坡头、碱碱湖和荒草湖。

(98)凤头百灵 *Galerida cristata* (Linnaeus),留鸟,区系型 D。

遇见地:孟家湾、沙坡头、碱碱湖、迎水桥、高墩湖和小湖。

(99)云雀 *Alauda arvensis* Hume,夏候鸟,区系型 U。

遇见地:高鸟墩和碱碱湖。

29. 燕科 Hirundinidae

(100)灰沙燕(崖沙燕) *Riparia riparia* (Linnaeus),夏候鸟,区系型 C。

遇见地:黑林村、长流水。

(101)家燕 *Hirundo rustica* Linnaeus,夏候鸟,区系型 C。

遇见地:孟家湾、沙坡头、迎水桥和小湖。

(102)(白腹)毛脚燕 *Delichon urbica* (Linnaeus),旅鸟,区系型 O。

遇见地:长流水。

30. 鹡鸰科 Motacillidae

(103)黄鹡鸰 *Motacilla flava* Linnaeus,夏候鸟,区系型 U。

遇见地:碱碱湖、兰铁中卫固沙林场、荒草湖、马场湖、高墩湖和小湖。

(104)黄头鹡鸰 *Motacilla citreola citreola* Pallas,旅鸟,区系型 U。

遇见地:孟家湾。

(105)灰鹡鸰 *Motacilla cinerea* Tunstall,夏候鸟,区系型 O。

遇见地:沙坡头。

(106)白鹡鸰 *Motacilla alba* Linnaeus,夏候鸟,区系型 O。

遇见地:孟家湾、沙坡头、迎水桥、兰铁中卫固沙林场和高墩湖。

(107)田鹨 *Anthus novaeseelandiae* (Gmelin),夏候鸟,区系型 M。

遇见地:沙坡头、马场湖、迎水桥和长流水。

(108)林鹨 *Anthus trivialis* (Linnaeus),夏候鸟,区系型 U。

遇见地:沙坡头。

(109)树鹨 *Anthus hodgsoni* Richmond,旅鸟,区系型 O。

遇见地:小湖林场。

(110)草地鹨 *Anthus pratensis* (Linnaeus),旅鸟,区系型 D。

遇见地:马场湖和小湖。

(111)水鹨 *Anthus spinoletta* Linnaeus,冬候鸟,区系型 C。

遇见地:荒草湖。

31. 太平鸟科 Bombycilllidae

(112)太平鸟 *Bombycilla grarrulus* (Linnaeus),旅鸟,区系型 C。

遇见地:定北墩。

32. 伯劳科 Laniidae

(113)红背伯劳 *Lanius collurio* Linnaeus,夏候鸟,区系型 U。

遇见地:沙坡头、迎水桥、高墩湖和定北墩。

(114)红尾伯劳 *Lanius cristus* Linnaeus,夏候鸟,区系型 X。

遇见地:孟家湾、沙坡头、迎水桥、兰铁中卫固沙林场和小湖。

(115)楔尾伯劳 *Lanius sphenocercus* Cabanis,夏候鸟,区系型 M。

遇见地:迎水桥、兰铁中卫固沙林场、高墩湖、小湖和定北墩。

33. 黄鹂科 Oriolidae

(116)黑枕黄鹂 *Oriolus chinensis* Linnaeus,夏候鸟,区系型 E。

遇见地:沙坡头旅游景区。

34. 卷尾科 Dicruridae

(117)黑卷尾 *Dicrurus macrocercus* Vieillot,夏候鸟,区系型 W。

遇见地:沙坡头和高墩湖。

(118)发冠卷尾 *Dicrurus hottentottus* (Linnaeus),夏候鸟,区系型 W。

遇见地:沙坡头。

35. 椋鸟科 Sturnidae

(119)北椋鸟 *Sturnus sturninus* (Pallas),夏候鸟,区系型 X。

遇见地:沙坡头。

(120)灰椋鸟 *Sturnus cineraceus* Temminck,夏候鸟,区系型 X。

遇见地:小湖、迎水桥、沙坡头和高墩湖。

36. 鸦科 Corvidae

(121)灰喜鹊 *Cyanopica cyana* (Pallas),留鸟,区系型 C。

遇见地:小湖、黑林村、高墩湖、长流水和沙坡头。

(122)喜鹊 *Pica pica* (Linnaeus),留鸟,区系型 C。

遇见地:黑林村、高墩湖和中卫。

(123)黑尾地鸦 *Podoces hendersoni* Hume,留鸟,区系型 D。

遇见地:高鸟墩。

(124)红嘴山鸦 *Pyrrhocorax pyrrhocorax* (Linnaeus),留鸟,区系型 U。

遇见地:孟家湾和沙坡头。

(125)寒鸦 *Corvus monedula* Linnaeus,留鸟,区系型 U。

遇见地:沙坡头和小湖。

(126)秃鼻乌鸦 *Corvus frugilegus* Linnaeus,留鸟,区系型 U。

遇见地:小湖。

(127)小嘴乌鸦 *Corvus corone* Linnaeus,留鸟,区系型 C。

遇见地:迎水桥。

(128)大嘴乌鸦 *Corvus macrorhynchos*,留鸟,区系型 E。

遇见地:沙坡头。

37. 岩鹨科 Prunellidae

(129)棕眉山岩鹨 *Prunella montanella* (Pallas),夏候鸟,区系型 M。

遇见地:荒草湖和高墩湖。

(130)褐岩鹨 *Prunella fulvescens* (Severtzov),夏候鸟,区系型 P。

遇见地:孟家湾。

(131)贺兰山岩鹨 *Prunella koslowi* (Przevalski),冬候鸟,区系型 U。

遇见地:荒草湖、高墩湖和小湖。

38. 鹟科 Muscicapidae

(132)红喉歌鸲(红点颏) *Luscinia calliope* (Pallas),夏候鸟,区系型 U。

遇见地:沙坡头。

(133)蓝喉歌鸲(蓝点颏) *Luscinia svecica* (Linnaeus),旅鸟,区系型 U。

遇见地:沙坡头和长流水。

(134)红胁蓝尾鸲 *Tarsiger cyanurus* (Pallas),旅鸟,区系型 O。

遇见地:沙坡头。

(135)赭红尾鸲 *Phoenicurus ochruros* (Gmelin),夏候鸟,区系型 U。

遇见地:沙坡头。

(136)白喉红尾鸲 *Phoenicurus schisticeps* (G. R. Gray),旅鸟,区系型 H。

遇见地:沙坡头。

(137)北红尾鸲 *Phoenicurus auroreus* (Pallas),夏候鸟,区系型 M。

遇见地:沙坡头、高墩湖和长流水。

(138)红腹红尾鸲 *Phoenicurus erythrogaster* (Güldenstadt),冬候鸟,区系型 P。

遇见地:沙坡头。

(139)黑喉石䳭 *Saxicola torquata* (Linnaeus),夏候鸟,区系型 O。

遇见地:马场湖和小湖。

(140)沙䳭 *Oenanthe. isabellina* (Temminck),夏候鸟,区系型 D。

遇见地:孟家湾和沙坡头。

(141)穗䳭 *Oenanthe oenanthe* (Linnaeus),夏候鸟,区系型 D。

遇见地:小湖。

(142)漠䳭 *Oenanthe deserti* (Temminck),夏候鸟,区系型 D。

遇见地:孟家湾和沙坡头。

(143)白顶鵖 *Oenanthe hispanica* (Linnaeus),夏候鸟,区系型 D。

遇见地:沙坡头、迎水桥和小湖。

(144)虎斑地鸫 *Zoothera dauma* (Latham),旅鸟,区系型 U。

遇见地:沙坡头。

(145)白眉鸫 *Turdus obscurus* Linnaeus,旅鸟,区系型 O。

遇见地:沙坡头。

(146)赤颈鸫 *Turdus ruficollis* Pallas,旅鸟,区系型 O。

遇见地:沙坡头、荒草湖和高墩湖。

(147)文须雀 *Panurus biarmicus* (Linnaeus),冬候鸟,区系型 O。

遇见地:高墩湖。

(148)山鹛 *Rhopophilus pekinenesis* (Swinhoe),留鸟,区系型 D。

遇见地:荒草湖。

39. 莺科 Sylviidae

(149)小蝗莺 *Locustella certhiola* (Pallas),夏候鸟,区系型 M。

遇见地:高墩湖。

(150)大苇莺 *Acrocephalus arundinaceus* Linnaeus,夏候鸟,区系型 O。

遇见地:荒草湖和高墩湖。

(151)漠地林莺 *Sylvia nana* (Hemprich et Ehrenberg),夏候鸟,区系型 D。

遇见地:孟家湾和长流水。

(152)沙白喉林莺 *Sylvia minula* Hume,夏候鸟,区系型 D。

遇见地:沙坡头和孟家湾。

(153)褐柳莺 *Phylloscopus fuscatus* (Blyth),旅鸟,区系型 O。

遇见地:兰铁中卫固沙林场。

(154)棕眉柳莺 *Phylloscopus armandii* (Milne-Edwards),旅鸟,区系型 H。

遇见地:沙坡头。

(155)黄眉柳莺 *Phylloscopus inornatus inornatus* (Blyth),旅鸟,区系型 U。

遇见地:定北墩、荒草湖。

(156)黄腰柳莺 *Phylloscopus proregulus* (Pallas),旅鸟,区系型 U。

遇见地:沙坡头。

(157)极北柳莺 *Phylloscopus borealis* (Blasius),旅鸟,区系型 U。

遇见地:沙坡头。

(158)红喉(姬)鹟 *Ficedula parva* (Bechstein),旅鸟,区系型 U。

遇见地:沙坡头和兰铁中卫固沙林场。

(159)北灰鹟 *Muscicapa latirostris* Raffles,旅鸟,区系型 O。

遇见地:定北墩人工林。

40. 山雀科 Paridae

(160)大山雀 *Parus major* Linnaeus,留鸟,区系型 U。

遇见地:沙坡头和迎水桥和小湖。

(161)沼泽山雀 *Parus palustris* Linnaeus,旅鸟,区系型 U。

遇见地:荒草湖。

(162)银喉(长尾)山雀 *Aegihatlos caudatus* (Linnaeus),留鸟,区系型 U。

遇见地:荒草湖。

41. 䴓科 Sittidae

(163)红翅旋壁雀 *Tichodroma muraria* (Linnaeus),夏候鸟,区系型 O。

遇见地:孟家湾和沙坡头。

42. 文鸟科 Ploceidae

(164)黑顶麻雀(西域麻雀) *Passer ammodendri* Gould,留鸟,区系型 D。

遇见地:孟家湾、迎水桥和荒草湖。

(165)(树)麻雀 *Passer montanus* (Linnaeus),留鸟,区系型 U。

遇见地:孟家湾、沙坡头、迎水桥和高墩湖。

43. 雀科 Fringillidae

(166)金翅(雀) *Carduelis sinica* (Linnaeus),夏候鸟,区系型 M。

遇见地:荒草湖、沙坡头和小湖。

(167)巨嘴沙雀 *Rhodopechys obsoleta* (Lichtenstein),夏候鸟,区系型 D。

遇见地:孟家湾、沙坡头、荒草湖和定北墩。

(168)蒙古沙雀 *Rhodopechys mongolica* (Swinhoe),旅鸟,区系型 D。

遇见地:孟家湾。

(169)(普通)朱雀 *Carpodacus erythrinus* (Pallas),旅鸟,区系型 U。

遇见地:沙坡头。

(170)北朱雀 *Carpodacus roseus* (Pallas),旅鸟,区系型 O。

遇见地:荒草湖。

(171)长尾雀 *Uragus sibiricus* (Pallas),旅鸟,区系型 O。

遇见地:荒草湖。

(172)黑尾蜡嘴雀 *Eophona migratoria* Hartert,夏候鸟,区系型 K。

遇见地:沙坡头。

(173)灰头鹀 *Emberiza spodocephala* Pallas,夏候鸟,区系型 M。

遇见地:兰铁中卫固沙林场。

(174)田鹀 *Emberiza rustica* Pallas,冬候鸟,区系型 U。

遇见地:荒草湖、高墩湖和小湖。

(175)小鹀 *Emberiza pusilla* Pallas,旅鸟,区系型 U。

遇见地:沙坡头。

(176)红颈苇鹀 *Emberiza yessoensis* (Swinhoe),旅鸟,区系型 O。

遇见地:荒草湖。

(177)苇鹀 *Emberiza pallasi* (Cabanis),旅鸟,区系型 O。

遇见地:沙坡头和长流水。

(178)芦鹀 *Emberiza schoeniclus* Linnaeus,冬候鸟,区系型 U。

遇见地:沙坡头、荒草湖和小湖。

哺乳纲 Mammalia

保护区内哺乳纲动物有 6 目 12 科 24 种。

I. **食虫目** Insectivora

1. 猬科 Erinaceidae

(1)大耳猬 *Hemiechinus auritus* (Gmelin, 1770),区系型 D。

遇见地:沙坡头、孟家湾和腾格里湖区域。

(2)达乌尔猬 *Hemiechinus dauricus* (Sundevall,1842),区系型 D,保护区首次发现。

遇见地:沙坡头。

2. 鼩鼱科 Soricidea

(3)普通鼩鼱 *Sorex araneus* Linnaeus,1758,区系型 U,保护区首次发现。

遇见地:腾格里湖区域和荒草湖。

II. **翼手目** Chiroptera

3. 蝙蝠科 Vespertilionidae

(4)北棕蝠 *Eptesicus nilssonii* (Keyserling & Blasius,1839),区系型 U。

遇见地:迎水桥和中卫。

III. **兔形目**

4. 兔科 Leporidae

(5)草兔 *Lepus capensis* Linnaeus,1758,区系型 O。

遇见地:孟家湾、沙坡头、迎水桥、兰铁中卫固沙林场、小湖、高墩湖和定北墩。

IV. **啮齿目** Rodentia

5. 松鼠科 Sciuridae

(6)阿拉善黄鼠 *Spermophilus alaschanicus* Buchner, 1888,区系型 G。

遇见地:长流水、孟家湾、荒草湖和兰铁中卫固沙林场。

6. 跳鼠科 Dipodiae

(7)五趾跳鼠 *Allactaga sibirica* (Forster,1778),区系型 D。

遇见地:荒草湖。

(8)三趾跳鼠 *Dipus sagitta* (Pallas,1773),区系型 D。

遇见地:荒草湖。

7. 鼠科 Muridae

(9)小家鼠 *Mus musculus* Linnaeus,1758,区系型 O。

遇见地:迎水桥和高墩湖。

(10)褐家鼠 *Rattus norvegicus* (Berkenhout,1769),区系型 U。

遇见地:高墩湖。

8. 仓鼠科 Cricetidae

(11)黑线仓鼠 *Cricetulus barabensis* (Pallas,1773),区系型 U。

遇见地:荒草湖。

(12)长尾仓鼠 *Cricetulus longicaudatus* (Milne-Edwards,1867),区系型 U。

遇见地:荒草湖和兰铁中卫固沙林场。

(13)小毛足鼠 *Phodopus roborovskii* (Satunin,1903),区系型 D。

遇见地:荒草湖。

(14)子午沙鼠 *Meriones meridianus* (Pallas,1773),区系型 D。

遇见地:荒草湖。

(15)长爪沙鼠 *Meriones unguiculatus* (Milne-Edwards,1867),区系型 D。

遇见地:兰铁中卫固沙林场。

(16)大沙鼠 *Rhombomys opimus* (Lichtenstein,1823),区系型 D。

遇见地:沙坡头。

(17)麝鼠 *Ondatra zibethicus* (Linnaeus,1766),区系型 U。

遇见地:夹道村鱼池。

V. **食肉目** Carnivova

9. 犬科 Canidae

(18)赤狐 *Vulpes vulpes* (Linnaeus,1758),区系型 U。

遇见地:荒草湖。

10. 鼬科 Mustelidae

(19)艾鼬 *Mustela eversmanii* Lesson,1827,区系型 U。

遇见地:孟家湾和小湖。

(20)狗獾 *Meles meles* (Linnaeus,1758),区系型 O。

遇见地:沙坡头。

11. 猫科 Felidae

(21)漠猫 *Felis bieti* Milne-Edwards,1892,区系型 D。

遇见地:龙宫湖。

(22)猞猁 *Lynx lynx* (Linnaeus,1758),区系型 U。

遇见地:高鸟墩。

VI. **偶蹄目** Artiodactyta

12. 牛科 Bovidae

(23)岩羊 *Pseudois nayaur* (Hodgson,1833),区系型 P。

遇见地:孟家湾。

(24)鹅喉羚 *Gazella subgutturosa* (Guldenstaedt,1780),区系型 D。

遇见地:沙坡头、荒草湖和定北墩。

注:U 古北型,O 不易归类,M 东北型,D 中亚型,C 全北型,W 东洋型,X 东北-华北型,E 季风型,G 蒙古高原型,P 高地型,喜马拉雅-横断山区 H。

附录 III

昆虫名录

16 目173 科 812 种。

螳螂目 MANTODEA

1. 螳螂科 Mantidae

(1)荒漠方额螳螂 *Eremiaphila* sp. +

采集地:沙坡头,沙管所。1985 年 8 月。取食其他小型昆虫。

蜚蠊目 BLATTODEA

2. 地鳖科 Polyphagidae

(2)中华真地鳖 *Eupolyphaga sinensis* Walker +

生活在室内、野外,栖息于树枝落叶及石块下。杂食性,其雌虫和若虫为药材,为益虫;又能取食各种食品、原料、成品,造成损失。

直翅目 ORTHOPTERA

3. 螽蟖科 Tettigoniidae

(3)腾格里懒螽 *Zichya alashanis* B-Bienko +

采集地:孟家湾。1989 年 6 月。

寄主植物:柠条、莎草科牧草。

(4)皮柯懒螽 *Zichya piechockii* Cejchan + +

采集地:孟家湾、甘塘、香山。1989 年 6 月。

寄主植物:骆驼蓬、红砂、沙蒿等。

(5)中华草螽 *Conocephalus chinensis* Redtenbacher +

采集地:高墩湖。1989 年 6 月。

寄主植物:禾本科和莎草科牧草。

4. 蟋蟀科 Grylloidae

(6)银川油葫芦 *Teleogryllus infernalis* (Saussure) + + +

采集地:兰铁中卫固沙林场。1989 年 8 月。

寄主植物:稻、玉米、白菜、番茄、瓜类、大豆杂草等。

(7)亮褐异针蟋 *Pteronemobius nitidus* (Bolívar) +

采集地:高墩湖。1989 年 6 月。

寄主植物:白菜、大豆、瓜类、杂草等。

5. 蚤蝼科 Tridaetylidae

(8)日本蚤蝼 *Tridactylus japonicus* De Haan + +

采集地:高墩湖、马场湖。1989 年 6 月。

寄主植物:杂草。

6. 蝼蛄科 Gryllotalpidae

(9)华北蝼蛄 *Gryllotalpa unispina* Saussure + + +

采集地:沙管所。1989 年 8 月。

寄主植物:作物种子及根。

(10)东方蝼蛄 *G.orientalis* Burmeister + + +

采集地:沙管所。1989 年 6 月。

寄主植物:作物种子及根。

7. 癞蝗科 Pamphagioae

(11)贺兰突颜蝗 *Pseudotmethis alashanicus* B-Bienko + + +

采集地:陈家湾。1990 年 8 月。

寄主植物:杂草。

(12)甘肃疙蝗 *P. gansuensis* Xi et Zheng +

采集地:孟家湾、长流水。1987 年 7 月。

寄主植物:杂草。

(13)裴氏短鼻蝗 *Filchnerella beicki* Ramme + +

采集地:孟家湾、长流水。1987 年 7 月。

寄主植物:杂草。

(14)突鼻蝗 *Rhinotmethis hummeli* +

采集地:孟家湾。2017 年 7 月。

寄主植物:杂草。

(15)短翅疙蝗 *Pseudotmethis brachypterus* Linnaeus +

采集地:孟家湾、甘塘。2017 年 7 月。

寄主植物:杂草。

(16)景泰突颜蝗 *Eotmethis jintaiensis* Xi et Zheng +

采集地:孟家湾、甘塘。2017 年 7 月。

寄主植物:杂草。

8. 锥头蝗科 Pyrgomorphidae

(17)短额负蝗 *Atractomorpha sinensis* Boliver + +

采集地:荒草湖。1989 年 8 月。

寄主植物:豆类、蔬菜及杂草等。

9. 丝角蝗科 Oedipodidae

(18)中华稻蝗 *Oxya chinensis*(Thunbrg) + +

采集地:黑林农田、小湖。1989 年 8 月。

寄主植物:水稻、禾本科杂草。

(19)宁夏束颈蝗 *Sphingonotus ningsianus* Zheng et Gow +

采集地:陈家湾、固沙。1989 年 8 月。

寄主植物:杂草、作物。

(20)盐池束颈蝗 *S.yenchinensis* Cheng et Chiu + + +

采集地:陈家湾、沙管所。1989 年 8 月。

寄主植物:杂草、作物。

(21)岩石束颈蝗 *Sphingonotus nebulosus* +

采集地:长流水。2017 年 8 月。

寄主植物:杂草。

(22)黑翅束颈蝗 *S.obscuratus latissmus* Uvarov +

采集地:孟家湾、红卫。1989 年 6 月。

寄主植物:杂草。

(23)蒙古蚍蝗 *Eremippus mongolicus* Ramme + + +

采集地:人工固沙封育初期。1996 年 7 月

寄主植物:禾本科·牧草。

(24)大垫尖翅蝗 *Epacromius coerulipes* (Ivan)+ +

采集地:沙管所、高墩湖。1989 年 8 月。

寄主植物:玉米、大豆、苜蓿等。

(25)花胫绿纹蝗 *Aiolopus tamulus* (Fab.) + +

采集地:沙管所、小湖。1989 年 8 月。

寄主植物:禾本科杂草。

(26)黑条小车蝗 *Oedaleus decorus decorus* (Germar.) + +

采集地:兰铁中卫固沙林场、高墩湖。1989 年 6 月。

寄主植物:牧草。

(27)亚洲小车蝗 *O.decorus asiaticus* B.-Bienko + +

采集地:沙管所。1989 年 8 月。

寄主植物:牧草及玉米、高粱、小麦、大豆等。

(28)黄胫小车蝗 *O.infernalis* Saussure ++

采集地:兰铁中卫固沙林场。1989 年 8 月。

寄主植物:禾本科植物。

(29)素色异爪蝗 *Euchorthippus unicolor* (Ikor.) + +

采集地:马场湖。1989 年 8 月。

寄主植物:禾本科植物。

(30)永宁异爪蝗 *E.yungningensis* Chen et Chiu + + +

采集地:马场湖。1989 年 8 月。

寄主植物:禾本科植物。

(31)邱氏异爪蝗 *E. cheui* Hsia +

采集地:沙坡头。2017 年 8 月。

寄主植物:禾本科植物。

(32)细矩蝗 *Leptopternis gracilse* (Ev.) + + +

采集地:陈家湾。1990 年 7 月。

寄主植物:杂草。

(33)东亚飞蝗 *Locusta migratoria manilensis* L. +

采集地:小湖。1987 年 7 月。

寄主植物:芦苇、茅草、狗尾草等。

(34)黑腿星翅蝗 *Calliptamus barbarus*（Costa） +

采集地:陈家湾。1989 年 6 月。

寄主植物:牧草。

(35)黑翅痂蝗 *Bryodema nigroptera* Zheng et Gow +

采集地:陈家湾、红卫。1986 年 7 月。

寄主植物:杂草。

(36)蒙古疣蝗 *Trilophidia aunulata*（Thunberg） +

采集地:沙管所。1989 年 6 月。

寄主植物:禾本科杂草。

(37)雏蝗 *Chorthippus* sp1 +

采集地:孟家湾。2017 年 7 月。

寄主植物:禾本科杂草。

(38)雏蝗 *C.* sp2 +

采集地:孟家湾。2017 年 7 月。

寄主植物:禾本科杂草。

(39)短星翅蝗 *Calliptamus abbreviatus* Ikonn. + +

采集地:孟家湾。2017 年 7 月。

寄主植物:禾本科杂草。

10. 剑角蝗科 Acrididae

(40)中华剑角蝗 *Acrida cinerea* Thunbery +

采集地:高墩湖。1989 年 9 月。

寄主植物:杂草。

(41)日本蚱 *Tetrix japonica*（Bol.） + + +

采集地:荒草湖、高墩湖。1989 年 6 月。

寄主植物:杂草。

(42)长翅长背蚱 *Paratettix uvarovi* Semenov +

采集地:小湖。1989 年 6 月。

寄主植物:杂草。

革翅目 DERMAPTERA

11. 蠼螋科Labduridae

(43)红褐蠼螋 *Forficula scudderi* Bormans +

采集地:沙管所。1990 年 6 月。杂食性。

(44)日本蠼螋 *Labidura japonica* De Haan + +

采集地:黑林村农田。1989 年 6 月。肉食性,取食其他昆虫。

襀翅目 PLECOPTERA

12. 石蝇科 Perlidae

(45)黑角石蝇 *Kamimuria quadrata* Klapalek +

采集地:高墩湖。1989 年 6 月。水生昆虫、有利于水的净化。

蜉蝣目 EPHEMERIDA

13. 四节科Baetidae

(46)双翅蜉蝣 *Cloeon dipterum* Linne. + +

采集地:沙管所。1989 年 9 月。水生昆虫。

蜻蜓目 ODONATA

14. 蜓科 Aeschnidae

(47)碧伟蜓 *Anax parthenope julius* Brauer + +

采集地:高墩湖。1986 年 6 月。取食小飞虫。

(48)双斑圆臀大蜓 *Anotofaster kuchenbeiseri* Foerster +

采集地:小湖。2017 年 7 月。取食小飞虫。

(49)杂色蜓 *Aeschna mixta* (Latreille) +

采集地:腾格里湖。2017 年 7 月。取食小飞虫。

(50)黑纹伟蜓 *Anax nigrofasciatus* Oguma +

采集地:小湖。1989 年 9 月。取食小飞虫。

15. 蜻科 Libellulidae

(51)秋赤蜻 *Sympetrum frequens*（Selys） + +

采集地:小湖。1989 年 8 月。取食小飞虫。

(52)黄腿赤晴 *S. imitens* Selys + + +

采集地:小湖、马场湖。1989 年 6 月。取食小飞虫。

(53)褐顶赤蜻 *S.infuscatum*（Selys）+

采集地:高墩湖。1989 年 6 月。取食小飞虫。

(54)大黄赤蜻 *S.uniforme*（Selys） +

采集地:小湖。1989 年 8 月。取食小型昆虫。

(55)四川赤蜻 *S.stroilatum imitoides* Bartenef +

采集地:定北墩。1989 年 6 月。取食小型昆虫。

(56)小黄赤蜻 *S.kuncheli*（Selys） + +

采集地:黑林农田。1990 年 8 月。取食小型昆虫。

(57)夏赤卒 *S.darwinianum*（Selys） + +

采集地:马场湖。1990 年 9 月。取食小型昆虫。

(58)黄蜻 *Pantala flavescens* Fabricius + + +

采集地:兰铁中卫固沙林场。1987 年 7 月。取食小型昆虫。

(59)旭光赤蜻 *Sympetrum hypomelas* Selys +

采集地:高墩湖。2017 年 7 月。取食小飞虫。

(60)半黄赤蜻 *Sympetrum croceolum* Selys +

采集地:马场湖。2017 年 7 月。取食小飞虫。

(61)异色多纹蜻 *Deielia phaon* Selys +

采集地:高墩湖。1989 年 6 月。取食小虫。

(62)白尾灰蜻 *Orthetrum albistylum* Selys + +

采集地:马场湖、高墩湖。1989 年 6 月。取食小虫。

(63)线痣灰蜻 *O. lineostigma* Selys +

采集地:马场湖。2017 年 7 月。取食小飞虫。

16. 蟌科 Coenagriidae

(64)褐斑异痣蟌 *Ischnuea senegalensis*（Rambur）+ + +

采集地:荒草湖、高墩湖。1987 年 7 月。取食小虫。

(65)翠纹蟌 *Enallagma deserti* Circulatum + +

采集地:高墩湖。1989 年 6 月。取食小虫。

(66)七纹尾蟌 *Cercion plagiosum*（Needham） + +

采集地:高墩湖。1987 年 7 月。取食小型昆虫。

(67)海洛尾蟌 *Coenagrion hieroglyphicum*（Brauer） + +

采集地:黑林村农田。1990 年 8 月。取食小型昆虫。

17. 扇蟌科 Piatycnemididae

(68)长腹扇蟌 *Coeliccia* sp. + + +

采集地:黑林村农田、兰铁中卫固沙林场。1989 年 6 月。取食小虫。

18. 丝蟌科 Lestidae

(69)刀尾丝蟌 *Lestes barbara*（Fabricius） + + +

采集地:小湖、荒草湖、沙管所。1989 年 6 月。取食小虫。

(70)白扇蟌 *Platycnemis foliacea* Selys +

采集地:小湖、腾格里湖。2017 年 7 月。取食小虫。

缨翅目 THYSANOPTERA

19. 蓟马科 Thripidae

(71)烟蓟马 *Thrips tabaci* Linn. + +

采集地:管理所菜田。1989 年 6 月。

寄主植物:葱、蒜、马铃薯、烟草等。

(72)枸杞(印度)裸蓟马 *Psilothrips indicus* Bhatti + + +

采集地:美丽渠、管理所。1990 年 8 月。

寄主植物:枸杞。

(73)花蓟马 *Frankliniella intonsa*（Trybom） + + +

采集地:管理所、黑林村农田。

寄主植物:水稻、蚕豆、苜蓿等植物花器上。

(74)禾蓟马 *Frankliniella tenuicornis*（Uzel） + +

采集地：管理所、黑林村农田。

寄主植物：禾谷类作物、杂草。

(75)塔六点蓟马 *Scolothrips takahashii* Priesner + +

采集地：沙坡头草地。1990 年 8 月。捕食多种叶螨、蚜虫。

20. 管蓟马科 Phleothripidae

(76)稻管蓟马 *Haolothrips aculeatus*（Fabri.） + + +

采集地：荒草湖。1990 年 8 月。

寄主植物：禾谷类作物、杂草。

21. 纹蓟马科 Aeolothripidae

(77)横纹蓟马 *Aeolothrips fasciatus* Linne. + + +

采集地：荒草湖。1990 年 8 月。苜蓿及多种植物花、叶上取食其他小型昆虫。

半翅目 HEMIPTERA

22. 划蝽科 Corixidae

(78)横纹划蝽 *Sigara substriata* Uhler + + +

采集地：小湖、高墩湖、马场湖。1989 年 6 月。取食水生昆虫。

(79)狄氏夕划蝽 *Sigara distanti*（Kirkaldy） + +

采集地：小湖、高墩湖、马场湖。1989 年 6 月。捕食水生昆虫。

23. 黾蝽科 Gerridae

(80)水黾 *Aquarium paludum* Fabricius + +

采集地：马场湖、沙管所。1989 年 6 月。捕食蝇类、飞虱、叶蝉等。

24. 田鳖科 Belostomatidae

(81)日本负子蝽 *Diplonychus japonicus*（Vuill.） +

采集地：沙坡头。1989 年 7 月。捕食水生昆虫。

25. 蝽科 Pentatomidae

(82)东亚果蝽 *Carpocoris seidenstiickeri* Tamanimi + + +

采集地：沙管所。1989 年 9 月。

寄主植物：小麦、苜蓿等。

(83)紫翅果蝽 *Carpocoris purpureipennis* Geer ++

采集地:沙坡头。1989 年 6 月。

寄主植物:沙枣。

(84)西北麦蝽 *Aelia sibirica* Reuter +

采集地:荒草湖。1989 年 8 月。

寄主植物:小麦。

(85)多毛实蝽 *Antheminia varicornis* (Jakovlev) ++

采集地:高墩湖、马场湖。1989 年 6 月。

寄主植物:小麦、黄豆。

(86)细毛蝽 *Dolycoris baccarum* (Linne) +++

采集地:沙管所、黑林村、小湖。1989 年 9 月。

寄主植物:小麦、亚麻、萝卜、豆类等。

(87)沙枣蝽 *Rhaphigaster brevispina* Horvath +++

采集地:沙管所、林场等。1989 年 9 月。

寄主植物:沙枣、杨柳等。

(88)菜蝽 *Eurydema dominulus* (Scopoli) ++

采集地:黑林村农田、兰铁中卫固沙林场。1989 年 6 月。

寄主植物:十字花科蔬菜。

(89)横纹菜蝽 *E. gebleri* Kolenati +

采集地:固沙、荒草湖。1989 年 8 月。

寄主植物:十字花科蔬菜及油料。

(90)横斑蝽 *Tolumnia basalis* (Dallas) +

采集地:沙坡头。1989 年 6 月。

寄主植物:不详。

(91)小黄蝽 *Piezodorus rubrofaciatus* Fabr. +

采集地:沙管所。1990 年 8 月。

寄主植物:豆类、小麦、玉米、水稻等。

(92)长绿蝽(苍蝽)*Brachynema germarii* Kolenati ++

采集地:沙坡头。1989 年 8 月。

寄主植物:油蒿、白沙蒿。

(93)稻绿蝽 *Nezara viriduia*（Linn） + +

采集地:沙管所、迎闫路。1989 年 6 月。

寄主植物:水稻、麦类、大豆等。

(94)茶翅蝽 *Halyonorpha halys*（Stal.） + +

采集地:沙坡头。2017 年 6 月。

寄主植物:苹果、梨树等。

26. 土蝽科 Cydnidae

(95)领土蝽 *Chilocoris* sp. +

采集地:黑林村农田。1994 年 6 月。

寄主植物:杂草根。

(96)黄伊土蝽 *Aethus flavicoris*（Fabr.） + +

采集地:长流水。2017 年 7 月。

寄主植物:杂草根。

27. 缘蝽科 Coreidae

(97)刺腹颗缘蝽 *Coriomeris nigridens* Jakoviev +

采集地:兰铁中卫固沙林场。1990 年 6 月。

寄主植物:不详。

(98)刺缘蝽 *Centrocoris kolenati* Puton +

采集地:沙坡头。1989 年 6 月。

寄主植物:不详。

(99)闭环缘蝽 *Stictopleurus nysioides* Reuter +

采集地:兰铁中卫固沙林场。1989 年 8 月。

寄主植物:不详。

(100)开环缘蝽 *Stictopleurus minutus* Blote +

采集地:兰铁中卫固沙林场。1989 年 8 月。

寄主植物:不详。

28. 扁蝽科 Aradidae

(101)文扁蝽 *Aradus hieroglyphicus* Sahberg +

采集地:沙管所。1989 年 6 月。

寄主植物:不详。

29. 长蝽科 Lygaenidae

(102)横带红长蝽 *Lygaeus equestris*（Linne） + + +

采集地:孟家湾、定北墩、高墩湖。1989 年 6 月。

寄主植物:白菜、甘蓝及十字花科植物。

(103)沙地大眼长蝽 *Geocoris arenaris*（Jakovlev） +

采集地:沙管所。1989 年 8 月。

寄主植物:沙蓬、艾蒿。

(104)类红长蝽 *Lygaeus similans* Decker

采集地:沙管所。1989 年 8 月。

寄主植物:沙蓬、艾蒿。

(105)巨膜长蝽 *Jakowleffia setulosa*（Jak.） +

采集地:沙坡头。2017 年 8 月。

寄主植物:不详。

(106)毛角长蝽 *Hyalicoris pilicornis* Jak. +

采集地:沙坡头。2017 年 8 月。

寄主植物:不详。

30. 网蝽科 Tingidae

(107)沙柳网蝽 *Monstira unicostata* Mulsantet et Key + + +

采集地:孟家湾、沙坡头、马场湖。1989 年 6 月。

寄主植物:沙柳等。

31. 盲蝽科 Miridae

(108)赤须盲蝽 *Trigonotylus ruficornis* Geoffroy + + +

采集地:兰铁中卫固沙林场。1989 年 8 月。

寄主植物:小麦、玉米等。

(109)四斑苜蓿盲蝽 *Adelphocoris quadripunctatul* Fabr. + + +

采集地:兰铁中卫固沙林场。1989 年 8 月。

寄主植物:苜蓿、杂草。

(110)苜蓿盲蝽 *A.Lineolatus* Goetze + + +

采集地:沙管所。1989 年 8 月。

寄主植物:苜蓿等牧草。

(111)三点苜蓿盲蝽 *A.fasciaticollis* Reuter +

采集地:沙管所。1989 年 9 月。

寄主植物:苜蓿、大豆及牧草。

(112)牧草盲蝽 *Lygus pratensis* Zinnneus + + +

采集地:兰铁中卫固沙林场、沙管所。1989 年 8 月。

寄主植物:苜蓿及豆类、小麦等。

(113)绿盲蝽 *Lygus lucorum* (Meyer-Dur) + + +

采集地:小湖、沙管所、高鸟墩。1989 年 6 月。

寄主植物:豆科植物及蔬菜。

(114)瓦氏草盲蝽 *L. wagneri* Rem. +

采集地:沙坡头。2017 年 8 月。

寄主植物:不详。

(115)长毛草盲蝽 *L. rugulipennis* Popp. +

采集地:沙坡头。2017 年 8 月。

寄主植物:不详。

(116)草盲蝽属未定种 *L.* sp. +

采集地:沙坡头。2017 年 8 月。

寄主植物:不详。

(117)黑食蚜盲蝽 *Deraeocoris punctulotus* Fall. + + +

采集地:黑林农田、沙管所、马场湖。1989 年 8 月。捕食蚜虫。

(118)光滑狭盲蝽 *Stenodema laevigata* (Linn.) +

采集地:沙管所、马场湖。1989 年 6 月。

寄主植物:禾谷类植物。

32. 花蝽科 Anthocoridae

(119)蒙新原花蝽 *Anthocoris pilosus* (Jakovlev) + +

采集地:沙管所、迎闫路。1989 年 6 月。取食枸杞蚜虫、木虱等。

(120)西伯利亚原花蝽 *Anthocoris sibiricus* Reuter + + +

采集地:沙管所、美丽渠。1989 年 6 月。取食柳树蚜虫等。

32. 姬蝽科 Nabidae

(121)暗色姬蝽 *Nabis stenoferus* Hsiao +

采集地:荒草湖。1989 年 6 月。取食蚜虫、红蜘蛛、鳞翅目昆虫卵。

(122)华姬蝽 *Nabis sinoferus* Hsiao + +

采集地:高鸟墩。1989 年 6 月。取食蚜虫、叶蝉、盲蝽若虫和蛾卵。

(123)柽姬蝽 *Aspilaspis pallida* (Fieber) + +

采集地:沙坡头。1989 年 6 月。取食柽柳、沙蒿蚜虫、盲蝽。

34. 猎蝽科 Reduviidae

(124)枯猎蝽 *Vachiria clavicornis* Hsiao et Ren + +

采集地:沙坡头。1990 年 6 月。取食柽柳、沙蒿、沙边蚜虫、盲蝽等。

(125)伏刺猎蝽 *Reduvius testaceus* Herrich-Schaeffer +

采集地:孟家湾。2017 年 7 月。取食其他昆虫。

同翅目 HOMOPTERA

35. 叶蝉科 Cicadellidae

(126)蒿小绿叶蝉 *Empoasca* sp. + +

采集地:孟家湾所。2017 年 8 月。

寄主植物:沙蒿、艾蒿。

(127)黑尾片角叶蝉 *Idiocerus koreanus* Matsumura +

采集地:四泵站。1989 年 6 月。

寄主植物:柳。

(128)斑颜片角叶蝉 *Idiocerus* sp. + + +

采集地:小湖。1989 年 6 月。

寄主植物:杂草。

(129)栗色乌叶蝉 *Penthimia castanea* Walker + + +

采集地:兰铁中卫固沙林场。1989 年 6 月。

寄主植物:不详。

(130)胡桃黄纹叶蝉 *Oncopsis juglans* Matsumura +

采集地:兰铁中卫固沙林场。1990 年 6 月。

寄主植物:桃。

(131)褐脊匙头叶蝉 *Parabolocratus prasinus* Matsumure +

采集地:沙坡头。1989 年 6 月。

寄主植物:杂草。

(132)条沙叶蝉 *Psammotettix striatus*(Linne.) + +

采集地:沙坡头、沙管所。1989 年 6 月。

寄主植物:小麦、水稻。

(133)锈光小绿叶蝉 *Apheliona ferruginea* Mats.+

采集地:四泵站。1989 年 6 月。

寄主植物:杨树等。

(134)一字显脉叶蝉 *Paramesus lineaticolis* Distant +

采集地:高墩湖。1989 年 6 月。

寄主植物:杂草。

(135)白脉冠带叶蝉 *Paramesodes albinervosa* Matsumura + +

采集地:荒草湖。1989 年 6 月。

寄主植物:杂草。

(136)一点木叶蝉 *Thamnotettix cyclops*(Mulsant et Rey) +

采集地:兰铁中卫固沙林场。1990 年 6 月。

寄主植物:杂草。

(137)六点叶蝉 *Cicadula sexnotata*(Fallen) + +

采集地:高鸟墩。1989 年 6 月。

寄主植物:禾本科植物。

(138)大青叶蝉 *Tettigoniella viridis* Linne. + + +

采集地:沙管所。1990 年 9 月。

寄主植物:苹果、桃及杂草。

(139)榆叶蝉 *Empoasca bipunctata* Oshorm + + +

采集地:沙管所。1990 年 9 月。

寄主植物:榆树、甘草。

36. 耳蝉科 Ledride

(140)窗耳叶蝉 *Ledra auditura* Walkor + +

采集地:沙管所。1989 年 9 月。

寄主植物:果树。

37. 菱蝉科 Cixiidae

(141)端斑脊菱蜡蝉 *Oliarus apicalis* Uhler +

采集地:马场湖。1989 年 6 月。

寄主植物:不详。

38. 飞虱科 Delphacidae

(142)灰飞虱 *Laodelphax striatella* Fallen + +

采集地:黑林农田。1990 年 8 月。

寄主植物:小麦、杂草。

(143)白背飞虱 *Sogatella furcifera*(Horvath) +

采集地:沙管所、黑林。1989 年 6 月。

寄主植物:水稻。

(144)稗飞虱 *S.Longifurcifare*(Esaks et Ishihara) +

采集地:兰铁中卫固沙林场。1989 年 6 月。

寄主植物:水稻。

39. 蝉科 Cicadidae

(145)辐射蝉 *Melampsalta radiator* Uhler +

采集地:林场。

寄主植物:榆树、杂草。

40. 角蝉科 Membracidae

(146)黑圆角蝉 *Gargara genistae* Amyot et Serville + +

采集地:沙坡头、兰铁中卫固沙林场。1990 年 6 月。

寄主植物:蒿类、柠条等。

41. 木虱科 Psylidae

(147)沙枣木虱 *Trioza magnisetosa* Log. + + +

采集地:兰铁中卫固沙林场、荒草湖。1989 年 6 月。

寄主植物:沙枣。

(148)槐木虱 *Psylla willieti* Wu +

采集地:沙坡头、兰铁中卫固沙林场。1989 年 6 月。

寄主植物:国槐。

(149)枸杞木虱 *Paratrioza sinica* Yang et Li +

采集地:美丽渠。1998年7月。

寄主:枸杞。

42. 蜡蚧科 Coccidae

(150)皱大球蚧 *Eulecanium kuwanai* (Kanda) + +

采集地:沙坡头。1989年6月。

寄主植物:国槐。

(151)朝鲜球坚蚧 *Didesmococcus koreanus* Borchsenius + +

采集地:林场果园。1989年6月。

寄主植物:桃、李、杏等。

(152)糖槭蚧 *Parthenolecanium corni* (Bouchs) + +

采集地:美丽渠。1994年6月。

寄主植物:刺槐、紫穗槐、梨。

(153)枣大球蚧 *Eulecanium gigantea* (Shinji) + + +

采集地:林场果园。1989年6月。

寄主植物:枣、榆。

43. 盾蚧科 Diaspididae

(154)沙枣密蛎蚧 *Mytilaspis conchiformis* (Gmellin) + + +

采集地:沙坡头、兰铁中卫固沙林场。1995年7月。

寄主植物:沙枣。

(155)梨星片盾蚧 *Parlatoreopsis pyri* (Marlatt) + +

采集地:管理所果园。1989年6月。

寄主植物:梨、沙果、杨树等。

(156)微孔雪盾蚧 *Chionaspis micropori* Marlatt + +

采集地:沙坡头、兰铁中卫固沙林场。1998年6月。

寄主植物:沙柳、旱柳。

(157)孟雪盾蚧 *Chionaspis motana* Borchs + +

采集地:沙坡头、兰铁中卫固沙林场。1997年6月。

寄主植物:沙柳、青杨。

(158)柳雪盾蚧 *Chionaspis salicis* (Linn.) + +

采集地:沙坡头、兰铁中卫固沙林场。1993年7月。

寄主植物:杨、柳。

(159)杨笠盾蚧 *Quadraspidiotus gigus* Thiem et Gern ＋＋＋＋

采集地:沙坡头、兰铁中卫固沙林场。

寄主植物:杨、柳枝干。

44. 珠蚧科 Margarodidae

(160)宁夏胭脂蚧 *Porphyrophora ningxiana* Yang ＋

采集地:沙坡头。1995 年 6 月。

寄主植物:花棒、小花棘豆、甘草等。

45. 粉蚧科 Psaudococcidae

(161)苹果绵粉蚧 *Phenacoccus mespili*（Geoffr.）＋

采集地:林场果园。1989 年 8 月。

寄主植物:苹果、沙果、梨等。

(162)蒿粒粉蚧 *Coccura convexa* Borchs ＋

采集地:沙坡头。1995 年 6 月。

寄主植物:沙蒿根部。

46. 大蚜科 Lachnidae

(163)侧柏大蚜 *Cinara tujafilina* Del Guercio ＋＋

采集地:沙管所。1996 年 6 月。

寄主植物:侧柏。

(164)柳瘤大蚜 *Tuberolachnus salignus*（Gmelin）＋＋

采集地:美丽渠、管理所。1989 年 9 月。

寄主植物:柳树。

47. 蚜科 Aphididae

(165)豆蚜 *Aphis craccivora* Koch ＋＋＋

采集地:沙管所。1990 年 6 月。

寄主植物:蚕豆。

(166)花生苜蓿蚜 *Aphis medicaginis* Koch ＋＋

采集地:沙坡头。2017 年 7 月。

寄主植物:紫花苜蓿。

(167)甘草蚜 *A. craccivora usana* ＋＋

采集地:沙坡头。2017年7月。

寄主植物:豆科。

(168)艾蚜 *A. kurosawai* + +

采集地:长流水。2017年7月。

寄主植物:茵陈蒿。

(169)中国槐蚜 *Aphis phisrobiniae* Maconiati + + +

采集地:沙坡头。1995年7月。

寄主植物:刺槐。

(170)柳二尾蚜 *Cavariella salicicola*(Matsumura) + +

采集地:美丽渠。1989年9月。

第一寄主植物:柳树;第二寄主植物:芹菜。

(171)麦长管蚜 *Sitobion arenae*(Fabr.) + + +

采集地:黑林农田。1990年6月。

寄主植物:小麦。

(172)萝卜蚜 *Lipaphis erysimi*(Kaltenbach) + +

采集地:沙管所。1990年6月。

寄主植物:萝卜。

(173)甘蓝蚜 *Brevicoryne brassicae*(Linne.) + + +

采集地:沙管所。1990年6月。

寄主植物:甘蓝、白菜等蔬菜。

(174)桃粉大尾管蚜 *Hyalopterus amygdali* Blanchard + +

采集地:沙管所。1990年10月。

寄主植物:桃树。

(175)麦缢管蚜 *Rhopalosiphum padi*(Linne.) + +

采集地:黑林村农田。1990年6月。

寄主植物:小麦。

(176)玉米蚜 *R.Maidis*(Fitch) +

采集地:荒草湖。1989年6月。

寄主植物:玉米。

(177)麦二叉蚜 *Schizaphis graminum*(Rondari) + +

采集地:黑林农田。1990 年 6 月。

寄主植物:小麦。

(178)梨二叉蚜 *Schizaphis piricola* (Matsumura) +

采集地:兰铁中卫固沙林场。1990 年 6 月。

寄主植物:梨。

(179)杨蚜 *Chaitophrus populialba* Boyer & Fonse + + +

采集地:兰铁中卫固沙林场。1990 年 6 月。

寄主植物:杨树。

(180)桃瘤蚜 *Tuberocephalus momonis* (Gatsumura) + + +

采集地:沙管所园内。1990 年 6 月。

寄主植物:桃。

48. 绵蚜科 Pemphigidae

(181)秋四脉绵蚜 *Tetraneura akinire* Sasaki + + +

采集地:黑林村。1989 年 10 月。

第一寄主植物:榆树;第二寄主植物:玉米等禾本科植物。

(182)杨枝瘿绵蚜 *Pemphigus immunis* Buckton +

采集地:林场。1989 年 4 月。

寄主植物:杨树。

49. 粉虱科 Aleyrodidae

(183)温室粉虱 *Trialeurodes vaporariorum* (Westwood) + + + +

采集地:黑林农田、管理所菜地。1989 年 8 月。

寄主植物:番茄、芹菜、豇豆等蔬菜。

脉翅目 NEUROPTERA

50. 草蛉科 Chrysopidae

(184)晋草蛉 *Chrysopa shansiensis* Kuwaysma + + +

采集地:沙管所。1989 年 6 月。取食多种蚜虫及小虫。

(185)叶色草蛉 *C.phyllochroma* Wesmael + + +

采集地:高墩湖、中卫。1989 年 6 月。取食蚜、盲蝽。

(186)丽草蛉 *C.formosa* Braner ＋＋

采集地:荒草湖。1989 年 6 月。取食盲蝽、蚜虫等小型昆虫

(187)大草蛉 *Chrysopa pallens*（Rambur） ＋＋＋

采集地:沙管所。1989 年 9 月。取食蚜虫等小型昆虫。

(188)白线草蛉 *Chrysopa albolineata* Kill ＋

采集地:沙坡头。1989 年 6 月。取食蚜虫等。

(189)中华草蛉 *C.sinica* Tisder ＋＋＋

采集地:沙管所。1989 年 6 月。取食蚜虫等小型昆虫。

(190)黄褐草蛉 *C.yatsumatsui* Kuwayama

采集地:沙坡头。2017 年 7 月。取食蚜虫等。

51. 蚁蛉科 Mymeleontidae

(191)中华东蚁蛉 *Euroleon sinicus*（Navas） ＋＋＋

采集地:孟家湾。1989 年 6 月。取食小型昆虫。

(192)湖边蚁蛉 *Crocus solers* Walker ＋＋＋

采集地:高墩湖。1989 年 6 月。取食小型昆虫。

(193)姬蚁蛉 *Gama matsuokae* Okamoto ＋＋

采集地:高墩湖。1989 年 6 月。取食小型昆虫。

(194)二点胸蚁蛉 *Myrmeleon* sp ＋＋

采集地:高墩湖。1989 年 6 月。取食小型昆虫。

(195)褐纹树蚁蛉 *Dendroleon pantherius* Fab. ＋＋

采集地:荒草湖。2017 年 6 月。取食小型昆虫。

(196)斜纹点脉蚁蛉 *Myrmecaelurus* sp. ＋＋

采集地:沙管局基地。2017 年 6 月。取食小型昆虫。

毛翅目 TRICHOPTERA

52. 长角石蛾科 Leptoceridae

(197)长角石蛾 *Nothopsyche pallipes* Banks ＋＋

采集地:沙管所、黑林农田。1989 年 9 月。

寄主植物:水稻及水生植物。

53. 小石蛾科 Hydroptilidae

(198)小石蛾 *Setodes* sp +

采集地:沙管所。1989 年 9 月。

寄主:不详。

(199)禾黄缺纹石蛾 *Potamyia straminer* Mclachlan ++

采集地:腾格里湖区域。2017 年 9 月。

寄主:灯下诱集寄主不详。

鳞翅目 LEPIDOPTERA

54. 木蠹蛾科 Cossidae

(200)芳香木蠹蛾 *Cossus cossus* Linna. + + + +

采集地:沙管所。1995 年 6 月。

寄主植物:杨、柳、榆、槐、苹果等树。

(201)榆木蠹蛾 *Holcocerus vicarious* Walker + + +

采集地:沙管所。1990 年 6 月。

寄主:榆树。

(202)沙蒿木蠹蛾 *Holcocerus artemisiae* Chou et Hub + + +

采集地:小湖、迎闫路。1989 年 6 月。

寄主植物:黑沙蒿、白沙蒿。

(203)灰苇蠹蛾 *Phragmataecia castaneae*（Hübner）+

采集地:沙坡头。1989 年 8 月。

寄主植物:芦苇。

(204)卡氏木蠹蛾 *Isoceras kaszabi* Daniel +

采集地:沙坡头。1989 年 6 月。

寄主植物:沙蒿。

(205)沙柳木蠹蛾 *Holcocerus arenicola* Staudinger + +

采集地:沙坡头、泵站等。1989 年 6 月。

寄主植物:沙枣、杨、柳等。

55. 谷蛾科 Tineidae

(206)褐斑谷蛾 *Homalpsycha agglutinata* Meyrick + +

采集地:沙坡头。1989 年 5 月。室内取食贮藏品。

(207)四点谷蛾 *Tinea tugurialis* Meyrick + +

采集地:沙坡头。1989 年 5 月。室内取食贮藏品。

56. 菜蛾科 Plutellidae

(208)小菜蛾 *Plutella xylostella*（Linne） + + +

采集地:沙管所。1989 年 6 月。

寄主植物:白菜等多种蔬菜。

57. 麦蛾科 Gelechiidae

(209)麦蛾 *Sitotroga cerealella* Olivier + + +

采集地:沙坡头。

寄主植物:小麦、大豆、玉米等。

58. 透翅蛾科 Aegeriidae

(210)杨大透翅蛾 *Aegeria apiformis* Cl. + +

采集地:沙管所。1987 年 7 月。

寄主植物:杨树。

(211)杨透翅蛾 *Paranthrene tabaniformis* Rottemberg + + +

采集地:沙管所。1987 年 7 月。

寄主植物:杨树。

59. 巢蛾科 Yponomeutidae

(212)苹果巢蛾 *Yponomeuta padella* Linne. +

采集地:沙管所。1987 年 7 月。

寄主植物:苹果。

60. 举肢蛾科 Heliodinidae

(213)北京举肢蛾 *Beijinga utila* Yang + + +

采集地:黑林村果园。1987 年 7 月。幼虫寄生于槐、杨、枣等上的花球蚧。

61. 潜蛾科 Lyonetiidae

(214)杨白潜蛾 *Leucoptera susinella* Herrich-Schaffer + + +

采集地:沙管所。1996 年 7 月。

寄主植物:杨树。

(215)桃潜蛾 *Lyonetia clerkella* Linne. + +

采集地:黑林村果园。1991 年 7 月。

寄主植物:桃、苹果等。

62. 卷蛾科 Tortricidae

(216)梨小食心虫 *Gropholitha molesta*(Busck) +

采集地:黑林村果园。1989 年 7 月。

寄主植物:梨、苹果等。

(217)沙枣卷蛾 *Aphania geminate* Walshingham + + +

采集地:沙管所、林场。1997 年 7 月。

寄主植物:沙枣。

(218)苹果顶梢卷蛾 *Spilonota lechriaspis* Weyrick + + +

采集地:黑林村果园。1998 年 7 月。

寄主植物:苹果等。

(219)桃白小卷蛾 *Spilonota albicana* Motschulsky + +

采集地:黑林村果园。1993 年 7 月。

寄主植物:桃、梨、苹果等。

(220)苹果蠹蛾 *Cydia pomonella*(L.) + +

采集地:沙坡头果园。2016 年 7 月。

寄主植物:苹果等。

(221)柠条豆荚小卷蛾 *Cydia nigricana*(Fabricius) + +

采集地:沙坡头。2017 年 7 月。

寄主植物:柠条。

(222)小常双斜卷蛾 *Lepois pallidena*(F.) + +

采集地:沙坡头。2017 年 7 月。

寄主植物:不详。

63. 小卷蛾科 Olethreutidae

(223)杨柳小卷叶蛾 *Gypsonoma minutana* Hubcr +

采集地:沙管所。1989 年 6 月。

寄主植物:杨、柳。

(224)苹果小卷蛾 *Laspeyresia pomonella*（Linnaeus） +

采集地:沙坡头。1985 年 5 月。

寄主植物:苹果。

64. 蛀果蛾科 Carposinidae）

(225)桃蛀果蛾 *Carposina niponensis* Walsingham + + +

采集地:黑林村果园。1987 年 9 月。

寄主植物:苹果、桃、梨等。

65. 螟蛾科 Pyralididae

(226)桃蠹螟 *Dichocrocis punctiferalis* Gpuenee +

采集地:沙管所。1989 年 9 月。

寄主植物:桃、梨、向日葵、玉米、高粱、马尾松等。

(227)白边灰斑螟 *Hamoeosoma subcretacella* R. + +

采集地:沙管所。1989 年 8 月。

寄主植物:杂草。

(228)大豆卷叶螟 *Lamprosema indicata* Fabricius +

采集地:沙管所。1989 年 8 月。

寄主植物:大豆、菜豆等豆科植物及玉米。

(229)紫斑螟 *Pyralis farinalis* Linn. +

采集地:沙坡头。1989 年 6 月。

寄主植物:杂草。

(230)豆野螟 *Maruca testulalis* Geyer + +

采集地:沙管所。1989 年 9 月。

寄主植物:豆科植物。

(231)杨卷叶螟 *Botyodes diniasalis* Walker + +

采集地:沙管所。1989 年 8 月。

寄主植物:小叶杨。

(232)亚洲玉米螟 *Ostrinia fornacalis*（Hubner） + + +

采集地:沙管所。1989 年 6 月。

寄主植物:玉米。

(233)欧洲玉米螟 *O. nubilalis*（Hubener） + +

采集地:黑林村农田。1990 年 6 月。

寄主植物:玉米。

(234)草地螟 *Loxostege sticticalis* Linne. + + +

采集地:沙管所。1989 年 8 月。

寄主植物:大豆、马铃薯、胡萝卜、苜蓿等。

(235)黄草地螟 *Loxostege verticalis* Linne. + + +

采集地:沙管所。1989 年 8 月。

寄主植物:苜蓿。

(236)甜菜褐卷叶螟 *Hymemia recurualis* Fabricius + +

采集地:沙管所。1989 年 9 月。

寄主植物:甜菜、苋莱等。

(237)旱柳原野螟 *Proteuclasta stotzneri*（Caradja） + + +

采集地:沙管所。1989 年 9 月。

寄主植物:柽柳。

(238)稻暗水螟 *Bradina admixtalis* Walker + +

采集地:小湖、沙管所。1989 年 6 月。

寄主植物:水稻。

(239)杨条斑螟 *Nephopteryx mikadella* Linne. + + +

采集地:沙管所。1994 年 8 月。

寄主植物:杨树。

(240)苜蓿螟 *Nephopteryx semirubella* Scopoli +

采集地:腾格里湖区域。2017 年 6 月。

寄主植物:紫花苜蓿。

(241)杨柳云斑螟 *N. hostilis* Stephens + +

采集地:沙管局基地。2017 年 7 月。

寄主植物:柳树。

(242)黄翅拟斑螟 *Emmaloctra venosella* V. +

采集地:沙管所。1990 年 9 月。

寄主植物:不详。

(243)豆荚斑螟 *Etiella zinchenella* Tritschke + + +

采集地:沙管所。1989 年 8 月。

寄主植物:大豆、刺槐、红花苦豆、柠条等豆科植物。

(244)大禾螟 *Schoenobius gigantellus* S.-D. +

采集地:沙管所。1990 年 6 月。

寄主:芦苇。

(245)银纹草螟 *Crambus malacellus* Duponchel +

采集地:沙管所。1990 年 6 月。

寄主植物:水稻。

(246)麦牧野螟 *Nomophila nocteulla* Scopoli +

采集地:沙管所。1989 年 6 月。

寄主植物:小麦、苜蓿、柳等。

(247)黄伸喙野螟 *Mecyna gilvata* Fabricius + +

采集地:沙管所。1990 年 8 月。

寄主植物:豆、蓼、旱柳。

(248)印度谷螟 *Plodia interpunctella* (Hubner) + +

采集地:沙坡头。1991 年 6 月。取食粮食谷物、大豆、面粉、干果、动物标本等。

(249)白纹翅野螟 *Diasemia litterata* Scopoli +

采集地:沙坡头。1989 年 8 月。

寄主植物:车前等。

(250)稻水螟 *Nymphula vittalis* (Bremer) +

采集地:沙坡头。1989 年 8 月。

寄主植物:水稻。

(251)草螟 *Crambus* sp. + +

采集地:腾格里湖区域。2017 年 7 月。

寄主植物:不详。

(252)四斑绢野螟 *Diaphania quadrimaculalis* (Bremer) + +

采集地:沙坡头果园。2016 年 7 月。

寄主植物:不详。

(253)斑螟 *Dinryctria* sp. + +

采集地:沙坡头果园。2016 年 7 月。

寄主植物:不详。

(254)花棒锯斑螟 *Pristophorodes florella* Mann.

采集地:沙坡头。2017 年 7 月。

寄主植物:花棒等。

(255)歧角螟 *Endotricha* sp. + +

采集地:沙坡头。2017 年 7 月。

寄主植物:桃、梨、苹果等。

(256)黄杨绢野螟 *Diaphania perspectalis*（Walker） + +

采集地:沙坡头。2016 年 7 月。

寄主植物:不详。

(257)白带野螟 *Hymenia re-curvalis* Fabricius + +

采集地:沙坡头。2016 年 7 月。

寄主植物:不详。

(258)草原斯斑螟 *Staudingera steppicola*（Caradja） + +

采集地:沙管局。2016 年 7 月。

寄主植物:不详。

(259)白条紫斑螟 *Calguia defiguralis* Walker +

采集地:沙坡头。2016 年 7 月。

寄主植物:不详。

(260)二点织螟 *Aphomia zelleri*（Joannis） +

采集地:沙坡头。2016 年 7 月。

寄主植物:不详。

(261)白纹橄绿斑螟 *Vixsinusia kuramella* Amsel +

采集地:沙坡头。2017 年 7 月。

寄主植物:不详。

(262)皮暗斑螟 *Euzophera batangensis* Caradja + +

采集地:沙坡头。2017 年 7 月。

寄主植物:不详。

(263)带纹暗斑螟 *Euzophera costivittela* Ragonot + +

采集地:沙坡头。2017 年 7 月。

寄主植物:不详。

(264)暗纹勾斑螟 *Ancylosis hecestella* Roeslar + +

采集地:沙坡头。2017 年 7 月。

寄主植物:不详。

(265)枸翅钩斑螟 *A. citronella* Amsel + +

采集地:沙坡头。2016 年 7 月。

寄主植物:不详。

(266)白头钩斑螟 *A. leucocephala* (Staudinger) +

采集地:沙坡头。2016 年 7 月。

寄主植物:不详。

(267)棕脉钩斑螟 *A. brunneonervella* Roesler +

采集地:沙坡头。2017 年 7 月。

寄主植物:不详。

(268)小橄绿齿螟 *Tegostoma uniforma* Amsel +

采集地:沙坡头。2017 年 7 月。

寄主植物:桃、梨、苹果等。

(269)红云翅斑螟 *Salebria semirubella* Scopoli +

采集地:黑林村。2017 年 7 月。

寄主植物:桃、梨、苹果等。

(270)柠条尖荚斑螟 *Asclerobia sinensis* (Caradja) +

采集地:沙坡头。2017 年 7 月。

寄主植物:柠条等。

(271)小灰同斑螟 *Homoeosoma gravosella* Roesler +

采集地:沙坡头。2017 年 7 月。

寄主植物:不详。

(272)白条褐斑螟 *Pima boisduvaliella* Gueneer +

采集地:沙坡头。2017 年 7 月。

寄主植物:不详。

(273)显纹鳞斑螟 *Salebria ellenella* Roesler +

采集地:沙坡头。2017 年 7 月。

寄主植物:不详。

(274)草原斯斑螟 *Staudingera steppicola*(Caradja) +

采集地:沙坡头。2017 年 7 月。

寄主植物:不详。

(275)钩背裸斑螟 *Gymnancyia sfakesella* Chretien +

采集地:沙坡头园。2017 年 7 月。

寄主植物:不详。

(276)蒙古原斑螟 *Prorophora mongolica* Roesler +

采集地:沙坡头果园。2017 年 7 月。

寄主植物:不详。

(277)野蒿金羽蛾 *Agdistis adactyla*(Hübmer) +

采集地:沙坡头。2017 年 7 月。

寄主植物:不详。

(278)针骨骨羽蛾 *Hellinsia osteodactyla*(Ieller) +

采集地:沙坡头。2017 年 8 月。

寄主植物:不详。

66. 苔蛾科 Lithosiidae

(279)明痣苔蛾 *Stigmatophora micans*(Bremer) + +

采集地:黑林村农田。1987 年 7 月。

寄主植物:不详。

(280)黄土苔蛾 *Eilema nigripota*(Bremer et Grey) +

采集地:沙管所。1990 年 6 月。

寄主植物:不详。

67. 尺蛾科 Geometridae

(281)槐尺蠖 *Semiothisa cinerearia* Bremeer et Grey +

采集地:沙管所。1989 年 8 月。

寄主植物:国槐。

(282)角黄中白波尺娥 *Dysstroma citrata corformalis* Prot +

采集地:沙管所。1989 年 9 月。

寄主植物:不详。

(283)沙枣尺蠖 *Apocheima cinerarius*（Erschoff） + + +

采集地:沙坡头。1989 年 8 月。

寄主植物:沙枣、柠条。

(284)二星黑波尺蛾 *Eupithecia recens* Dietze +

采集地:沙管所。1989 年 9 月。

寄主植物:不详。

(285)针叶霜尺蛾 *Alcis secundaria* Ersehoff +

采集地:沙管所。1989 年 8 月。

寄主植物:不详。

(286)绶尺蛾 *Zethenia* sp. +

采集地:沙坡头。2017 年 8 月。

寄主植物:不详。

(287)枞灰尺蛾 *Deileptenia ribeata* Clerck +

采集地:沙坡头。2017 年 8 月。

寄主植物:不详。

(288)绿尺蛾 *Euchcoris* sp. +

采集地:沙坡头。2017 年 8 月。

寄主植物:不详。

(289)烟尺蛾 *Phthonosema* sp. +

采集地:沙坡头。2017 年 8 月。

寄主植物:不详。

(290)柠条尺蠖 *Paleacrita vernata* + +

采集地:沙坡头。2017 年 8 月。

寄主植物:柠条。

68. 夜蛾科 Noctuidae

(291)红裳夜蛾 *Catocala nupta*（Linne.） + +

采集地:沙管所。1989 年 9 月。

寄主植物:杨、柳。

(292)光裳夜蛾 *Ephesia fulminea*（Scopoli） +

采集地:孟家湾。1986 年 6 月。

寄主植物:梨等。

(293)鸽光裳夜蛾 *Ephesia columbina* (Leech) +

采集地:迎闫路。1989 年 6 月。

寄主植物:不详。

(294)苦豆夜蛾 *Apopestes spectrum* (Erschoff) + + + +

采集地:沙管所。1989 年 5 月。

寄主植物:苦豆。

(295)瘦银锭夜蛾 *Macdunoughia confusa* (Stephens) + +

采集地:沙管所。1989 年 8 月。

寄主植物:母菊、欧耆。

(296)银锭夜蛾 *Macdunoughia crassisigna* (Warren) + +

采集地:沙坡头。1985 年 9 月。

寄主植物:菊、胡萝卜。

(297)躬妃夜蛾 *Aleucanitis flexuasa* (Menetres) +

采集地:迎闫路、孟家湾、沙管所。1989 年 5 月。

寄主植物:不详。

(298)宁杞夜蛾 *Aleucanitis saisani* Staudinger + +

采集地:沙管所。1989 年 8 月。

寄主植物:不详。

(299)秀妃夜蛾 *Drasteria picta* (Christoph) +

采集地:沙坡头。2017 年 8 月。

寄主植物:不详。

(300)银辉夜蛾 *Chrysodeixis chalcytes* Esper +

采集地:沙管所。1989 年 8 月。

寄主植物:寻麻属、鼠尾草属等。

(301)淡银纹夜蛾 *Puriplusia purissima* (Butler) +

采集地:高墩湖。1989 年 6 月。

寄主植物:不详。

(302)满丫纹夜蛾 *Autographa mandarima* (Frayer) +

采集地:迎闫路。1989 年 6 月。

寄主植物:胡萝卜。

(303)花实夜蛾 *Helidthis ononis*(D.-S.) + +

采集地:兰铁中卫固沙林场、沙管所。1989 年 6 月。

寄主植物:亚麻。

(304)苜蓿夜蛾 *Heliothis viriplace* Gufnagel + +

采集地:沙管所。1989 年 8 月。

寄主植物:苜蓿。

(305)棉铃实夜蛾 *Heliothis armigera* Hubner +

采集地:沙管所。1989 年 9 月。

寄主植物:玉米、小麦、大豆、番茄、辣椒、茄等。

(306)烟实夜蛾 *H. assulta* Guenée +

采集地:沙坡头。2017 年 8 月。

寄主植物:辣椒。

(307)点实夜蛾 *H. peltigera* Schiffermuller +

采集地:沙坡头。2017 年 8 月。

寄主植物:不详。

(308)甜菜夜蛾 *Spodoptera exigua*(Hübner) +

采集地:沙坡头。2017 年 8 月。

寄主植物:甜菜,甘蓝,辣椒,豇豆,菠菜。

(309)灰条夜蛾 *Discesira trifolii* Huber + +

采集地:沙管所。1989 年 8 月。

寄主植物:藜等。

(310)稻金翅夜蛾 *Plusia festata* Graeser + +

采集地:沙管所。1989 年 8 月。

寄主植物:水稻等。

(311)宽胫夜蛾 *Melicleptria scutosa* Schiffermuller + +

采集地:沙管所。1989 年 8 月。

寄主植物:艾藜属植物。

(312)美冬夜蛾 *Cosmia fulvago*(L.). + +

采集地:沙管所。1989 年 9 月。

寄主植物:柳树。

(313)齿美冬夜蛾 *Cosmia siphuncula* Hampston + +

采集地:沙管所。1989 年 9 月。

寄主植物:不详。

(314)甘蓝夜蛾 *Mamestra brassicae* Linne. + +

采集地:沙管所。1989 年 9 月。

寄主植物:甘蓝、白菜、茄子、蚕豆、马铃薯、麦、高粱等。

(315)马蹄两色夜蛾 *Dichromia sagitta*(Fabricius) + +

采集地:沙管所。1989 年 9 月。

寄主植物:老瓜头。

(316)交灰夜蛾 *Polia praedita* Hübner +

采集地:沙坡头。2017 年 8 月。

寄主植物:不详。

(317)灰夜蛾 *P. nebulosa*(Hübner) +

采集地:沙坡头。2017 年 8 月。

寄主植物:不详。

(318)红棕灰夜蛾 *P. illoba* Butler +

采集地:沙坡头。2017 年 8 月。

寄主植物:不详。

(319)断线昭夜蛾 *Eugnorisma depuncta* Linne. +

采集地:沙管所。1989 年 9 月。

寄主植物:寻麻、酸模属。

(320)冬麦异夜蛾 *Protexarnis squalida* Guenee +

采集地:沙管所。1989 年 9 月。

寄主植物:麦。

(321)间色异夜蛾 *Protexrnis poeila* Alpheraky +

采集地:沙管所。1990 年 6 月。

寄主植物:不详。

(322)桃剑纹夜蛾 *Acronycta incretata* Hampson +

采集地:沙管所。1989 年 8 月。

寄主植物:桃、梨、苹果、杏、柳等。

(323)锐剑纹夜蛾 *Acronycta aceris* Linne. + +

采集地:沙坡头。1989 年 6 月。

寄主植物:柳树、栎等属植物。

(324)挠划冬夜蛾 *Cucullia naruenensis* Staudinger +

采集地:迎闫路。1989 年 8 月。

寄主植物:不详。

(325)小地老虎 *Agrotis ypsilo* Rottemberg + + +

采集地:沙管所。1989 年 8 月。

寄主植物:玉米、小麦及蔬菜等。

(326)黄地老虎 *Agrotis segetum* Schiffcrmuller + +

采集地:沙管所。1989 年 9 月。

寄主植物:小麦、玉米、甜菜及多种蔬菜。

(327)小剑地夜蛾 *Agrotis spinifera* Hubner +

采集地:沙坡头。1989 年 5 月。

寄主植物:蔬菜、杂草。

(328)警纹地老虎 *Agrotis exclamationis* Linne.+ + +

采集地:沙管所。1989 年 6 月。

寄主植物:玉米、甜菜、马铃薯、蔬菜、豆类等。

(329)黑麦切夜蛾 *Euxoa tritici* Linne. +

采集地:沙管所。1989 年 8 月。

寄主植物:黑麦、车前、繁缕等。

(330)寒切夜蛾 *E. sibirica* Boisduval

采集地:沙坡头。2017 年 7 月。

寄主植物:不详。

(331)白边切夜蛾 *E. oberthuri* Leech

采集地:沙坡头。2017 年 7 月。

寄主植物:不详。

(332)黏虫 *Leucania separate* Walker + +

采集地:沙管所。1989 年 9 月。

寄主植物:小麦、玉米等多种植物。

(333)模黏夜蛾 *Leucania pallens* Linne. + + +

采集地:沙管所。1989 年 8 月。

寄主植物:杂草。

(334)克罗夜蛾 *Leucanitis christophi* Alpheraky + +

采集地:沙管所。1990 年 8 月。

寄主植物:不祥。

(335)黄条冬夜蛾 *Cucullia biornata* Fishede +

采集地:沙管所。1989 年 8 月。

寄主植物:不详。

(336)三点银冬夜蛾 *Cucullia* sp. +

采集地:沙管所。1989 年 8 月。

寄主植物:蒿属。

(337)长冬夜蛾 *Cucullia elongata* Butler +

采集地:沙坡头。1989 年 8 月。

寄主植物:不详。

(338)碧银冬夜蛾 *Cucullia prgentea* Hufnagel Cucullia argentea(Hufnagel) +

采集地:沙坡头。1989 年 8 月。

寄主植物:不详。

(339)重冬夜蛾 *C. duplicata* Staudinger

采集地:沙坡头。2017 年 7 月。

寄主植物:不详。

(340)棒须委夜蛾 *Athetis clavipalpis* Linne. + +

采集地:沙管所。1989 年 6 月。

寄主植物:稻、麦。

(341)黄寡夜蛾 *Sideridis vitellina* Hubner +

采集地:迎闫路。1989 年 8 月。

寄主植物:杂草。

(342)八字地老虎 *Xestia c-nigrum* (Linnaeus). +

采集地:沙管所。1989 年 8 月。

寄主植物:杂草。

(343)色鲁夜蛾 *Xestia brunneago*(Staue) + + +

采集地:沙管所。1989 年 6 月。

寄主植物:不详。 .

(344)疆夜蛾 *Peridroma saucia*(Hübner) +

采集地:沙管所。1989 年 8 月。

寄主:杂草。

(345)旋幽夜蛾 *Scotogramma trifolii* Rottemberg + +

采集地:沙管所。1989 年 8 月。

寄主植物:亚麻、马铃薯、甜菜、玉米、向日葵等。

(346)朽木夜蛾 *Axylia putris*(Linne.) + +

采集地:沙管所。1989 年 7 月。

寄主植物:繁缕属、缤藜属。

(347)暗绿歹夜蛾 *Diarsia ceraslioides*(Moor.) +

采集地:沙管所。1989 年 9 月。

寄主植物:不详。

(348)黄褐歹夜蛾 *Diarsia flavibrunnea*(Leech) +

采集地:高墩湖。1989 年 6 月。

寄主植物:不详。

(349)赭黄歹夜蛾 *Diarsia stictica*(Poujade) +

采集地:沙管所。1989 年 9 月。

寄主植物:不详。

(350)灰歹夜蛾 *Diarsia canescens*(Butler) +

采集地:沙管所。1989 年 6 月。

寄主植物:多种蔬菜、酸模、车前等。

(351)甘清夜蛾 *Enargia kansuensis* Draudt +

采集地:迎闫路。1989 年 6 月。

寄主植物:不详。

(352)茸野冬夜蛾 *Dasythorax hirsutala*(Alpheraky) +

采集地:沙管所。1989 年 8 月。

寄主植物:不详。

(353)污阴夜蛾 *Hadula turpis* Staudinger +

采集地:迎闫路。1989 年 8 月。

寄主植物:不详。

(354)内夜蛾 *Rhizedra lutosa*(Hubner) +

采集地:沙管所。1989 年 9 月。

寄主植物:芦苇。

(355)大红裙扁身夜蛾 *Amphipyra monolitha* Guenee +

采集地:沙管所。1989 年 8 月。

寄主植物:不详。

(356)雪疽夜蛾 *Nodaria niphona*(Bulter) +

采集地:沙管所。1989 年 8 月。

寄主植物:不详。

(357)鼎点金刚钻 *Earias cupreoviridis* Walker + +

采集地:沙管所。1989 年 6 月。

寄主植物:杨、柳。

(358)银纹夜蛾 *Argyrogramma agnata* Staudinger +

采集地:沙管所。1990 年 6 月。

寄主植物:大豆、十字花科蔬菜。

(359)小造桥夜蛾 *Anomis flava*(Fabricius) +

采集地:沙管所。1990 年 8 月。

寄主植物:木槿、蜀葵、烟草等。

(360)粉缘钻夜蛾 *Earias pudicana* Staudiger +

采集地:沙坡头。2017 年 8 月。

寄主植物:不详。

(361)黄黑望夜蛾 *Clytie luteonigra* Warren +

采集地:沙坡头。2017 年 8 月。

寄主植物:不详。

(362)梦尼夜蛾 *MOnima* sp. +

采集地:沙坡头。2017 年 8 月。

寄主植物:不详。

(363)塞望夜蛾 *Clytie syriaca* (Bugnion) + +

采集地:沙管所。1990 年 8 月。

寄主植物:不详。

(364)绣漠夜蛾 *Anumeta cestis* (Ménétriès) +

采集地:沙管所。1990 年 6 月。

寄主:不详。

(365)淡剑袭夜蛾 *Sidemia deprarata* (Butler) +

采集地:沙管所。1989 年 8 月。

寄主植物:结缕草。

(366)盾兴夜蛾 *Schinia scutata* Staudinger +

采集地:沙坡头。1989 年 8 月。

寄主:不详。

(367)斜纹夜蛾 *Spodoptera litura* (Fabricius) + +

采集地:沙坡头。1989 年 5 月。

寄主植物:甜菜、十字花科、茄科等。

(368)谐夜蛾 *Emmclia trabealis* (Scopoli) +

采集地:沙管所。1990 年 8 月。

寄主:不详。

70. 灯蛾科 Arctiidae

(369)丽小灯蛾 *Micrarctia kindermanni* (Staudinger)

采集地:沙管所。1990 年 6 月。

寄主植物:不详。

(370)红缘灯蛾 *Amsacta lactinea* (Cramer) +

采集地:沙坡头。2017 年 8 月。

寄主植物:不详。

(371)甘肃鹿蛾 *Amata gansuensis* +

采集地:沙坡头。2017 年 8 月。

寄主植物:不详。

71. 毒蛾科 Lymantriidae

(372)雪毒蛾 *Stilpnotia solicis*（Linne.） + + +

采集地:沙管所。1989 年 6 月。

寄主植物:杨、柳。

(373)榆毒蛾 *Ivela ochropoda*（Eversmann） + + +

采集地:沙管所。1989 年 8 月。

寄主植物:榆。

(374)灰斑古毒蛾 *Orgyia ericae* Germar + +

采集地:孟家湾、沙坡头。1989 年 5 月。

寄主植物:沙枣、花棒。

(375)黄斑草毒蛾 *Gynaephora alpherakii*（Grum-Grschimailo）

采集地:沙坡头。2017 年 7 月。

寄主植物:不详。

72. 枯叶蛾科 Lasiocampidae

(376)李枯叶蛾 *Gastropacha quercifolia* Linne. + +

采集地:沙管所。1989 年 6 月。

寄主植物:梨、苹果、桃等。

(377)杨枯叶蛾 *Gastropacha populifolia* Esper + +

采集地:沙管所。1989 年 6 月。

寄主植物:桃、杏、梨等。

(378)黄褐天幕毛虫 *Malacosoma neustria testacea* Motschulsky + +

采集地:沙管所。1989 年 8 月。

寄主植物:苹果、梨、杏、桃、杨、柳等。

73. 舟蛾科 Notodortidae

(379)杨二尾舟蛾 *Cerura menciana* Moore + +

采集地:沙管所。1989 年 6 月。

寄主植物:杨、柳。

(380)腰带燕尾舟蛾 *Harpyia lanigera*（Butler） + + +

采集地:沙管所。1989 年 8 月。

寄主植物:杨、柳。

(381)杨扇舟蛾 *Clostera anachoreta* (Fabricius) + +

采集地:沙管所。1989 年 8 月。

寄主植物:杨树。

(382)柳扇舟蛾 *Clostera rufa* (Luh.) + +

采集地:沙管所。1990 年 6 月。

寄主植物:柳。

74. 天蛾科 Sphingidae

(383)蓝目天蛾 *Smerithus planus planus* Walker + +

采集地:沙管所。1989 年 6 月。

寄主植物:杨、柳树。

(384)八字白眉天蛾 *Hyles livornica* (Esper) + +

采集地:沙管所。1989 年 6 月。

寄主植物:猪殃草、酸模属。

(385)沙枣白眉天蛾 *Celerio hippophaes* (Esper) + + +

采集地:沙管所。1989 年 6 月。

寄主植物:沙枣。

(386)榆绿天蛾 *Callambulyx tatarinovi* (Bnemer et Grey) + +

采集地:沙坡头。1989 年 6 月。

寄主植物:榆树。

(387)白薯天蛾 *Agrius convolvuli* (Linne.) +

采集地:沙管所。1989 年 8 月。

寄主植物:旋花科。

(388)枣桃六点天蛾 *Marumea gaschkewitschi gaschkewitschi* (Bnemer et Grey) +

采集地:沙管所。1989 年 6 月。

寄主植物:桃、枣、苹果、杏等。

(389)小豆长喙天蛾 *Macroglossum stellatarum*.(Linne) +

采集地:沙管所。1989 年 6 月。

寄主植物:茜草科。

75. 凤蝶科 Paoilionidae

(390)黄凤蝶(金凤蝶)*Papilio machaon* Linn. +

采集地:沙管所。1989 年 7 月。

寄主植物:茴香、胡萝卜等。

(391)柑橘凤蝶(花椒凤蝶) *Papilio Xuthus* Linn.

采集地:沙坡头站。2017 年 7 月。

寄主植物:花椒等。

(392)碧凤蝶 *Achillides bianor* Cramer

采集地:沙坡头站。2017 年 7 月。

寄主植物:花椒等。

76. 弄蝶科 Hesperiidae

(393)直纹稻弄蝶 *Parnara guttata* Bremer et Grey +

采集地:沙坡头。1989 年 8 月。

寄主植物:菊花。

77. 蛱蝶科 Nymphalidae

(394)小红蛱蝶 *Vanessa cardui* Linnae. +

采集地:沙坡头。1989 年 9 月。

寄主植物:大豆等,大麻、寻麻、刺儿莱等。

(395)大红蛱蝶 *Vanessa indica* Herbst. +

采集地:沙坡头。1986 年 7 月。

寄主植物:榆、寻麻。

(396)荨麻蛱蝶 *Aglais urticae* Linnae. + +

采集地:沙坡头。1989 年 8 月。

寄主植物:荨麻。

(397)柳紫闪蛱蝶 *Apatura ilia* Schift-Denis + +

采集地:沙坡头。1989 年 8 月。

寄主植物:柳树。

78. 灰蝶科 Lycaehidae

(398)橙灰蝶 *Lycaena dispar* Hauorth +

采集地:兰铁中卫固沙林场。1989 年 6 月。

寄主植物:蓼科。

(399)短尾蓝灰蝶 *Everes argiades* Patlas + + +

采集地:沙坡头。1989 年 6 月。

寄主植物:蚕豆、胡枝子等。

(400)豆灰蝶 *Plebejus christophi* Linnae.+

采集地:荒草湖。1989 年 7 月。

寄主植物:锦鸡儿、大豆、苜蓿等。

(401)柠条灰蝶 *Zizeeria* sp. + + +

采集地:沙管所。1987 年 7 月。

寄主植物:柠条。

79. 粉蝶科 Pieridae

(402)酪色苹粉蝶 *Aporia hippa* Bremer + +

采集地:兰铁中卫固沙林场。1986 年 6 月。

寄主植物:小蘗科。

(403)苹粉蝶 *Aporia crataegi* Linnae. + + +

采集地:兰铁中卫固沙林场。1986 年 2 月。

寄主植物:苹果、桃、杏树等。

(404)黄粉蝶 *Colias hyale* Linnae. + + +

采集地:沙坡头。1989 年 6 月。

寄主植物:苜蓿、大豆等。

(405)橙黄豆粉蝶 *Colias fieldii* Menetries + + +

采集地:孟家湾、兰铁中卫固沙林场。1986 年 6 月。

寄主植物:豆科。

(406)斑绿豆粉蝶 *Colias erata* Esper + +

采集地:沙坡头。1989 年 8 月。

寄主植物:豆类。

(407)尖黄蝶 *Eurama laeta* Boied +

采集地:沙坡头。1989 年 7 月。

寄主植物:豆类。

(408)菜粉蝶 *Pieris rapae* Linnae + + +

采集地:小湖、沙管所。1987 年 7 月。

寄主植物:甘蓝等十字花科。

(409)云斑粉蝶 *Pantia daplidice* Linnae　+ +

采集地:小湖、荒草湖。1986 年 6 月。

寄主植物:白菜等十字花科。

鞘翅目 COLEOPTERA

80. 虎甲科 Cicindelidae

(410)月斑虎甲 *Cicindela lunulata* Fabricius　+ +

采集地:沙管所。1990 年 8 月。取食小型昆虫。

(411)多型虎甲铜翅亚种 *Cicindela hybrida transbaicalica* Motschulsky　+ +

采集地:沙管所。1989 年 6 月。取食多种小昆虫。

(412)云纹虎甲 *Cicindela elisae* Motschulaky　+ +

采集地:高墩湖。1989 年 6 月。取食多种小型昆虫。

81. 步甲科 Carabidae

(413)普通步甲 *Carabus* (*Apotomopterus*) *sauteri* Roeschke　+

采集地:小湖、沙管局。2017 年 6 月。捕食鳞翅目幼虫。

(414)黄缘青步甲 *Chlaenius spoliatus* Rossi　+

采集地:小湖、沙管所。1986 年 6 月。捕食鳞翅目幼虫。

(415)双斑青步甲 *Chlaenius bioculatus* Chaudoir　+

采集地:沙管所。1990 年 7 月。捕食鳞翅目幼虫。

(416)毛青步甲 *Chlaenius pallipes* Gebl.　+

采集地:沙管局。1987 年 7 月。捕食鳞翅目幼虫。

(417)大黄缘青步甲 *Chlaenius nigricans* Wiedeman　+

采集地:沙管所。1990 年 7 月。捕食鳞翅目幼虫。

(418)金星广肩步甲 *Calosoma* (*Campalito*) *chinense* Kirby　+ +

采集地:小湖。1987 年 7 月。捕食鳞翅目、鞘翅目、直翅目幼虫。

(419)齿星步甲 *Calosoma* (*Campalita*) *denticolle* Gebler　+

采集地:沙管所。1989 年 7 月。捕食鳞翅目幼虫。

(420)青雅星步甲 *Calosoma inquisitor cyanescens* Motschulsky　+

采集地:沙管所。1989 年 7 月。捕食鳞翅目及象甲幼虫。

(421)赤胸步甲 *Colathus halensis*（Schall.） +

采集地:沙管所。1990 年 7 月。捕食鳞翅目幼虫及蛴螬。

(422)单齿蝼步甲 *Scarites terricola* Bouelli +

采集地:沙管所。1989 年 6 月。

寄主植物:小麦、玉米、高粱;捕食小地老虎。

(423)宽跗毛跗步甲 *Lachnocrepisa prolixa* Bates +

采集地:孟家湾。1989 年 6 月。捕食各类昆虫。

(424)广屁步甲 *Pheropsobhus occipitalis*（Macleay） +

采集地:黑林村农田。1987 年 7 月。捕食黏虫、螟虫、叶蝉及蝼蛄等。

(425)掘墓扁娄甲 *Clivina fossor* Gebl. +

采集地:四泵站。1989 年 6 月。杂食性。

(426)小四点锥须甲 *Bembidion paedicum* Bates +

采集地:沙坡头。1989 年 9 月。取食小型昆虫。

(427)四斑锥须步甲 *Bembidion morawitizi* Csiki + +

采集地:荒草湖。1989 年 9 月。取食小型昆虫。

(428)河沿锥须步甲 *Bembidion persimile* Morawitz +

采集地:沙坡头。1990 年 6 月。取食飞虱等。

(429)红缘扁胸步甲 *Anatrichis picea* Nietner +

采集地:孟家湾。1989 年 6 月。取食各类昆虫。

(430)柔毛宽颚步甲 *Parena laesipennis* Bates +

采集地:沙坡头。1989 年 9 月。捕食鳞翅目幼虫。

(431)黄缘步甲 *Perigora plogiata* Putzeys +

采集地:高墩湖。1989 年 6 月。捕食各类昆虫。

(432)海湾围缘步甲 *Perigona sinuata* Bates +

采集地:沙坡头。1989 年 6 月。捕食各类昆虫。

(433)铜绿婪步甲 *Harpalus chalcentus* Bates +

采集地:孟家湾。1989 年 7 月。捕食鳞翅目幼虫。

(434)肖毛婪步甲 *Harpalus jureceki*（Jedlicka） +

采集地:四泵站。1989 年 6 月。捕食鳞翅目幼虫。

(435)中华婪步甲 *Harpalus sinicus* Hope +

采集地:孟家湾。1989 年 6 月。

寄主植物:小麦、大麦等。捕食蜘蛛、蚜虫等。

(436)卷缘地步甲 *Trcpnionus nikkoensis* Bates ++

采集地:高鸟墩。1989 年 7 月。取食蛴螬等。

(437)玉米距步甲 *Zabrus tenebrioide* Coeze +

采集地:孟家湾东。1989 年 6 月。取食鳞翅目幼虫、金针虫及玉米种子。

(438)铜色步甲 *Plerastichus cupreus* Goeze +

采集地:沙管所。1989 年 6 月。

寄主植物:不详。

(439)蜀步甲 *Dolicus halensis* Schaller +

采集地:小湖、沙管局。2017 年 6 月。捕食其他幼虫。

(440)蝼步甲 *Scarites acutides* Chaudoir +

采集地:小湖、沙管局。2017 年 6 月。捕食其他幼虫。

82. 沼梭科 Haliplidae

(441)卵形沼梭 *Haliplus ovalis* Sharp +

采集地:沙管所。1990 年 8 月。取食水中小动物。

83. 龙虱科 Dytiscidae

(442)黄缘龙虱 *Cybister japonicus* Sharp ++

采集地:高墩湖、沙管所。1989 年 6 月。捕食水中小动物。

(443)宽缝斑龙虱 *Hydaticus*(*Guignotites*)*grammicus*(Germar) ++

采集地:高墩湖、沙管所。1989 年 6 月。捕食水中小动物。

(444)齿缘龙虱 *Eretes sticticus*(Linné) +

采集地:沙管所。1990 年 8 月。捕食水中小动物。

(445)纵纹龙虱 *Helocharcs lewisius* Sherp +++

采集地:迎闫路。1989 年 6 月。捕食水中小动物。

(446)东方异爪龙虱 *Hyphydrus orientalis* Clark ++

采集地:沙坡头。1989 年 6 月。捕食蚊、水生小动物。

(447)端异毛龙虱 *Ilybius apicalis* Sharp

采集地:小湖、腾格里湖。2017 年 6 月。捕食水生动物。

84. 水龟虫科 Hydrophilidae

(448)长须牙甲 *Hydrophilus* (*Hydrophilus*) *acuminatus* Motschulsky + + +

采集地:沙管所。1989 年 6 月。取食水生植物及小动物。

(449)小水龟虫 *Hydrophilis affinis* Sharp + + +

采集地:沙管所。1989 年 6 月。取食水生植物及小动物。

(450)路氏刺鞘牙甲 *Berosus lewisius* Sharp + + +

采集地:沙管所。1989 年 6 月。取食水生植物及小动物。

(451)棘翅小牙甲 *Berosus* (*Enoplurus*) *ewisius* Sharp +

采集地:沙管所。2017 年 6 月。取食水生植物。

85. 埋葬虫科 Silphidae

(452)日本覆葬甲 *Nicrophorus japonicus* Harold +

采集地:沙坡头。1989 年 6 月。取食动物尸体。

(453)大黑埋葬甲 *Nicrophorus concolor* Kraatz +

采集地:定北墩。1989 年 6 月。取食动物尸体。

86. 隐翅虫科 Staphylinidae

(454)小双新隐翅虫 *Neobisnius pumilus* Sharp + + +

采集地:高墩湖。1989 年 6 月。杂食性。

(455)褪色黄足隐翅虫 *Ischnopoda transfuga* Sharp +

采集地:高墩湖。1989 年 6 月。腐食性。

(456)强硬皮隐翅虫 *Porocallus insignis* Sharp +

采集地:沙管所。1989 年 6 月。杂食性。

(457)毛腹粪隐翅虫 *Bolitochara come* Sharp +

采集地:沙管所。1989 年 6 月。腐食性、粪食性。

(458)食藻隐翅虫 *Alechara fuciola* Sharp +

采集地:沙管所。1989 年 6 月。取食藻类。

87. 郭公虫科 Cleridae

(459)红斑郭公虫 *Trichodes sinae* Cherrolat + +

采集地:黑林农田。1986 年 6 月。捕食甲虫的幼虫。

88. 蚁形甲科 Anthicidae

(460)一角甲 *Notoxus monocerus* Linnae + +

采集地:荒草湖。1989 年 6 月。捕食小型昆虫。

89. 叩头甲科 Elateridae

(461)细胸金针虫 *Agriotes fuscicollis* Miwa + +

采集地:马场湖。1989 年 6 月。

寄主植物:小麦等。

(462)宽背金针虫 *Selatosomus latus* (Fabricius)

采集地:夹道村。2.6。

寄主植物:小麦等。

90. 吉丁虫科 Bupaestidae

(463)杨十斑吉丁虫 *Melanophila decastigma* Fabricius + + +

采集地:小湖。1990 年 6 月。

寄主植物:杨树。

(464)强壮长吉丁 *Agrilus sospes* Lewis +

采集地:高鸟墩。1989 年 6 月。

寄主植物:不详。

(465)微强长吉丁 *Agrilus subrobustus* Lewis + +

采集地:四泵站。1989 年 6 月。

寄主植物:不详。

(466)沙柳窄吉丁 *Agrilus* (*Robertius*) *moerens* Saunders + +

采集地:沙坡头。2017 年 8 月。

寄主植物:柽柳。

(467)苹果小吉丁虫 *Agrilus* (*Sinuatiagrilus*) *mali* Matsumura + +

采集地:沙坡头。2017 年 8 月。

寄主植物:苹果。

(468)沙蒿窄几丁 *Agrilus* sp. + + + +

采集地:沙坡头。2017 年 7 月。

寄主植物:油蒿。

(469)锦纹吉丁属 *Poecilonota* sp. + + + +

采集地:沙坡头。2017 年 7 月。

寄主植物:叉枝丫葱。

91. 皮蠹科 Dermestidae

(470)白带圆皮蠹 *Anthrenus*（*Anthrenus*）*pimpinellae pimpinellae*（Fabricius）. + +

采集地:管理所标本室。1991 年 5 月。取食动物尸体。

92. 窃蠹科 Anobiidae

(471)药材甲 *Stegobium paniceum*（Linnae.） +

采集地:沙管所室内。1989 年 5 月。取食药材及家具。

(472)褐粉蠹 *Lyctus brunneus* Stephens

采集地:沙坡头治沙站仓库 。2017 年 7 月。取食药材及家具。

93. 蛛甲科 Ptinidae

(473)日本蛛甲 *Ptinus japonicus* Reitter +

采集地:沙坡头。1989 年 5 月。取食面粉及室内贮物。

94. 瓢虫科 Coccinellidae

(474)七星瓢虫 *Coccinella septmpunctata* Linnae. + + +

采集地:黑林农田、流沙区。1989 年 6 月。捕食蚜虫。

(475)横斑瓢虫 *Coccinella transversoquttata* Fald +

采集地:美丽渠口。1989 年 6 月。捕食蚜虫。

(476)二星瓢虫 *Adalia bipunctata* Linnae. + + +

采集地:沙管所。1986 年 6 月。捕食蚜虫。

(477)异色瓢虫 *Harmonia axyridis*（Pallas） + + +

采集地:兰铁中卫固沙林场。1989 年 6 月。捕食蚜虫。

(478)多异瓢虫 *Hippodamia variegata*（Goeze） + +

采集地:沙管所、流沙区。1989 年 9 月。捕食蚜虫。

(479)小十三星瓢虫 *H.tredecimpunctata*（Linnae.） + + +

采集地:美丽渠、兰铁中卫固沙林场。1989 年 8 月。捕食蚜虫。

(480)黑缘红瓢虫 *Chilocorus rubidus* Hope +

采集地:高墩湖。1989 年 6 月。捕食蚧虫。

(481)小赤星瓢虫 *Chilocorus kuwanae* Silverstri + +

采集地:马场湖。1987 年 7 月。捕食蚧虫。

(482)六斑月瓢虫 *Menochilus sexmaculata*（Fabricius） + + +

采集地:沙管所。1989 年 10 月。捕食蚜虫。

(483)多星瓢虫 *Synkarmania conglobata* Linnae. + + +

采集地:沙管所。1989 年 6 月。捕食蚜虫。

(484)日本龟纹瓢虫 *Propylaea japonica* Thunberg + +

采集地:腾格里湖区域。2017 年 6 月。捕食蚜虫。

(485)马铃薯瓢虫 *Henosepilachna vigintioctomaculata*（Motschulsky）+

采集地:小湖、兰铁中卫固沙林场。1990 年 8 月。

寄主植物:茄、辣椒。

95. 芫菁科 Meloidae

(486)红斑芫菁 *Mylabris speciosa* Pallas + + +

采集地:沙坡头、孟家湾。1989 年 6 月。

寄主植物:豆科植物等。

(487)凹胸豆芫菁 *Epicauta xantusi* Kaszab +

采集地:沙管所。1989 年 5 月。

寄主植物:甜菜。

(488)绿芫菁 *Lytta caraganaes* Pallas +

采集地:沙管所。1989 年 6 月。

寄主植物:豆科,幼虫捕食性。

(489)圆胸地胆芫菁 *Meloe corvinus* Marseul

采集地:孟家湾。2017 年 8 月。

寄主植物:白茨。

96. 拟步甲科 Tenebrionidae

(490)谢氏宽漠王 *Mantichorula semenowi* Reitter + + + +

采集地:沙坡头。2017 年 8 月。

寄主植物:杂食性。

(491)洛氏脊漠甲 *Pterocoma loczyi* Fridaldssky + +

采集地:定北墩。1989 年 6 月。

寄主植物:植物根。

(492)泥脊漠甲 *Pterocoma vittata* Schust + +

采集地:孟家湾。1990 年 4 月。杂食性。

(493)宽翅脊漠甲 *Pterocoma amandana* Roitt +

采集地:孟家湾。1989 年 6 月。

寄主植物:不详。

(494)莱氏脊漠甲 *P. reitteri* Frivaldszky + +

采集地:孟家湾。2017 年 8 月。

寄主植物:杂食性。

(495)小脊漠甲 *P. parvula* Frivaldszky + +

采集地:沙坡头。2017 年 8 月。

寄主植物:杂食性。

(496)条纹东鳖甲 *Anatolic cellicola* Faldermann + + +

采集地:定北墩、沙坡头。1989 年 6 月。取食家畜粪便。

(497)尖尾东鳖甲 *A. mucronata* Reitter + + + +

采集地:沙坡头。2017 年 8 月。

寄主植物:杂食性。

(498)波氏东鳖甲 *A. potanini* Reitter + + + +

采集地:沙坡头。2017 年 8 月。

寄主植物:杂食性。

(499)纳氏东鳖甲 *A. nureti* Schuster et Reymond + + + +

采集地:沙坡头。2017 年 8 月。

寄主植物:杂食性。

(500)小丽东鳖甲 *A. amoenula* Reitter + + + +

采集地:沙坡头。2017 年 8 月。

寄主植物:杂食性。

(501)皱纹琵甲 *Blaps rugosa* Gebler + + +

采集地:孟家湾。1989 年 6 月。取食农作物及杂草、腐烂动植物。

(502)达氏琵甲 *Blaps davidea* Deyr. + +

采集地:沙管所。1989 年 5 月。

寄主植物:沙生植物根。

(503)步行琵甲 *Blaps gressoria* Reitte + +

采集地:沙坡头。1989 年 5 月。

寄主植物:不详。

(504)异距琵甲 *B. kiritshenkoi* Semenow et A. Bogatschev + + + +

采集地:沙坡头。2017 年 8 月。

寄主植物:杂食性。。

(505)大型琵甲 *B. lethifera* Marshmann + +

采集地:沙坡头。2017 年 8 月。

寄主植物:杂食性。

(506)异形琵甲 *B. variolosa*（Faldermann） + +

采集地:沙坡头。2017 年 8 月。

寄主植物:杂食性。

(507)蒙古沙潜 *Gonocephalum mongolicum* Reitter +

采集地:沙管所。1987 年 6 月。

寄主植物:麦类、高粱、麻类、苹果、梨苗木、瓜类等。

(508)苏氏漠甲 *Sternoplax souvorowiana* Neitter + +

采集地:孟家湾。1987 年 7 月。

寄主植物:沙生植物根、苗。

(509)光背漠甲 *Sternoplax* sp. + + +

采集地:孟家湾、沙坡头。1986 年 6 月。

寄主植物:沙生植物苗芽及麦粒等。

(510)尼那漠甲 *Sternoplax niana* Reitt. + +

采集地:孟家湾。1989 年 6 月。

寄主植物:沙生植物根、苗。

(511)多毛宽漠王 *S. setosa*（Bates）

采集地:沙坡头。2017 年 8 月。

寄主植物:杂食性。

(512)方漠王 *Przewalskia dilatata* Reitt + +

采集地:沙管所。1990 年 5 月。

寄主植物:沙生植物根、苗。

(513)蒙古高鳖甲 *Hypsosona mongolica* Men. + +

采集地:孟家湾。1986 年 6 月。

寄主植物:沙生植物根、苗+。

(514)姬小胸鳖甲 *Microdera elegans* Reitter + + +

采集地:沙坡头。1990 年 5 月。

寄主植物:沙生植物根。

(515)阿小鳖甲 *M. kraatzi alashanica* Skopin + +

采集地:孟家湾。2017 年 8 月。

寄主植物:不详。

(516)维氏漠王 *Platyope victori* Schuster et Reymond + +

采集地:沙坡头。2017 年 8 月。

寄主植物:杂食性。

(517)长爪方土甲 *Myladina unguiculina* Reitter + +

采集地:沙坡头。2017 年 8 月。

寄主植物:杂食性。

(518)中华砚甲 *Cyphogenia chinensis*（Faldermann） + +

采集地:沙坡头。2017 年 8 月。

寄主植物:骆驼蓬。

(519)阿笨土甲 *Penthicus alashanica*（Reichardt） + +

采集地:沙坡头。2017 年 8 月。

寄主植物:不详。

(520)阿土甲 *Anatrurm* sp. + +

采集地:沙坡头。2017 年 8 月。

寄主植物:不详。

(521)粗翅沙潜 *Opatrum asperipenne* Reitter + +

采集地:孟家湾。1990 年 5 月。

寄主植物:沙生植物根、苗。

(522)网目沙潜 *Opatrum reliculatum* Motschulsky + + +

采集地:孟家湾农田。1990 年 5 月。

寄主植物:作物根、苗。

(523)杂拟谷盗 *Tribolium confusum* Jacquelin duval + +

采集地:沙管所室内。1989 年 5 月。取食面粉粮食。

97. 蜣螂科 Scarabaeidae

(524)台风蜣螂 *Scarabaeus typhon* Fischer ＋＋

采集地:沙管所。1989 年 6 月。取食畜粪。

(525)墨侧裸蜣螂 *Gymnopleurus mopsus*（Pallas）＋＋

采集地:孟家湾。1989 年 6 月。取食畜粪。

(526)大蜣螂 *Scarabaeus sacer*（Linnae.）＋

采集地:沙管所。1990 年 4 月。取食畜粪。

(527)臭蜣螂 *Copris ochus* Motschulsky ＋

采集地:沙管所。1989 年 5 月。取食畜粪。

(528)波塔尼粪金龟 *Lethrus potanini* Jakobson ＋＋＋

采集地:沙坡头。1989 年 5 月。取食畜粪。

98. 粪蜣科 Geotrupidae

(529)犀粪蜣 *Catharsius* sp. ＋

采集地:沙管所。1990 年 6 月。取食畜粪。

99. 锹甲科 Lucanidae

(530)矮锹甲 *Figulus binodulus* Weise ＋

采集地:沙坡头。1989 年 6 月。取食朽木、腐殖土。

(531)弯颚陶锹甲 *Dorcus curridens* Hops ＋

采集地:沙坡头。2017 年 6 月。取食朽木、腐殖土。

100. 粪金龟科 Geotrupidae

(532)戴锤角粪金龟 *Bolbotrypes davidis* Fairmair ＋

采集地:沙管所。1990 年 8 月。取食兽粪。

(533)叉角粪金龟 *Ceratophyus polyceros* Pallas ＋

采集地:长流水。2017 年 8 月。取食兽粪。

(534)波笨粪金龟 *Lethrus*（*Heteroplistodus*）*potanini* Jakovlev, r ＋

采集地:长流水。2017 年 8 月。取食兽粪。

101. 蜉金龟科 Aphodiidae

(535)直蜉金龟 *Aphodius rectus* Motschulsky ＋＋

采集地:沙管所。1990 年 10 月。取食兽粪、腐败物

(536)黄边蜉金龟 *Aphodius sublimbatus* Motschuldky ＋

采集地:沙管所。1989 年 6 月。取食兽粪、腐败物

(537)微弱蜉金龟 *Aphodius languidulus languidulus* A. –S. + +

采集地:沙管所。1989 年 6 月。取食兽粪。

(538)缘毛蜉金龟 *Aphodius urastigma* H. + + +

采集地:沙管所。1989 年 6 月。取食兽粪。

102. 丽金龟科 Rutclidae

(539)四纹丽金龟 *Popillia quadriguttata* Fabricius + + +

采集地:兰铁中卫固沙林场、碱碱湖。1986 年 6 月。

寄主植物:榆等。

(540)黄褐丽金龟 *Anomala exoleta* Faldermann + + +

采集地:沙管所、迎闫路。1987 年 7 月。

寄主植物:果树及玉米、大豆等。

(541)苹毛丽金龟 *Proagopertha lucidula* Faldermann +

采集地:兰铁中卫固沙林场。1989 年 7 月。

寄主植物:林果树木等。

(542)弓斑丽金龟 *Cyriopertha arcuata* Gebler +

采集地:兰铁中卫固沙林场。1989 年 6 月。

寄主植物:林果树及禾谷类作物。

(543)斑喙丽金龟 *Adoretus tenuimaculatus* Waterhouse +

采集地:兰铁中卫固沙林场。1998 年 6 月。

寄主植物:刺槐、葡萄、苹果、桃、玉米叶片。

103. 花金龟科 Cetoniidae

(544)白星花金龟 *Potosia breritarsis* Lewis + +

采集地:小湖、沙管所。1989 年 6 月。

寄主植物:玉米、果树等花果。

(545)小青花金龟 *Oxycetonia jucunda* Faalder + + +

采集地:沙坡头。1997 年 6 月。

寄主植物:杨、榆等。

104. 犀金龟科 Dynastidae

(546)阔胸犀金龟 *Pentodon patruelis* Frivaldszky + + +

采集地:沙坡头。1989 年 5 月。

寄主植物:多种作物及树苗根部。

105. 鳃金龟科 Melolonthidae

(547)华北大黑金龟 *Holotrichia obllte*(Faldcrmenn) + + +

采集地:定北墩、兰铁中卫固沙林场。1989 年 6 月。

寄主植物:麦类、高粱、玉米、杏、苹果、杨等根

(548)棕色鳃金龟 *Holotrichia titanis* Reitter + +

采集地:沙管所。1990 年 6 月。

寄主植物:果树、蔬菜;林木及农作物等根。

(549)阔胸金龟 *Pentodon patruelis* Fald. +

采集地:小湖。1989 年 6 月。

寄主植物:植物根。

(550)阔胫赤绒金龟 *Maladera verticalis*(Faimmire) + + +

采集地:沙管所。1989 年 6 月。幼虫为害多种作物及林木的根,成虫食芽及嫩叶。

(551)黑绒金龟 *Maladera oriertalis* Motschulsky + + +

采集地:定北墩。1989 年 6 月。幼虫为害多种作物、林木、果树的根,成虫食芽及嫩叶。

(552)围绿哦鳃金龟 *Hoplia cineticollis*(Faldormann) + + +

采集地:马场湖。1987 年 7 月。为害杨、榆、梨、等果树的嫩芽及花棒、柠条等。

(553)白腮金龟 *Polyphylla alba*(Palias) + + +

采集地:沙坡头。1989 年 6 月。

寄主植物:沙生植物及果树根。

(554)大云鳃金龟 *Polyphylla*(*Gynexophylla*) *laticollis laticollis* Lewis + +

采集地:沙坡头。1989 年 6 月。

寄主植物:沙生植物及柳、榆、大豆等。

(555)锈红金龟 *Codocera ferruginea*(Eschscholtz) + +

采集地:长流水。2017 年 8 月。

寄主植物:不详。

(556)尸体皮金龟 *Trox cadaverimus* Illiger + +

采集地:孟家湾。2017 年 8 月。

寄主植物:脊椎动物尸体。

106. 天牛科 Cerambycidae

(557)光肩星天牛 *Anoplophora glabripenis*（Mots.） + + + +

采集地:沙管所。1990 年 6 月。

寄主植物:杨、柳。

(558)黄斑星天牛 *Anoplophora nobilis*（Ganglbauer） + + + +

采集地:沙管所。1990 年 7 月。

寄主植物:杨、柳。

(559)红缘天牛 *Asias halodendri*（Pallas） +

采集地:沙管所。1990 年 6 月。

寄主植物:梨、葡萄、榆、柳、刺槐等。

(560)麻坚毛天牛 *Thyestilla gebleri*（Faldermann） +

采集地:兰铁中卫固沙林场。1987 年 6 月。

寄主植物:大麻、荨麻、蓟等。

(561)三棱草天牛 *Eodorcadion egregium*（Reitter） +

采集地:孟家湾。1989 年 7 月。

寄主植物:杂草。

(562)苹果幽天牛 *Arhopalus* sp. +

采集地:荒草湖。1989 年 6 月。

寄主植物:苹果、沙果、榆、刺槐。

(563)家茸天牛 *Trichoferus campestris*（Faldermann） +

采集地:沙管所。1989 年 6 月。取食刺槐、苹果、杨、椿、松及木质家具等。

(564)青杨楔天牛 *Saperda populnea*（Linnae. ）+ +

采集地:兰铁中卫固沙林场。1989 年 6 月。

寄主植物:杨树。

(565)双条楔天牛 *Saperda bilineatocalis* Plavil +

采集地:沙坡头。1990 年 6 月。

寄主植物:不详。

(566)密条草天牛 *Eodorcadion virgatum*（Motschulsky +）

采集地:沙坡头。2017 年 8 月。

寄主植物:不详。

(567)黑腹筒天牛 *Oberea nigriventis* Bates +

采集地:沙坡头。2017 年 8 月。

寄主植物:不详。

107. 拟天牛科 Oedemeridae

(568)沃黄拟天牛 *Xanthochroa waterhoussei* Harold +

采集地:沙管所。1989 年 6 月。

寄主植物:果树。

108. 豆象科 Brcchidae

(569)柠条豆象 *Kytorhinus immixtus* Motschulsky + + +

采集地:沙坡头。1992 年 8 月。

寄主植物:柠条种子。

(570)绿绒豆象 *Rhaebus komarovi* Lukjanovitsh + +

采集地:兰铁中卫固沙林场。1991 年 6 月。

寄主植物:白茨种子。

(571)甘草豆象 *Bruchidius ptilinoides* Faharaeus +

采集地:沙坡头。1989 年 8 月。

寄主植物:甘草。

(572)赭翅豆象 *Bruchidius apicipennis* Heyden + + +

采集地:沙坡头。1990 年 8 月。

寄主植物:红花苦豆。

109. 叶甲科 Chrysoelidae

(573)柳圆叶甲 *Plagiodera varsicolora* Laichart + +

采集地:美丽渠、沙管所。1989 年 6 月。

寄主植物:柳属植物。

(574)蒿金叶甲 *Chrysolina auricalcea*(Fald.) + + + +

采集地:沙坡头。1989 年 6 月。

寄主植物:沙蒿、油蒿等。

(575)菜无缘叶甲 *Colaphellus bowringi* Baly +

采集地:美丽渠。1989 年 6 月。

寄主植物:甜菜、蔬菜。

(576)褐足角胸叶甲 *Basilepta fulvipes*(Mots.) + +

采集地:沙管所。1989年6月。

寄主植物:苹果、梨、蒿属、大豆、玉米、甘草、柳等。

(577)杨梢叶甲 *Parnops glasunowi* Jacobson + + +

采集地:沙坡头。1989年7月。

寄主植物:杨树。

(578)花背短柱叶甲 *Pachybrachys scriptidorsum* Marseul

采集地:沙坡头。2017年8月。

寄主植物:不详。

110. 肖叶甲科 Eunolpidae

(579)中华萝摩叶甲 *Chrysochus chinensis* Baly + + + +

采集地:沙坡头。1989年6月。

寄主植物:老瓜头、羊奶角。

(580)蓝紫萝藦肖叶甲 *Chrysochus asclepiadeus asclepiadeus*(Pallas) + + + +

采集地:沙坡头。1989年6月。

寄主植物:老瓜头、牛皮肖、甘草。

(581)杨梢叶甲 *Parnops glasunawi* Jacobson + + + +

采集地:沙坡头。1986年7月。

寄主植物:杨。

(582)甘草叶甲 *Calasposoma dauricum* Mannerheim + +

采集地:兰铁中卫固沙林场、美丽渠。1989年6月。

寄主植物:甘草。

111. 隐头叶甲科 Cryptocephalidae

(583)黄足隐头叶甲 *Cryptocephalus crux* Gebler +

采集地:兰铁中卫固沙林场。1990年6月。

寄主植物:杨。

(584)黑斑隐头叶甲 *Cryptocephalus altaicus* Harold +

采集地:高鸟墩。1990年6月。

寄主植物:不详。

(585)河北隐头叶甲 *Cryptocephalus valens* Chen +

采集地:马场湖。1989 年 6 月。

寄主植物:不详。

(586)栗隐头叶甲 *Cryptocephalus hyacinthinus* Suffrian

采集地:沙坡头。2017 年 8 月。

寄主植物:柽柳。

112. 龟甲科 Cassididae

(587)枸杞血斑龟甲 *Cassidade ltoides* Weise + + + +

采集地:沙管所。1989 年 7 月。

寄主植物:枸杞。

113. 跳甲科 Halticidae

(588)蓼凹胫跳甲 *Chaeiocnema concinna* Marsham + + +

采集地:沙管所。1989 年 6 月。

寄主植物:甜菜。

(589)柳沟胸跳甲 *Crepidodera plutus*(Latreille) + +

采集地:沙坡头。1985 年 7 月。

寄主植物:杨、柳。

(590)黄宽条跳甲 *Phyllotreta humilis* Weise +

采集地:沙坡头。1989 年 8 月。

寄主植物:草木樨。

114. 萤甲科 Golerucidae

(591)白茨粗角萤叶甲 *Diorhabda rybakowi* Weise + + + +

采集地:小湖。1989 年 6 月。

寄主植物:白茨。

(592)柽柳条叶甲 *Diorhabda elongata*(Brullé) + + +

采集地:沙坡头。1989 年 5 月。

寄主植物:柽柳。

(593)跗粗角萤叶甲 *Diorhabda tarsalis* Weise +

采集地:小湖。1987 年 7 月。

寄主植物:杨树。

(594)跗粗角萤叶甲 *Diorhabda tarssalis* Weise ++++

采集地:沙坡头。1998 年 8 月。

寄主植物:甘草。

115. 负泥虫科 Crioceridae

(595)枸杞负泥虫 *Lema decempunctata* (Gebler) +++

采集地:美丽渠。1989 年 8 月。

寄主植物:枸杞。

(596)亚洲切头叶甲 *Coptocephala orientalis* Baly

采集地:沙坡头。2017 年 7 月。

寄主植物:刺槐,艾蒿。

116. 象虫科 Curculionidae

(597)沙蒿大粒象 *Adosomus* sp. ++

采集地:高鸟墩。1989 年 6 月。

寄主植物:沙蒿。

(598)黑斜纹象 *Bothynoderes declivis* (Olivier,1807) ++

采集地:沙坡头。1989 年 6 月。

寄主植物:蒿类、骆驼蓬等。

(599)甜菜象 *Asproparthenis punctiventris* (Germar) +++

采集地:孟家湾。1989 年 6 月。

寄主植物:甜菜、菠菜、灰条、苜蓿等。

(600)西伯利亚绿象 *Chlorophanus sibiricus* Gyllenhal +++

采集地:美丽渠。1989 年 6 月。

寄主植物:蒿类等。

(601)短毛草象 *Chloebius immeritus* (Schoenherr) ++

采集地:兰铁中卫固沙林场。1989 年 6 月。

寄主植物:豆科野生植物。

(602)痕斑草象 *Chloebius aksuanus* Reitter ++

采集地:沙坡头。1995 年 6 月。

寄主植物:沙蒿。

(603)多纹叶喙象 *Diglossotrox alashanicus* Suvorov ++

采集地:沙坡头。1989年6月。

寄主植物:骆驼蓬、沙蒿等。

(604)锥喙筒喙象 *Lixus fairmairei* Faut + +

采集地:沙坡头。1989年6月。

寄主植物:蒿类、甜菜。

(605)黑条筒喙象甲 *Lixus nigrolineatus* Voss +

采集地:沙坡头。1996年6月。

寄主植物:锦鸡儿。

(606)淡绿球胸象 *Piazomias breviusculus* Fairmaire + +

采集地:沙坡头。1994年7月。

寄主植物:苜蓿、甘草、苦豆子、甜菜等。

(607)甘肃齿足象甲 *Deracanthus potanini* Fanst + +

采集地:孟家湾。1992年6月。

寄主植物:锦鸡儿、甘草。

(608)齿足象属 *Deracanthus* sp1 + +

采集地:沙坡头。2017年8月。

寄主植物:不详。

(609)齿足象属 *D.* sp2 +

采集地:沙坡头。2017年8月。

寄主植物:不详。

(610)蒙古土象 *Meteutinopus mongolicus*(Faust,1881) +

采集地:沙坡头。2017年8月。

寄主植物:不详。

(611)斜纹圆筒象 *Corymacronus costulatus*(Motschulsky) +

采集地:沙坡头。2017年8月。

寄主植物:不详。

(612)树叶象 *Phyllobius* sp. +

采集地:沙坡头。2017年8月。

寄主植物:不详。

(613)亥象 *Callirhopalus sedakowii* Hochhuthr +

采集地:沙坡头。2017 年 8 月。

寄主植物:不详。

(614)金绿树叶象 *Phyllobius virideaeris virideaeris*（Laicharting） +

采集地:沙坡头。2017 年 8 月。

寄主植物:不详。

(615)树皮象属 *Hylobius* sp. +

采集地:沙坡头。2017 年 8 月。

寄主植物:不详。

(616)黄褐纤毛象 *Megamecus urbanus*（Gyllenhyl） +

采集地:沙坡头。2017 年 8 月。

寄主植物:不详。

(617)欧洲方喙象 *Cleonus pigra*（Scopoli） +

采集地:沙坡头。2017 年 8 月。

寄主植物:不详。

(618)粉红锥喙象 *Conorhynchus pulverulentus*（Zoubkoff） +

采集地:沙坡头。2017 年 8 月。

寄主植物:不详。

117. 小蠹科 Scolytidae

(619)多毛小蠹 *Scotytus seulensis* Murayama +

采集地:沙坡头。1990 年 4 月。

寄主植物:杏、榆、柠条等。

膜翅目 HEMENOPTERA

118. 叶蜂科 Tenthredinidae

(620)日本麦叶蜂 *Dolerus japonicus* Kirby +

采集地:碱碱湖。1986 年 6 月。

寄主植物:蔬菜。

(621)黄菜叶蜂 *Athalia lugens infumaf* Marlatt + + +

采集地:小湖。1989 年 8 月。

寄主植物:蔬菜。

(622)黄麦叶蜂 *Dachynematus* sp. +

采集地:美丽渠。1989 年 8 月。

寄主植物:小麦,禾本科。

(623)日本蔷薇叶蜂 *Arge nipponensis* Rohwer +

采集地:孟家湾。1992 年 6 月。

寄主植物:黄刺梅。

119. 姬蜂科 Ichneumonoidae

(624)夜蛾瘦姬蜂 *Ophion lateus*(Linnae.) + +

采集地:沙管所、小湖等。1989 年 6 月。

寄主:小地老虎及其他夜蛾幼虫。

(625)螟蛉瘤姬蜂 *Itoplectis naranyae*(Ashmed) + +

采集地:高墩湖。1989 年 6 月。

寄主:玉米螟等幼虫。

(626)舞毒蛾黑瘤姬蜂 *Coccygomimus disparis*(Viereck) + + +

采集地:沙管所。1986 年 6 月。

寄主:舞毒蛾、沙枣毒蛾、天幕毛虫、菜粉蝶等的蛹。

(627)古北黑瘤姬蜂 *Coccygomimus instigator* Fabricius + +

采集地:沙坡头。1985 年 8 月。

寄主:树粉蝶、舞毒蛾、花棒毒蛾幼虫。

(628)斑翅马尾姬蜂 *Megarhyssa praecellens* Tosquinet +

采集地:美丽渠。1998 年 8 月。

寄主:柳黄斑树蜂幼虫。

(629)地蚕大铗姬蜂 *Eutanycra picta* Schrank +

采集地:美丽渠。1998 年 8 月。

寄主:地老虎幼虫。

(630)红腹菱室姬蜂 *Mesochorus* sp. +

采集地:沙坡头。1991 年 6 月。

寄主:鳞翅目幼虫。

120. 小茧蜂科 Braconidae

(631)赤腹深沟茧蜂 *Iphiaulax imposter* Enderlein ++

采集地:小湖、荒草湖等。1990 年 8 月。

寄主:青杨天牛等。

(632)黄褐内茧蜂 *Rogas testaceus* (Apinola) ++

采集地:沙管所、孟家湾等。1990 年 8 月。

寄主:玉米螟、甜菜夜蛾等鳞翅目幼虫。

(633)粉蝶白绒茧蜂 *Apanteles bicolor* Nees ++

采集地:美丽渠。1996 年 8 月。

寄主:粉蝶类幼虫。

(634)粉蝶黄绒茧蜂 *Apanteles glomeratus* (Linn.) ++

采集地:美丽渠。1996 年 8 月。

寄主:树粉蝶、魔粉蝶幼虫。

(635)天蛾绒茧蜂 *Apanteles planus* Watanabe +

采集地:兰铁中卫固沙林场。1989 年 6 月。

寄主:天蛾幼虫。

(636)螟虫长距茧蜂 *Macrocentrus linearis* (Nees) +

采集地:黑林村玉米田。1990 年 8 月。

寄主:玉米螟幼虫。

(637)荒漠长距茧蜂 *Macrocentrus* sp. ++

采集地:孟家湾。1987 年 7 月。

寄主:不详。

(638)蚜茧蜂 *Aphidins* sp. +++

采集地:黑林村农田。1990 年 8 月。

寄主:麦蚜。

121. 巨胸小蜂科 Perilampidae

(639)拍夫巨胸小蜂 *Philomidae paphius* Haliday +

采集地:美丽渠。1989 年 8 月。

寄主:蝇、鳞翅目幼虫。

(640)翠绿巨胸小蜂 *Perilampus prasinus* Nikol +

采集地:小湖。1989 年 6 月。

寄主:蛾类、叶蝉、草蛉茧内。

122. 小蜂科 Chalcididae

(641)大腿小蜂 *Brachymdria* sp. + + +

采集地:兰铁中卫固沙林场。1994 年 7 月。

寄主:榆毒蛾幼虫、蛹。

123. 啮小蜂科 Tetrastichidae

(642)甲卵啮小蜂 *Tetrastichus* sp. + + +

采集地:小湖。1989 年 6 月。

寄主:白茨粗角萤叶甲卵块。

(643)木虱啮小蜂 *Tetrastichus* sp. + +

采集地:小湖。1989 年 6 月。

寄主:沙枣木虱。

124. 赤眼蜂科 Trichogrammatidae

(644)松毛虫赤眼蜂 *Trichogramma dendrolimi* Mats + +

采集地:黑林村农田。1990 年 8 月。

寄主:玉米螟卵块。

(645)玉米螟赤眼蜂 *T. ostriniae* Pang et Chen + + +

采集地:黑林村农田。1990 年 8 月。

寄主:玉米螟卵块。

125. 金小蜂科 Pteromalidae

(646)蝇蛹金小蜂 *Eupteromalus* sp. +

采集地:黑林村玉米秸秆。1990 年 4 月。

寄主:玉米螟历寄蝇蛹。

(647)蝶蛹金小蜂 *Pteromalus puparum* (Linn.) +

采集地:黑林村农田。1990 年 8 月。

寄主:菜白蝶蛹。

126. 跳小蜂科 Encyrtidae

(648)寡节长缨跳小蜂 *Anthemus aspiditi* Nikolekaga + + +

采集地:兰铁中卫固沙林场。1994 年 7 月。

寄主:盾蚧。

(649)球蚧花角跳小蜂 *Blastothrix sericae* (Dalman) + +

采集地:孟家湾。1987 年 7 月。

寄主:赖草毡蚧。

(650)花角跳小蜂 *Blastothrix* sp. + +

采集地:兰铁中卫固沙林场。1991 年 7 月。

寄主:花球蚧。

(651)紐绵蚧跳小蜂 *Encyrtus sasakii* Lshii + +

采集地:兰铁中卫固沙林场。1994 年 7 月。

寄主:花球蚧。

(652)刷盾跳小蜂 *Eucomys scutellata* (Swed.) + + +

采集地:兰铁中卫固沙林场。1993 年 8 月。

寄主:槐花球蚧。

(653)球蚧花翅跳小蜂 *Microterys lunatus* Dalm +

采集地:兰铁中卫固沙林场。1995 年 8 月。

寄主:花球蚧。

(654)球蚧跳小蜂 *Microterys encyrtusianatus* Dalm. +

采集地:兰铁中卫固沙林场。1995 年 8 月。

寄主:槐花球蚧。

127. 种小蜂科 Torymidae

(655)小齿腿长尾小蜂 *Monodontomerus minor* Ratz +

采集地:兰铁中卫固沙林场。1997 年 7 月。

寄主:蝶蛾类、蝇类蛹。

(656)枸杞瘿蚊长尾小蜂 *Pseudotorymus pannonicus* (Mayr.) + +

采集地:兰铁中卫固沙林场。1994 年 8 月。

寄主:枸杞瘿蚊幼虫。

128. 广肩小蜂科 Eurytomidae

(657)刺槐种子小蜂 *Bruchophagus philorobinae* Liao + + +

采集地:兰铁中卫固沙林场。1996 年 7 月。

寄主植物:槐树荚豆粒。

129. 四节金小蜂科 Eurytomidae

(658)黄色白刺小蜂 *Platyneurus baliolus* Sugonjaev + + +

采集地:长流水。1999 年 6 月。

寄主植物:白刺果籽粒。

130. 黑卵蜂科 Scelionidae

(659)稻蝗黑卵蜂 *Scelio* sp. + +

采集地:黑林村。1990 年 4 月。

寄主:稻蝗卵。

131. 土蜂科 Scoliidae

(660)戈壁眼斑土蜂 *Scolia* sp. +

采集地:孟家湾。1990 年 7 月。

寄主:蛴螬。

(661)黄带黑土蜂 *Scolia fascinata* Smith +

采集地:孟家湾。1989 年 6 月。

寄主:蛴螬。

(662)白毛长腹土蜂 *Campsomeris annulata* Fabricius + +

采集地:沙坡头。1995 年 8 月。

寄主:蛴螬等。

(663)金毛长腹土蜂 *Carnpsomeris prismatica* Smith + +

采集地:沙坡头。1989 年 8 月。

寄主:蛴螬。

132. 钩臀土蜂科 Tiphiidae

(664)黑钩臀土蜂 *Tiphia brevilineata* Allen et Jaynes +

采集地:沙坡头。1993 年 8 月。

寄主:蛴螬

133. 青蜂科 Chrysididae

(665)凸眼青蜂 *Hedychrum okai* Tsuneki +

采集地:高墩湖。1990 年 5 月。

寄主:鳞翅目幼虫。

(666)红腹青蜂 *Hedychrum* sp. +

采集地:沙坡头。1995 年 8 月。

寄主:不祥。

134. 胡蜂科 Vespidae

(667)黄斑胡蜂 *Vespula Mongolia*（Andre） + +

采集地:沙管所、孟家湾。1989 年 9 月。

寄主:鳞翅目、蝇类幼虫。

(668)常见黄胡蜂 *Vespula vulgaris*（Linnae.） + +

采集地:沙坡头。1989 年 6 月。

寄主:鳞翅目、蝇类幼虫。

(669)北方黄胡蜂 *Vespula rufa rufa*（Linnae.） + +

采集地:沙坡头。1989 年 6 月。

寄主:鳞翅目、蝇类幼虫。

(670)德国黄胡蜂 *Vespa germanica*（Fabricus） + + +

采集地:沙坡头。1987 年 6 月。

寄主:鳞翅目、蝇类幼虫。

(671)黄色胡蜂 *Vespa xanthoptera* Cameren +

采集地:沙坡头。1985 年 8 月。

寄主:鳞翅目、蝇类幼虫。

(672)金环胡蜂 *Vespa* mandarinus Saussure +

采集地:沙坡头。1986 年 7 月。

寄主:鳞翅目、蝇类幼虫。

135. 马蜂科 Polistidae

(673)普通长脚马蜂 *Polistes okinawansis* Matsumura et Uchida + +

采集地:黑林、美丽渠。1987 年 7 月。

寄主:鳞翅目、蝇类幼虫。

(674)中华马蜂 *Polistes chinensis* Fabricius +

采集地:沙坡头。1989 年 6 月。捕食各类昆虫。

(675)柞蚕马蜂 *Polistes gallicus*（Linnae.） + +

采集地:沙坡头。1989 年 6 月。捕食各类昆虫。

(676)角马蜂 *Polistes antennalis* Perez

采集地:沙坡头。2017 年 7 月。捕食其他昆虫和蜘蛛

136. 蜾蠃科 Eumenidae

(677)前旁喙蜾蠃 *Pararrhynchium ornatum infrenis* Giordani +

采集地:盂家湾。1990 年 4 月。

寄主:鳞翅目幼虫及蜘蛛。

(678)墙沟蜾蠃 *Ancistrocerus parietinus*(Linnae.) +

采集地:盂家湾。1989 年 6 月。

寄主:鳞翅目幼虫及蜘蛛。

(679)镶黄蜾蠃 *Eumenes*(*Oramenes*)*decoratus* Smith +

采集地:盂家湾。1990 年 5 月。

寄主:鳞翅目幼虫及蜘蛛。

(680)黄唇蜾蠃 *Rhynchium quinquecinctum*(Fab.) +

采集地:盂家湾。2017 年 9 月。

寄主:鳞翅目幼虫及蜘蛛。

(681)黑背喙蜾蠃 *Rhynchium tahitense* Saussure + +

采集地:盂家湾。2017 年 9 月。

寄主:鳞翅目幼虫及蜘蛛。

137. 蚁科 Formicidae

(682)日本弓背蚁 *Camponotus japonicus*(Mary) + +

采集地:小湖。1989 年 6 月。杂食性。

(683)血红林蚁 *Formica sanguinea* Lats + + +

采集地:盂家湾。1989 年 6 月。杂食性。

(684)中华红林蚁 *F. sinensis* Emery + + + +

采集地:沙坡头。2017 年 8 月。杂食性。

(685)掘穴蚁 *F. cunicularia* Latreille + + + +

采集地:沙坡头。2017 年 8 月。杂食性。

(686)艾箭蚁 *Cataglyphis aenescens* + + + +

采集地:小湖。2017 年 8 月。杂食性。

(687)铺道蚁 *Tetramorium caespitum*(L.) + + + +

采集地:腾格里湖区域。2017 年 8 月。杂食性。

(688)针毛收获蚁 *Messor aciculatus* Smith ＋＋＋＋

采集地:长流水。2017年8月。采食植物种子。

(689)的威弓背蚁 *Camponotus devestivs* Wheele ＋＋

采集地:荒草湖。2017年8月。杂食性。

(690)广布弓背蚁 *Campomotus herculeanus* Linnae.

138. 蛛蜂科 Pompilidae

(691)黑蛛蜂 *Batozonellus* sp. ＋

采集地:高墩湖、沙坡头。1989年6月。

寄主:蜘蛛。

139. 泥蜂科 Sphecidae

(692)红腹泥蜂 *Ammophila* sp. ＋

采集地:孟家湾、固沙。1989年7月。

寄主:鳞翅目幼虫。

(693)日本沙泥蜂 *Ammophila sabulasa nipponica* Tsuneki ＋

采集地:孟家湾。1989年6月。捕食鳞翅目幼虫。

(694)驼腹壁泥蜂 *Sceliphron deforme* Smith ＋

采集地:沙管所。1989年6月。捕食蜘蛛。

140. 熊蜂科 Bombycidae

(695)黑尾熊蜂 *Bombus melanurus* Leloeletier ＋

采集地:孟家湾、小湖。1986年6月。采粉于豆科植物。

(696)黄熊蜂 *Bombus flavescons* Smith ＋＋

采集地:孟家湾。1987年7月。采粉于豆科、菊科植物。

(697)黑足熊蜂 *Bombus atripes* Smith ＋

采集地:沙坡头。1986年8月。采粉于豆科。

141. 蜜蜂科 Apidae

(698)意大利蜜蜂 *Apis melliferd* (Linnae.) ＋＋＋

采集地:孟家湾、沙坡头。1989年8月。采集花粉。

(699)中华蜜蜂 *Apis cerana* Fabricius ＋

采集地:沙管所。1986年6月。采集花粉。

(700)北方切叶蜂 *Megachile manchuriana* Yasumatsu ＋

采集地:沙坡头。2017 年7 月。采集花粉。

(701)分舌蜂 *Colletes* sp. +

采集地:沙坡头。2017 年 7 月。采集花粉。

(702)沙氏淡脉隧蜂 *Lasioglossum sakagamii* Ebmer +

采集地:沙坡头。2017 年 7 月。采集花粉。

(703)宽带隧蜂 *Halictus senilis* Everm +

采集地:沙坡头。2017 年 7 月。采集花粉。

(704)小彩带蜂 *Nomioides* sp. +

采集地:沙坡头。2017 年 7 月。 采集花粉。

(705)地蜂 *Andrena* sp. +

采集地:沙坡头。2017 年 7 月。采集花粉。

142. 木蜂科 Xylocopidae

(706)紫木蜂 *Xylocopa valga* Gersacker + +

采集地:沙管所。1990 年 5 月。为害木材,采集花粉。

143. 条蜂科 Anthophoridae

(707)四条无垫蜂 *Amegilla 4-trasciata*(Villers) +

采集地:小湖。1989 年 6 月。采粉。

(708)毛斑条蜂 *Melacta* sp. +

采集地:碱碱湖。2017 年 7 月。采粉。

144. 切叶蜂科 Megachilidae

(709)凹盾斑蜂 *Crocisa emarginata* Lipeletie +

采集地:孟家湾。1989 年 9 月。采粉。

(710)中华毛斑蜂 *Melecta chinensis* Cockerell +

采集地:小湖。1989 年 5 月。采粉。

(711)花黄斑蜂 *Anthidium florentinum* Fab. +

采集地:沙管所。1990 年 6 月。采粉于苜蓿及豆科植物。

双翅目 DIPTERA

145. 大蚊科Tipulidae

(712)黄斑大蚊 *Nephrotoma* sp. + + +

采集地:沙管所。1989 年 6 月。

146. 毛蠓科 Ptychodidae

(713)星斑蛾蚋 *Psychoda alternata* Say + + +

采集地:沙管所。1989 年 6 月。污水中取食腐质食物。

(714)哈氏褃毛蚊 *Plecia hardyi* +

采集地:黑林村。2017 年 7 月。取食腐质食物。

147. 摇蚊科 Chironomidae

(715)背条摇蚊 *Chironomus dorsalis* Meigen + + +

采集地:沙管所。1989 年 6 月。

寄主植物:水生植物。

(716)稻绿摇蚊 *Chironomus* sp. +

采集地:黑林村、高墩湖。1989 年 6 月。取食水稻及水生植物。

(717)羽摇蚊 *Tendipes plumosus* Meigen +

采集地:高墩湖。1989 年 6 月。

寄主植物:水稻。

148. 细蚊科 Dixidae

(718)日本细蚊 *Dixa nipponica* Lshihira +

采集地:沙管所。1989 年 9 月。腐食性。

149. 蚊科 Culicidae

(719)尖音库蚊淡色亚种 *Culex pipiens pallens* Coquill. + + +

采集地:农田。1989 年 9 月。取食粪及人、畜的血。

150. 沼大蚊科 Limmobiidae

(720)星薄翅大蚊 *Helobia hybrida* Meigen +

采集地:沙管所。1989 年 9 月。取食腐败植物。

151. 蕈蚊科 Mycetophilidae

(721)极小蕈蚊 *Macrocera pusilla* Meigen +

采集地:沙管所。1989 年 9 月。取食腐败的植物和菌类。

152. 尖眼蕈蚊科 Sciaridae

(722)韭菜迟眼蕈蚊 *Bradysia odoriphaga* Yang et Zhang + +

采集地:沙坡头。1989 年 6 月。

寄主植物:韭、蒜、蔬菜。

153. 瘿蚊科 Cecidomyidae

(723)麦红吸浆虫 *Sitodiplosis mosellana*(Gehin) + +

采集地:黑林村农田。1989 年 6 月。

寄主植物:小麦等。

(724)糜子吸浆虫 *Stenodiplosis panici* Rchd + +

采集地:黑林村农田。1989 年 8 月。

寄主植物:稗草、糜子。

(725)柳枝瘿蚊 *Rhabdophaga salioiperda* Duf + + +

采集地:管理所。1989 年 4 月。

寄主植物:旱柳、龙爪柳。

(726)枸杞瘿蚊 *Jaapiella* sp. + +

采集地:美丽渠、管理所。1990 年 8 月。

寄主植物:枸杞。

154. 虻科 Tabanidae

(727)双斑黄虻 *Atylotus bivittateinus* Takahasi + + +

采集地:沙管所。1987 年 7 月。吸食畜血。

(728)淡黄虻 *Atylotus pallitarsis*(Olsufier) + + +

采集地:小湖、高墩湖。1989 年 6 月。吸食畜血。

(729)憎黄虻 *Atylotus miser*(Szilady) + + +

采集地:沙管所。1990 年 6 月。吸食人、畜血。

(730)村黄虻 *A*. rusticus(L.) +

采集地:小湖。2017 年 8 月。吸食畜血。

(731)华虻 *Tabanus mandarinus*(Schiner) +

采集地:高墩湖。1997 年 6 月。吸食畜血。

(732)土灰虻 *Tabanus amanus* Walker + +

采集地:四泵站。1990 年 6 月。吸食畜血

(733)姚虻 *Tabanus yao* Maequart + +

采集地:四泵站。1989 年 6 月。吸食畜血。

(734)亚沙虻 *Tabanus subsabuletorum* Olsufier +

采集地:固沙。1989 年 7 月。吸食畜血。

(735)双虻 *Tabanus geminus* Szilady +

采集地:高墩湖。1989 年 7 月。吸食畜血。

(736)莫斑虻 *Chrysops mlokosiewiczi* Bigot + + +

采集地:高墩湖、小湖。1989 年 6 月。吸食畜血。

(737)中华斑虻 *Chrysops sinesis* Walker + + +

采集地:高墩湖、马场湖。1989 年 6 月。吸食畜血。

(738)黑棕瘤虻 *Hybomitra lurida*(Fallien) +

采集地:高墩湖。1989 年 6 月。吸食畜血。

155. 水虻科 Stratiomyiidae

(739)水虻 *Stratiornyia apicalis* Walker + + +

采集地:荒草湖。1989 年 6 月。取食小型昆虫。

156. 盗虻科 Asilidae

(740)黑小食虫虻 *Choerades nigrovittatus* Motsumura +

采集地:兰铁中卫固沙林场。1989 年 6 月。取食小型昆虫。

(741)虎斑食虫虻 *Astochia vigatipes* Coquillett + + +

采集地:沙管所、兰铁中卫固沙林场。1989 年 6 月。取食夜蛾、卷叶蛾等。

(742)大食虫虻 *Promuchus yesonicus* Biget + + +

采集地:沙坡头。1989 年 6 月。取食茶翅蝽、夜蛾等。

(743)白齿铗食虫虻 *Philodicus albiceps* Meigen + + +

采集地:兰铁中卫固沙林场、黑林村农田。1989 年 6 月。捕食蝽象、卷叶蛾及夜蛾类等。

(744)细腹虻 *Leptogastrinas* sp. + +

采集地:兰铁中卫固沙林场、美丽渠。1989 年 6 月。取食其他昆虫。

(745)先黑食虫虻 *Machimus scuellaris* Cog. +

采集地:沙坡头。2017 年 6 月。取食其他昆虫。

157. 蜂虻科 Bombyliidae

(746)大蜂虻 *Bombylius major*(Linnae.) +

采集地:孟家湾。1989 年 6 月。捕食蜜蜂等。

(747)黄绒长吻蜂虻 *Anastoechus nitidulus* Fabrt. + + +

采集地:沙坡头、美丽渠。1998 年 6 月。

寄主植物:向日葵、柴蒿等花上。

158. 长足虻科 Dolichopodidae

(748)黄颜长足虻 *Tachytrechus* sp. + +

采集地:孟家湾。1998 年 7 月。捕食其他昆虫。

159. 网翅虻科 Nemestrinidae

(749)长吻网翅虻 *Nemestrina longirostris* Linn. +

采集地:孟家湾、红卫、甘塘。1998 年 7 月。寄主不明,草中活动。

160. 食蚜蝇科 Syrphidae

(750)花管食蚜蝇 *Eristalomyia tenax* Linnae + + +

采集地:沙管所。1989 年 6 月。粪食性。

(751)食蚜蝇 *Eristalomyia* sp. + + +

采集地:沙管所。1989 年 6 月。粪食性。

(752)长尾管食蚜蝇 *Eristallis tenax*(Linnae.) + + +

采集地:沙坡头、高乌墩。1989 年 6 月。粪食性。

(753)灰带管食蚜蝇 *Eristalis cerealis* Fabricius + + +

采集地:固沙。1989 年 6 月。禾本科植物上取食蚜虫。

(754)斜纹鼓额食蚜蝇 *Scaeva pyrastri*(Linnae.) + + +

采集地:黑林、固沙。1989 年 6 月。取食蚜虫。

(755)新月毛食蚜蝇 *Dasysyrphus lunulolus*(Meigen) + + +

采集地:沙管所、固沙。1989 年 6 月。取食蚜虫。

(756)花眼食蚜蝇 *Paragus fasciatus* Coguillett + +

采集地:固沙。1989 年 6 月。取食蚜虫。

(757)印度细腹食蚜蝇 *Sphaerophoria indiana* Bigot + +

采集地:高墩湖、小湖。1989 年 8 月。取食蚜虫。

(758)桶形细腹食蚜蝇 *S.cylindrical*(Say) + +

采集地:小湖、孟家湾。1989 年 6 月。取食蚜虫。

(759)短翅细腹食蚜蝇 *S.scripta*(Linnae.) + +

采集地:荒草湖。1989 年 8 月。取食棉蚜、桃蚜、豆蚜等。

(760)大灰食蚜蝇 *Syphus corollae* Fabricius +

采集地:固沙。1989 年 6 月。取食棉蚜、豆蚜、桃蚜等。

(761)梯斑魔蚜蝇 *Melanostoma scalare* Fabricius +

采集地:高墩湖。1995 年 8 月。取食麦蚜等。

(762)山斑扁食蚜蝇 *M.transversum* Shirakiet Edashige +

采集地:固沙。1989 年 8 月。取食蚜虫。

(763)青绿食蚜蝇 *M.ambiguum* Fallen + + +

采集地:高墩湖。1989 年 8 月。取食蚜虫。

(764)黑带食蚜蝇 *Episyrphus balteatus* De Geer + +

采集地:美丽渠、孟家湾。1989 年 8 月。取食蚜虫。

(765)凹带食蚜蝇 *Syrphus nitens* Zetterstedt + +

采集地:孟家湾。1990 年 10 月。

寄主植物:蔬菜和菊。

(766)琉璃长食蚜蝇 *Zelima coquilletti* Hewe-Bozin +

采集地:高墩湖。1987 年 7 月。取食蚜虫。

(767)工斑管食蚜蝇 *Eristalomyia tenax* L. +

采集地:兰铁中卫固沙林场。2017 年 6 月。取食其他昆虫。

(768)大绿食蚜蝇 *Lasiopticus pyrastri* L. +

采集地:兰铁中卫固沙林场。2017 年 6 月。取食其他昆虫。

161. 实蝇科 Trypetidae

(769)白茨实蝇 *Trypanea amoena* Frauenfeld + + +

采集地:小湖。1989 年 6 月。

寄主植物:白茨果实。

(770)端叉踹实蝇 *T. convergens* Hering +

采集地:高墩湖。2017 年 8 月。

寄主植物:不详。

(771)灰斑实蝇 *Tephritis majuscula* Hering et lte +

采集地:高墩湖。1989 年 8 月。

寄主植物:不详。

(772)褐鬃花翅实蝇 *T. variata* Becker +

采集地:沙坡头。2017 年 8 月。

寄主植物:不详。

(773)枸杞实蝇 *Neoceratitis asiatica*(Becker)+

采集地;美丽渠、管理所。1989 年 8 月。

寄主植物:枸杞果实。

(774)蒿瘿实蝇 *Trypeta artemisia* Fabricius ++

采集地:高墩湖。1989 年 6 月。

寄主植物:蒿叶。

(775)可拉蒿瘿实蝇 *T.artemiscola* Hendel +

采集地:高墩湖。1989 年 8 月。

寄主植物:可拉蒿叶。

(776)六斑瘿实蝇 *Trypeta* sp. ++

采集地:高墩湖。1989 年 6 月。

寄主植物:蒿。

162. 水蝇科 Ephydridae

(777)稻水蝇 *Ephydra macellaria* Egger +++

采集地:黑林村农田。1989 年 6 月。

寄主植物:水稻。

(778)稻潜叶蝇 *Hydrellia griseola* Fallen +

采集地:黑林村农田。1989 年 6 月。

寄主植物:水稻、麦。

163. 黄潜蝇科 Chlorpopidae

(779)麦秆蝇 *Meromyza saltatrix* Linnae. +

采集地:高墩湖。1989 年 6 月。

寄主植物:小麦、荞麦。

164. 花蝇科 AnthOmyiidae

(780)粪种蝇 *Adia cinerella*(Fallen)+++

采集地:沙坡头。1989 年 6 月。取食动物和人粪便。

(781)灰地种蝇 *Delia platura* Meigen +

采集地:沙坡头。1989 年 6 月。

寄主植物:白菜。

(782)葱地种蝇 *Delia antiqua*（Meigen） + + +

采集地:沙坡头。1998 年 6 月。

寄主植物:葱、韭、蒜。

(783)白菜蝇 *Delia floralis*（Fallen） + + +

采集地:沙坡头。1998 年 6 月。

寄主植物:十字花科植物。

165. 潜蝇科 Agromyzidae

(784)麦黑潜叶蝇 *Agromyza albipennis* Meigen + + +

采集地:黑林村农田。1989 年 6 月。

寄主植物:小麦、赖草等。

166. 蝇科 Muscidae

(785)厩腐蝇 *Muscina stabulans*（Fallen） +

采集地:沙管所。1989 年 6 月。粪食性、腐食性。

(786)舍蝇 *Musca domestica vicina* Maoquart + + +

采集地:沙管所室内。1989 年 6 月。粪食性、腐食性

(787)马粪碧蝇 *Pyrellia cadaverina* Linnae. +

采集地:小湖西。1989 年 6 月。粪食性、腐食性。

167. 麻蝇科 Sarcophagidae

(788)灰白麻蝇 *Sarcophagidae albiceps* Meigen + +

采集地:美丽渠。1986 年 7 月。幼虫取食动植物腐殖质。

(789)红尾拉麻蝇 *Ravinia striata* Fabrieius +

采集地:孟家湾。1989 年 6 月。幼虫取食动物的粪便。

(790)巴彦污蝇 *Wohlfahrtia balassogloi*（Portsch） +

采集地:孟家湾。1986 年 4 月。粪食性、腐食性。

(791)纯叶污麻蝇 *Wohlfahrtia pavlovskyi* Rohdendorf +

采集地:碱碱湖。2017 年 4 月。粪食性、腐食性。

(792)肥须亚麻蝇 *Parasarcophaga crassipalpis*（Macq.） +

采集地:碱碱湖。2017 年 4 月。粪食性、腐食性。

168. 丽蝇科 Calliphoridae

(793)亮绿丽蝇 *Lucilia illustris*（Meigen） +

采集地:沙管所。1989 年 6 月。生活在动物尸体及粪便。

(794)红头丽蝇 *Calliphora vicina* Robineau–Desvoidy +

采集地:沙管所。1989 年 9 月。生活在动物尸体及粪便。

(795)反吐丽蝇 *Calliphora vomitoria*(Linnae) + + +

采集地:沙管所。1989 年 9 月。生活在动物尸体及粪便。

169. 寄蝇科 Tachinidae

(796)长喙埃蜉寄蝇 *Aphria longirostris* Meigen +

采集地:马场湖。1989 年 6 月。

寄主:不详。

(797)玉米螟厉寄蝇 *Lydetla grisesceus* R. –D. + +

采集地:黑林村农田。1990 年 5 月。

寄主:玉米螟幼虫。

(798)常怯寄蝇 *Phryxe vulgaris* Fallen +

采集地:兰铁中卫固沙林场。1995 年 8 月。

寄主:杨毒蛾蛹。

(799)毛虫追寄蝇 *Exorista amoena* Mesnil + +

采集地:沙坡头。1998 年 6 月。

寄主:舞毒蛾、树粉蝶的蛹。

(800)日本追寄蝇 *E. japonica* Tyler Townsend +

采集地:沙坡头、沙管所。1998 年 6 月。

寄主:黏虫、树粉蝶。

(801)饰额短须寄蝇 *Linnaemyia compta* Fallen +

采集地:黑林村农田。1990 年 6 月。

寄主:小地老虎幼虫。

(802)条纹追寄蝇 *Exorista fasciata* Fall. +

采集地:黑林村农田。2017 年 8 月。

寄主:不详。

(803)裸眼琵寄蝇 *Palesisa nudioculata* Vill +

采集地:夹道村。2017 年 8 月。

寄主:不详。

(804)松毛虫狭颊寄蝇 *Carcelia rasella* Baranoy +

采集地:夹道村。2017 年 8 月。

寄主:不详。

(805)蓝黑栉寄蝇 *Ctenophorocera pavida* Meigen +

采集地:碱碱湖。2017 年 8 月。

寄主:不详。

170. 长足寄蝇科 Dexiidae

(806)金龟长喙喙蝇 *Prosena siberita* Fabricius +

采集地:固沙。1989 年 8 月。

寄主:金龟子幼虫。

(807)白带长足寄蝇 *Succingulum transvittatum* Pandelle +

采集地:固沙。1989 年 8 月。

寄主:金龟子幼虫。

(808)黄金龟长足寄蝇 *Ochromeigenia ormioides* Town. +

采集地:沙管所内。1989 年 6 月。

寄主:金龟甲幼虫。

(809)暗黑柔毛寄蝇 *Thelaira nigripes* Fabricius +

采集地:小湖。1987 年 7 月。

寄主:蛴螬。

171. 粪蝇科 Scathophagudae

(810)凸颜粪蝇 *Chylizosoma sasakawae* Hering + +

采集地:高墩湖。1989 年 6 月。取食粪便。

172. 螫蝇科 Stomoxyidae

(811)厩螫蝇 *Stomoxys calcitrans* Linnae. +

采集地:沙管所。1989 年 6 月。幼虫取食家畜粪便;成蝇刺吸家畜血液。

173. 沼蝇科 Sciomyzidae

(812)紫黑长角沼蝇 *Sepedon sphegeus* Fabricius + + +

采集地:高墩湖。1989 年 8 月。取食水边小虫。

(+有分布;++ 一般发生;+++ 大发生;++++ 严重发生,造成严重的生产损失)

附录 IV

土壤微生物名录

一、Archaea

1. Euryarchaeota

(1)Thermoplasmata

〈1〉Thermoplasmatales

1)Marine Group II

2. Thaumarchaeota

(1)Soil Crenarchaeotic Group(SCG)

〈1〉Unknown Order

1)Unknown Family

a. Candidatus Nitrososphaera

二、Bacteria

1. Acidobacteria

(1)Acidobacteria

〈1〉Acidobacteriales

1)Acidobacteriaceae (Subgroup 1)

〈2〉AT-s3-28

〈3〉Subgroup 2

〈4〉Subgroup 3

〈5〉Subgroup 4

2)11-24

3)DS-100

4)Elev-16S-573

5)RB41

6)Unknown Family

a. Blastocatella

〈6〉Subgroup 5

〈7〉Subgroup 6

〈8〉Subgroup 9

〈9〉Subgroup 11

〈10〉Subgroup 17

〈11〉Subgroup 18

〈12〉Subgroup 21

〈13〉Subgroup 25

7)AKIW659

8)Elev-16S-1166

9)PAUC26f

10)SJA-149

11)Unknown Family

a. Bryobacter

a)*uncultivated soil bacterium clone* C002

b. Candidatus Solibacter

(2)Holophagae

〈1〉Elev-16S-816

〈2〉Subgroup 7

〈3〉Subgroup 10

1)ABS-19

a. Acidobacteria bacterium WY67

a)*Acidobacteria bacterium* WY67

2)CA002

3)NS72

4)Sva0725

5)TK85

(3)Subgroup 22

(4)Subgroup 26

2. Actinobacteria

(1)Acidimicrobiia

〈1〉Acidimicrobiales

1)Acidimicrobiaceae

a. CL500-29 marine group

b. Illumatobacter

2)Acidimicrobiales Incertae Sedis

a. Aciditerrimonas

b. Candidatus Microthrix

3)Iamiaceae

a. Iamia

4)OM1 clade

5)Sva0996 marine group

〈2〉Actinomycetales

6)Actinomycetaceae

a. Actinomyces

〈3〉Bifidobacteriales

7)Bifidobacteriaceae

a. Bifidobacterium

〈4〉Corynebacteriales

8)Corynebacteriaceae

a. Corynebacterium 1

a)*Corynebacterium freneyi*

b. Corynebacterium

9)Dietziaceae

a. Dietzia

10)Mycobacteriaceae

a. Mycobacterium

11)Nocardiaceae

a. Nocardia

a)*Nocardia brasiliensis*

b. Rhodococcus

a)*Rhodococcus erythropolis*

c. Williamsia

〈5〉Elev-16S-976

〈6〉Frankiales

12)Acidothermaceae

a. Acidothermus

13)Cryptosporangiaceae

a. Cryptosporangium

b. Fodinicola

14)Frankiaceae

a. Jatrophihabitans

15)Geodermatophilaceae

a. Blastococcus

b. Geodermatophilus

c. Modestobacter

16)Nakamurellaceae

a. Nakamurella

17)Sporichthyaceae

a. hgcI clade

b. Sporichthya

〈7〉Glycomycetales

18)Glycomycetaceae

a. Glycomyces

〈8〉Kineosporiales

19)Kineosporiaceae

a. Angustibacter

b. Kineococcus

c. Kineosporia

d. Pseudokineococcus

e. Quadrisphaera

〈9〉Micrococcales

20)Bogoriellaceae

a. Georgenia

21)Brevibacteriaceae

a. Brevibacterium

22)Cellulomonadaceae

a. Actinotalea

b. Cellulomonas

23)Demequinaceae

a. Demequina

b. Lysinimicrobium

24)Dermabacteraceae

a. Brachybacterium

b. Mobilicoccus

25)Intrasporangiaceae

a. Aquipuribacter

b. Knoellia

c. Ornithinicoccus

d. Ornithinimicrobium

a)*Ornithinimicrobium humiphilum*

e. Oryzihumus

f. Phycicoccus

g. Tetrasphaera

26)Microbacteriaceae

a. Agrococcus

b. Agromyces

c. Amnibacterium

d. Candidatus Aquiluna

e. Clavibacter

a)*Clavibacter michiganensis subsp. michiganensis*

f. Curtobacterium

g. Diaminobutyricimonas

h. Labedella

i. Leifsonia

j. Lysinimonas

k. Marisediminicola

l. Microbacterium

a)Microbacterium arborescens

m. Pseudoclavibacter

n. Rathayibacter

o. Salinibacterium

27)Micrococcaceae

a. Arthrobacter

a)*Arthrobacter agilis*

b)*Arthrobacter crystallopoietes*

b. Kocuria

a)*Kocuria carniphila*

c. Micrococcus

a)*Micrococcus luteus*

d. Nesterenkonia

e. Rothia

28)Promicromonosporaceae

a. Cellulosimicrobium

b. Promicromonospora

29)Micromonosporaceae

a. Actinoplanes

b. Asanoa

c. Catenuloplanes

a)*Catenuloplanes japonicus*

d. Dactylosporangium

e. Krasilnikovia

a)*Krasilnikovia cinnamomea*

f. Longispora

g. Luedemannella

h. Micromonospora

i. Pilimelia

a)*Micromonospora pisi*

j. Planosporangium

k. Plantactinospora

l. Virgisporangium

〈10〉PeM15

〈11〉Propionibacteriales

30)Nocardioidaceae

a. Aeromicrobium

b. Kribbella

c. Marmoricola

d. Mumia

e. Nocardioides

31)Propionibacteriaceae

a. Friedmanniella

b. Granulicoccus

c. Luteococcus

d. Microlunatus

e. Propionibacterium

f. Propioniciclava

〈12〉Pseudonocardiales

32)Pseudonocardiaceae

a. Actinokineospora

b. Actinomycetospora

c. Actinophytocola

d. Amycolatopsis

e. Crossiella

f. Kibdelosporangium

g. Kutzneria

h. Lechevalieria

i. Lentzea

a)*Lentzea flaviverrucosa*

j. Longimycelium

k. Pseudonocardia

a)*Pseudonocardia halophobica*

l. Saccharopolyspora

m. Saccharothrix

a)*Saccharothrix texasensis*

n. Sciscionella

〈13〉Streptomycetales

33)Streptomycetaceae

a. Streptomyces

〈14〉Streptosporangiales

34)Streptosporangiaceae

a. Microbispora

b. Nonomuraea

c. Sphaerisporangium

35)Streptosporangiales Incertae Sedis

a. Motilibacter

36)Thermomonosporaceae

a. Actinocorallia

〈15〉Coriobacteriales

37)Coriobacteriaceae

a. Atopobium

b. Coriobacteriaceae UCG-002

c. Enterorhabdus

d. Olsenella

(2)MB-A2-108

(3)Nitriliruptoria

〈1〉Euzebyales

1)Euzebyaceae

a. Euzebya

〈2〉Nitriliruptorales

2)Nitriliruptoraceae

a. Nitriliruptor

(4)Rubrobacteria

〈1〉Rubrobacterales

1)Rubrobacteriaceae

a. Rubrobacter

(5)TakashiAC-B11

(6)Thermoleophilia

〈1〉Gaiellales

1)Gaiellaceae

a. Gaiella

〈2〉Solirubrobacterales

2)0319-6M6

3)288-2

4)480-2

5)Conexibacteraceae

a. Conexibacter

6)Elev-16S-1332

7)FCPU744

8)FFCH13075

9)Patulibacteraceae

a. Patulibacter

10)Q3-6C1

11)S1-80

12)Solirubrobacteraceae

a. Solirubrobacter

13)TM146

14)YNPFFP1

3. Aerophobetes

4. Aminicenantes

5. Armatimonadetes

(1)Armatimonadia

〈1〉Armatimonadales

(2)Chthonomonadetes

〈1〉Chthonomonadales

1)Chthonomonadaceae

a. Chthonomonas

6. Bacteroidetes

(1)Bacteroidetes BD2-2

(2)Bacteroidetes vadinHA17

(3)Bacteroidetes VC2.1 Bac22

(4)Bacteroidia

〈1〉Bacteroidales

1)Bacteroidaceae

a. Bacteroides

2)Bacteroidales S24-7 group

a. unidentified

a)*unidentified*

3)Marinilabiaceae

4)ML635J-40 aquatic group

5)Porphyromonadaceae

a. Barnesiella

b. Butyricimonas

c. Odoribacter

d. Parabacteroides

6)Prevotellaceae

a. Alloprevotella

b. Prevotella

c. Prevotella 7

d. Prevotella 9

e. Prevotellaceae NK3B31 group

f. Prevotellaceae UCG-001

g. Prevotellaceae UCG-003

7)Rikenellaceae

a. Alistipes

b. Rikenellaceae RC9 gut group

〈2〉Bacteroidia Incertae Sedis

8)Draconibacteriaceae

(5)Cytophagia

〈1〉Cytophagales

1)Cyclobacteriaceae

a. Algoriphagus

b. Aquiflexum

c. Echinicola

d. Mongoliicoccus

2)Cytophagaceae

a. Adhaeribacter

b. Chryseolinea

c. Dyadobacter

d. Fibrisoma

e. Flexibacter

f. Hymenobacter

g. Larkinella

h. Nibrella

i. Nibribacter

j. Ohtaekwangia

k. Pontibacter

a)*Pontibacter populi*

l. Rhodocytophaga

m. Rufibacter

n. Siphonobacter

o. Spirosoma

p. Sporocytophaga

3)Flammeovirgaceae

a. Cesiribacter

b. Flexithrix

c. Reichenbachiella

4)MWH-CFBk5

〈2〉Order II

5)Rhodothermaceae

a. Rubrivirga

〈3〉Order III

6)A815

(6)Flavobacteriia

〈1〉Flavobacteriales

1)Cryomorphaceae

a. Cryomorpha

b. Fluviicola

c. Owenweeksia

2)Flavobacteriaceae

a. Arenibacter

b. Bergeyella

c. Capnocytophaga

d. Chryseobacterium

a)*Chryseobacterium hominis*

e. Empedobacter

f. Flavobacterium

g. Gillisia

a)*Gillisia myxillae*

h. Lutibacter

i. Salegentibacter

j. Sufflavibacter

k. Zeaxanthinibacter

3)NS9 marine group

(7)SB-5

(8)Sphingobacteriia

〈1〉Sphingobacteriales

1)Chitinophagaceae

2)AKYH767

a. Chitinophaga

b. Ferruginibacter

c. Flavisolibacter

d. Flavitalea

e. Hydrotalea

f. Niastella

g. Parafilimonas

h. Sediminibacterium

i. Segetibacter

j. Taibaiella

k. Terrimonas

3)env.OPS 17

4)FFCH9454

5)KD1-131

6)KD3-93

7)NS11-12 marine group

8)PHOS-HE51

9)Saprospiraceae

a. Lewinella

b. Phaeodactylibacter

c. Portibacter

10)Sphingobacteriaceae

a. Arcticibacter

b. Mucilaginibacter

c. Pedobacter

d. Sphingobacterium

11)WCHB1-69

(9)WCHB1-32

7. Candidate division OP3

8. Candidate division WS6

9. Chlamydiae

(1)Chlamydiae

〈1〉Chlamydiales

1)cvE6

2)Parachlamydiaceae

a. Neochlamydia

10. Chlorobi

(1)Chlorobia

〈1〉Chlorobiales

1)OPB56

2)SJA-28

(2)Ignavibacteria

〈1〉Ignavibacteriales

1)BSV26

2)Ignavibacteriaceae

a. Ignavibacterium

3)LD-RB-34

4)PHOS-HE36

11. Chloroflexi

12. Chloroflexi

(1)Anaerolineae

〈1〉Anaerolineales

1)Anaerolineaceae

a. Anaerolinea

b. Anaerog__Longilinea

c. lineaceae UCG-001

d. Leptolinea

(2)Ardenticatenia

〈1〉Ardenticatenales

(3)Caldilineae

〈1〉Caldilineales

1)Caldilineaceae

a. Litorilinea

(4)Chloroflexi Incertae Sedis

〈1〉Unknown Order

1)Unknown Family

a. Thermobaculum

(5)Chloroflexia

〈1〉Chloroflexales

1)Chloroflexaceae

a. Candidatus Chloroploca

a)*compost metagenome*

b. Chloroflexus

c. Chloronema

a)*Scytonema tolypothrichoides VB-61278*

2)FFCH7168

3)Oscillochloridaceae

a. Oscillochloris

4)Roseiflexaceae

a. Roseiflexus

〈2〉Herpetosiphonales

5)Herpetosiphonaceae

a. Herpetosiphon

〈3〉Kallotenuales

6)AKIW781

(6)Dehalococcoidia

〈1〉Dehalococcoidales

1)Dehalococcoidaceae

a. Dehalogenimonas

(7)Gitt-GS-136

(8)JG30-KF-CM66

(9)KD4-96

(10)Ktedonobacteria

〈1〉C0119

〈1〉Ktedonobacterales

1)1959-1

(11)S085

(12)SAR202 clade

(13)SHA-26

(14)Thermomicrobia

〈1〉AKYG1722

〈2〉JG30-KF-CM45

〈3〉Sphaerobacterales

1)Sphaerobacteraceae

a. Nitrolancea

b. Sphaerobacte

(15)TK10

13. CKC4

14. Cyanobacteria

(1)Chloroplast

〈1〉Camelina sativa

1)Camelina sativa

a. Camelina sativa

a)*Camelina sativa*

〈2〉Cercis gigantea

2)Cercis gigantea

a. Cercis gigantea

a)*Cercis gigantea*

〈3〉Lolium perenne

3)Lolium perenne

a. Lolium perenne

a)*Lolium perenne*

〈4〉Solanum torvum

4)Solanum torvum

a. Solanum torvum

a)Solanum torvum

(2)Cyanobacteria

〈1〉SubsectionI

1)FamilyI

a. Mastigocladopsis

b. Microcystis

c. Synechococcus

〈2〉SubsectionII

2)FamilyII

a. Chroococcidiopsis

〈3〉SubsectionII

3)FamilyII

a. Pleurocapsa

〈4〉SubsectionIII

4)FamilyI

a. Arthronema

b. Chamaesiphon

c. Coleofasciculus

d. Crinalium

a)*Chlorogloea microcystoides* SAG 10.99

e. Leptolyngbya

f. Microcoleus

a)*Persicaria minor*

g. Oscillatoria

h. Phormidium

a)*Microcoleus sp.* PCC 7113

i. Planktothrix

j. Spirulina

k. Symploca

l. Trichocoleus

a)*Trichocoleus sociatus* SAG 26.92

〈5〉SubsectionIV

5)FamilyI

a. Nodularia

b. Nostoc

c. Scytonema

6)FamilyII

a. Calothrix

〈6〉SubsectionV

7)FamilyI

(3)Melainabacteria

〈1〉Gastranaerophilales

〈2〉Obscuribacterales

〈3〉Vampirovibrionales

(4)ML635J-21

15. Deferribacteres

(1)Deferribacteres

〈1〉Deferribacterales

1)Deferribacteraceae

a. Mucispirillum

16. Deinococcus-Thermus

(1)Deinococci

〈1〉Deinococcales

1)Deinococcaceae

a. Deinococcus

2)Trueperaceae

a. Truepera

17. Elusimicrobia

(1)Elusimicrobia

〈1〉FCPU453

〈2〉Lineage IIa

〈3〉Lineage IIb

〈4〉Lineage IIc

〈5〉Lineage IV

〈6〉MVP-88

〈7〉Fibrobacterales

1)Fibrobacteraceae

a. possible genus 04

18. Firmicutes

(1)Bacilli

〈1〉Bacillales

1)Alicyclobacillaceae

a. Tumebacillus

2)Bacillaceae

a. Anaerobacillus

b. Anoxybacillus

c. Bacillus

a)*Bacillus anthracis*

b)*Bacillus cereus*

c)*Bacillus megaterium*

d)*Bacillus pumilus*

e)*Bacillus* sp. JCA

f)*Bacillus subtilis*

g)*Bacillus thermoamylovorans*

d. Geobacillus

e. Oceanobacillus

a)*Oceanobacillus profundus*

f. Piscibacillus

g. Sinobaca

3)Family XI

a. Gemella

4)Family XII

a. Exiguobacterium

5)Listeriaceae

a. Brochothrix

6)Paenibacillaceae

a. Brevibacillus

b. Brevibacillus

a)*Brevibacillus borstelensis*

c. Oxalophagus

d. Paenibacillus

a)*Paenibacillus lautus*

7)Planococcaceae

a. Chryseomicrobium

b. Chungangia

c. Kurthia

d. Lysinibacillus

a)*Lysinibacillus sphaericus*

e. Paenisporosarcina

f. Planococcus

g. Planomicrobium

h. Solibacillus

8)Sporolactobacillaceae

a. Sporolactobacillus

9)Staphylococcaceae

a. Jeotgalicoccus

b. Macrococcus

c. Nosocomiicoccus

d. Staphylococcus

10)Thermoactinomycetaceae

a. Laceyella

〈2〉Lactobacillales

11)Aerococcaceae

a. Aerococcus

a)*Aerococcus viridans*

b. Facklamia

12)Carnobacteriaceae

a. Atopostipes

b. Desemzia

c. Granulicatella

d. Trichococcus

13)Enterococcaceae

a. Enterococcus

a)*Enterococcus faecalis*

b)*Enterococcus italicus*

b. Vagococcus

14)Lactobacillaceae

a. Lactobacillus

a)*Lactobacillus helveticus*

15)Leuconostocaceae

a. Leuconostoc

b. Weissella

16)Streptococcaceae

a. Lactoeptococcus　　scoccus

a)*Lactococcus lactis*

b. Str__

(2)Clostridia

〈1〉Clostridiales

1)Christensenellaceae

a. Christensenellaceae R-7 group

2)Clostridiaceae 1

a. Candidatus Arthromitus

b. Clostridium sensu stricto 1

c. Clostridium sensu stricto 13

d. Clostridium sensu stricto 8

3)Clostridiales vadinBB60 group

4)Defluviitaleaceae

a. Defluviitaleaceae UCG-011

5)Family XI

a. Anaerococcus

b. Finegoldia

c. Peptoniphilus

d. Tepidimicrobium

6)Family XII

a. Fusibacter

7)Family XIII

a. [Eubacterium] brachy group

b. [Eubacterium] nodatum group

c. Family XIII AD3011 group

d. Family XIII UCG-001

8)Lachnospiraceae

a. [Eubacterium] hallii group

b. Blautia

c. Coprococcus 1

d. Coprococcus 3

e. Incertae Sedis

f. Lachnoclostridium

g. Lachnospiraceae FCS020 group

h. Lachnospiraceae NK4A136 group

i. Lachnospiraceae UCG-004

j. Lachnospiraceae UCG-005

k. Lachnospiraceae UCG-006

l. Lachnospiraceae UCG-008

m. Marvinbryantia

n. Mobilitalea

o. Roseburia

p. Tyzzerella

q. Vallitalea

9)Peptococcaceae

a. Desulfosporosinus

b. Peptococcus

10)Peptostreptococcaceae

a. Intestinibacter

b. Peptoclostridium

c. Sporacetigenium

11)Ruminococcaceae

a. [Eubacterium] coprostanoligenes group

b. Anaerotruncus

c. Candidatus Soleaferrea

d. Faecalibacterium

e. Hydrogenoanaerobacterium

f. Oscillibacter

g. Ruminiclostridium 5

h. Ruminiclostridium 6

i. Ruminiclostridium 9

j. Ruminiclostridium

k. Ruminococcaceae NK4A214 group

l. Ruminococcaceae UCG-002

m. Ruminococcaceae UCG-005

n. Ruminococcaceae UCG-008

o. Ruminococcaceae UCG-010

p. Ruminococcaceae UCG-013

q. Ruminococcaceae UCG-014

r. Ruminococcus 1

s. Ruminococcus 2

t. Subdoligranulum

12)Syntrophomonadaceae

13)Syntrophomonadaceae

a. Dethiobacter

〈2〉Thermoanaerobacterales

14)Family III

a. Thermoanaerobacterium

15)SRB2

16)Thermodesulfobiaceae

a. Coprothermobacter

(3)Erysipelotrichia

〈1〉Erysipelotrichales

1)Erysipelotrichaceae

a)unidentified

b. [Anaerorhabdus] furcosa group

c. Allobaculum

d. Erysipelatoclostridium

e. Erysipelothrix

f. Turicibacter

(4)Negativicutes

〈1〉Selenomonadales

1)Acidaminococcaceae

a. Phascolarctobacterium

2)Veillonellaceae

a. Megamonas

b. Propionispira

c. Quinella

d. Veillonella

(5)OPB54

19. Fusobacteria

(1)Fusobacteriia

〈1〉Fusobacteriales

1)CFT112H7

2)Fusobacteriaceae

a. Cetobacterium

3)Fusobacteriaceae

a. Fusobacterium

20. Gemmatimonadetes

(1)Gemmatimonadetes

〈1〉AT425-EubC11 terrestrial group

〈2〉BD2-11 terrestrial group

〈3〉Gemmatimonadales

1)Gemmatimonadaceae

a. Gemmatimonas

〈4〉S0134 terrestrial group

21. Gracilibacteria

22. Hydrogenedentes

23. JL-ETNP-Z39

24. Latescibacteria

25. Lentisphaerae

(1)DEV055

(2)ML1228J-2

26. Microgenomates

27. Nitrospirae

(1)Nitrospira

〈1〉Nitrospirales

1)0319-6A21

2)Nitrospiraceae

a. Nitrospira

3)Sh765B-TzT-35

28. Omnitrophica

(1)NPL-UPA2

29. Parcubacteria

30. Planctomycetes

(1)BD7-11

(2)OM190

(3)Phycisphaerae

〈1〉CPla-3 termite group

(4)Phycisphaerae

〈1〉mle1-8

〈2〉Phycisphaerales

1)AKAU3564 sediment group

2)Phycisphaeraceae

a. AKYG587

b. CL500-3

c. I-8

d. SM1A02

e. Urania-1B-19 marine sediment group

〈3〉WD2101 soil group

(5)Pla4 lineage

(6)Planctomycetacia

〈1〉Planctomycetales

1)Planctomycetaceae

a. Candidatus Nostocoida

b. Gemmata

c. Isosphaera

d. Pir4 lineage

e. Pirellula

f. Planctomyces

g. Rhodopirellula

h. Singulisphaera

(7)SPG12-401-411-B72

(8)vadinHA49

(9)Alphaproteobacteria

〈1〉Caulobacterales

1)Caulobacteraceae

a)*Caulobacter* sp. JM6

b. Asticcacaulis

c. Brevundimonas

d. Caulobacter

e. Phenylobacterium

2)Hyphomonadaceae

a. Glycocaulis

b. Hirschia

c. Hyphomonas

d. Woodsholea

〈2〉DB1-14

〈3〉E6aD10

〈4〉OCS116 clade

〈5〉Parvularculales

3)Parvularculaceae

a. Parvularcula

〈6〉Rhizobiales

4)A0839

5)alphaI cluster

6)Aurantimonadaceae

a. Aurantimonas

b. Aureimonas

7)Bartonellaceae

a. Bartonella

8)BCf3-20

9)Beijerinckiaceae

a. Chelatococcus

10)Bradyrhizobiaceae

a. Bosea

b. Bradyrhizobium

c. Nitrobacter

d. Salinarimonas

11)Brucellaceae

a. Ochrobactrum

b. Pseudochrobactrum

12)D05-2

13)DUNssu044

14)DUNssu371

15)Hyphomicrobiaceae

a. Devosia

b. Filomicrobium

c. Hyphomicrobium

d. Pedomicrobium

e. Pelagibacterium

f. Rhodomicrobium

g. Rhodoplanes

16)JG3   4-KF-361

17)KF-JG30-B3

18)Methylobacteriaceae

a. Hoeflea

b. Methylobacterium

c. Microvirga

19)Methylocystaceae

a. Hansschlegelia

b. Methylocystis

c. Pleomorphomonas

20)MNG7

21)Neo-b11

22)P-102

23)Phyllobacteriaceae

a. Aliihoeflea

b. Aquamicrobium

c. Cohaesibacter

d. Mesorhizobium

a)*Mesorhizobium ciceri*

e. Nitratireductor

24)Rhizobiaceae

a. Ensifer

a)*Ensifer adhaerens*

b. Neorhizobium

c. Rhizobium

a)Rhizobium etli

d. Shinella

25)Rhizobiales Incertae Sedis

a. Agaricicola

b. Bauldia

c. Nordella

d. Phreatobacter

a)*unidentified marine bacterioplankton*

b)*Rhizomicrobium*

26)Rhodobiaceae

a. Afifella

b. Anderseniella

c. Parvibaculum

d. Rhodobium

e. Tepidamorphus

27)Xanthobacteraceae

a. Labrys

b. Pseudolabrys

c. Pseudoxanthobacter

d. Variibacter

28)Rhodobacteraceae

a. Actibacterium

b. Amaricoccus

c. Donghicola

d. Gemmobacter

a)Gemmobacter changlensis

e. Jhaorihella

f. Ketogulonicigenium

g. Loktanella

h. Oceanicella

i. Paracocccus

j. Pseudorhodobacter

k. Rhodobacter

l. Rhodothalassium

m. Rhodovulum

n. Roseinatronobacter

o. Rubellimicrobium

p. Rubrimonas

q. Thalassococcus

r. Tropicimonas

s. Wenxinia

〈7〉Rhodospirillales

29)Acetobacteraceae

a. Acidocella

b. Belnapia

c. Craurococcus

a)*Craurococcus roseus*

d. Humitalea

e. Rhodovarius

f. Rhodovastum

g. Roseococcus

h. Roseomonas

a)*Roseomonas ludipueritiae*

i. Rubritepida

j. Stella

30)AKYH478

31)AT-s3-44

32)B79

33)DA111

34)I-10

35)JG37-AG-20

36)KCM-B-15

37)ML80

38)MNC12

39)MND8

40)MSB-1E8

41)Rhodospirillaceae

a. Azospirillum

b. Candidatus Riegeria

c. Defluviicoccus

d. Desertibacter

e. Magnetospira

f. Pelagibius

g. Skermanella

h. Thalassobaculum

i. Thalassospira

42)Rhodospirillales Incertae Sedis

a. Candidatus Alysiosphaera

b. Elioraea

c. Geminicoccus

d. Reyranella

〈8〉Rickettsiales

43)AKIW1012

44)EF100-94H03

45)Holosporaceae

46)Mitochondria

47)RB446

48)Rickettsiaceae

a. Rickettsia

49)Rickettsiales Incertae Sedis

a. Candidatus Captivus

b. Candidatus Odyssella

c. Constrictibacter

50)SM2D12

51)TK34

〈9〉Sneathiellales

52)Sneathiellaceae

〈10〉Sphingomonadales

53)7B-8

54)AKIW852

55)fAKYG937

56)Ellin6055

57)Erythrobacteraceae

a. Altererythrobacter

b. Erythrobacter

c. Porphyrobacter

58)JG34-KF-161

59)MN 122.2a

a. Sphingomonas sp. WW11

a)*Sphingomonas* sp. WW11

60)Sphingomonadaceae

a. Blastomonas

b. Hephaestia

c. Novosphingobium

d. Sandaracinobacter

e. Sphingobium

f. Sphingomonas

a)*Sphingomonas changbaiensis*

b)*unidentified marine bacterioplankton*

g. Sphingopyxis

h. Sphingorhabdus

i. Zymomonas

61)WW2-159

(10)Betaproteobacteria

〈1〉B1-7BS

〈2〉Burkholderiales

1)Alcaligenaceae

a. Achromobacter

a)*Achromobacter xylosoxidans*

b. Alcaligenes

c. Bordetella

d. Parapusillimonas

e. Parasutterella

2)Burkholderiaceae

a. Burkholderia

b. Cupriavidus

c. Lautropia

d. Limnobacter

e. Polynucleobacter

f. Ralstonia

3)Comamonadaceae

a)*Coleochaete orbicularis*

b. Acidovorax

c. Aquabacterium

d. Azohydromonas

e. Caenimonas

f. Comamonas

g. Delftia

h. Ideonella

i. Leptothrix

j. Limnohabitans

k. Methylibium

l. Pelomonas

m. Piscinibacter

n. Pseudorhodoferax

o. Ramlibacter

p. Rhizobacter

q. Schlegelella

a)*Schlegelella thermodepolymerans*

r. Tepidimonas

s. Variovorax

t. Zhizhongheella

4)Oxalobacteraceae

a. Herbaspirillum

b. Janthinobacterium

c. Massilia

d. Noviherbaspirillum

e. Paucimonas

f. Undibacterium

〈3〉Hot Creek 32

〈4〉Hydrogenophilales

5)Hydrogenophilaceae

a. Thiobacillus

〈5〉Methylophilales

6)Methylophilaceae

a. Methylobacillus

b. Methylophilus

c. Methylotenera

〈6〉Neisseriales

7)Neisseriaceae

a. Neisseria

b. Uruburuella

c. Vogesella

〈7〉Nitrosomonadales

8)Nitrosomonadaceae

a. Nitrosomonas

b. Nitrosospira

〈8〉Rhodocyclales

9)Rhodocyclaceae

a. Azoarcus

b. Azonexus

c. Azospira

d. Candidatus Accumulibacter

e. Dechloromonas

f. Methyloversatilis

g. Thauera

h. Uliginosibacterium

i. Zoogloea

〈9〉SC-I-84

〈10〉TRA3-20

(11)Deltaproteobacteria

〈1〉43F-1404R

〈2〉Bdellovibrionales

1)Bacteriovoracaceae

a. Deferrisoma

b. Peredibacter

2)Bdellovibrionaceae

a. Bdellovibrio

b. OM27 clade

〈3〉Desulfarculales

3)Desulfarculaceae

〈4〉Desulfobacterales

4)Desulfobacteraceae

a. Desulfatitalea

b. Desulfobacula

c. Sva0081 sediment group

5)Desulfobulbaceae

a. Desulfobulbus

6)Nitrospinaceae

a. Candidatus Entotheonella

〈5〉Desulfovibrionales

7)Desulfovibrionaceae

a. Bilophila

b. Desulfovibrio

〈6〉Desulfurellales

8)Desulfurellaceae

〈7〉Desulfuromonadales

9)BVA18

10)Desulfuromonadaceae

a. Desulfuromonas

b. Desulfuromusa

11)Geobacteraceae

a. Geobacter

b. Geothermobacter

12)GR-WP33-58

13)M20-Pitesti

14)Sva1033

〈8〉GR-WP33-30

〈9〉Myxococcales

15)27F-1492R

16)bacteriap25

17)BIrii41

18)Blfdi19

a. Anaeromyxobacter dehalogenans

a)*Anaeromyxobacter dehalogenans*

19)Cystobacteraceae

a. Anaeromyxobacter

b. Cystobacter

20)Elev-16S-1158

21)Haliangiaceae

a. Haliangium

22)KD3-10

23)mle1-27

24)Myxococcaceae

a. Myxococcus

a)*Myxococcus fulvus*

25)Nannocystaceae

a. Nannocystis

b. Pseudenhygromyxa

26)P3OB-42

a. Cystobacteraceae bacterium 0558-ZXW146

a)*Cystobacteraceae bacterium 0558-ZXW146*

27)Phaselicystidaceae

a. Phaselicystis

28)Polyangiaceae

a. Byssovorax

b. Polyangium

c. Sorangium

29)Sandaracinaceae

a. Sandaracinus

30)VHS-B3-70

31)Vulgatibacteraceae

a. Vulgatibacter

〈10〉Oligoflexales

32)Oligoflexaceae

a. Oligoflexus

〈11〉Sh765B-TzT-29

〈12〉Syntrophobacterales

33)Syntrophaceae

a. Syntrophus

34)Syntrophobacteraceae

a. Syntrophobacter

(12)Epsilonproteobacteria

〈1〉Campylobacterales

1)Campylobacteraceae

a. Arcobacter

b. Campylobacter

a)*Campylobacter rectus*

2)Helicobacteraceae

a. Helicobacter

a)*unidentified*

b. Sulfuricurvum

(13)Gammaproteobacteria

〈1〉1013–28–CG33

〈2〉aaa34a10

〈3〉Acidithiobacillales

1)TX1A–55

〈4〉Aeromonadales

2)Aeromonadaceae

a. Aeromonas

b. Zobellella

〈5〉Alteromonadales

3)Alteromonadaceae

a. Marinobacter

〈6〉Cellvibrionales

4)Cellvibrionaceae

a. Cellvibrio

b. Simiduia

〈7〉Cellvibrionales

5)Halieaceae

a. OM60(NOR5) clade

〈8〉Chromatiales

6)Chromatiaceae

a. Nitrosococcus

7)Ectothiorhodospiraceae

a. Acidiferrobacter

b. Thioalkalispira

c. Thioalkalivibrio

a)*Thioalkalivibrio sulfidiphilus HL-EbGr7*

〈9〉CK-1C4-49

〈10〉E01-9C-26 marine group

〈11〉Enterobacteriales

8)Enterobacteriaceae

a. Cedecea

b. Enterobacter

c. Erwinia

d. Escherichia-Shigella

e. Hafnia

f. Klebsiella

a)*Klebsiella pneumoniae*

g. Moellerella

a)*Moellerella wisconsensis*

h. Pantoea

i. Pantoea

a)*Pantoea agglomerans*

j. Rahnella

a)*Rahnella aquatilis*

k. Raoultella

l. Serratia

a)*j*

〈12〉KI89A clade

〈13〉Legionellales

9)Coxiellaceae

〈14〉Legionellales

10)Coxiellaceae

a. Aquicella

b. Coxiella

〈15〉Legionellales

11)Legionellaceae

a. Legionella

〈16〉NKB5

〈17〉Oceanospirillales

12)Halomonadaceae

a. Halomonas

a)H*alomonas cupida*

〈18〉Oceanospirillales

13)Oceanospirillaceae

a. Marinomonas

b. Pseudospirillum

〈19〉Order Incertae Sedis

14)Family Incertae Sedis

a. Marinicella

〈20〉Pasteurellales

15)Pasteurellaceae

a. Actinobacillus

b. Gallibacterium

a)*Gallibacterium anatis UMN179*

c. Haemophilus

d. Pasteurella

a)*Pasteurella multocida*

b)*Pasteurella multocida subsp. Multocida*

〈21〉Pseudomonadale

16)Moraxellaceae

a. Acinetobacter

a)*Acinetobacter baumannii*

b)*Acinetobacter calcoaceticus*

b. Alkanindiges

c. Moraxella

a)*Solanum melongena (eggplant)*

d. Psychrobacter

17)Pseudomonadaceae

a. Pseudomonas

a)*Pseudomonas putida*

b)*Pseudomonas stutzeri*

〈22〉Salinisphaerales

18)Salinisphaeraceae

〈23〉Thiotrichales

19)Thiotrichaceae

a. Methylohalomonas

〈24〉Vibrionales

20)Vibrionaceae

a. Vibrio

〈25〉Xanthomonadales

21)JTB255 marine benthic group

22)Nevskiaceae

a. Nevskia

23)Solimonadaceae

a. Fontimonas

a)*Fontimonas thermophila*

b. Polycyclovorans

24)Xanthomonadaceae

a. Aquimonas

b. Arenimonas

c. Dokdonella

d. Luteimonas

e. Lysobacter

f. Panacagrimonas

g. Pseudofulvimonas

h. Pseudoxanthomonas

i. Rhodanobacter

j. Silanimonas

k. Stenotrophomonas

a)*Stenotrophomonas maltophilia*

l. Xanthomonas

25)Xanthomonadales Incertae Sedis

a. Acidibacter

26)Xanthomonadales Incertae Sedis

a. Candidatus Competibacter

b. Steroidobacter

(14)JTB23

(15)SPOTSOCT00m83

(16)TA18

31. p__Saccharibacteria

(1)Unknown Class

〈1〉Unknown Order

1)Unknown Family

a. Candidatus Saccharimonas

32. SHA-109

33. SM2F11

34. Spirochaetae

(1)Spirochaetes

〈1〉Spirochaetales

1)PL-11B10

35. Synergistetes

(1)Synergistia

〈1〉Synergistales

1)Synergistaceae

a. Anaerobaculum

36. Tenericutes

(1)Mollicutes

〈1〉Anaeroplasmatales

1)Anaeroplasmataceae

a. Anaeroplasma

〈2〉Mollicutes RF9

〈3〉Mycoplasmatales

2)Mycoplasmataceae

a. Mycoplasma

37. Thermotogae

(1)Thermotogae

〈1〉Thermotogales

1)Thermotogaceae

a. Defluviitoga

b. GAL15

38. TM6

39. Verrucomicrobia

(1)OPB35 soil group

(2)Opitutae

〈1〉Opitutales

1)Opitutaceae

a. Alterococcus

b. Opitutus

(3)Opitutae

〈1〉Puniceicoccales

1)Puniceicoccaceae

a. Pelagicoccus

(4)S-BQ2-57 soil group

(5)Spartobacteria

〈1〉Chthoniobacterales

1)01D2Z36

2)Chthoniobacteraceae

a. Chthoniobacter

3)DA101 soil group

4)FukuN18 freshwater group

5)LD29

6)Xiphinematobacteraceae

a. Candidatus Xiphinematobacter

(6)Verrucomicrobiae

〈1〉Verrucomicrobiales

1)DEV007

2)Verrucomicrobiaceae

a. Akkermansia

b. Haloferula

c. Luteolibacter

d. Prosthecobacter

40. WCHB1-60

三、Fungi

1. Glomeromycota

(1)Archaeosporomycetes

〈1〉Archaeosporales

1)Ambisporaceae

a. Ambispora

a)*Ambispora_leptoticha*

b)*Ambispora_leptoticha_VTX00242*

2)Archaeosporaceae

a. Archaeospora

a)*Archaeospora_PODO7.3*

b)*Archaeospora_sp.*

c)*Archaeospora_trappei*

(2)Glomeromycetes

〈1〉Diversisporales

1)Diversisporaceae

a. Redeckera

a)*Redeckera_fulvum*

b)*Redeckera_megalocarpum*

c)*Redeckera_pulvinatum*

2)Gigasporaceae

a. Gigaspora

a)Gigaspora_sp.

b. Scutellospora

a)*Scutellospora_BV-RED-1*

b)*Scutellospora_BV-WUB-scut*

c)*Scutellospora_gregaria_VTX00041*

d)*Scutellospora_pellucida*

e)*Scutellospora_reticulata_VTX00255*

f)*Scutellospora_sp.*

3)Pacisporaceae

a. Pacispora

a)*Pacispora_scintillans_VTX00284*

〈2〉Glomerales

4)Glomeraceae

a. Glomus

a)*Glomus_geosporum*_VTX00065

b)*Glomus_irregulare*_VTX00114

c)*Glomus*_Liu2012b_Phylo-31_VTX00067

d)*Glomus_mosseae*

e)*Glomus*_NES26_VTX00151

f)*Glomus*_sp.

g)*Glomus*_sp._VTX00064

h)*Glomus*_sp._VTX00073

i)*Glomus*_sp._VTX00166

j)*Glomus*_sp._VTX00213

k)*Glomus*_sp._VTX00409

(3)Paraglomeromycetes

〈1〉Paraglomerales

1)Paraglomeraceae

a. Paraglomus

a)*Paraglomus_occultum*_VTX00238

b)*Paraglomus*_sp.

c)*Paraglomus*_sp._VTX00001

注:编号级别

一:界(Kingdom);

1:门(Phylum);

(1):纲(Class);

〈1〉:目(Order);

1):科(Family);

a.:属(Genus);

a):种(Species)。

附录V

图 件